普通高等教育“十一五”国家级规划教材
2007年江苏省高等学校精品教材
普通高等教育“九五”国家级重点教材
荣获2002年全国普通高等学校优秀教材二等奖

液压与气压传动

第3版

主　编　王积伟
参　编　（按姓氏笔画为序）
　　　　许映秋　陆鑫盛　温济全
主　审　林廷圻　萧子渊

机械工业出版社

本书第 2 版是普通高等教育“十一五”国家级规划教材，被评为2007 年江苏省高等学校精品教材；第 1 版是普通高等教育“九五”国家级重点教材，2002 年获全国普通高等学校优秀教材二等奖。

修订后全书内容包括：绪论、流体力学基础、能源装置及辅件、执行元件、控制元件、密封件、基本回路、系统应用与分析、系统设计与计算和附录。每章都有习题，书末附有习题参考答案（部分）。

本书的特点是：将液压部分与气动部分有机地融合在一起编写；强调理论联系实际，书中列举了大量工程实例；除一般机械工业外，适当扩大所涉及的工业领域范围；重视先进技术，突出比例控制系统和集成化元件的应用；全书在编排上充分考虑认知规律，内容深入浅出，好教易学。同时，可选择《液压与气压传动习题集》（王积伟主编，机械工业出版社出版，书号为 978-7-111-18213-9）配套使用，该习题集包括了书中的大部分课后习题，以及对重点、难点习题的详细解答过程，对学习液压与气压传动会起到很大的帮助作用。

本书是普通高等学校机械工程及自动化专业本科生教材，也适用于机械类其他专业，还可供工程技术人员参考。

图书在版编目（CIP）数据

液压与气压传动/王积伟主编. —3 版. —北京：机械工业出版社，2018.1（2024.9 重印）

2007 年江苏省高等学校精品教材　普通高等教育“九五”国家级重点教材　普通高等教育“十一五”国家级规划教材

ISBN 978-7-111-58422-3

Ⅰ.①液…　Ⅱ.①王…　Ⅲ.①液压传动-高等学校-教材②气压传动-高等学校-教材　Ⅳ.①TH137②TH138

中国版本图书馆 CIP 数据核字（2017）第 266281 号

机械工业出版社（北京市百万庄大街 22 号　邮政编码 100037）
策划编辑：冯春生　责任编辑：冯春生　李　超　责任校对：刘秀芝
封面设计：张　静　责任印制：张　博
北京中科印刷有限公司印刷
2024 年 9 月第 3 版第 14 次印刷
184mm×260mm · 19.25 印张 · 465 千字
标准书号：ISBN 978-7-111-58422-3
定价：59.80 元

电话服务
客服电话：010-88361066
010-88379833
010-68326294

网络服务
机　工　官　网：www.cmpbook.com
机　工　官　博：weibo.com/cmp1952
金　　书　　网：www.golden-book.com
机工教育服务网：www.cmpedu.com

第3版前言

本书第2版是普通高等教育“十一五”国家级规划教材，被评为2007年江苏省高等学校精品教材；第1版是普通高等教育“九五”国家级重点教材，2002年获全国普通高等学校优秀教材二等奖。

本书第2版自2005年出版以来，已先后重印27次，为众多高等院校所选用，受到了广大读者的普遍欢迎和肯定。但是，面对工业4.0和中国制造2025的发展路径，高等教育同样面临着新的机遇与挑战。要适应人才培养模式改革的需要，培养出大批社会经济发展需要的高科技人才，教材建设是非常重要的一环。因此，适时对教材进行修订是完全有必要的。

本次修订侧重以下几点：

1）考虑到教材使用的连贯性，修订版保持原有特色和体系不变，只做少量微调。每章适当增加一些实例，以方便教学。

2）考虑到机械类专业本科学习“液压与气压传动”课程的学时数大多在48学时左右，为了减轻学生负担、节约资源，本书进行了适当的“瘦身”。

3）考虑到国家已颁布了液压与气压传动图形符号新标准，对书中插图按GB/T 786.1—2009全部重新绘制，使之更加规范。

书中带*的章节供多学时专业或学生自学使用。

很遗憾，本书第1版的部分主编和参编因种种原因未能继续参与第2、3版的修订工作。对于他们为本书所做的贡献和付出的辛勤劳动表示崇高敬意和诚挚感谢，对逝者表示深深的怀念。

本书第3版由王积伟担任主编，由西安交通大学林廷圻教授和同济大学萧子渊教授担任主审，他们对书稿进行了细致的审阅，提出了许多宝贵的意见和建议。东南大学许映秋、上海大学陆鑫盛和温济全三位老师参与了部分编写工作。

由于编者水平有限，书中难免存在缺点和错误，恳请广大读者批评指正。

编　者

第2版前言

本书是普通高等教育“十一五”国家级规划教材，第1版曾被列为普通高等教育“九五”国家级重点教材。本书自2000年5月出版以来，为众多高等院校所选用，受到读者普遍欢迎，至今已先后重印7次，并于2002年10月获全国普通高等学校优秀教材二等奖。

但是，近年来液压与气动技术又有长足进步，教育改革不断深入展开，为了适应新形势发展的需要，有必要对本书进行全面修订。本次修订工作主要表现在以下几个方面：

1）在保持原有特色和风格的前提下，进行全面更新和修订。对编写体系做少量微调，以更好地满足教学大纲要求和符合认知规律。

2）根据不同学时的教学要求，采用打＊的办法，按少学时和多学时两种不同规格重新调整教学内容，使教材更加好教易学（打＊的章节供多学时专业或学生自学使用）。但仍保持各自教学的系统性和完整性。

3）删除陈旧内容，增添新型元件。对具有广阔发展前景的集成式多功能元件进行了详细分析与阐述。

4）对第七章系统应用与分析的内容进行了重大调整和补充，更突出先进技术的应用，并拓宽了专业面。

5）在第八章系统设计与计算的气动部分中增加了目前应用广泛的电-气程序控制和PLC控制的内容。

6）对书中的插图进行全面审查和清理，更正了第1版中的错误，使其更加规范并符合国家标准的规定。

为了适应教材改革的要求，满足教学需要，东南大学王积伟主持了本书的修订工作，由王积伟、章宏甲、黄谊任主编。参加本次修订工作的还有许映秋。全书最后由王积伟修改定稿。

本书由西安交通大学博士生导师林廷圻教授和同济大学博士生导师萧子渊教授主审，他们对书稿进行了细致的审阅，提出了许多宝贵意见和建议。东南大学郁建平、南京榆富液压机电公司韩卫东为本书提供了技术资料。在此一并表示衷心感谢。

由于时间和水平的限制，书中难免存在缺点和错误，恳请广大读者批评指正。

编　者

第1版前言

本书经全国高等学校机电类专业教学指导委员会审定推荐，确定为机械类专业本科生教材，被列为“九五”原机械工业部教材规划中的重点教材。

本书是在章宏甲、黄谊主编的《液压传动》基础上，在增加了气压传动的内容后重新修编而成的，具体内容包括：绪论、流体力学基础、能源装置及辅件、执行元件、控制元件、密封件、基本回路、系统应用与分析、系统设计与计算和附录。

本书在编写过程中，贯彻少而精、系统性以及学以致用的原则，着重考虑了以下几个方面：

1）考虑到液压传动与气压传动之间有较大的共性，将液压部分与气动部分结合在一起编写，精简了内容，压缩了学时，符合新教学计划的要求，其编写思路是正确的，有新意，为同类教材所少见。但是这种“合并”不是机械的凑合，而是有机的融合，既注意到共性，又照顾到个性，有合有分，仍保持了液压、气动各自的完整性和系统性，便于学生使用。

2）为适应加强基础、扩大专业面的需要，对流体传动基础理论的阐述力求准确、简练、明了，并根据新的专业目录，在大多数高校中本课程属于测控系列中技术基础课范畴，所以在内容上除一般机械外，适当扩大了涉及面，可适用于各个工业领域（机械、电子、轻工、冶金、工程机械、航空航天、采矿等）的专业。

3）为适应21世纪科技发展的需要，考虑到技术进步，在讲清系统和元件基本原理的基础上，采用新型液压与气动元件（如新型气缸、阀岛等），引入先进的回路和系统，详述新型传动介质的性能及其选用，增加电液比例控制、电液伺服控制和数字控制等新技术的内容。

4）贯彻了理论联系实际的原则，除讲清一般的基础理论知识外，还列举了大量实践的例子，对学生借助技术手册等资料进行所需系统的设计以及元件的正确选用有较大帮助。

5）本书以少而精的原则取材和编排章节，着重讲解基本原理和基本方法，而不拘泥于具体繁杂的结构，以使学生打下扎实的理论基础，并通过给学生传授基本知识来培养他们的思维能力和创新才能。

6）本书阐述清楚，文笔流畅，由浅入深，举一反三，有利于学生自学。书中编排了较多的例题，每章末都附有经过精选的习题，并附有参考答案。这些对于学生加深基本概念的理解，加强基本计算、分析能力的训练，学得主动、自主等都是有益的。

7）本书的名词术语、物理符号、单位以及液压气动图形符号等都统一采用国家最新

标准。

本书适用于普通工科院校机械类各专业，也适用于其他各类成人高校、电大、自学考试有关专业，还可供从事液压与气动的工程技术人员参考。

章宏甲先生对本书的编写工作一直很关心，出国之前对如何编好教材提出了原则性意见；在国外，又对本书的编写大纲提出了指导性意见。黄谊先生在本书编写大纲的讨论与提出、征集意见、书稿的组织编写与整理等方面做了许多工作。

本书由章宏甲、黄谊、王积伟任主编。章宏甲不在国内期间，他委托王积伟全权主持工作。参加本书编写的有：黄谊（绪论）、王积伟（第一、五章，第七、八章的液压部分，附录）、杨林森（第二章第一~三节，第三章的液压部分）、郁凯元（第四章的液压部分）、温济全（第六章的液压部分）、陆鑫盛（第二、三、四、六、七、八章的气动部分）、许映秋（第四、七、八章的气动部分）。全书最后由黄谊、王积伟修改定稿。

本书由林廷圻主审，薛祖德也仔细审阅了书稿。参加审稿的还有：萧子渊、孙家匡、王雄耀、叶继等。在本书的编写及审稿过程中，费斯托（中国）有限公司提供了最新技术资料并与编者进行技术交流，在此一并表示衷心的感谢。

由于水平限制，书中难免存在着不少缺点和错误，欢迎广大读者批评指正。

编 者

1999 年 10 月

目　录

绪 论

液压与气压传动是以流体（液压液或压缩空气）作为工作介质对能量进行传递和控制的一种传动形式，相对于机械传动来说，它是一门新技术。但如从1650年帕斯卡提出静压传递原理，1850年开始英国将帕斯卡原理先后应用于液压起重机、压力机等算起，也已有二三百年的历史了。而液压与气压传动在工业上的真正推广使用，则是在20世纪中叶以后的事。近几十年来，随着微电子和计算机技术的迅速发展，且渗透到液压与气动技术中并与之密切结合，使其应用领域遍及各个工业部门，已成为实现生产过程自动化、提高劳动生产率等必不可少的重要手段之一。

第一节　液压与气压传动的工作原理

液压系统以液体作为工作介质，而气动系统以气体作为工作介质。两种工作介质的不同在于液体几乎不可压缩，气体却具有较大的可压缩性。液压与气压传动在基本工作原理、元件的工作机理以及回路的构成等方面是极为相似的。

图0-1所示为液压千斤顶示意图。向上提手柄5使小缸4内的活塞上移，小缸下腔因容积增大而产生真空，油液从油箱1通过吸油阀2被吸入并充满小缸容积；按压手柄使小缸活塞下移，则刚才被吸入的油液通过压油阀3输到大缸7的下腔，油液被压缩，压力立即升高。当油液的压力升高到能克服作用在大活塞上的负载（重物G）所需的压力值时，重物就随手柄的下按而同时上升，此时吸油阀是关闭的。为了使重物能从举高的位置放下，系统中专门设置了截止阀（放油螺塞）8。

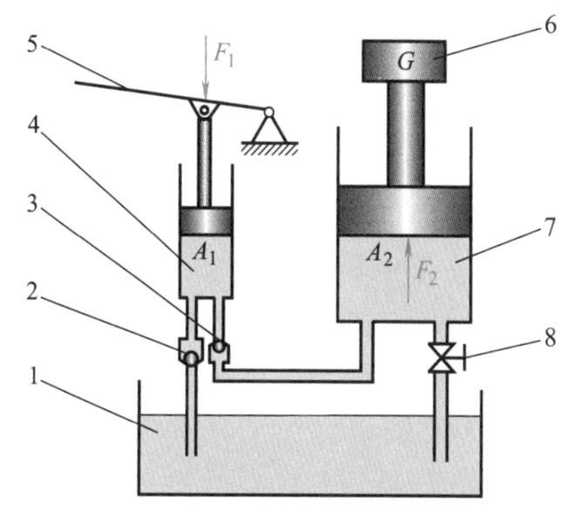

图0-1　液压千斤顶示意图

1—油箱　2—吸油阀　3—压油阀

4—小缸　5—手柄　6—负载（重物）

7—大缸　8—截止阀（放油螺塞）

图0-1中两根通油箱的管路如通大气，则图0-1变成气动系统的原理图。这种情况下，上下按动手柄5，空气就通过吸油阀2被吸入，经压油阀3输到大缸7的下腔。在这里，因气体有可压缩性，不像液压系统那样，一按手柄重物立即相应上移，而是需按动手柄多次，使进入大缸7下腔中的气体逐渐增多，压力逐渐升高，一直到气体压力达到使重物上升所需的压力值时，重物便开始上升。在重

物上升过程中，也不像液压系统那样，压力值基本上维持不变（因是举起重物），因气体可压缩性较大的缘故，气压值会发生波动。

图 0-1 所示的系统不能对重物的上升速度进行调节，也没有防止压力过高的安全措施。但就从这简单的系统，可以得出有关液压与气压传动的一些重要概念来。

对于液压系统，设大、小活塞的面积为 A_2、A_1，当作用在大活塞上的负载和作用在小活塞上的作用力分别为 G 和 F_1 时，依帕斯卡原理，大、小活塞下腔及其连接导管构成的密闭容积内的油液具有相等的压力值，设为 p，如忽略活塞运动时的摩擦阻力，则有

$$p=\frac{G}{A_2}=\frac{F_2}{A_2}=\frac{F_1}{A_1} \tag{0-1}$$

或

$$F_2=F_1\frac{A_2}{A_1} \tag{0-2}$$

式中 F_2——油液作用在大活塞上的作用力，$F_2=G$。

式（0-1）说明，系统的压力 p 取决于作用负载的大小。这是液压传动的第一个重要概念。式（0-2）表明，当 $A_2/A_1>>1$ 时，作用在小活塞上一个很小的力 F_1，便可在大活塞上产生一个很大的力 F_2 以举起负载（重物）。这就是液压千斤顶的原理。

液压传动的两个重要基本概念：压力由负载决定；速度由流量决定。

另外，设大、小活塞移动的速度为 v_2 和 v_1，则在不考虑泄漏情况下稳态工作时，有

$$v_1A_1=v_2A_2=q \tag{0-3}$$

或

$$v_2=v_1\frac{A_1}{A_2}=\frac{q}{A_2} \tag{0-4}$$

式中 q——流量，定义为单位时间内输出（或输入）的液体体积。

式（0-4）表明，大缸活塞运动的速度，在缸的结构尺寸一定时，取决于输入的流量。这是液压传动的第二个重要概念。

使大活塞上的负载上升所需的功率为

$$P=F_2v_2=pA_2\frac{q}{A_2}=pq \tag{0-5}$$

式中，p 的单位为 Pa，q 的单位为 m^3/s，则 P 的单位为 W。由此可见，液压系统的压力和流量之积就是功率，称为液压功率。

由这个例子也可清楚地看到，在小缸中，手按动小活塞所产生的机械能变成了排出流体的压力能；而在大缸中，进入大缸的流体压力能通过大活塞转变成为驱动负载所需的机械能。所以，在液压与气动系统中，要发生两次能量的转变，把机械能转变为流体压力能的元件或装置称为泵或能源装置，而把流体压力能转变为机械能的元件称为执行元件。

比较完善的系统是图 0-2 所示的驱动机床工作台的液压系统。

它的工作原理如下：液压泵 4 由电动机（图中未画出）带动旋转后，经过滤器 2 从油箱 1 中吸油。油液经液压泵输出进入压力管 10 后，在图 0-2a 所示的状态下，通过开停阀 9、节流阀 13、换向阀 15 进入液压缸 18 左腔，推动活塞 17 和工作台 19 向右移动，而液压缸右

腔的油经换向阀和回油管 14 排回油箱。

如果将换向阀手柄 16 转换成图 0-2b 所示的状态，则压力管中的油将经过开停阀、节流阀和换向阀进入液压缸右腔，推动活塞和工作台向左移动，并使液压缸左腔的油经换向阀和回油管排回油箱。

工作台的移动速度由节流阀调节。开大节流阀，进入液压缸的油液增多，工作台的移动速度增大；反之，工作台的移动速度减小。

为了克服移动工作台时所受到的各种阻力，液压缸必须产生一个足够大的推力，这个推力是由液压缸中的油液压力产生的。要克服的阻力越大，液压缸中的油液压力越高；反之压力就越低。输入液压缸的油液流量是通过节流阀调节的。液压泵输出的多余的油液须经溢流阀 7 和回油管 3 排回油箱，这只有在压力支管 8 中的油液压力对溢流阀钢球 6 的作用力等于或略大于溢流阀中弹簧 5 的预紧力时，油液才能顶开溢流阀中的钢球流回油箱。所以，在图示系统中液压泵出口处的油液压力是由溢流阀决定的，它和液压缸中的油液压力不同。

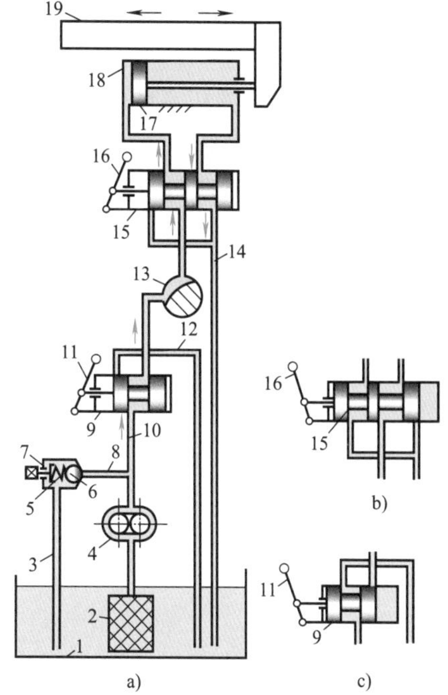

图 0-2　机床工作台液压系统的工作原理图
1—油箱　2—过滤器　3、12、14—回油管
4—液压泵　5—弹簧　6—钢球　7—溢流阀
8—压力支管　9—开停阀　10—压力管
11—开停阀手柄　13—节流阀　15—换向阀
16—换向阀手柄　17—活塞
18—液压缸　19—工作台

如果将开停阀手柄 11 转换成图 0-2c 所示的状态，压力管中的油液将经开停阀和回油管 12 排回油箱，不输到液压缸中去，这时液压泵出口处的压力就降为零，工作台便停止运动。

第二节　液压与气压传动系统的组成和图形符号

一、系统组成

由图 0-2 可知，液压系统主要由以下四部分组成：

1）能源装置——把机械能转换成油液液压能的装置。最常见的形式就是液压泵，它给液压系统提供压力油。

2）执行元件——把油液的液压能转换成机械能的元件。有做直线运动的液压缸，或做旋转运动的液压马达。

3）控制调节元件——对系统中油液压力、流量或油液流动方向进行控制或调节的元件，如图 0-2 中的溢流阀、节流阀、换向阀、开停阀等。这些元件的不同组合形成了不同功能的液压系统。

4）辅助元件——上述三部分以外的其他元件，如油箱、过滤器、油管等。它们对保证系统正常工作有重要作用。

气压传动系统，除了能源装置——气源装置，执行元件——气缸、气马达，控制元件——气动阀，辅助元件——管道、气动辅件、消声器外，通常还装有一些完成逻辑功能的逻辑元件等。

二、图形符号

图 0-2a 所示的液压系统图是一种半结构式的工作原理图，直观性强，容易理解，但绘制起来比较麻烦，系统中元件数量多时更是如此。图 0-3 所示是将上述液压系统用液压图形符号绘制成的工作原理图。使用这些图形符号可使液压系统图简单明了、便于绘制。

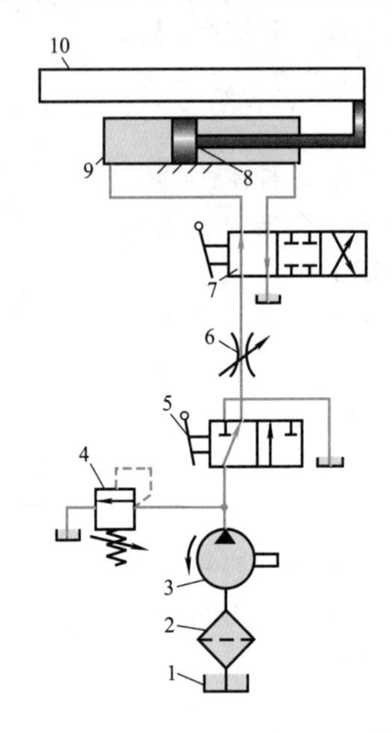

图 0-3 机床工作台液压系统的图形符号图

1—油箱 2—过滤器 3—液压泵 4—溢流阀 5—开停阀

6—节流阀 7—换向阀 8—活塞 9—液压缸 10—工作台

我国制定的流体传动系统及元件图形符号国家标准 GB/T 786.1—2009（参见附录 B），应遵照执行。

第三节 液压与气压传动的优缺点

液压传动有以下一些优点：

1）在同等体积下，液压装置能比电气装置产生更大的动力。在同等功率下，液压装置的质量和体积小，即其功率密度大、结构紧凑。液压马达的体积和质量只有同等功率电动机的 12%左右。

2）液压装置工作比较平稳。由于质量和惯性小、反应快，液压装置易于实现快速起动、制动和频繁换向。

3）液压装置能在大范围内实现无级调速（调速范围可达 2000），还可以在运行过程中进行调速。

4）液压传动易于对液体压力、流量或流动方向进行调节或控制。当将液压控制和电气控制、电子控制或气动控制结合起来使用时，整个传动装置能实现很复杂的顺序动作，也能方便地实现远程控制和自动化。

5）液压装置易于实现过载保护。

6）由于液压元件已实现了标准化、系列化和通用化，液压系统的设计、制造和使用都比较方便。

7）用液压传动实现直线运动远比用机械传动简单。

液压传动的缺点是：

1）液压传动在工作过程中常有较多的能量损失（摩擦损失、泄漏损失等），长距离传动时更是如此。

2）液压传动对油温变化比较敏感，它的工作稳定性很容易受到温度的影响，因此它不宜在很高或很低的温度条件下工作。

3）为了减少泄漏，液压元件在制造精度上的要求较高，因此它的造价较高，而且对工作介质的污染比较敏感。

4）液压传动出现故障时不易找出原因。

气压传动具有一些独特的优点，主要有如下几点：

1）空气可以从大气中获得，同时，用过的空气可直接排放到大气中去，处理方便，万一空气管路有泄漏，除引起部分功率损失外，不致产生不利于工作的严重影响，也不会污染环境。

2）空气的黏度很小，在管道中的压力损失较小，因此便于集中供气和远距离输送。

3）压缩空气的工作压力较低（一般为 0.3~0.8MPa），因此，对气动元件的材质要求较低。

4）气动系统维护简单，管道不易堵塞，也不存在介质变质、补充、更换等问题。

5）使用安全，没有防爆的问题，并且便于实现过载自动保护。

6）气动元件采用相应的材料后，能够在恶劣的环境（强振动、强冲击、强腐蚀和强辐射等）下进行正常工作。

气压传动也存在以下的一些缺点：

1）气动装置中的信号传递速度较慢，一般限于声速的范围内。因此气动技术不宜用于信号传递速度要求十分高的复杂线路中。

2）由于空气具有较大的可压缩性，因而运动速度的稳定性较差。

3）气动系统工作压力较低，结构尺寸又不宜过大，因而气压传动装置的总推力通常不可能很大。

4）目前气压传动的效率较低。

总的说来，液压与气压传动的优点是主要的，而它们的缺点可以通过技术进步不断得到克服或改善。

第四节　液压与气压传动的应用

现在，液压与气压传动的应用领域非常广泛。但是，工业各部门使用液压与气压传动的出发点是不尽相同的：有的是利用它们在传递动力上的长处，如工程机械、压力机械和航空工业采用液压传动的主要原因是其结构简单、体积和质量小、输出功率大；有的是利用它们在操纵控制上的优点，如机床上采用液压传动是因为其能在工作过程中实现无级变速，易于实现频繁换向，易于实现自动化；在采矿、化工、医卫、食品等行业采用气压传动是取其空气工作介质具有防爆、防火、安全、卫生等特点。

液压传动在各类机械行业中的应用实例见表0-1。

表0-1 液压传动在各类机械行业中的应用实例

行业名称	应用场所举例
工程机械	挖掘机、装载机、推土机、沥青混凝土摊铺机、压路机、铲运机等
起重运输机械	汽车吊、港口龙门吊、叉车、装卸机械、带式运输机、SPMT平板车、液压无级变速装置等
矿山机械	凿岩机、开掘机、开采机、破碎机、提升机、液压支架等
建筑机械	压桩机、液压千斤顶、平地机、混凝土输送泵车、超大型运输车、千吨级驮运架一体机等
农业机械	联合收割机、拖拉机、农具悬挂系统等
冶金机械	高炉开铁口机、电炉炉顶及电极升降机、轧钢机、压力机等
轻工机械	打包机、注射机、校直机、橡胶硫化机、造纸机等
机床工业	半自动车床、刨床、龙门铣床、磨床、仿形加工机床、组合机床及加工自动线、数控机床及加工中心、机床辅助装置等
汽车工业	自卸式汽车、平板车、高空作业车及汽车中的ABS、转向器、减振器等
航空工业	飞机起落架、机翼、尾翼、廊桥等
智能机械	折臂式小汽车装卸器、数字式体育锻炼机、模拟驾驶舱、机器人等

第五节 液压与气动技术的发展

液压与气动技术在工业中推广应用还是20世纪中叶以后的事，时间不算很长。

由于要使用原油炼制品来作为传动介质，近代液压传动是由19世纪崛起并蓬勃发展的石油工业推动起来的。最早实践成功的液压传动装置是舰艇上的炮塔转位器。第二次世界大战期间，在一些兵器上用上了功率大、反应快、动作准的液压传动和控制装置，大大提高了兵器的性能，也大大促进了液压技术的发展。战后，液压技术迅速转向民用，并随着各种标准的不断制定和完善，各类标准化、规格化、系列化的元件在机械制造、工程机械、农业机械、汽车制造等行业中推广开来。20世纪60年代后，原子能技术、空间技术、计算机技术、微电子技术等的发展再次将液压技术推向前进，使它在国民经济的各方面都得到了应用。液压传动在某些领域内甚至已占有压倒性的优势。

我国的液压工业开始于20世纪50年代，其产品最初只用于机床和锻压设备，后来才用到拖拉机和工程机械上。自从1964年从国外引进一些液压元件生产技术，并自行设计液压产品以来，我国的液压件已在各种机械设备上得到了广泛的使用。20世纪80年代起更加速了对国外先进液压产品和技术的有计划引进、消化、吸收和国产化工作，以确保我国的液压技术能在产品质量、经济效益、研究开发等各个方面全方位地赶上世界水平。

当前，液压技术在实现高压、高速、大功率、高效率、低噪声、经久耐用、高度集成化等各项要求方面都取得了重大的进展，在完善比例控制、伺服控制、数字控制等技术上也有许多新成就。此外，在液压元件和液压系统的计算机辅助设计、计算机仿真和优化以及计算机控制等创新性工作方面，日益显示出显著的成绩。

原先气压传动与控制系统一般应用在复杂程度较低和中等的机器上，这是由它的价格因素所决定的。但是一些较为复杂的机器也能应用气压传动与控制系统，这取决于环境条件的因素，诸如在易爆、腐蚀、水冲洗、粉尘、污物等一些环境中，应用气动系统更为合理和安全。

在20世纪60年代末，气动元件得到发展，控制方式有所创新，从而使气动系统在很多工业领域得到了广泛应用。因为气动元件兼有通用性和灵活性的特点，所以它在现代系统的集成化和完整性方面发挥了决定性的作用，气动元件本身也得到了飞跃的发展。但是，一般认为，现代气动技术从开始发展到现在还不足60年时间。

近年来气动技术的应用领域已从机械（机床、汽车、轴承、农机等）、冶金（铸造、锻造、轧钢等）、采矿、交通运输等工业扩展到轻工（纺织、自行车、手表、缝纫机等）、医卫、食品、化工、电子、物流、机器人以及军事等工业部门，它对于实现生产过程的自动控制、改善劳动条件、减轻劳动强度、降低成本、提高产品质量发挥了很大的作用。

计算机和微电子技术的进展，渗透到液压与气动技术中并与之相结合，创造出了很多高可靠性、低成本的微型节能元件，为液压气动技术在工业各部门中的应用开辟了更为广阔的前景。

今天，为了和最新技术的发展保持同步，液压与气动技术必须不断创新，不断地提高和改进元件和系统的性能，以满足日益变化的市场需求。液压与气动技术的持续发展体现在如下一些比较重要的特征上：

1）提高元件性能，创制新型元件，不断小型化和微型化。

2）高度的组合化、集成化和模块化。

3）和微电子技术相结合，走向智能化。

4）研发特殊传动介质，推进工作介质多元化。

第一章

流体力学基础

流体力学是研究流体平衡和运动规律的一门学科。本章主要阐述与液压及气动技术有关的流体力学基本内容，为本课程的后续学习打下必要的理论基础。

第一节　工 作 介 质

工作介质在传动及控制中起传递能量和信号的作用。流体传动及控制（包括液压与气动）在工作、性能特点上和机械、电气传动之间的差异主要是载体不同，前者采用工作介质。因此，掌握液压与气动技术之前，必须先对其工作介质有一清晰的了解。

一、液压传动介质

（一）基本要求与种类

液压传动及控制所用的工作介质为液压油液或其他合成液体，其应具备的功能如下：

（1）传动　把由液压泵所赋予的能量传递给执行元件。

（2）润滑　润滑液压泵、液压阀、液压执行元件等运动件。

（3）冷却　吸收并带出液压装置所产生的热量。

（4）去污　带走工作中产生的磨粒和来自外界的污染物。

（5）防锈　防止液压元件所用各种金属的锈蚀。

为使液压系统长期保持正常的工作性能，对其工作介质提出的要求是：

（1）可压缩性　可压缩性尽可能小，响应性好。

（2）黏性　温度及压力对黏度影响小，具有适当的黏度，黏温特性好。

（3）润滑性　能对液压元件滑动部位充分润滑。

（4）安定性　不因热、氧化或水解而变质，剪切稳定性好，使用寿命长。

（5）防锈和抗腐蚀性　对铁及非铁金属的锈蚀性、腐蚀性小。

（6）抗泡沫性　介质中的气泡容易逸出并消除。

（7）抗乳化性　除含水液压液外的油液，油水分离要容易。

（8）洁净性　质地要纯净，尽可能不含污染物，当污染物从外部侵入时能迅速分离。

（9）相容性　对金属、密封件、橡胶软管、涂料等有良好的相容性。

（10）阻燃性　燃点高，挥发性小，最好具有阻燃性。

(11) 其他 对工作介质的其他要求还有：无毒性和臭味；比热容和热导率要大；体胀系数要小等。

其实，能够同时满足上述各项要求的理想的工作介质是不存在的。液压系统中使用的液压液按 GB/T 7631. 2—2003 的分类见表 1-1。目前 90%以上的液压设备采用石油基液压油液。基油为精制的石油润滑油馏分。为了改善液压油液的性能，以满足液压设备的不同要求，往往在基油中加入各种添加剂。添加剂有两类：一类是改善油液化学性能的，如抗氧化剂、防腐剂、防锈剂等；另一类是改善油液物理性能的，如增黏剂、抗磨剂、防爬剂等。

表 1-1 液压液的分类

组别符号	应用范围	特殊应用	更具体应用	组成和特性	产品符号 ISO-L	典型应用	备注
H	液压系统	流体静压系统		无抑制剂的精制矿油	HH		
				精制矿油，并改善其防锈和抗氧性	HL		
				HL 油，并改善其抗磨性	HM	有高负荷部件的一般液压系统	
				HL 油，并改善其黏温性	HR		
				HM 油，并改善其黏温性	HV	建筑和船舶设备	
				无特定难燃性的合成液	HS		特殊性能
			用于要求使用环境可接受液压液的场合	甘油三酸酯	HETG	一般液压系统（可移动式）	每个品种的基础液的最小含量应不少于 70%（质量分数）
				聚乙二醇	HEPG		
				合成酯	HEES		
				聚 α 烯烃和相关烃类产品	HEPR		
			液压导轨系统	HM 油，并具有抗黏-滑性	HG	液压和滑动轴承导轨润滑系统合用的机床在低速下使振动或间断滑动（黏-滑）减为最小	这种液体具有多种用途，但并非在所有液压应用中都有效
			用于使用难燃液压液的场合	水包油型乳化液	HFAE		通常含水量大于 80%（质量分数）
				化学水溶液	HFAS		通常含水量大于 80%（质量分数）
				油包水乳化液	HFB		
				含聚合物水溶液①	HFC		通常含水量大于 35%（质量分数）
				磷酸酯无水合成液①	HFDR		
				其他成分的无水合成液①	HFDU		

① 这类液体也可以满足 HE 品种规定的生物降解性和毒性要求。

（二）物理性质

工作介质的基本性质有多项，现择其与液压传动性能密切相关的三项做一介绍。

1. 密度

单位体积液体所具有的质量称为该液体的密度，即

$$\rho = \frac{m}{V} \tag{1-1}$$

式中 ρ——液体的密度；

V——液体的体积；

m——液体的质量。

常用液压传动工作介质的密度见表 1-2。

表 1-2 常用液压传动工作介质的密度（20℃）

工作介质	密度 $\rho/(\mathrm{kg\cdot m^{-3}})$	工作介质	密度 $\rho/(\mathrm{kg\cdot m^{-3}})$
抗磨液压液 L-HM32	0.87×10^3	水-乙二醇液压液 L-HFC	1.06×10^3
抗磨液压液 L-HM46	0.875×10^3	通用磷酸酯液压液 L-HFDR	1.15×10^3
油包水乳化液 L-HFB	0.932×10^3	飞机用磷酸酯液压液 L-HFDR	1.05×10^3
水包油乳化液 L-HFAE	0.977×10^3	10 号航空液压油	0.85×10^3

液体的密度随着压力或温度的变化而发生变化，但其变化量一般很小，在工程计算中可以忽略不计。

2. 可压缩性

液体因所受压力增高而发生体积缩小的性质称为可压缩性。若压力为 p_0 时液体的体积为 V_0，当压力增加 Δp 后，液体的体积减小 ΔV，则液体在单位压力变化下的体积相对变化量为

$$k=-\frac{1}{\Delta p}\frac{\Delta V}{V_0} \tag{1-2}$$

式中 k——液体的压缩率。由于压力增加时液体的体积减小，两者变化方向相反，为使 k 成为正值，在上式右边须加一负号。

液体压缩率 k 的倒数，称为液体的体积模量，即

$$K=\frac{1}{k}=-\frac{\Delta p}{\Delta V}V_0 \tag{1-3}$$

表 1-3 所列为各种工作介质的体积模量。由表中石油基液压油体积模量的数量可知，它的可压缩性是钢的 100~170 倍（钢的弹性模量为 $2.1\times10^5\,\mathrm{MPa}$）。

表 1-3 各种工作介质的体积模量（20℃，大气压）

工作介质	体积模量 K/MPa	工作介质	体积模量 K/MPa
石油基液压油	$(1.4\sim2)\times10^3$	水-乙二醇液压液	3.45×10^3
水包油乳化液	1.95×10^3	磷酸酯液压液	2.65×10^3
油包水乳化液	2.3×10^3	水	2.4×10^3

由于空气的可压缩性很大，因此当工作介质中有游离气泡时，K 值将大大减小，且起始压力的影响明显增大。但是在液体内游离气泡不可能完全避免，因此，一般建议石油基液压油 K 的取值为 $(0.7\sim1.4)\times10^3\,\mathrm{MPa}$，且应采取措施尽量减少液压系统工作介质中的游离空气的含量。

3. 黏性

(1) 黏性的表现 液体在外力作用下流动时，分子间内聚力的存在使其流动受到牵制，从而沿其界面产生内摩擦力，这一特性称为液体的黏性。

现以图 1-1 为例说明液体的黏性。若距离为 h 的两平行平板间充满液体，下平板固定，而上平板以速度 u_0 向右平动。由于液体和固体壁面间的附着力

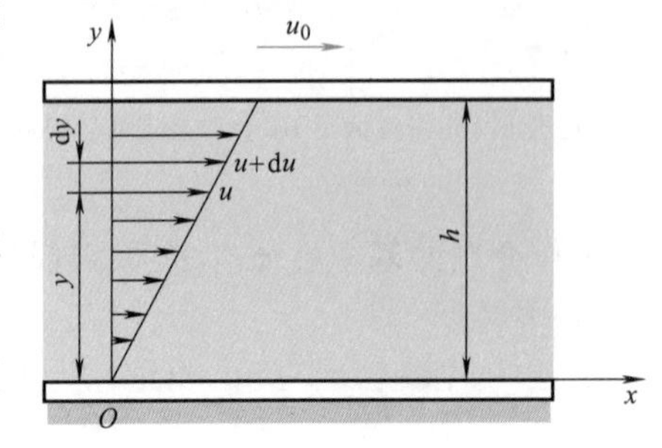

图 1-1 液体黏性示意图

及液体的黏性，会使流动液体内部各液层的速度大小不等：紧靠着下平板的液层速度为零，紧靠着上平板的液层速度为 u_0，而中间各层液体的速度在层间距离 h 较小时，从上到下近似呈线性递减规律分布。其中速度快的液层带动速度慢的，而速度慢的液层对速度快的起阻滞作用。

实验测定表明，流动液体相邻液层间的内摩擦力 F_f 与液层接触面积 A、液层间的速度梯度 du/dy 成正比，即

$$F_f=\mu A\frac{du}{dy} \tag{1-4}$$

式中，比例系数 μ 称为动力黏度。

若以 τ 表示液层间的切应力，即单位面积上的内摩擦力，则式（1-4）可表示为

$$\tau=\frac{F_f}{A}=\mu\frac{du}{dy} \tag{1-5}$$

这就是牛顿液体内摩擦定律。

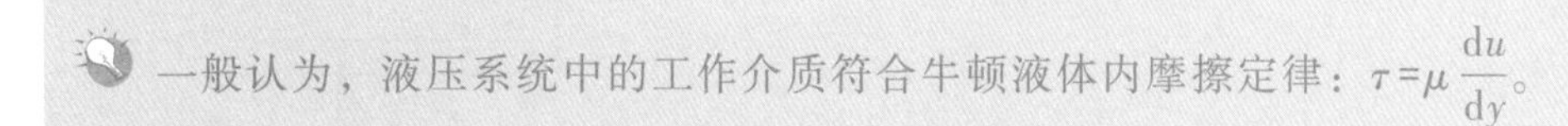
一般认为，液压系统中的工作介质符合牛顿液体内摩擦定律：$\tau=\mu\frac{du}{dy}$。

由式（1-5）可知，在静止液体中，速度梯度 $du/dy=0$，故其内摩擦力为零，因此静止液体不呈现黏性，液体只在流动时才显示其黏性。

（2）黏性的度量　度量黏性大小的物理量称为黏度。常用的黏度有三种，即动力黏度、运动黏度、相对黏度。

1）动力黏度 μ。由式（1-5）可知，动力黏度 μ 是表征流动液体内摩擦力大小的比例系数。其量值等于液体在以单位速度梯度流动时，单位面积上的内摩擦力，即

$$\mu=\tau\Big/\frac{du}{dy} \tag{1-6}$$

在我国法定计量单位制及 SI 制中，动力黏度 μ 的单位是 Pa · s（帕 · 秒）或用 N · s/m^2（牛 · 秒/米^2）表示。

如果动力黏度只与液体种类有关而与速度梯度无关，这种液体称为牛顿液体，否则为非牛顿液体。石油基液压油一般为牛顿液体。

2）运动黏度 ν。液体动力黏度与其密度之比称为该液体的运动黏度 ν，即

$$\nu=\frac{\mu}{\rho} \tag{1-7}$$

在我国法定计量单位制及 SI 制中，运动黏度 ν 的单位是 m^2/s（米^2/秒）。因其中只有长度和时间的量纲，故得名为运动黏度。国际标准 ISO 按运动黏度值对油液的黏度等级（VG）进行划分，见表 1-4。

表 1-4　常用液压油运动黏度等级　（单位：$\times10^{-6}$m^2/s）

黏度等级	40℃时黏度平均值	40℃时黏度	黏度等级	40℃时黏度平均值	40℃时黏度
VG10	10	9.00~11.0	VG46	46	41.4~50.6
VG15	15	13.5~16.5	VG68	68	61.2~74.8
VG22	22	19.8~24.2	VG100	100	90.0~110
VG32	32	28.8~35.2	VG150	150	135~165

注：其中最常用的为 VG15~VG68。

3）相对黏度。相对黏度是根据特定测量条件制定的，故又称条件黏度。测量条件不同，采用的相对黏度单位也不同。如恩氏黏度°E（欧洲一些国家）、通用赛氏秒 SUS（美国、英国）、商用雷氏秒 R_1S（英、美等国）和巴氏度°B（法国）等。

国际标准化组织 ISO 已规定统一采用运动黏度来表示油的黏度。

例 1-1 图 1-2 所示为一黏度计，若 $D=100\text{mm}$，$d=98\text{mm}$，$l=200\text{mm}$，外筒转速 $n=8\text{r/s}$时，测得的转矩 $T=0.4\text{N}\cdot\text{m}$，已知油液密度 $\rho=900\text{kg/m}^3$，试求其油液的动力黏度和运动黏度。

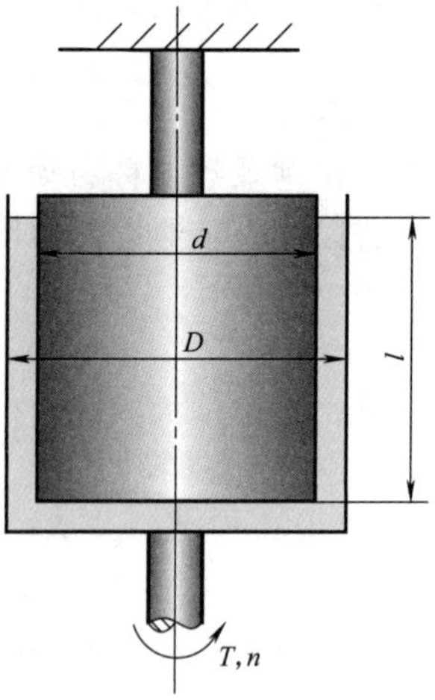

图 1-2 例 1-1 图

解 外筒旋转线速度为

$$v=\omega R=2\pi n\frac{D}{2}=2\times\pi\times8\times\frac{100}{2}\text{mm/s}=2.512\text{m/s}$$

转矩为
$$T=F_fR=F_f\frac{D}{2}$$

所以
$$F_f=\frac{2T}{D}=\frac{2\times0.4}{0.1}\text{N}=8\text{N}$$

又因为
$$F_f=\mu A\frac{du}{dy}$$

则动力黏度为
$$\mu=\frac{F_f/A}{du/dy}$$

而
$$A=\pi Dl=\pi\times0.1\times0.2\text{m}^2=0.0628\text{m}^2$$

$$\frac{du}{dy}=\frac{v-0}{\frac{0.1-0.098}{2}}\text{s}^{-1}=2512\text{s}^{-1}$$

故
$$\mu=\frac{8/0.0628}{2512}\text{Pa}\cdot\text{s}=0.051\text{Pa}\cdot\text{s}$$

$$\nu=\frac{\mu}{\rho}=\frac{0.051}{900}\text{m}^2/\text{s}=56.7\times10^{-6}\text{m}^2/\text{s}$$

（3）温度对黏度的影响 温度变化使液体内聚力发生变化，因此液体的黏度对温度的变化十分敏感：温度升高，黏度下降（图 1-3）。这一特性称为液体的黏-温特性。黏-温特性常用黏度指数Ⅵ来度量。Ⅵ表示该液体的黏度随温度变化的程度与标准液的黏度变化程度之比。通常在各种工作介质的质量指标中都给出黏度指数。黏度指数高，说明黏度随温度变化小，其黏-温特性好。

一般要求工作介质的黏度指数应在 90 以上，优异的在 100 以上。当液压系统的工作温度范围较大时，应选用黏度指数高的介质。几种典型工作介质的黏度指数列于表 1-5。

表 1-5 典型工作介质的黏度指数Ⅵ

介质种类	黏度指数Ⅵ	介质种类	黏度指数Ⅵ
石油基液压油 L-HM	≥95	油包水乳化液 L-HFB	130～170
石油基液压油 L-HR	≥160	水-乙二醇液 L-HFC	140～170
石油基液压油 L-HG	≥90	磷酸酯液 L-HFDR	-31～170

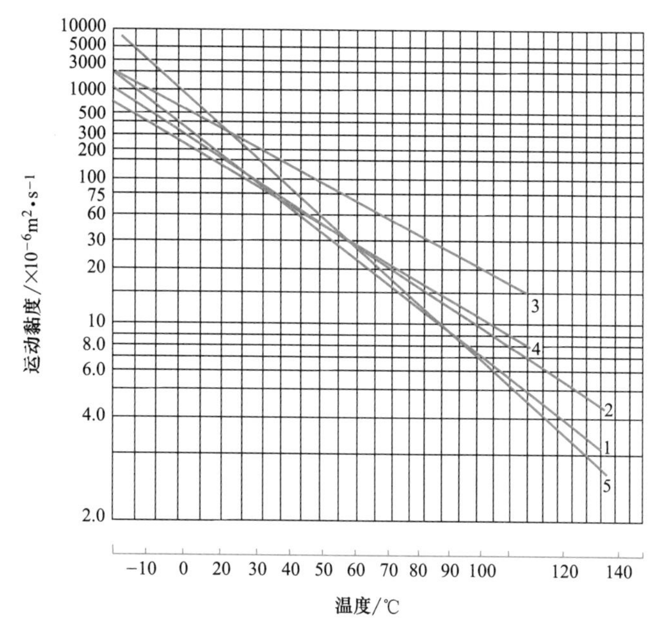

图 1-3　黏度和温度间的关系

1—石油基普通液压油　2—石油基高黏度指数液压油

3—水包油乳化液　4—水-乙二醇液　5—磷酸酯液

二、气压传动介质

空气是气压传动及控制的工作介质。

（一）空气的组成

自然界的空气是由若干种气体混合组成的，原本主要成分是氮和氧，其他气体所占比例很小。但是，近年来由于环境污染日益严重，致使大气中还含有大量二氧化碳、二氧化硫、亚硝酸、有机微生物、固体颗粒和 $PM_{2.5}$ 等污染物。

此外，空气中常含有一定量的水蒸气。含有水蒸气的空气称为湿空气。大气中的空气基本上都是湿空气。当在一定的压力和温度下，空气中所含水蒸气达到最大可含量时，这种空气称为饱和湿空气。不含有水蒸气的空气称为干空气。

基准状态下（即温度 $t=0℃$、压力 $p=0.1013\text{MPa}$），清洁干空气的组成见表 1-6。

表 1-6　清洁干空气的组成

成　分	氮(N_2)	氧(O_2)	氩(Ar)	二氧化碳(CO_2)	其他气体
体积分数(%)	78.03	20.95	0.932	0.03	0.078
质量分数(%)	75.50	23.10	1.28	0.045	0.075

空气的全压力是指其各组成气体压力的总和，各组成气体的压力称为分压力，它表示这种气体在相同温度下，独占空气总容积时所具有的压力。

（二）空气的性质

1. 密度

空气具有一定质量，常用密度 ρ 表示单位体积内空气的质量。

空气的密度与温度、压力有关。因此，干空气密度计算式为

$$\rho_g=\rho_0\frac{273.16}{T}\times\frac{p}{p_0} \tag{1-8}$$

式中 ρ_g——在热力学温度为 T 和绝对压力为 p 状态下的干空气密度（kg/m^3）；

ρ_0——基准状态下干空气的密度（$1.293kg/m^3$）；

T——热力学温度（K），$T=273.16+t$，t 为温度（℃）；

p——绝对压力（MPa）；

p_0——基准状态下干空气的压力，$p_0=0.1013MPa$。

湿空气的密度计算式为

$$\rho_s=\rho_0\frac{273.16}{T}\times\frac{p-0.0378\varphi p_b}{0.1013} \tag{1-9}$$

式中 ρ_s——在热力学温度为 T 和绝对压力为 p 状态下的湿空气密度（kg/m^3）；

p——湿空气的绝对全压力（MPa）；

p_b——在热力学温度为 T 时，饱和空气中水蒸气的分压力（MPa）；

φ——空气的相对湿度［见式（1-13）］。

2. 黏性

空气的黏度受温度影响较大，受压力影响甚微，可忽略不计。空气的运动黏度与温度的关系见表 1-7。

表 1-7 空气的运动黏度与温度的关系（压力 0.1013MPa）

t/℃	0	5	10	20	30	40	60	80	100
ν/($\times10^{-4}m^2\cdot s^{-1}$)	0.133	0.142	0.147	0.157	0.166	0.176	0.196	0.210	0.238

3. 可压缩性和膨胀性

气体因分子间的距离大，内聚力小，故分子可自由运动。因此，气体的体积容易随压力和温度发生变化。

气体体积随压力增大而减小的性质称为可压缩性；而气体体积随温度升高而增大的性质称为膨胀性。气体的可压缩性和膨胀性都远大于液体的可压缩性和膨胀性，故研究气压传动时，应予考虑。

气体体积随压力和温度的变化规律服从气体状态方程。

4. 湿空气

湿空气不仅会腐蚀元件，还会对系统工作的稳定性带来不良影响。因此不仅各种元件对空气介质的含水量有明确规定，而且常采取一些措施防止水分被带入系统。

湿空气所含水分的程度用湿度和含湿量来表示，湿度的表示方法又有绝对湿度和相对湿度之分。

（1）绝对湿度 $1m^3$ 的湿空气中所含水蒸气的质量称为湿空气的绝对湿度，常用χ（单位为 kg/m^3）表示，即

$$\chi=\frac{m_s}{V} \tag{1-10}$$

或
$$\chi=\rho_s=\frac{p_s}{R_sT} \tag{1-11}$$

式中　m_s——水蒸气的质量（kg）；

V——湿空气的体积（m^3）；

ρ_s——水蒸气的密度（kg/m^3）；

p_s——水蒸气的分压力（Pa）；

R_s——水蒸气的气体常数，$R_s=462.05J/(kg\cdot K)$；

T——热力学温度（K）。

（2）饱和绝对湿度　在一定温度下，$1m^3$ 饱和湿空气中所含水蒸气的质量，称为该温度下的饱和绝对湿度，用χ_b 表示，即

$$\chi_b=\rho_b=\frac{p_b}{R_sT} \tag{1-12}$$

式中　ρ_b——饱和湿空气中水蒸气的密度（kg/m^3）；

p_b——饱和湿空气中水蒸气的分压力（Pa）。

（3）相对湿度　在同一温度和压力下，湿空气的绝对湿度和饱和绝对湿度之比称为该温度下的相对湿度，用 φ 表示，即

$$\varphi=\frac{\chi}{\chi_b}\times100\%=\frac{\rho_s}{\rho_b}\times100\%=\frac{p_s}{p_b}\times100\% \tag{1-13}$$

当 $\varphi=0$，即 $p_s=0$ 时，则空气绝对干燥；当 $\varphi=100$，即 $p_s=p_b$ 时，则空气达到饱和湿度。

一般要求气动技术中通过各种阀门的湿空气的相对湿度不得大于90%。

（4）含湿量　含湿量分为质量含湿量和容积含湿量。

在含有1kg 干空气的湿空气中所混合的水蒸气的质量，称为该湿空气的质量含湿量，用 d 表示，即

$$d=\frac{m_s}{m_g}=622\times\frac{\varphi p_b}{p-\varphi p_b} \tag{1-14}$$

式中　m_s——水蒸气的质量（g）；

m_g——干空气的质量（kg）；

p_b——饱和水蒸气的分压力（MPa）；

p——湿空气的全压力（MPa）；

φ——相对湿度。

在含有 $1m^3$ 体积干空气的湿空气中所混合的水蒸气的质量，称为该湿空气的容积含湿量，用 d'表示，即

$$d'=d\rho_g \tag{1-15}$$

式中　d——质量含湿量（g/kg）；

ρ_g——干空气的密度（kg/m^3）。

在标准大气压（0.1013MPa）下，饱和湿空气中的水蒸气分压为 p_b、密度 ρ_b、容积含湿量 d'_b与温度 t 之间的关系见表1-8。

表 1-8 标准大气压下 p_b、ρ_b、d_b'与 t 的关系

温 度 t/℃	饱和水蒸气分压力 p_b/MPa	饱和水蒸气密度 ρ_b/(g·m^{-3})	饱和容积含湿量 d_b'/(g·m^{-3})
100	0.1013		597.0
80	0.0473	290.8	292.9
70	0.0312	197.0	197.9
60	0.0199	129.8	130.1
50	0.0123	82.9	83.2
40	0.0074	51.0	51.2
30	0.0042	30.3	30.4
20	0.0023	17.3	17.3
10	0.0012	9.4	9.4
0	0.0006	4.85	4.85
-10	0.00026	2.25	2.2
-20	0.00010	1.07	0.9

由表 1-8 可以看出，空气中的水蒸气分压力和含湿量都随温度的下降而明显减小，所以降低进入气动装置空气的温度，对于减少空气中的含水量是有利的。

（5）露点温度 在保持压力不变的条件下，降低未饱和湿空气的温度，使其达到饱和状态时的温度称为露点温度（简称露点）。实际上，露点温度也就是与未饱和湿空气中水蒸气分压力 p_s 相对应的饱和水蒸气的温度。因此，湿空气的温度冷却到露点温度以下，就会有水滴析出。采用降温法去除湿空气中的水分即是根据这个原理。

（6）析水量 气动系统中的工作介质，是由空气压缩机输出的压缩空气。湿空气被压缩后，压力、温度、绝对湿度都增加，当此压缩空气冷却降温时，其相对湿度增加，温度降低到露点温度后，便有水滴析出。每小时从压缩空气中析出水的质量称为析水量。析水量按下式计算

$$Q_m = 60q_z\left[\varphi d_{b1}' - \frac{(p_1 - \varphi p_{b1})T_2}{(p_2 - p_{b2})T_1} d_{b2}'\right] \tag{1-16}$$

式中 Q_m——每小时的析水量（kg/h）；

q_z——从外界吸入空压机的空气流量（m^3/min）；

φ——压缩前空气的相对湿度；

T_1、p_1——分别为压缩前空气的温度（K）和绝对全压力（MPa）；

T_2、p_2——分别为压缩后空气的温度（K）和绝对全压力（MPa）；

p_{b1}、d_{b1}'——分别是温度为 T_1 时饱和空气中水蒸气的绝对分压力（MPa）和饱和容积含湿量（kg/m^3）；

p_{b2}、d_{b2}'——分别是温度为 T_2 时饱和空气中水蒸气的绝对分压力（MPa）和饱和容积含湿量（kg/m^3）。

例 1-2 将 20℃的空气压缩至 0.8MPa（绝对压力），压缩后的空气温度为 50℃，已知压缩空气机吸入空气流量为 6m^3/min，空气相对湿度为 85%，试求每小时的析水量。

解 已知：q_z = 6m^3/min，φ = 0.85，p_1 = 0.1MPa，p_2 = 0.8MPa，T_1 = (273+20) K =

293K，$T_2=(273+50)\text{K}=323\text{K}$，由表 1-8 查出：

20℃时：$d_{b1}'=17.3\text{g/m}^3$，$p_{b1}=0.0023\text{MPa}$。

50℃时：$d_{b2}'=83.2\text{g/m}^3$，$p_{b2}=0.0123\text{MPa}$。

根据式（1-16）计算得

$$\begin{aligned} Q_m &= 60q_z\left[\varphi d_{b1}'-\frac{(p_1-\varphi p_{b1})T_2}{(p_2-p_{b2})T_1}d_{b2}'\right] \\ &= 60\times6\times\left[0.85\times0.0173-\frac{(0.1-0.85\times0.0023)\times323}{(0.8-0.0123)\times293}\times0.0832\right]\text{kg/h} \\ &= 1.18\text{kg/h} \end{aligned}$$

第二节 流体静力学

空气的密度极小，因此静止空气重力的作用甚微。所以，本节主要介绍液体静力学。液体静力学是研究静止液体的力学规律以及这些规律的应用。这里所说的静止液体是指液体内部质点间没有相对运动而言，至于盛装液体的容器，不论它是静止的还是运动的，都没有关系。

一、液体静压力及其特性

静止液体在单位面积上所受的法向力称为静压力。静压力在液压传动中简称压力，在物理学中则称为压强。

静止液体中某点处微小面积 ΔA 上作用有法向力 ΔF，则该点的压力定义为

$$p=\lim_{\Delta A\to0}\frac{\Delta F}{\Delta A} \tag{1-17}$$

若法向作用力 F 均匀地作用在面积 A 上，则压力可表示为

$$p=\frac{F}{A} \tag{1-18}$$

我国采用法定计量单位 Pa 来计量压力，$1\text{Pa}=1\text{N/m}^2$。液压技术中习惯用 MPa，$1\text{MPa}=10^6\text{Pa}$。

液体静压力有两个重要特性：

液体静压力的重要特性

1）液体静压力垂直于承压面，其方向和该面的内法线方向一致。这是由于液体质点间的内聚力很小，不能受拉只能受压之故。

2）静止液体内任一点所受到的压力在各个方向上都相等。如果某点受到的压力在某个方向上不相等，那么液体就会流动，这就违背了液体静止的条件。

二、液体静压力基本方程

（一）液体静压力基本方程

在重力作用下的静止液体，其受力情况如图 1-4a 所示，除了液体重力，还有液面上的

压力和容器壁面作用在液体上的压力。如要求出液体内离液面深度为 h 的某一点压力，可以从液体内取出一个底面通过该点的垂直小液柱作为控制体。设小液柱的底面积为 ΔA，高为 h，如图 1-4b 所示。这个小液柱在重力及周围液体的压力作用下处于平衡状态，其在垂直方向上的力平衡方程式为

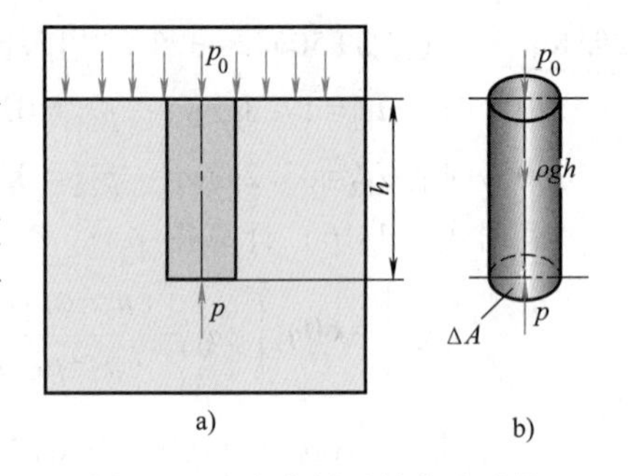

图 1-4　重力作用下的静止液体

$$p\Delta A=p_0\Delta A+\rho gh\Delta A$$

式中　$\rho gh\Delta A$——小液柱的重力。

上式化简后得　$p=p_0+\rho gh$　(1-19)

式（1-19）即为静压力基本方程，它说明液体静压力分布有如下特征：

液体静压力的三个特征

1）静止液体内任一点的压力由两部分组成：一部分是液面上的压力 p_0，另一部分是该点以上液体重力所形成的压力 ρgh。当液面上只受大气压力 p_a 作用时，则该点的压力为

$$p=p_a+\rho gh \tag{1-20}$$

2）静止液体内的压力随液体深度呈线性规律递增。

3）同一液体中，离液面深度相等的各点压力相等。由压力相等的点组成的面称为等压面。在重力作用下静止液体中的等压面是一个水平面。

（二）液体静压力基本方程的物理意义

将图 1-4 所示盛有液体的密闭容器放在基准水平面（$O-x$）上加以考察，如图 1-5 所示，则静压力基本方程可改写成

$$p=p_0+\rho gh=p_0+\rho g(z_0-z)$$

式中　z_0——液面与基准水平面之间的距离；

z——深度为 h 的点与基准水平面之间的距离。

上式整理后可得

$$\frac{p}{\rho}+zg=\frac{p_0}{\rho}+z_0g=常数 \tag{1-21}$$

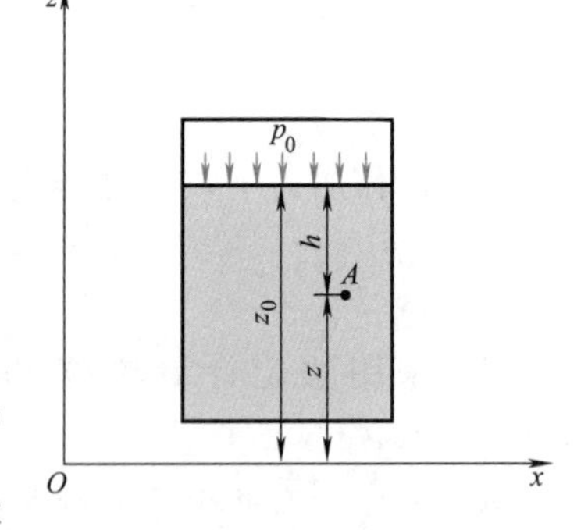

图 1-5　静压力基本方程的物理意义

式（1-21）是液体静压力基本方程的另一形式。式中 $\frac{p}{\rho}$ 表示了单位质量液体的压力能；zg 表示了单位质量液体的位能。因此，静压力基本方程的物理意义是：静止液体内任何一点具有压力能和位能两种能量形式，且其总和保持不变，即能量守恒。但是两种能量形式之间可以相互转换。

静止液体的能量与转换

（三）压力的表示方法

根据度量基准的不同，压力有两种表示方法：以绝对零压力作为基准所表示的压力，称为绝对压力；以当地大气压力为基准所表示的压力，称为相对压力。绝对压力与相对压力的关系如图 1-6 所示。绝大多数测压仪表因其外部均受大气压力作用，所以仪表指示的压力是相对压力。今后，如不特别指明，液压传动中所提到的压力均为相对压力。

如果液体中某点处的绝对压力小于大气压力，这时该点的绝对压力比大气压力小的那部分压力值，称为真空度。所以

$$真空度=大气压力-绝对压力 \tag{1-22}$$

例 1-3　图 1-7 所示为一充满油液的容器，如作用在活塞上的力 $F=1000\text{N}$，活塞面积 $A=1\times10^{-3}\text{m}^2$，忽略活塞的质量，试问活塞下方深度为 $h=0.5\text{m}$ 处的压力等于多少？油液的密度 $\rho=900\text{kg/m}^3$。

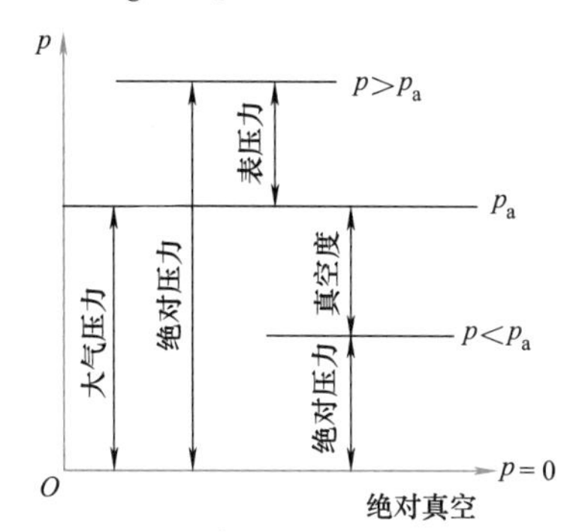

图 1-6　绝对压力与相对压力的关系

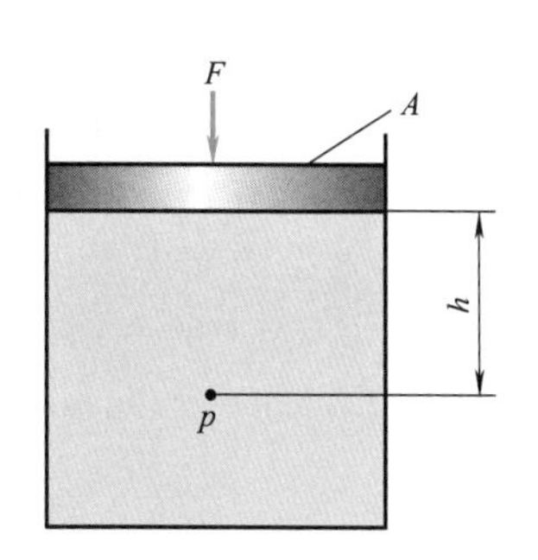

图 1-7　例 1-3 图

解　依据式（1-19），$p=p_0+\rho gh$，活塞和液面接触处的压力 $p_0=F/A=1000/(1\times10^{-3})\text{N/m}^2=10^6\text{N/m}^2$，因此，深度为 $h=0.5\text{m}$ 处的液体压力为

$$\begin{aligned}p&=p_0+\rho gh=(10^6+900\times9.8\times0.5)\text{N/m}^2\\&=1.0044\times10^6\text{N/m}^2\approx10^6\text{Pa}=1\text{MPa}\end{aligned}$$

由这个例子可以看到，液体在受压情况下，其液柱高度所引起的那部分压力 ρgh 相当小，可以忽略不计，并认为整个静止液体内部的压力是近乎相等的。下面在分析液压系统时，就采用了这种假定。

三、帕斯卡原理

按式（1-19），盛放在密闭容器内的液体，其外加压力 p_0 发生变化时，只要液体仍保持其原来的静止状态不变，液体中任一点的压力均将发生同样大小的变化。也就是说，在密闭容器内，施加于静止液体上的压力将以等值传递到液体中所有各点。这就是帕斯卡原理，或称静压传递原理。帕斯卡原理是液压传动的一个基本原理。

在绪论中，已对帕斯卡原理在液压系统中的应用做了详细分析，这里不再赘述。

 静压传递是液压传动的一个基本原理。

四、静压力对固体壁面的作用力

静止液体和固体壁面相接触时，固体壁面将受到由液体静压所产生的作用力。

当固体壁面为一平面时，作用在该面上压力的方向是相互平行的，故静压力作用在固体壁面上的总力 F 等于压力 p 与承压面积 A 的乘积，且作用方向垂直于承压表面，即

$$F=pA \tag{1-23}$$

当固体壁面为一曲面时，情况就不同了：作用在曲面上各点处的压力方向是不平行的，

因此，静压力作用在曲面某一方向 x 上的总力 F_x 等于压力与曲面在该方向投影面积 A_x 的乘积，即

$$F_x = pA_x \tag{1-24}$$

上述结论对于任何曲面都是适用的。下面以液压缸缸筒为例加以证实。

对于平面，液体作用在固体壁面上的力等于其静压力与固体承压面积的乘积。

设液压缸两端面封闭，缸筒内充满着压力为 p 的油液，缸筒半径为 r，长度为 l，如图 1-8 所示。这时，缸筒内壁面上各点的静压力大小相等，都为 p，但并不平行。因此，为求得油液作用于缸筒右半壁内表面在 x 方向上的总力 F_x，需在壁面上取一微小面积 $dA = lds = lrd\theta$，则油液作用在 dA 上的力 dF 的水平分量 dF_x 为

$$dF_x = dF\cos\theta = pdA\cos\theta = plr\cos\theta d\theta$$

上式积分后则得

$$F_x = \int_{-\frac{\pi}{2}}^{\frac{\pi}{2}} dF_x = \int_{-\frac{\pi}{2}}^{\frac{\pi}{2}} plr\cos\theta d\theta = 2lrp = pA_x$$

即 F_x 等于压力 p 与缸筒右半壁面在 x 方向上投影面积 A_x 的乘积。

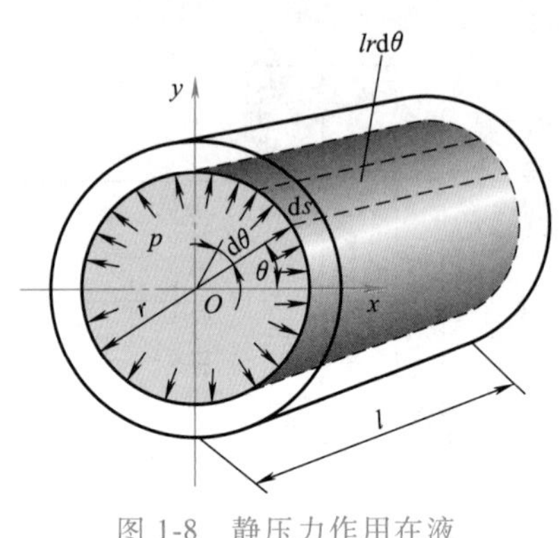

图 1-8 静压力作用在液压缸内壁面上的力

例 1-4 某安全阀如图 1-9 所示。阀芯为圆锥形，阀座孔径 $d = 10\text{mm}$，阀芯最大直径 $D = 15\text{mm}$。当油液压力 $p_1 = 8\text{MPa}$ 时，压力油克服弹簧力顶开阀芯而溢油，出油腔有背压 $p_2 = 0.4\text{MPa}$。试求阀内弹簧的预紧力。

解 1）压力 p_1、p_2 向上作用在阀芯锥面上的投影面积分别为 $\frac{\pi}{4}d^2$ 和 $\frac{\pi}{4}(D^2-d^2)$，故阀芯受到的向上作用力为

$$F_1 = \frac{\pi}{4}d^2p_1 + \frac{\pi}{4}(D^2-d^2)p_2$$

2）压力 p_2 向下作用在阀芯平面上的面积为 $\frac{\pi}{4}D^2$，则阀芯受到的向下作用力为

$$F_2 = \frac{\pi}{4}D^2p_2$$

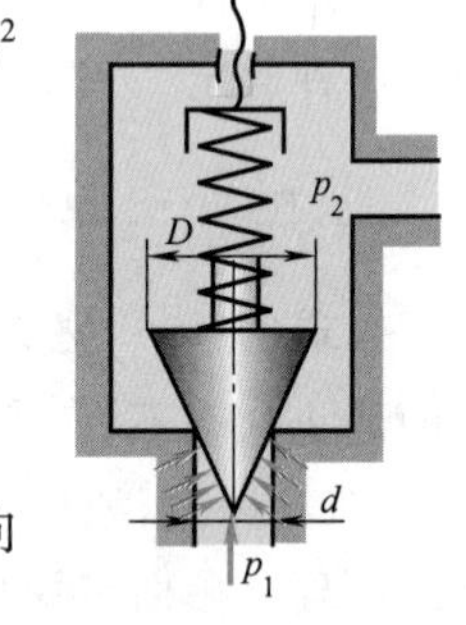

图 1-9 例 1-4 图

3）阀芯受力平衡方程式：

$$F_1 = F_2 + F_s$$

式中 F_s——弹簧预紧力。

将 F_1、F_2 代入上式得

$$\frac{\pi}{4}d^2p_1 + \frac{\pi}{4}(D^2-d^2)p_2 = \frac{\pi}{4}D^2p_2 + F_s$$

整理后有

$$F_s=\frac{\pi}{4}d^2(p_1-p_2)=\frac{\pi\times0.01^2}{4}\times(8-0.4)\times10^6\text{N}=597\text{N}$$

第三节 流体运动学和流体动力学

流体运动学研究流体的运动规律，流体动力学研究作用于流体上的力与流体运动之间的关系。流体的连续方程、能量方程和动量方程是流体运动学和流体动力学的三个基本方程。当气体流速比较低（$v<5\text{m/s}$）时，气体和液体的这三个基本方程完全相同。因此，为方便起见，本节在叙述这些基本方程时仍以液体为主要对象。

一、基本概念

（一）理想液体、恒定流动和一维流动

实际液体具有黏性，研究液体流动时必须考虑黏性的影响。但由于这个问题非常复杂，所以开始分析时可以假设液体没有黏性，然后再考虑黏性的作用并通过实验验证等办法对理想化的结论进行补充或修正。这种方法同样可以用来处理液体的可压缩性问题。一般把既无黏性又不可压缩的假想液体称为理想液体。

液体流动时，如液体中任何一点的压力、速度和密度都不随时间而变化，便称液体是在做恒定流动；反之，只要压力、速度或密度中有一个参数随时间变化，则液体的流动称为非恒定流动。研究液压系统静态性能时，可以认为液体做恒定流动；但在研究其动态性能时，则必须按非恒定流动来考虑。

当液体整个做线形流动时，称为一维流动；当做平面或空间流动时，称为二维或三维流动。一维流动最简单，但是严格意义上的一维流动要求液流截面上各点处的速度矢量完全相同，这种情况在现实中极为少见。通常把封闭容器内液体的流动按一维流动处理，再用实验数据来修正其结果，液压传动中对工作介质流动的分析讨论就是这样进行的。

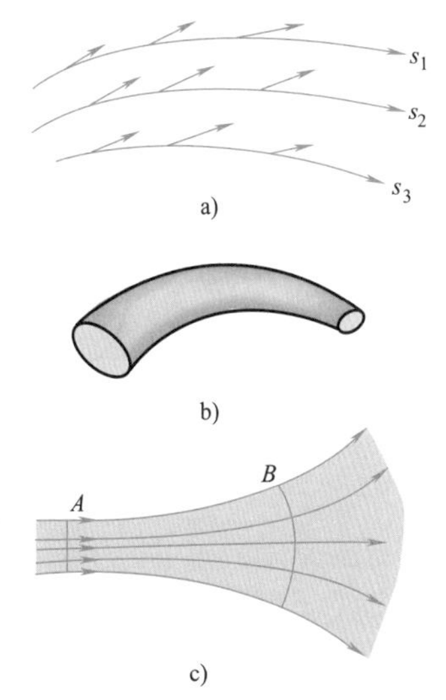

图 1-10 流线、流管、流束和通流截面

a）流线 b）流管

c）流束和通流截面

（二）流线、流管和流束

流线是流场中的一条条曲线，它表示在同一瞬时流场中各质点的运动状态。流线上每一质点的速度向量与这条曲线相切，因此，流线代表了某一瞬时一群流体质点的流速方向，如图 1-10a 所示。在非恒定流动时，由于液流通过空间点的速度随时间变化，因而流线形状也随时间变化；在恒定流动时，流线形状不随时间变化。由于流场中每一质点在每一瞬时只能有一个速度，所以流线之间不可能相交，流线也不可能突然转折，它只能是一条光滑的曲线。

在流场中画一条不属于流线的任意封闭曲线，沿该封闭曲线上的每一点作流线，由这些流线组成的表面称为流管（图 1-10b）。流管内的流线群称为流束。根据流线不会相交的性质，流管内外的流线均不会穿越流管，故流管与真实管道相似。将流管截面无限缩小趋近于零，便获得微小流管或

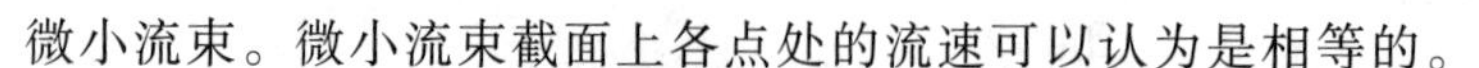

微小流束。微小流束截面上各点处的流速可以认为是相等的。

流线彼此平行的流动称为平行流动；流线间夹角很小，或流线曲率半径很大的流动称为缓变流动。平行流动和缓变流动都可以算是一维流动。

（三）通流截面、流量和平均流速

流束中与所有流线正交的截面称为通流截面，如图 1-10c 中的 A 面和 B 面，通流截面上每点处的流动速度都垂直于这个面。

单位时间内流过某通流截面的液体体积称为流量，常用 q 表示，即

$$q=\frac{V}{t} \tag{1-25}$$

式中 q——流量（L/min）；

V——液体的体积（L）；

t——流过液体体积 V 所需的时间（min）。

由于实际液体具有黏性，因此液体在管道内流动时，通流截面上各点的流速是不相等的。管壁处的流速为零，管道中心处流速最大，流速分布如图 1-11b 所示。若要求得流经整个通流截面 A 的流量，可在通流截面 A 上取一微小流束的截面 $\mathrm{d}A$（图 1-11a），则通过 $\mathrm{d}A$ 的微小流量为

$$\mathrm{d}q=u\mathrm{d}A$$

对上式进行积分，便可得到流经整个通流截面 A 的流量：

$$q=\int_A u\mathrm{d}A \tag{1-26}$$

可见，要求得 q 的值，必须先知道流速 u 在整个通流截面 A 上的分布规律。实际上这是比较困难的，因为黏性液体流速 u 在管道中的分布规律是很复杂的。所以，为方便起见，在液压传动中常采用一个假想的平均流速 v（图 1-11b）来求流量，并认为液体以平均流速 v 流经通流截面的流量等于以实际流速流过的流量，即

$$q=\int_A u\mathrm{d}A=vA$$

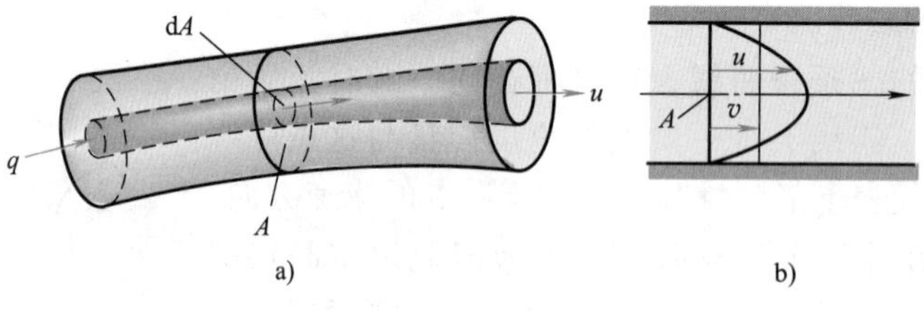

a) b)

图 1-11 流量和平均流速

由此得出通流截面上的平均流速为

$$v=\frac{q}{A} \tag{1-27}$$

二、连续方程

连续方程是流量连续性方程的简称，它是流体运动学方程，其实质是质量守恒定律的另一种表示形式，即将质量守恒转化为理想液体做恒定流动时的体积守恒。

在流体做恒定流动的流场中任取一流管，其两端通流截面面积为 A_1、A_2，如图 1-12 所示。在流管中取一微小流束，并设微小流束两端的截面面积为 dA_1、dA_2，液体流经这两个微小截面的流速和密度分别为 u_1、ρ_1 和 u_2、ρ_2，根据质量守恒定律，单位时间内经截面 dA_1 流入微小流束的液体质量应与从截面 dA_2 流出微小流束的液体质量相等，即

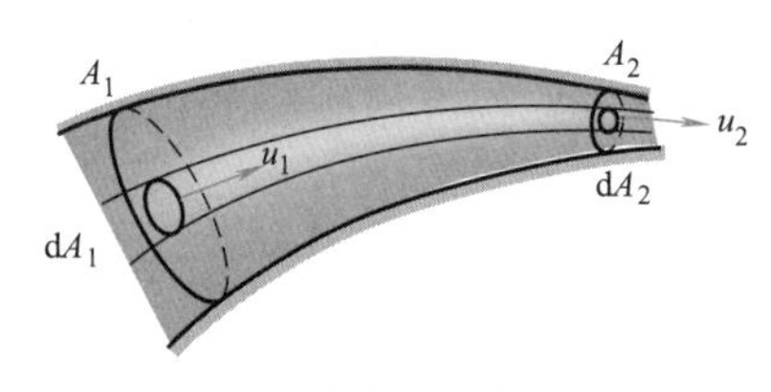

图 1-12 连续方程推导简图

$$\rho_1 u_1 dA_1 = \rho_2 u_2 dA_2$$

如忽略液体的可压缩性，即 $\rho_1 = \rho_2$，则有

$$u_1 dA_1 = u_2 dA_2$$

对上式进行积分，便得经过截面 A_1、A_2 流入、流出整个流管的流量：

$$\int_{A_1} u_1 dA_1 = \int_{A_2} u_2 dA_2$$

根据式（1-26）和式（1-27），上式可写成

$$q_1 = q_2$$

或

$$v_1 A_1 = v_2 A_2 \tag{1-28}$$

式中 q_1、q_2——流经通流截面 A_1、A_2 的流量；

v_1、v_2——流体在通流截面 A_1、A_2 上的平均流速。

由于两通流截面是任意取的，故有

$$q = vA = 常数 \tag{1-29}$$

这就是液流的流量连续性方程，它说明在恒定流动中，通过流管各截面的不可压缩液体的流量是相等的。换句话说，液体是以同一个流量在流管中连续地流动着；而液体的流速则与通流截面面积成反比。

 流管中液体的流速与通流面积成反比。

三、能量方程

能量方程又常称伯努利方程，它实际上是流动液体的能量守恒定律。

由于流动液体的能量问题比较复杂，下面仅简单地介绍能量方程的由来。

（一）理想液体能量方程

理想液体无黏性，又不可压缩，因此在流管内做恒定流动时没有能量损失。根据能量守恒定律，同一流管每一截面上液体的总能量都是相等的。

如式（1-21）所示，在静止液体的每一截面上，液体的总能量为单位质量液体的压力能 p/ρ 和位能 zg 之和，且其值不变。也即对于任意两个截面有

$$\frac{p_1}{\rho} + z_1 g = \frac{p_2}{\rho} + z_2 g$$

而对于图 1-13 所示的流动液体，除以上两项外，还应加上单位质量液体的动能 $v^2/2$。

因此，如在图 1-13 中任取两个截面 A_1 和 A_2，它们距基准水平面的距离分别为 z_1 和 z_2，

截面上液体平均流速分别为 v_1 和 v_2，压力分别为 p_1 和 p_2。则根据能量守恒定律有

$$\frac{p_1}{\rho}+z_1g+\frac{v_1^2}{2}=\frac{p_2}{\rho}+z_2g+\frac{v_2^2}{2} \tag{1-30}$$

因两个截面是任意取的，故上式可改写为

$$\frac{p}{\rho}+zg+\frac{v^2}{2}=常数 \tag{1-31}$$

式（1-31）即为理想液体的能量方程，其物理意义是：理想液体做恒定流动时具有压力能、位能和动能三种能量形式，在任一截面上这三种能量形式之间可以相互转换，但三者之和为一定值，即能量守恒。

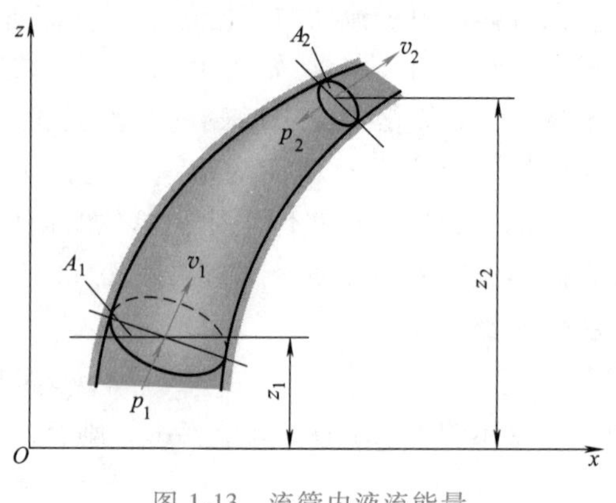

图 1-13 流管内液流能量方程推导简图

流动液体在流管内能量守恒。

（二）实际液体能量方程

实际液体在流管内流动时，由于液体黏性和液流扰动，会消耗能量。因此，实际液体流动时存在能量损失，设单位质量液体在两截面之间流动的能量损失为 h_wg。

另外，因实际流速 u 在流管通流截面上的分布是不均匀的，为方便计算，一般用平均流速 v 替代 u 来计算动能。显然，这将产生误差。为修正这一误差，引入动能修正系数 α，它等于单位时间内某通流截面上的实际动能与按平均流速计算的动能之比，即

$$\alpha=\frac{\int_A\rho\frac{u^2}{2}u\mathrm{d}A}{\frac{1}{2}\rho Avv^2}=\frac{\int_A u^3\mathrm{d}A}{v^3A} \tag{1-32}$$

在引进了能量损失 h_wg 和动能修正系数 α 后，实际液体的能量方程为

$$\frac{p_1}{\rho}+z_1g+\frac{\alpha_1v_1^2}{2}=\frac{p_2}{\rho}+z_2g+\frac{\alpha_2v_2^2}{2}+h_wg \tag{1-33}$$

式（1-33）就是仅受重力作用的实际液体在流管中做恒定流动时的能量方程。它的物理意义是单位质量实际液体的能量守恒。其中 h_wg 为单位质量液体从截面 A_1 流到截面 A_2 过程中的能量损失。

在应用上式时，必须注意 p 和 z 应为通流截面的同一点上的两个参数，为方便起见，通常把这两个参数都取在通流截面的中心处。

例 1-5 计算液压泵吸油口处的真空度。

液压泵吸油装置如图 1-14 所示。设油箱液面压力为 p_1，液压泵吸油口处的绝对压力为 p_2，泵吸油口距油箱液面的高度为 h。

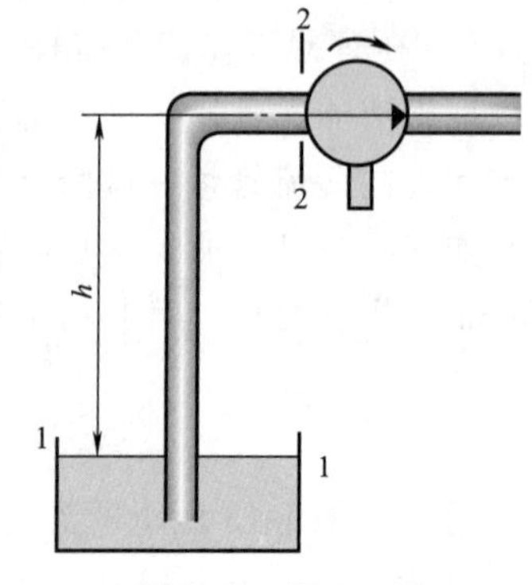

图 1-14 例 1-5 图

解 以油箱液面为基准，并定为 1—1 截面，泵的吸油口处为 2—2 截面。取动能修正系数 $\alpha_1=\alpha_2=1$，对 1—1 和 2—2

截面建立实际液体的能量方程，则有

$$\frac{p_1}{\rho}+\frac{v_1^2}{2}=\frac{p_2}{\rho}+hg+\frac{v_2^2}{2}+h_w g$$

图示油箱液面与大气接触，故 p_1 为大气压力，即 $p_1=p_a$；v_1 为油箱液面下降速度，由于$v_1 \ll v_2$，故 v_1 可近似为零；v_2 为泵吸油口处液体的流速，它等于流体在吸油管内的流速；$h_w g$ 为吸油管路的能量损失。因此，上式可简化为

$$\frac{p_a}{\rho}=\frac{p_2}{\rho}+hg+\frac{v_2^2}{2}+h_w g$$

所以液压泵吸油口处的真空度为

$$p_a-p_2=\rho gh+\frac{1}{2}\rho v_2^2+\rho gh_w=\rho gh+\frac{1}{2}\rho v_2^2+\Delta\rho$$

由此可见，液压泵吸油口处的真空度由三部分组成：把油液提升到高度 h 所需的压力、将静止液体加速到 v_2 所需的压力和吸油管路的压力损失。

四、动量方程

动量方程是动量定理在流体力学中的具体应用。用动量方程来计算液流作用在固体壁面上的力，比较方便。动量定理指出：作用在物体上的合外力的大小等于物体在力作用方向上的动量的变化率，即

$$\sum F=\frac{dI}{dt}=\frac{d(mv)}{dt} \tag{1-34}$$

将动量定理应用于流体时，须在任意时刻 t 时从流管中取出一个由通流截面 A_1 和 A_2 围起来的液体控制体积，如图 1-15 所示。这里，截面 A_1 和 A_2 便是控制表面。在此控制体积内取一微小流束，其在 A_1、A_2 上的通流截面为 dA_1、dA_2，流速为 u_1、u_2。假定控制体积经过 dt 后流到新的位置 A_1'—A_2'，则在 dt 时间内控制体积中液体质量的动量变化为

$$d(\sum I)=I_{\text{III}_{t+dt}}-I_{\text{III}_t}+I_{\text{II}_{t+dt}}-I_{\text{I}_t} \tag{1-35}$$

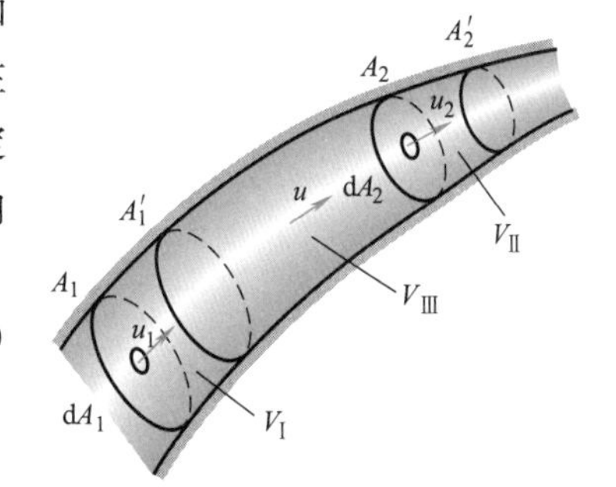

图 1-15　流管内液流动量定理推导简图

体积 V_{II} 中液体在 $t+dt$ 时的动量为

$$I_{\text{II}_{t+dt}}=\int_{V_{\text{II}}}\rho u_2 dV_{\text{II}}=\int_{A_2}\rho u_2 dA_2 u_2 dt$$

式中　ρ——液体的密度。

同样可推得体积 V_{I} 中液体在 t 时的动量为

$$I_{\text{I}_t}=\int_{V_1}\rho u_1 dV_{\text{I}}=\int_{A_1}\rho u_1 dA_1 u_1 dt$$

另外，式（1-35）中等号右边的第一、二项为

$$I_{\text{III}_{t+dt}}-I_{\text{III}_t}=\frac{d}{dt}\left(\int_{V_{\text{III}}}\rho u dV_{\text{III}}\right)dt$$

当 $dt\to 0$ 时，体积 $V_{\text{III}}\approx V$，将以上关系代入式（1-34）和式（1-35），得

$$\sum F = \frac{\mathrm{d}}{\mathrm{d}t}\left(\int_V \rho u \mathrm{d}V\right) + \int_{A_2} \rho u_2 u_2 \mathrm{d}A_2 - \int_{A_1} \rho u_1 u_1 \mathrm{d}A_1$$

若用流管内液体的平均流速 v 代替截面上的实际流速 u，其误差用一动量修正系数 β 予以修正，且不考虑液体的可压缩性，即 $A_1 v_1 = A_2 v_2 = q \left(而\ q = \int_A u \mathrm{d}A\right)$，则上式经整理后可写成

$$\sum F = \frac{\mathrm{d}}{\mathrm{d}t}\left(\int_V \rho u \mathrm{d}V\right) + \rho q(\beta_2 v_2 - \beta_1 v_1) \tag{1-36}$$

式中动量修正系数 β 等于实际动量与按平均流速计算出的动量之比，即

$$\beta = \frac{\int_A u \mathrm{d}m}{mv} = \frac{\int_A u(\rho u \mathrm{d}A)}{(\rho u A)v} = \frac{\int_A u^2 \mathrm{d}A}{v^2 A} \tag{1-37}$$

式（1-36）即为流体力学中的动量定理。等式左边 $\sum F$ 为作用于控制体积内液体上外力的矢量和；而等式右边第一项是使控制体积内的液体加速（或减速）所需的力，称为瞬态力，等式右边第二项是由于液体在不同控制表面上具有不同速度所引起的力，称为稳态力。

稳态液动力和瞬态液动力是液流作用在固体壁面上的两种力。

对于做恒定流动的液体，式（1-36）等号右边第一项等于零，于是有

$$\sum F = \rho q(\beta_2 v_2 - \beta_1 v_1) \tag{1-38}$$

必须注意，式（1-36）和式（1-38）均为矢量方程式，在应用时可根据具体要求向指定方向投影，列出该方向上的动量方程，然后进行求解。

若控制体积内的液体在所讨论的方向上只有与固体壁面间的相互作用力，则这两种力大小相等，方向相反。

例 1-6 喷嘴-挡板如图 1-16 所示。试求射流对挡板的作用力。

解 运用动量方程的关键在于正确选取控制体积。在图示情况下，画出 $abcdef$ 为控制体积，则截面 ab、cd、ef 上均为大气压力 p_a。若已知喷嘴出口 ab 处面积为 A，射流的流量为 q，流体的密度为 ρ，并设挡板对射流的作用力为 F，由动量方程得

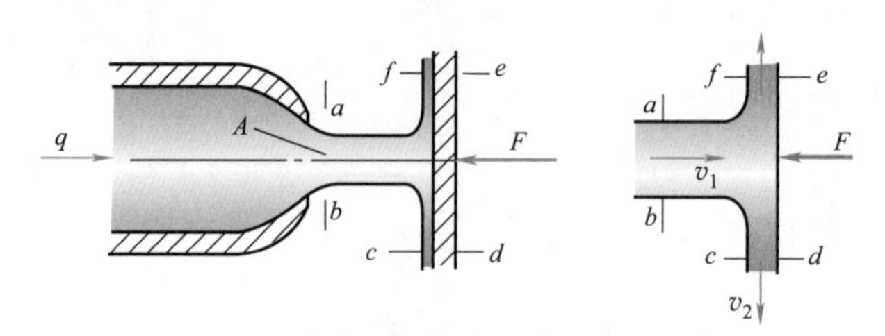

图 1-16 例 1-6 图

$$p_a A - F = \sum F = \rho q(0 - v_1) = -\rho q v_1$$

因为 $p_a = 0$（相对压力），所以

$$F = \rho q v_1 = \rho q^2 / A$$

因此，射流作用在挡板上的力大小与 F 相等，方向向右。

例 1-7　图 1-17 所示为一锥阀，锥阀的锥角为 2φ。当液体在压力 p 作用下以流量 q 流经锥阀时，液流通过阀口处的流速为 v_2，出口压力为 $p_2=0$。试求作用在锥阀上的力的大小和方向。

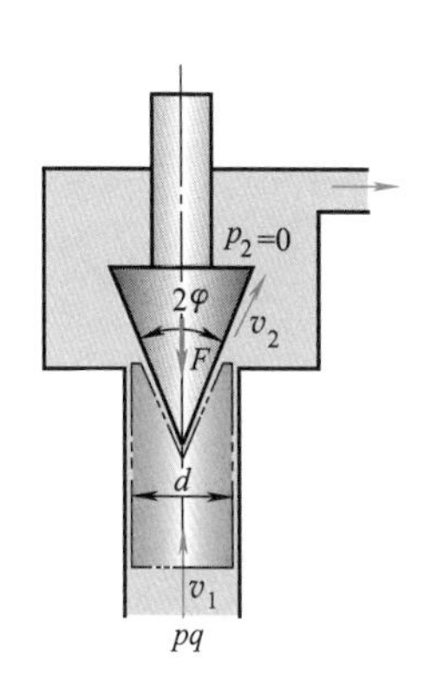

图 1-17　例 1-7 图

解　在图示情况下，取双点画线内部的液体为控制体积。设锥阀作用在控制体上的力为 F，沿液流方向对控制体列出动量方程，则有

$$p\frac{\pi}{4}d^2-F=\rho q(\beta_2 v_2\cos\varphi-\beta_1 v_1)$$

取 $\beta_1=\beta_2\approx 1$（详见后叙），因 $v_1<<v_2$，忽略 v_1，故得

$$F=p\frac{\pi}{4}d^2-\rho q v_2\cos\varphi$$

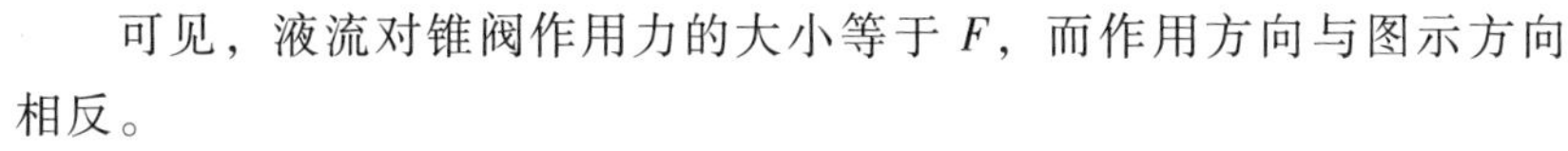

可见，液流对锥阀作用力的大小等于 F，而作用方向与图示方向相反。

由上述 F 的计算式可以看出，其中作用在锥阀上的稳态液动力项 $\rho q v_2\cos\varphi$ 为负值，也即此力的作用方向应与图示方向一致。因此，在图 1-17 情况下，稳态液动力的方向始终使锥阀阀芯趋于关闭。

例 1-8　图 1-18 所示为液压系统的安全阀，阀座直径 $d=25\text{mm}$，当系统压力为 5.0MPa 时，阀的开度 $x=5\text{mm}$，通过的流量 $q=600\text{L/min}$，若阀的开启压力为 4.3MPa，油液的密度 $\rho=900\text{kg/m}^3$，弹簧刚度 $k=20\text{N/mm}$，试求油液出流角 α。

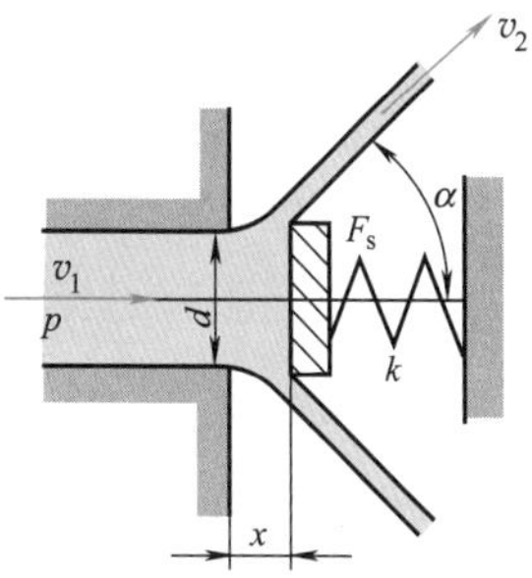

图 1-18　例 1-8 图

解　油液作用在阀上的液压力为

$$F_{p1}=A_1 p=\frac{\pi}{4}d^2 p=\frac{\pi}{4}\times 0.025^2\times 5\times 10^6\text{N}=2454.4\text{N}$$

弹簧作用在油液上的力为

$$F_s=\frac{\pi}{4}d^2 p_{开}+kx=\left(\frac{\pi}{4}\times 0.025^2\times 4.3\times 10^6+20\times 5\right)\text{N}=2210.8\text{N}$$

根据动量方程有

$$F_{p1}-F_s-F_{p2}\cos\alpha=\beta\rho q(v_2\cos\alpha-v_1)$$

由于 $p_2=p_a=0$（表压），故 $F_{p2}=0$，而

$$v_1=\frac{4q}{\pi d^2}=\frac{4\times 600\times 10^{-3}/60}{\pi\times 0.025^2}\text{m/s}=20.4\text{m/s}$$

$$v_2=\frac{q}{A_2}=\frac{q}{\pi dx\sin\alpha}$$

取 $\beta=1$，则有

$$F_{p1}-F_s=\rho q\left(\frac{q\cos\alpha}{\pi dx\sin\alpha}-v_1\right)=\rho q\left(\frac{q}{\pi dx}\cot\alpha-v_1\right)$$

故
$$\cot\alpha=\frac{\pi dx}{q}\left(\frac{F_{p1}-F_s}{\rho q}+v_1\right)=\frac{\pi\times 0.025\times 0.005}{600\times 10^{-3}/60}\times\left(\frac{2454.4-2210.8}{900\times 600\times 10^{-3}/60}+20.4\right)=1.864$$

则
$$\alpha=28.2°$$

所以，油流的出流角 α 为 28.2°。

注：从以上三个例题可以看出，运用动量方程的关键在于正确选取控制体积。

第四节 气体状态方程

一、理想气体状态方程

不计黏性的气体称为理想气体。空气可近似视为理想气体。

一定质量的理想气体在状态变化的某一稳定瞬时，其状态方程为

$$\frac{pV}{T}=常数 \tag{1-39}$$

$$pv=RT \tag{1-40}$$

式中 p——气体绝对压力（Pa）；

V——气体体积（m^3）；

T——气体的热力学温度（K）；

v——气体的单位质量体积（m^3/kg）；

R——气体常数［J/(kg·K)］，对于干空气，$R=287.1$J/(kg·K)。

气体的压力、温度和体积三个参数表征气体处于某种平衡时的状态。

二、气体状态变化过程

（一）等容状态过程

在气体的质量、体积保持不变（$v=$常数）的条件下，所进行的状态变化过程，称为等容过程。状态方程为

$$\frac{p}{T}=常数 \tag{1-41}$$

在等容过程中，气体对外不做功。气体随温度升高，其压力和内能均增加。

（二）等压状态过程

在气体压力保持不变（$p=$常数）的条件下，一定质量气体所进行的状态变化过程，称为等压过程。状态方程为

$$\frac{v}{T}=常数 \tag{1-42}$$

在等压过程中，气体的内能发生变化；气体温度升高，体积膨胀，对外做功。

（三）等温状态过程

在气体温度保持不变（$T=$常数）的条件下，一定质量气体所进行的状态变化过程，称为等温过程。当气体状态变化很慢时，可视为等温变化过程，如气动系统中的气缸慢速运动、管道送气过程等。状态方程为

$$pv=常数 \tag{1-43}$$

在等温过程中，气体的内能不发生变化，加入气体的热量全部变作膨胀功。

（四）绝热状态过程

在气体与外界无热量交换条件下，一定质量气体所进行的状态变化过程，称为绝热过

程。当气体状态变化很快时，可视为绝热变化过程，如气动系统的快速充、排气过程。

在绝热过程中，气体靠消耗自身的热能对外做功，其压力、温度和体积三个参数均为变量。状态方程为

$$pv^{\kappa}=常数 \tag{1-44}$$

式中 κ——等熵指数（又称绝热指数），对于空气，$\kappa=1.4$。

（五）多变状态过程

在没有任何制约条件下，一定质量气体所进行的状态变化过程，称为多变过程。严格地讲，气体状态变化过程大多属于多变过程；等容、等压、等温、绝热这四种变化过程不过是多变过程的特例而已。状态方程为

$$pv^{n}=常数 \tag{1-45}$$

式中 n——多变指数，对于空气，$1.4>n>1$，在研究气缸的起动和活塞运动速度时，可取 $n=1.2\sim1.25$。

例 1-9 由空气压缩机向气罐充气，使罐内绝对压力由 $p_1=0.1\text{MPa}$ 升高到 $p_2=0.265\text{MPa}$，罐内空气温度从室温 $t_1=15℃$ 上升为 t_2。充气结束后，罐内温度又渐渐降至室温，空气压力变成 p_2'。已知气源温度 $t_s=15℃$，试求 t_2 和 p_2'值。

解 此为一个复杂的状态变化过程，解题时可先视为绝热充气过程，再看作等容降温过程。

1）由绝热过程状态方程式（1-44），有 $p_1v_1^{\kappa}=p_2v_2^{\kappa}$，经转换后得

$$T_2=T_1\left(\frac{p_2}{p_1}\right)^{\frac{\kappa-1}{\kappa}}$$

$$=(273+15)\times\left(\frac{0.265}{0.1}\right)^{\frac{1.4-1}{1.4}}\text{K}=380.5\text{K}$$

所以
$$t_2=T_2-273℃=(380.5-273)℃=107.5℃$$

2）充气结束后为等容降温过程，罐内气体的温度由 $T_1'=380.5\text{K}$ 降到 $T_2'=(15+273)\text{K}$，压力从 $p_1'=0.265\text{MPa}$ 降至 p_2'，根据等容过程状态方程式（1-41），有$\dfrac{p_1'}{T_1'}=\dfrac{p_2'}{T_2'}$，所以

$$p_2'=p_1'\frac{T_2'}{T_1'}=0.265\times\frac{15+273}{380.5}\text{MPa}=0.2\text{MPa}$$

三、气体流动基本方程

前面已指出，当气体流速较低时，流体运动学和动力学的三个基本方程，对于气体和液体是完全相同的。但当气体流速较高（$v>5\text{m/s}$）时，气体的可压缩性将对流体运动产生较大影响。下面介绍在这种情况下的气体流动基本方程。

（一）可压缩气体的流量方程

根据质量守恒定律，气体在管道内做恒定流动时，单位时间内流过管道任一通流截面的气体质量都相等。因此，可压缩气体的流量方程为

$$\rho_1A_1v_1=\rho_2A_2v_2 \tag{1-46}$$

式中 ρ_1、ρ_2——截面 1、2 处气体的密度；

A_1、A_2——截面1、2的面积；

v_1、v_2——截面1、2处气体的平均流速。

（二）可压缩气体的能量方程

若不计能量损失和位能变化，则绝热过程下可压缩气体的能量方程为

$$\frac{\kappa}{\kappa-1}\frac{p_1}{\rho_1}+\frac{v_1^2}{2}=\frac{\kappa}{\kappa-1}\frac{p_2}{\rho_2}+\frac{v_2^2}{2} \tag{1-47}$$

式中 κ——等熵指数。其余符号意义同式（1-46）。

同理，多变过程中可压缩气体的能量方程为

$$\frac{n}{n-1}\frac{p_1}{\rho_1}+\frac{v_1^2}{2}=\frac{n}{n-1}\frac{p_2}{\rho_2}+\frac{v_2^2}{2} \tag{1-48}$$

式中 n——多变指数。

第五节 充、放气参数的计算

在气压传动系统中，如何正确合理地向气罐、气缸及执行机构充气或由其排气，是提高系统效率、节省能耗的重要技术问题。本节介绍充、放气时温度和时间的计算方法。

一、向定容容器充气

如图1-19所示，压力为p_s、温度为T_s的恒定气源，通过气动元件（图中为气阀）向容积V一定的容器内充气。容器内的压力和温度从p_1和T_1升高到p_2和T_2。因充气较快，热量来不及通过容器壁面向外界传导，故充气过程可按绝热过程处理。

根据气体状态方程可推得充气后的温度T_2（单位为K）为

$$T_2=\frac{\kappa}{1+\frac{p_1}{p_2}\left(\kappa\frac{T_s}{T_1}-1\right)}T_s \tag{1-49}$$

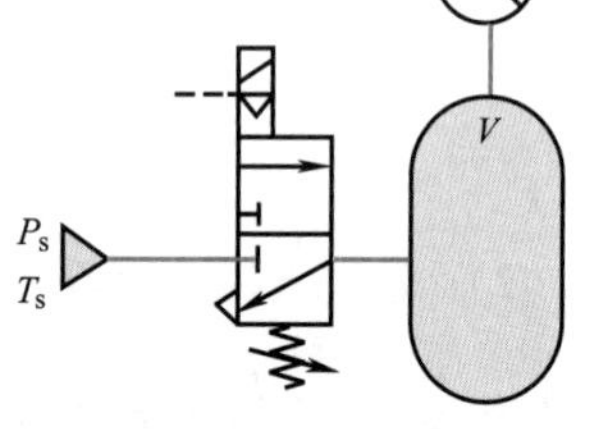

图1-19 向容器充气

式中 κ—等熵指数，$\kappa=1.4$。

当气源的温度T_s与容器的初始温度T_1都是室温，即$T_s=T_1$时，则

$$T_2=\frac{\kappa}{1+\frac{p_1}{p_2}(\kappa-1)}T_1 \tag{1-50}$$

由式（1-50）可知，绝热充气时，无论充气后容器内的压力多么高，其气体的温度T_2都不会超过气源温度T_s的1.4倍。

如果容器充气完毕后，立即关闭气阀，在温差作用下，容器内气体将通过壁面向外散热，温度再次降至室温T_1，此时容器内的气体压力也要下降到一定值，根据气体状态方程，则有

$$p=p_2\frac{T_1}{T_2} \tag{1-51}$$

式中 p——充气后，温度又降到室温时，容器内气体的稳定压力值。

容器充气到气源压力所需的时间 t（单位为 s）为

$$t=\left(1.285-\frac{p_1}{p_s}\right)\tau \tag{1-52}$$

式中 p_s——气源的绝对压力（MPa）；

p_1——容器内气体的初始绝对压力（MPa）；

τ——充气与放气的时间常数（s）。

$$\tau=5.217\times10^3\times\frac{V}{\kappa S}\sqrt{\frac{273.16}{T_s}} \tag{1-53}$$

式中 V——容器的容积（m^3）；

S——充气或放气时的有效截面面积，（mm^2），［详见本章式（1-76）］；

κ——等熵指数。

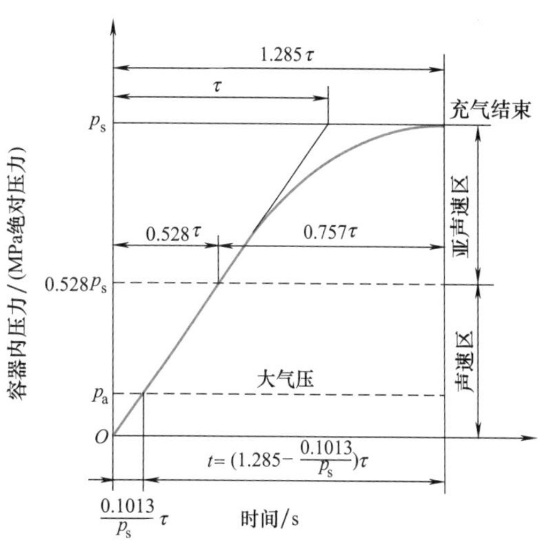

图 1-20 容器充气时的压力与时间关系曲线

容器充气时的压力与时间关系曲线如图 1-20 所示。从图中曲线可以看出，充气时容器中的压力逐渐上升，整个充气过程可以分为两个阶段：当 $p\leqslant0.528p_s$ 时，气路通道最小截面处气流的速度保持声速，流向容器的气体流量也保持常数，容器内的压力随时间线性变化，这段属于声速充气；当 $p>0.528p_s$ 时，因容器内气体压力增大，压差变小，所以充气流速降低，流动进入亚声速范围。随着容器内压力上升，充气流量逐渐减小，故容器内的压力随时间呈非线性变化，这一段为亚声速充气。

二、容器放气

如图 1-21 所示，容积 V 一定的容器通过气动元件（图中为气阀）向外界放气，容器内气体的压力和温度从 p_1 和 T_1 降到 p_2 和 T_2。因放气过程很快，同样可以按绝热过程处理，则放气后的温度 T_2（单位为 K）为

$$T_2=T_1\left(\frac{p_2}{p_1}\right)^{\frac{\kappa-1}{\kappa}} \tag{1-54}$$

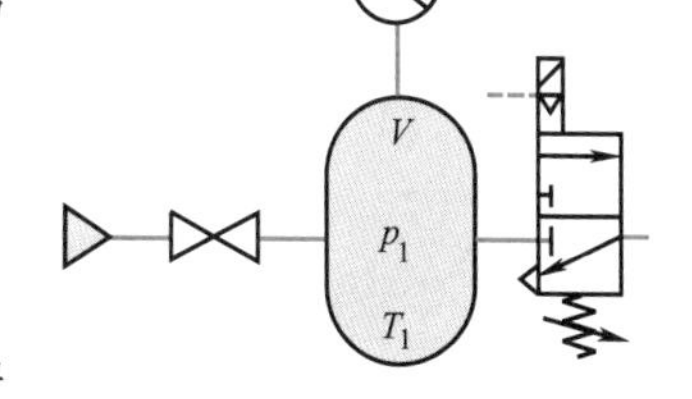

图 1-21 容器向外界放气

若放气至 p_2 后，立即关闭气阀，停止放气，则容器内温度将回升到室温 T_1，此时容器内的压力也上升至 p，p 可按下式计算

$$p=p_2\frac{T_1}{T_2} \tag{1-55}$$

式中 p——关闭气阀后容器内气体达到稳定状态时的绝对压力；

p_2——刚关闭气阀时容器内的绝对压力。

放气结束所需的时间 t（单位为 s）为

$$t=\left\{\frac{2\kappa}{\kappa-1}\left[\left(\frac{p_1}{p^*}\right)^{\frac{\kappa-1}{2\kappa}}-1\right]+0.945\left(\frac{p_1}{0.1013}\right)^{\frac{\kappa-1}{2\kappa}}\right\}\tau \tag{1-56}$$

式中 p_1——容器内的初始绝对压力（MPa）；

p^*——放气临界压力（MPa），一般取 $p^*=0.192\text{MPa}$；

τ——放气时间常数，按式（1-53）计算。

容器放气时的压力与时间关系曲线如图1-22所示。由图中曲线可以看出，与充气过程相仿，放气过程也可分为声速放气和亚声速放气两个阶段：当容器内的压力 $p>p^*$ 时，气路最小截面处气体流速始终保持声速；当容器压力 $p<p^*$ 时，气体流速降低，放气流动属于亚声速流动。

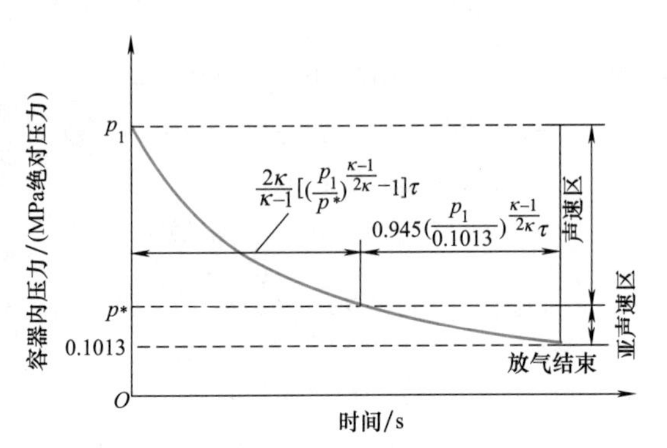

图 1-22 容器放气时的压力与时间关系曲线

例 1-10 如图1-21所示，将容器内的气体通过气阀放出，包括管路和气阀在内的总有效截面面积 $S=85\text{mm}^2$，容器的容积 $V=0.2\text{m}^3$，容器内初始压力 $p_1=0.5\text{MPa}$（表压），放气成大气压。容器内原始温度与气源温度均为30℃。试求放气时间。

解 按式（1-53）计算时间常数：

$$\tau=5.217\times10^3\times\frac{V}{\kappa S}\sqrt{\frac{273.16}{T_s}}$$

$$=5.217\times10^3\times\frac{0.2}{1.4\times85}\sqrt{\frac{273.16}{273.16+30}}\text{s}=8.3\text{s}$$

按式（1-56）计算放气时间如下：

$$t=\left\{\frac{2\kappa}{\kappa-1}\left[\left(\frac{p_1}{p^*}\right)^{\frac{\kappa-1}{2\kappa}}-1\right]+0.945\left(\frac{p_1}{0.1013}\right)^{\frac{\kappa-1}{2\kappa}}\right\}\tau$$

$$=\left\{\frac{2\times1.4}{1.4-1}\times\left[\left(\frac{0.5+0.1013}{0.192}\right)^{\frac{1.4-1}{2\times1.4}}-1\right]+0.945\times\left(\frac{0.5+0.1013}{0.1013}\right)^{\frac{1.4-1}{2\times1.4}}\right\}\times8.3\text{s}$$

$$=20.4\text{s}$$

例 1-11 从室温（20℃）把绝对压力为1MPa的压缩空气通过有效截面面积为 25mm^2 的阀口，充入容积为90L的气罐中，罐内绝对压力从0.25MPa上升到0.68MPa时，试求充气时间及气罐内的温度 t_2 为多少？当温度降至室温后罐内压力为多少？

解 已知：$p_1=0.25\text{MPa}$，$p_2=0.68\text{MPa}$，$p_s=1\text{MPa}$，$T_s=T_1=(273.16+20)\text{K}=293.16\text{K}$，$V=90\times10^{-3}\text{m}^3$，$S=25\text{mm}^2$，$\kappa=1.4$。

先求充气时间常数：

$$\tau=5.217\times10^3\times\frac{V}{\kappa S}\sqrt{\frac{273.16}{T_s}}=5.217\times10^3\times\frac{90\times10^{-3}}{1.4\times25}\times\sqrt{\frac{273.16}{293.16}}=12.95\text{s}$$

从0.25MPa充气到1MPa所需时间为

$$t_1=\left(1.285-\frac{p}{p_s}\right)\tau=\left(1.285-\frac{0.25}{1.0}\right)\times12.95\text{s}=13.4\text{s}$$

从 0.68MPa 充气到 1MPa 所需时间为

$$t_2=\left(1.285-\frac{0.68}{1.0}\right)\times 12.95\text{s}=7.835\text{s}$$

从 0.25MPa 充气到 0.68MPa 所需时间为

$$t=t_1-t_2=(13.4-7.835)\text{s}=5.565\text{s}$$

按绝热过程计算充气后罐内温度为

$$T_2=\frac{\kappa T_1}{1+\dfrac{p_1}{p_2}(\kappa-1)}=\frac{1.4\times 293.16}{1+\dfrac{0.25}{0.68}\times(1.4-1)}\text{K}=357.8\text{K}$$

即

$$t_2=(357.8-273.16)℃=84.6℃$$

按等容过程计算降至室温后罐内空气压力为

$$p_3=p_2\frac{T_3}{T_2}=0.68\times\frac{293.16}{357.8}\text{MPa}=0.56\text{MPa}$$

第六节 管道流动

本节讨论液体流经圆管及各种管道接头时的流动情况，进而分析流动时所产生的能量损失，即压力损失。液体在管中的流动状态直接影响液流的各种特性，所以先要介绍液流的两种流态。

一、流态与雷诺数

（一）层流和湍流

19 世纪末，英国物理学家雷诺首先通过实验观察了水在圆管内的流动情况，发现液体有两种流动状态：层流和湍流。实验结果表明，在层流时，液体质点互不干扰，液体的流动呈线性或层状，且平行于管道轴线；而在湍流时，液体质点的运动杂乱无章，除了平行于管道轴线的运动外，还存在着剧烈的横向运动。

层流和湍流是两种不同性质的流态。层流时，液体流速较低，质点受黏性制约，不能随意运动，黏性力起主导作用；湍流时，液体流速较高，黏性的制约作用减弱，惯性力起主导作用。

（二）雷诺数

液体的流动状态可用雷诺数来判别。

雷诺数可用来判别液体的流动状态，它是一个由液体的平均流速、运动黏度和管径三个参数组成的无量纲数。

实验证明，液体在圆管中的流动状态不仅与管内的平均流速 v 有关，还和管径 d、液体的运动黏度 ν 有关。而用来判别液流状态的是由这三个参数所组成的一个称为雷诺数 Re 的无量纲数

$$Re=\frac{vd}{\nu} \tag{1-57}$$

液流由层流转变为湍流时的雷诺数和由湍流转变为层流时的雷诺数是不同的，后者数值小。所以一般都用后者作为判别流动状态的依据，称为临界雷诺数，记作 Re_{cr}。当雷诺数 Re 小于临界雷诺数 Re_{cr}时，液流为层流；反之，液流大多为湍流。常见的液流管道的临界雷诺数由实验求得，列于表 1-9 中。

表 1-9 常见液流管道的临界雷诺数

管道的形状	Re_{cr}	管道的形状	Re_{cr}
光滑的金属圆管	2000~2320	带环槽的同心环状缝隙	700
橡胶软管	1600~2000	带环槽的偏心环状缝隙	400
光滑的同心环状缝隙	1100	圆柱形滑阀阀口	260
光滑的偏心环状缝隙	1000	锥阀阀口	20~100

对于非圆截面的管道来说，雷诺数 Re 应用下式计算

$$Re = \frac{vd_H}{\nu} \quad 或 \quad Re = \frac{4vR_H}{\nu} \tag{1-58}$$

式中 d_H——通流截面的水力直径，$d_H = 4R_H$；

R_H——通流截面的水力半径，等于液流的有效截面面积 A 和它的湿周（液体与固体壁面相接触的周界长度）χ之比，即

$$R_H = \frac{A}{\chi} \tag{1-59}$$

直径为 d 的圆截面管道的水力半径 $R_H = A/\chi = \frac{1}{4}\pi d^2/(\pi d) = d/4$。

表 1-10 所示为面积相等但形状不同的通流截面，它们的水力半径是不同的：圆形的最大，长方形缝隙的最小。水力半径大，意味着液流和管壁接触少，阻力小，通流能力大，即使通流截面面积小时也不易堵塞。

表 1-10 各种通流截面水力半径的比较

截面形状	图 示	水力半径 R_H	截面形状	图 示	水力半径 R_H
正方形	b; b	$\frac{b}{4}$	正三角形	1.52b	$\frac{b}{4.56}$
长方形	$b/\sqrt{3}$; $\sqrt{3}b$	$\frac{b}{4.62}$	同心圆环	b; 1.51b	$\frac{b}{7.84}$
长方形缝隙	0.1b; 10b	$\frac{b}{20.2}$	圆形	1.128b	$\frac{b}{3.55}$

二、圆管层流

液体在圆管中的层流流动是液压传动中最常见的现象，在设计和使用液压系统时，就希望管道中的液流保持这种状态。

图 1-23 所示为液体在等径水平圆管中做恒定层流时的情况。在管内取出一段半径为 r、长度为 l、中心与管轴相重合的小圆柱体，作用在其两端上的压力分别为 p_1 和 p_2，作用在其侧面上的内摩擦力为 F_f。液体等速流动时，小圆柱体受力平衡，有

$$(p_1-p_2)\pi r^2=F_f$$

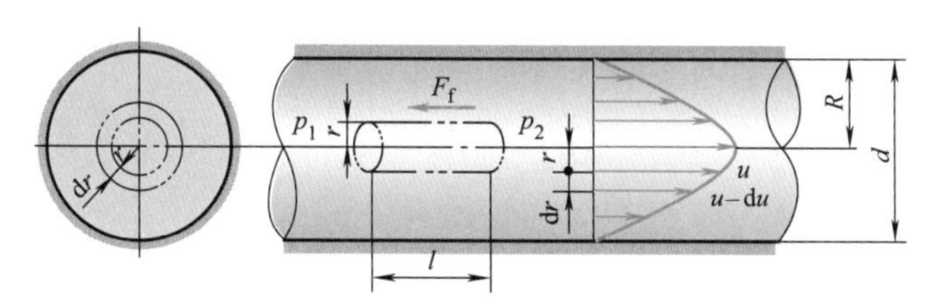

图 1-23 圆管中的层流

由式（1-4）知，内摩擦力 $F_f=-2\pi rl\mu \mathrm{d}u/\mathrm{d}r$（因管中流速 u 随 r 增大而减小，故 $\mathrm{d}u/\mathrm{d}r$ 为负值，为使 F_f 为正值，所以加一负号）。令 $\Delta p_\lambda=p_1-p_2$，并将 F_f 代入上式，则得

$$\frac{\mathrm{d}u}{\mathrm{d}r}=-\frac{\Delta p_\lambda}{2\mu l}r \quad 即 \quad \mathrm{d}u=-\frac{\Delta p_\lambda}{2\mu l}r\mathrm{d}r$$

对此式进行积分，并利用边界条件，当 $r=R$ 时，$u=0$，得

$$u=\frac{\Delta p_\lambda}{4\mu l}(R^2-r^2) \tag{1-60}$$

可见管内流速随半径按抛物线规律分布。最大流速发生在轴线上，此处 $r=0$，$u_{max}=\Delta p_\lambda R^2/4\mu l$；最小流速在管壁上，此处 $r=R$，$u_{min}=0$。

在半径 r 处取出一厚 $\mathrm{d}r$ 的微小圆环面积（图 1-23）$\mathrm{d}A=2\pi r\mathrm{d}r$，通过此环形面积的流量 $\mathrm{d}q=u\mathrm{d}A=2\pi ur\mathrm{d}r$，对此式积分得

$$q=\int_0^R \mathrm{d}q=\int_0^R 2\pi ur\mathrm{d}r=\int_0^R 2\pi\frac{\Delta p_\lambda}{4\mu l}(R^2-r^2)r\mathrm{d}r$$

$$=\frac{\pi R^4}{8\mu l}\Delta p_\lambda=\frac{\pi d^4}{128\mu l}\Delta p_\lambda \tag{1-61}$$

这就是圆管层流的流量计算公式。它表明，如欲将黏度为 μ 的液体在直径为 d、长度为 l 的直管中以流量 q 流过，则其管端必须有 Δp_λ 值的压降；反之，若该管两端有压差 Δp_λ，则流过这种液体的流量必等于 q。这个公式在液压传动中很重要，以后会经常用到。

液体在圆管中做层流的流量计算公式为 $q=\frac{\pi d^4}{128\mu l}\Delta p$。

根据通流截面上平均流速的定义，可得

$$v=\frac{q}{A}=\frac{1}{\pi R^2}\frac{\pi R^4}{8\mu l}\Delta p_\lambda=\frac{R^2}{8\mu l}\Delta p_\lambda=\frac{d^2}{32\mu l}\Delta p_\lambda \tag{1-62}$$

将 v 与 u_{max} 比较可知，平均流速为最大流速的一半。

此外，将式（1-60）和式（1-62）分别代入式（1-32）和式（1-37）可求出层流时的动能修正系数 $\alpha=2$ 和动量修正系数 $\beta=4/3$。

三、圆管湍流

液体做湍流流动时，其空间任一点处流体质点速度的大小和方向都是随时间变化的，本质上是非恒定流动。为了讨论问题方便起见，工程上在处理湍流流动参数时，引入一个时均流速 $\overline{u}$ 的概念，从而把湍流当作恒定流动来看待。

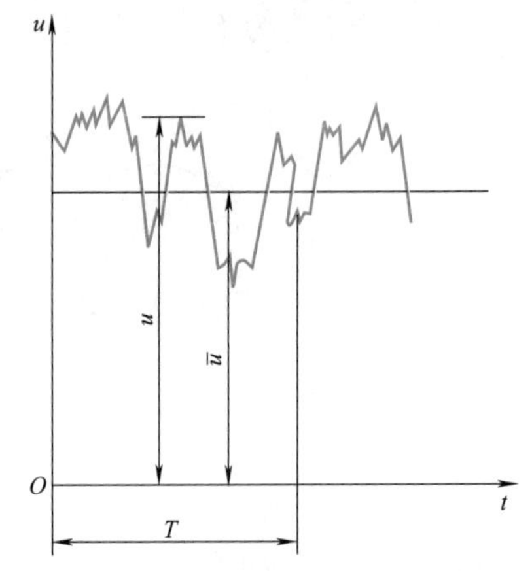

图 1-24　湍流时的流速变化情况

湍流时的流速变化情况如图 1-24 所示。如果在某一时间间隔 T（时均周期）内，以某一平均流速 $\overline{u}$ 流经任一微小截面 $\mathrm{d}A$ 的液体量等于同一时间内以真实的流速 u 流经同一截面的液体量，即 $\overline{u}T\mathrm{d}A=\int_0^T u\mathrm{d}A\mathrm{d}t$，则湍流的时均流速便是

$$\overline{u}=\frac{1}{T}\int_0^T u\mathrm{d}t \tag{1-63}$$

对于充分的湍流流动，其通流截面上的流速分布图形如图 1-25 所示。由图可见，湍流中的流速分布是比较均匀的。其最大流速 $\overline{u}_{max}\approx(1\sim1.3)v$，动能修正系数 $\alpha\approx1.05$，动量修正系数 $\beta\approx1.04$，因而湍流时这两个系数均可近似地取为 1。

靠近管壁处有极薄一层惯性力不足以克服黏性力的液体在做层流流动，称为层流边界层。层流边界层的厚度将随液流雷诺数的增大而减小。

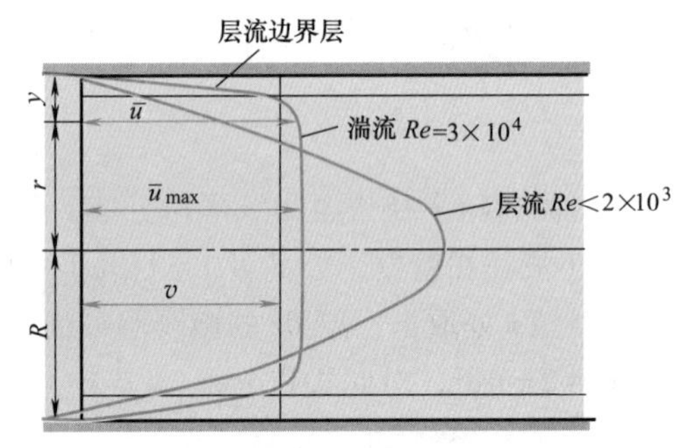

图 1-25　湍流时圆管中的流速分布

由半经验公式可知，对于光滑圆管内的湍流来说，在雷诺数为 $3\times10^3\sim1\times10^5$ 范围内，其截面上的流速分布遵循 1/7 次方的规律，即

$$\overline{u}=\overline{u}_{max}\left(\frac{y}{R}\right)^{1/7} \tag{1-64}$$

式中符号的意义如图 1-25 中所示。

四、压力损失

实际液体是有黏性的，所以流动时黏性阻力要损耗一定能量，这种能量损耗表现为压力损失。损耗的能量转变为热量，使液压系统温度升高，甚至性能变差。因此在设计液压系统时，应考虑尽量减小压力损失。

液体在流动时产生的压力损失分为两种：一种是液体在等径直管内流动时因摩擦而产生的压力损失，称为沿程压力损失；另一种是液体流经管道的弯头、接头、阀口以及突然变化的截面等处时，因流速或流向发生急剧变化而在局部区域产生流动阻力所造成的压力损失，称为局部压力损失。

 液体流动时的能量损耗表现为压力损失。

（一）沿程压力损失

由圆管层流的流量公式（1-61）可求得 Δp_λ，即为沿程压力损失

$$\Delta p_\lambda=\frac{128\mu l}{\pi d^4}q \tag{1-65}$$

将 $\mu=\nu\rho$、$Re=\frac{vd}{\nu}$、$q=\frac{\pi}{4}d^2v$ 代入式（1-65）并整理后得

$$\Delta p_\lambda=\frac{64}{Re}\frac{l}{d}\frac{\rho v^2}{2}=\lambda\frac{l}{d}\frac{\rho v^2}{2} \tag{1-66}$$

式中　ρ——液体的密度；

λ——沿程阻力系数，理论值 $\lambda=64/Re$，考虑到实际流动时还存在温度变化等问题，因此液体在金属管道中流动时宜取 $\lambda=75/Re$，在橡胶软管中流动时则取 $\lambda=80/Re$。

 液体在圆管中做层流或湍流流动时的压力损失计算公式均为 $\Delta p_\lambda=\lambda\frac{l}{d}\frac{\rho v^2}{2}$，仅 λ 值不同。

液体在直管中做湍流流动时，其沿程压力损失的计算公式与层流时相同，即仍为

$$\Delta p_\lambda=\lambda\frac{l}{d}\frac{\rho v^2}{2}$$

不过式中的沿程阻力系数 λ 有所不同。由于湍流时管壁附近有一层层流边界层，它在 Re 较低时厚度较大，把管壁的表面粗糙度掩盖住，使之不影响液体的流动，像让液体流过一根光滑管一样（称为水力光滑管）。这时的 λ 仅和 Re 有关，和表面粗糙度无关，即 $\lambda=f(Re)$。当 Re 增大时，层流边界层厚度减小。当它小于管壁表面粗糙度时，管壁表面粗糙度就凸出在层流边界层之外（称为水力粗糙管），对液体的压力损失产生影响。这时的 λ 将和 Re 以及管壁的相对表面粗糙度 Δ/d（Δ 为管壁的绝对表面粗糙度，d 为管子内径）有关，即 $\lambda=f(Re,\ \Delta/d)$。当管流的 Re 再进一步增大时，λ 将仅与相对表面粗糙度 Δ/d 有关，即 $\lambda=f(\Delta/d)$，这时就称管流进入了它的阻力平方区。

圆管的沿程阻力系数 λ 的计算公式列于表 1-11 中。

表 1-11　圆管的沿程阻力系数 λ 的计算公式

流动区域		雷诺数范围		λ 计算公式
层流		$Re<2320$		$\lambda=\frac{75}{Re}$(油)；$\lambda=\frac{64}{Re}$(水)
湍流	水力光滑管	$Re<22\left(\frac{d}{\Delta}\right)^{\frac{8}{7}}$	$3000<Re<10^5$	$\lambda=0.3164Re^{-0.25}$
			$10^5\leqslant Re\leqslant 10^8$	$\lambda=0.308(0.842-\lg Re)^{-2}$
	水力粗糙管	$22\left(\frac{d}{\Delta}\right)^{\frac{8}{7}}<Re\leqslant 597\left(\frac{d}{\Delta}\right)^{\frac{9}{8}}$		$\lambda=\left[1.14-2\lg\left(\frac{\Delta}{d}+\frac{21.25}{Re^{0.9}}\right)\right]^{-2}$
	阻力平方区	$Re>597\left(\frac{d}{\Delta}\right)^{\frac{9}{8}}$		$\lambda=0.11\left(\frac{\Delta}{d}\right)^{0.25}$

管壁绝对表面粗糙度Δ的值，在粗估时，钢管取0.04mm，铜管取0.0015~0.01mm，铝管取0.0015~0.06mm，橡胶软管取0.03mm，铸铁管取0.25mm。

（二）局部压力损失

局部压力损失Δp_ζ与液流的动能直接有关，一般可按下式计算

$$\Delta p_\zeta = \zeta \frac{\rho v^2}{2} \tag{1-67}$$

式中 ρ——液体的密度；

v——液体的平均流速；

ζ——局部阻力系数，由于液体流经局部阻力区域的流动情况非常复杂，所以ζ的值仅在个别场合可用理论求得，一般都必须通过实验来确定，ζ的具体数值可从有关手册查到。

液流的局部压力损失与动能直接有关，计算公式为$\Delta p_\zeta = \zeta \frac{\rho v^2}{2}$。

（三）液压系统管路的总压力损失

液压系统的管路一般由若干段管道和一些阀、过滤器、管接头、弯头等组成，因此管路总的压力损失就等于所有直管中的沿程压力损失Δp_λ和所有这些元件的局部压力损失Δp_ζ的总和，即

$$\Delta p = \sum \Delta p_\lambda + \sum \Delta p_\zeta = \sum \lambda \frac{l}{d} \frac{\rho v^2}{2} + \sum \zeta \frac{\rho v^2}{2} \tag{1-68}$$

必须指出，式（1-68）仅在两相邻局部压力损失之间的距离大于管道内径10~20倍时才是正确的。因为液流经过局部阻力区域后受到很大的干扰，要经过一段距离才能稳定下来。如果距离太短，液流还未稳定就又要经历后一个局部阻力，它所受到的扰动将更为严重，这时的阻力系数可能会比正常值大好几倍。

通常情况下，液压系统的管路并不长，所以沿程压力损失比较小，而阀等元件的局部压力损失却较大。因此管路总的压力损失一般以局部压力损失为主。

对于阀和过滤器等液压元件，往往并不应用式（1-67）来计算其局部压力损失，因为液流情况比较复杂，难以计算。它们的压力损失数值可从产品样本提供的曲线中直接查到。另外，如已知元件在额定流量q_r下的压力损失Δp_r，当实际通过的流量q不等于额定流量q_r时，可依据局部压力损失Δp_ζ与速度v^2成正比的关系按下式计算：

$$\Delta p_\zeta = \Delta p_r \left(\frac{q}{q_r} \right)^2 \tag{1-69}$$

例1-12 如图1-26所示，液压泵从一个大的油池中抽吸油液，流量$q=150\text{L/min}$，油液的运动黏度$\nu=34\times10^{-6}\text{m}^2/\text{s}$，油液密度$\rho=900\text{kg/m}^3$。吸油管直径$d=60\text{mm}$，并设泵的吸油管弯头处局部阻力系数$\zeta=0.2$，吸油口粗滤网的压力损失$\Delta p=0.0178\text{MPa}$。如希望泵入口处的真空度$p_b$不大于0.04MPa，试求泵的吸油高度$H$（液面到滤网之间的管路沿程损失可忽略不计）。

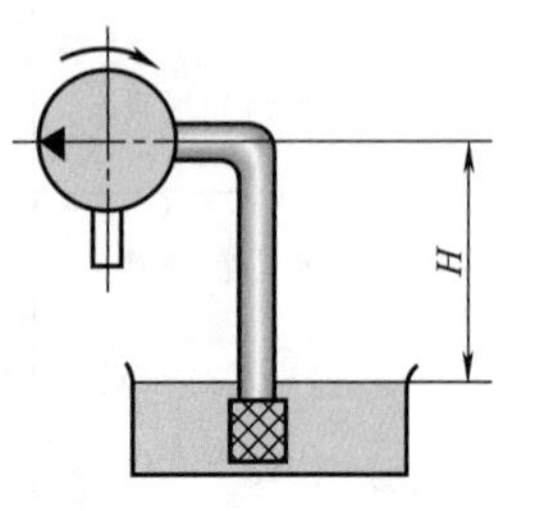

图1-26 例1-12图

解 吸油管内液流速度为

$$v=\frac{q}{A}=\frac{4q}{\pi d^2}=\frac{4\times150\times10^{-3}/60}{\pi\times0.06^2}\text{m/s}=0.885\text{m/s}$$

雷诺数
$$Re=\frac{vd}{\nu}=\frac{0.885\times0.06}{34\times10^{-6}}=1562\ (层流)$$

$$\Delta p_\lambda=\frac{75}{Re}\frac{H}{d}\frac{\rho v^2}{2}=\frac{75}{1562}\times\frac{H}{0.06}\times\frac{900\times0.885^2}{2}$$
$$=282.05H$$

$$\Delta p_\zeta=\zeta\frac{\rho v^2}{2}=0.2\times\frac{900\times0.885^2}{2}\text{Pa}=70.5\text{Pa}$$

由例 1-5 知

$$真空度=\rho gH+\frac{\rho\alpha v^2}{2}+\Delta p_\lambda+\Delta p_\zeta+\Delta p_{网}$$
$$=900\times9.8\times H+\frac{900\times2\times0.885^2}{2}+282.05H+70.5+0.0178\times10^6$$
$$=8820H+704.9+282.05H+17870.5$$

按题意，真空度<0.04MPa，即

$$H<\frac{40000-704.9-17870.5}{8820+282.05}\text{m}=2.35\text{m}$$

第七节　孔 口 流 动

小孔在液压与气压传动中的应用十分广泛。本节将分析流体经过薄壁小孔、短孔和细长孔等小孔的流动情况，并推导出相应的流量公式，这些是以后学习节流调速和伺服系统工作原理的理论基础。

一、薄壁小孔

薄壁小孔是指小孔的长度和直径之比 $l/d<0.5$ 的孔，一般孔口边缘做成刃口形式，如图 1-27 所示。各种结构形式的阀口就是薄壁小孔的实际例子。

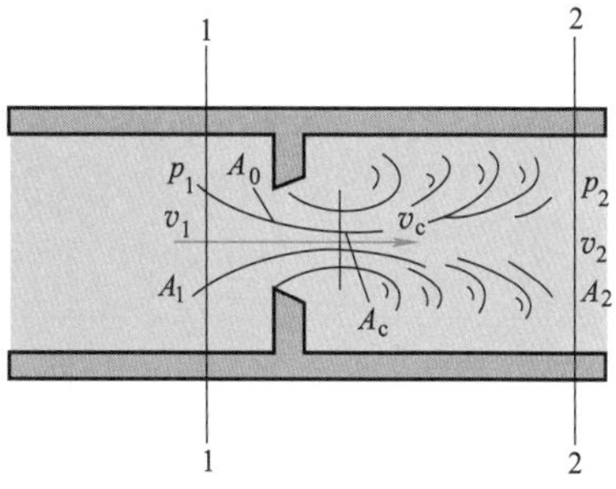

当流体流经薄壁小孔时，由于流体的惯性作用，使通过小孔后的流体形成一个收缩截面 A_c（图 1-27），然后扩大，这一收缩和扩大过程便产生了局部能量损失。当管道直径与小孔直径之比 $d/d_0\geqslant7$ 时，流体的收缩作用不受孔前管道内壁的影响，这时称流体完全收缩；当 $d/d_0<7$ 时，孔前管道内壁对流体进入小孔有导向作用，这时称流体不完全收缩。

图 1-27　通过薄壁小孔的流体

列出图 1-27 中截面 1—1 和 2—2 的能量方程，并设动能修正系数 $\alpha=1$，有

$$\frac{p_1}{\rho}+\frac{v_1^2}{2}=\frac{p_2}{\rho}+\frac{v_2^2}{2}+\sum h_\zeta g$$

式中 $\sum h_{\zeta}g$——流体流经小孔的局部能量损失，它包括两部分：流体流经截面突然缩小时的 $h_{\zeta 1}g$ 和突然扩大时的 $h_{\zeta 2}g$。

由前知

$$h_{\zeta 1}g=\zeta\frac{v_{c}^{2}}{2}$$

经查手册得

$$h_{\zeta 2}g=\left(1-\frac{A_{c}}{A_{2}}\right)^{2}\frac{v_{c}^{2}}{2}$$

由于 $A_{c} \ll A_{2}$，所以

$$\sum h_{\zeta}g=h_{\zeta 1}g+h_{\zeta 2}g=(\zeta+1)\frac{v_{c}^{2}}{2}$$

薄壁小孔的流量公式 $q=C_{d}A_{0}\sqrt{\frac{2\Delta p}{\rho}}$ 在节流调速和伺服系统中有重要意义。

将上式代入能量方程，并注意到 $A_{1}=A_{2}$ 时，$v_{1}=v_{2}$，则得

$$v_{c}=\frac{1}{\sqrt{\zeta+1}}\sqrt{\frac{2}{\rho}(p_{1}-p_{2})}=C_{v}\sqrt{\frac{2\Delta p}{\rho}} \tag{1-70}$$

式中 C_{v}——小孔速度系数，$C_{v}=1/\sqrt{\zeta+1}$；

Δp——小孔前后的压差，$\Delta p=p_{1}-p_{2}$。

由此得流经小孔的流量为

$$q=A_{c}v_{c}=C_{c}C_{v}A_{0}\sqrt{\frac{2\Delta p}{\rho}}=C_{d}A_{0}\sqrt{\frac{2\Delta p}{\rho}} \tag{1-71}$$

式中 A_{0}——小孔的截面面积；

C_{c}——截面收缩系数，$C_{c}=A_{c}/A_{0}$；

C_{d}——流量系数，$C_{d}=C_{c}C_{v}$。

液体流经薄壁小孔的收缩系数 C_{c} 可从图1-28中查得。

气体流经节流孔的收缩系数 C_{c}' 由图 1-29 查出。

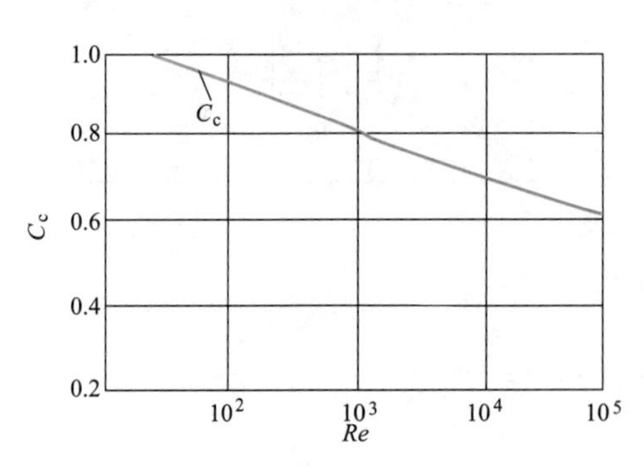

图 1-28 液体的收缩系数

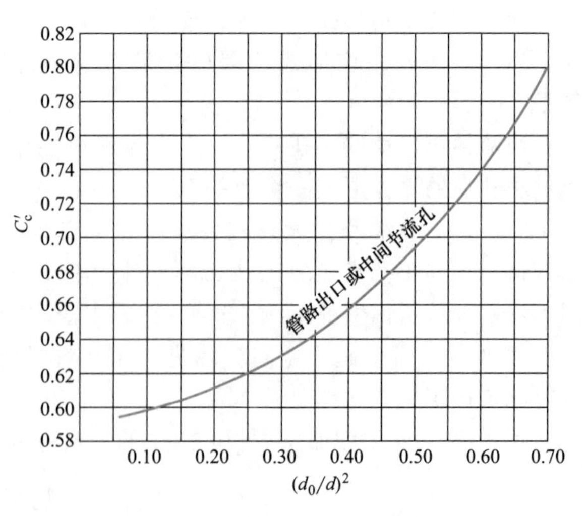

图 1-29 气体流经节流孔的收缩系数

液体的流量系数 C_d 的值由实验确定。在液流完全收缩的情况下，当 $Re=800\sim5000$ 时，C_d 可按下式计算：

$$C_d=0.964Re^{-0.05} \tag{1-72}$$

当 $Re>10^5$ 时，C_d 可以认为是不变的常数，计算时取平均值 $C_d=0.60\sim0.61$。

在液流不完全收缩时，流量系数 C_d 可增大至 $0.7\sim0.8$，具体数值见表 1-12。当小孔不是刃口形式而是带棱边或小倒角的孔时，C_d 值将更大。

表 1-12 不完全收缩时液体流量系数 C_d 的值

$\frac{A_0}{A}$	0.1	0.2	0.3	0.4	0.5	0.6	0.7
C_d	0.602	0.615	0.634	0.661	0.696	0.742	0.804

气体的流量系数一般取 $C_d=0.62\sim0.64$。

由式（1-71）可知，流经薄壁小孔的流量 q 与小孔前后的压差 Δp 的平方根以及小孔截面面积 A_0 成正比，而与黏度无关。由于薄壁小孔具有沿程压力损失小、通过小孔的流量对工作介质温度的变化不敏感等特性，所以常被用作调节流量的器件。正因为如此，在液压与气压传动中，常采用一些与薄壁小孔流动特性相近的阀口作为可调节孔口，如锥阀、滑阀、喷嘴挡板阀等。流体流过这些阀口的流量公式仍满足式（1-71），但其流量系数 C_d 则随着孔口形式的不同而有较大的区别，在精确控制中尤其要进行认真的分析。

二、短孔和细长孔

当孔的长度和直径之比 $0.5<l/d\leqslant4$ 时，称为短孔，短孔加工比薄壁小孔容易，因此特别适合于作固定节流器使用。

短孔的流量公式依然是式（1-71），但其流量系数 C_d 应由图 1-30 查出。由图中可知，当 $Re>2000$ 时，C_d 基本保持在 0.8 左右。

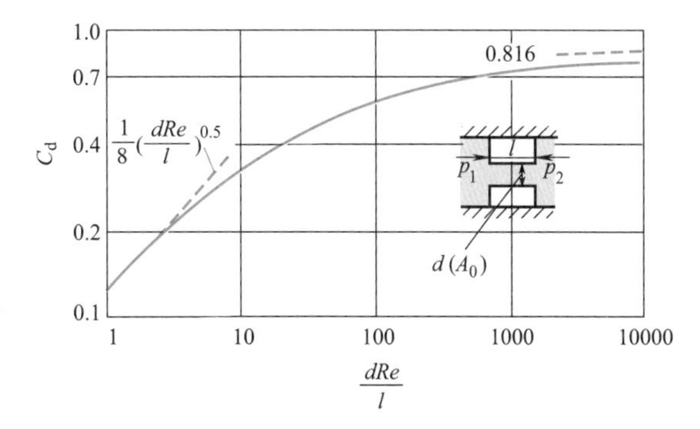

图 1-30 液体流经短孔的流量系数

当孔的长度和直径之比 $l/d>4$ 时，称为细长孔。流经细长孔的液流一般都是层流，所以细长孔的流量公式可以应用前面推导的圆管层流流量公式（1-61），即 $q=\frac{\pi d^4}{128\mu l}\Delta p$。式中，液体流经细长孔的流量和孔前后压差 Δp 成正比，而和液体黏度 μ 成反比。因此流量受液体温度变化的影响较大。这一点是和薄壁小孔的特性明显不同的。

例 1-13 试分别推导图 1-31 和图 1-32 所示的流经滑阀和锥阀阀口的流量公式。

解 当阀的开口较小时，滑阀和锥阀阀口的流动特性与薄壁小孔相近，因此仍可利用薄壁小孔的流量公式（1-71），即 $q=C_dA_0\sqrt{\frac{2\Delta p}{\rho}}$ 来计算流体流经滑阀和锥阀阀口的流量。不过式中的通流截面面积 A_0 有所不同，应具体分析。

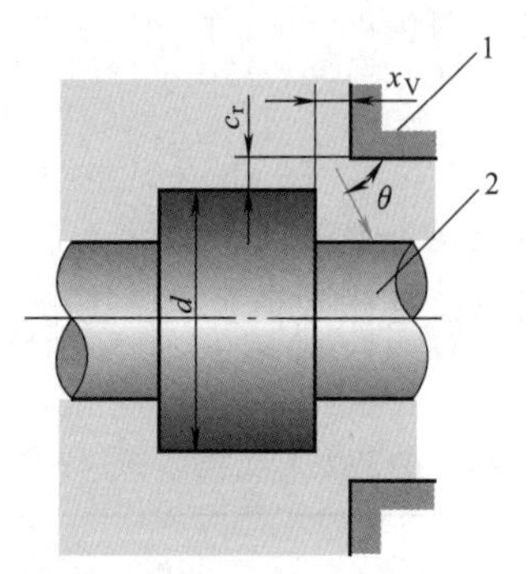

图 1-31 例 1-13 图 1（滑阀阀口）
1—阀套 2—阀芯

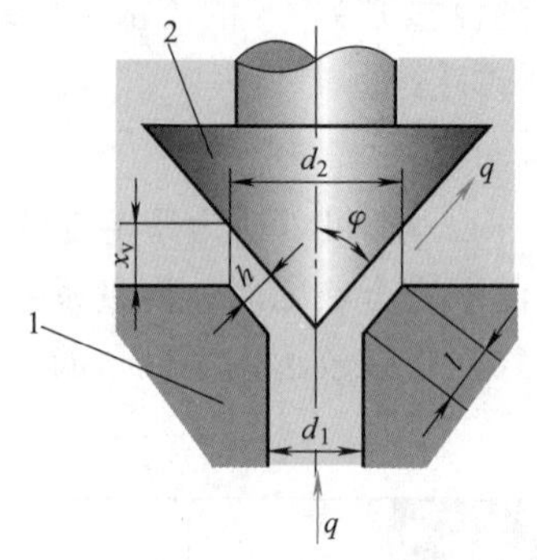

图 1-32 例 1-13 图 2（锥阀阀口）
1—阀座 2—阀芯

对于滑阀阀口，图 1-31 中 1 为阀套，2 为阀芯，当阀芯 2 相对于阀套 1 左移 x_V 时，阀套中原先被阀芯隔开的左右两腔便连通。设阀芯的直径为 d，阀芯与阀套间径向间隙为 C_r，则阀口的有效宽度为$\sqrt{x_V^2+C_r^2}$，如令 w 为阀口的周向长度（也称面积梯度，它是阀口通流截面面积相对于阀口开度的变化率），则 $w=\pi d$，所以阀口的通流截面面积 $A_0=w\sqrt{x_V^2+C_r^2}$，由此求得通过滑阀阀口的流量为

$$q=C_d w\sqrt{x_V^2+C_r^2}\sqrt{\frac{2\Delta p}{\rho}} \tag{1-73}$$

当 C_r 值很小，且 $x_V>>C_r$ 时，可略去 C_r 不计，便有

$$q=C_d w x_V\sqrt{\frac{2\Delta p}{\rho}} \tag{1-74}$$

对于锥阀阀口，图 1-32 中 1 为阀座，2 为阀芯，当阀芯向上移动 x_V 距离时，阀的上下腔即被连通，阀座平均直径 $d_m=(d_1+d_2)/2$ 处的通流截面面积可近似为 $A_0=\pi d_m x_V\sin\varphi$，如锥阀前后压差 $\Delta p=p_1-p_2$，则当阀座棱边 $l<<h$ 时，通过锥阀阀口的流量为

$$q=C_d\pi d_m x_V\sin\varphi\sqrt{\frac{2\Delta p}{\rho}} \tag{1-75}$$

三、气动元件的通流能力

单位时间内通过阀、管路等气动元件的气体体积或质量的能力，称为该元件的通流能力。目前通流能力大致有以下几种表示方法，即有效截面面积 S 值、流通能力 C 值、国际标准 ISO/6358 流量特性参数等。

（一）流量特性

1. 有效截面面积 S 值

如前所述，流体流过节流孔时，由于流体黏性和流动惯性的作用，会产生收缩。流体收缩后的最小截面面积称为有效截面面积，常用 S 表示，它反映了节流孔的实际通流能力。

气动元件内部可能有几个节流孔及通道，它的有效截面面积是指在通流能力上与其等效的节流孔的截面面积。这样，可使对气动元件的研究大为简化。

气动元件有效截面面积 S 的值可通过测试确定。图 1-33 所示为电磁阀 S 值的测试装置，它由容器和被测气动元件（图中为电磁阀）连接而成。若容器内的初始压力为 p_1，放气后容器内的剩余压力为 p_2 和温度为室温 T，则由容器的放气特性测得放气时间 t，便可通过下式计算出气动元件的有效截面面积 S 值：

$$S=\left(12.9\times10^{3}V\frac{1}{t}\lg\frac{p_1+0.1013}{p_2+0.1013}\right)\sqrt{\frac{273.16}{T}} \tag{1-76}$$

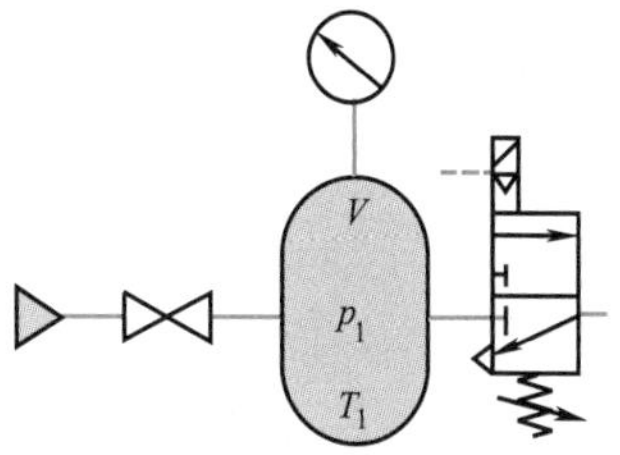

图 1-33　电磁阀 S 值的测试装置

式中　S——气动元件的有效截面面积（mm^2）；

V——容器的体积（m^3）；

t——放气时间（s）；

p_1——容器内的初始相对压力（MPa）；

p_2——容器放气后的剩余相对压力（MPa）；

T——室内的热力学温度（K）。

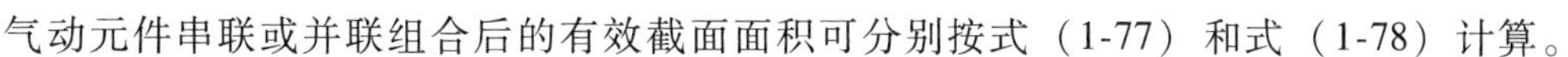

气动元件串联或并联组合后的有效截面面积可分别按式（1-77）和式（1-78）计算。

串联时
$$\frac{1}{S^2}=\frac{1}{S_1^2}+\frac{1}{S_2^2}+\cdots+\frac{1}{S_n^2}=\sum_{i=1}^{n}\frac{1}{S_i^2} \tag{1-77}$$

并联时
$$S=S_1+S_2+\cdots+S_n=\sum_{i=1}^{n}S_i \tag{1-78}$$

式中　S——气动元件组合后的等效有效截面面积（mm^2）；

S_i——各气动元件相应的有效截面面积（mm^2）。

2. 流通能力 C 值

当阀全开，阀两端压差 $\Delta p_0=0.1\text{MPa}$，液体密度 $\rho_0=1000\text{kg/m}^3$ 时，通过阀的流量为 q_v，则定义该阀的流通能力 C 值为

$$C=q_V\sqrt{\frac{\rho\Delta p_0}{\rho_0\Delta p}} \tag{1-79}$$

式中　C——阀的流通能力（m^3/h）；

q_V——实测液体的体积流量（m^3/h）；

ρ——实测液体的密度（kg/m^3）；

Δp——被测阀前后的压差（MPa）。

用 C 值表示气动元件流量特性，只在元件上的压降较小的较合理，否则误差较大。

有效截面面积 S 值与 C 值的换算关系为

$$S=19.82C \tag{1-80}$$

3. 国际标准 ISO/6358 流量特性参数

详见 ISO/FDIS 6358-1—2013 气压传动，采用可压缩流体，第 1 部分组件的流量特性的测定。

（二）流量计算

在气压传动中，空气的流量有体积流量和质量流量之分。体积流量是指单位时间内流过某通流截面的空气体积，单位为 m^3/s；质量流量是指单位时间内流过某通流截面的空气质量，单位为 kg/s。

由于空气的可压缩性和膨胀性，体积流量又可分为自由空气流量和有压空气流量。自由

空气流量是指在绝对压力为0.1013MPa和温度为20℃条件下的体积流量；有压空气流量则是指在某一压力和温度下的体积流量值。

在温度相同条件下，自由空气流量 q_z 与有压空气流量 q 之间的关系为

$$q_z = q\frac{p+0.1013}{0.1013} \tag{1-81}$$

式中 p——有压空气的相对压力（MPa）。

1. 不可压缩气体通过节流孔的流量

当气体流速较低（$v<5\text{m/s}$）时，可不计可压缩性的影响，通过节流孔的流量仍可按式（1-71）计算，即

$$q = C_d A_0\sqrt{\frac{2}{\rho}\Delta p}$$

式中符号意义同式（1-71）。

2. 可压缩气体通过节流孔的流量

当气流以较快的速度通过节流孔时，需计及可压缩性的影响，则采用有效截面面积 S 计算的流量公式为：

亚声速$\left(\frac{p_2}{p_1}>0.528\right)$时

$$q_z = 3.9\times10^{-3}S\sqrt{\Delta p p_1}\sqrt{\frac{273.16}{T_1}} \tag{1-82}$$

超声速$\left(\frac{p_2}{p_1}<0.528\right)$时

$$q_z = 1.88\times10^{-3}Sp_1\sqrt{\frac{273.16}{T_1}} \tag{1-83}$$

式中 q_z——自由空气流量（m^3/s）；

S——有效截面面积（mm^2）；

p_1——节流孔口上游绝对压力（MPa）；

Δp——压差（$\Delta p=p_1-p_2$）（MPa）；

T_1——节流孔口上游的热力学温度（K）。

例1-14 已知某气动阀在环境温度为20℃、气源压力为0.5MPa（表压）的条件下进行实验，测得气动阀进、出口压差 $\Delta p=0.02\text{MPa}$，额定流量 $q=2.5\text{m}^3/\text{h}$。试求该阀有效截面面积 S 的值。

解 由式（1-81）求出自由空气流量

$$\begin{aligned} q_z &= q\frac{p+0.1013}{0.1013} \\ &= \frac{2.5}{3600}\times\frac{0.5+0.1013}{0.1013}\text{m}^3/\text{s} \\ &= 4.12\times10^{-3}\text{m}^3/\text{s} \end{aligned}$$

$$p_2 = p_1-\Delta p = [(0.5+0.1013)-0.02]\text{MPa} = 0.5813\text{MPa}$$

由于
$$\frac{p_2}{p_1}=\frac{0.5813}{0.5+0.1013}=0.967>0.528$$

所以属于亚声速出流，应用式（1-82）有

$$S=\frac{q_z}{3.9\times10^{-3}\sqrt{\Delta p p_1}}\sqrt{\frac{T_1}{273.16}}$$
$$=\frac{4.12\times10^{-3}}{3.9\times10^{-3}\sqrt{0.02\times(0.5+0.1013)}}\sqrt{\frac{273.16+20}{273.16}}\mathrm{mm}^2$$
$$\approx10\mathrm{mm}^2$$

第八节　缝隙流动

在液压与气动元件的各组成零件间总存在着某种配合间隙，不论它们是静止的还是变动的，都与工作介质的泄漏问题有关。本节介绍流体经过各种缝隙的流动特性及流量公式，作为分析和计算元件泄漏的依据。

与空气相比液体的泄漏引起的功率损失和对环境的污染危害更大，所以下面阐述液体通过缝隙的流动，即液体的泄漏问题。

一、平行平板缝隙

如图 1-34 所示，在两块平行平板所形成的缝隙间充满了液体，缝隙高度为 h，缝隙宽度和长度分别为 b 和 l，且一般恒有 $b>>h$ 和 $l>>h$。若缝隙两端存在压差 $\Delta p=p_1-p_2$，液体就会产生流动；即使没有压差 Δp 的作用，如果两块平板有相对运动，由于液体黏性的作用，液体也会被平板带着产生流动。

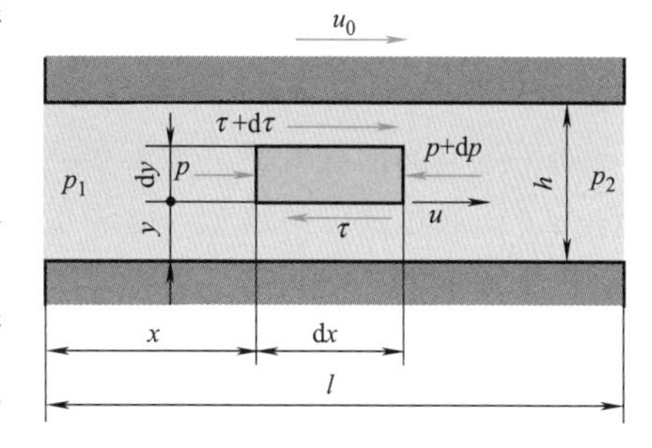

图 1-34　平行平板缝隙间的液流

现分析液体在平行平板缝隙中最一般的流动情况，即既有压差的作用，又受平板相对运动的作用。在液流中取一个微元体 $\mathrm{d}x\mathrm{d}y$（宽度方向取单位长），作用在其左右两端面上的压力为 p 和 $p+\mathrm{d}p$，上下两面所受到的切应力为 $\tau+\mathrm{d}\tau$ 和 τ，因此微元体的受力平衡方程为

$$p\mathrm{d}y+(\tau+\mathrm{d}\tau)\mathrm{d}x=(p+\mathrm{d}p)\mathrm{d}y+\tau\mathrm{d}x$$

经过整理并将 $\tau=\mu\dfrac{\mathrm{d}u}{\mathrm{d}y}$代入后有

$$\frac{\mathrm{d}^2u}{\mathrm{d}y^2}=\frac{1}{\mu}\frac{\mathrm{d}p}{\mathrm{d}x}$$

对上式积分两次得

$$u=\frac{1}{2\mu}\frac{\mathrm{d}p}{\mathrm{d}x}y^2+C_1y+C_2 \tag{1-84}$$

式（1-84）中，C_1、C_2 为积分常数，可利用边界条件求出：当平行平板间的相对运动速度为 u_0 时，在 $y=0$ 处，$u=0$，在 $y=h$ 处，$u=u_0$，则得 $C_1=\frac{u_0}{h}-\frac{1}{2\mu}\frac{\mathrm{d}p}{\mathrm{d}x}h$，$C_2=0$；此外，液流做层流时 p 只是 x 的线性函数，即 $\mathrm{d}p/\mathrm{d}x=(p_2-p_1)/l=-\Delta p/l$，把这些关系式代入上式并整理后有

$$u=\frac{y(h-y)}{2\mu l}\Delta p+\frac{u_0}{h}y \tag{1-85}$$

由此得通过平行平板缝隙的流量为

$$q=\int_0^h ub\mathrm{d}y=\int_0^h\left[\frac{y(h-y)}{2\mu l}\Delta p+\frac{u_0}{h}y\right]b\mathrm{d}y$$
$$=\frac{bh^3}{12\mu l}\Delta p+\frac{bh}{2}u_0 \tag{1-86}$$

当平行平板间没有相对运动，即 $u_0=0$ 时，通过的液流纯由压差引起，称为压差流动，其值为

$$q'=\frac{bh^3}{12\mu l}\Delta p \tag{1-87}$$

液体经由元件缝隙的泄漏量与其缝隙值的三次方成正比。

当平行平板两端不存在压差，通过的液流纯由平板相对运动引起时，称为剪切流动，其值为

$$q''=\frac{bh}{2}u_0 \tag{1-88}$$

如果将上面的这些流量理解为元件缝隙中的泄漏量，那么从式（1-87）可以看到，在压差作用下，通过缝隙的流量与缝隙值的三次方成正比，这说明元件内缝隙的大小对其泄漏量的影响是很大的。

二、环形缝隙

液压和气动元件各零件间的配合间隙大多数为圆环形间隙，如滑阀与阀套之间、活塞与缸筒之间等。理想情况下为同心环形缝隙；但实际上，一般多为偏心环形缝隙。

（一）流经同心环形缝隙的流量

图 1-35 所示为同心环形缝隙间的液流。图 1-35 中圆柱体直径为 d，缝隙大小为 h，缝隙长度为 l。当缝隙 h 较小时，可将环形缝隙沿圆周方向展开，把它近似地看作是平行平板缝隙间的流动，这样只要将 $b=\pi d$ 代入式（1-86），就可得同心环形缝隙的流量公式：

$$q_0=\frac{\pi dh^3}{12\mu l}\Delta p+\frac{\pi dh}{2}u_0 \tag{1-89}$$

当圆柱体移动方向与压差方向相反时，上式第二项应取负号。

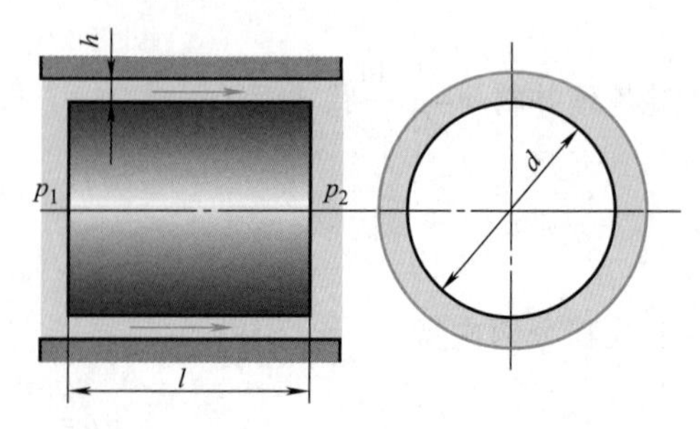

图 1-35 同心环形缝隙间的液流

若圆柱体和内孔之间没有相对运动，即 $u_0=0$，则此时的同心环形缝隙流量公式为

$$q_0'=\frac{\pi dh^3}{12\mu l}\Delta p \tag{1-90}$$

（二）流经偏心环形缝隙的流量

图 1-36 所示为偏心环形缝隙间的液流。设内外圆间的偏心量为 e，在任意角度 θ 处的缝隙为 h。因缝隙很小，$r_1 \approx r_2 \approx r$，可把微元圆弧 db 所对应的环形缝隙间的流动近似地看作是平行平板缝隙间的流动。将 $db=rd\theta$ 代入式（1-86）得

$$dq=\frac{rh^3 d\theta}{12\mu l}\Delta p+h\frac{rd\theta}{2}u_0$$

由图 1-36 所示的几何关系，可以得到

$$h \approx h_0-e\cos\theta=h_0(1-\varepsilon\cos\theta)$$

式中　h_0——内外圆同心时半径方向的缝隙值；

ε——相对偏心率，$\varepsilon=e/h_0$。

将 h 值代入上式并积分后，便得偏心环形缝隙的流量公式为

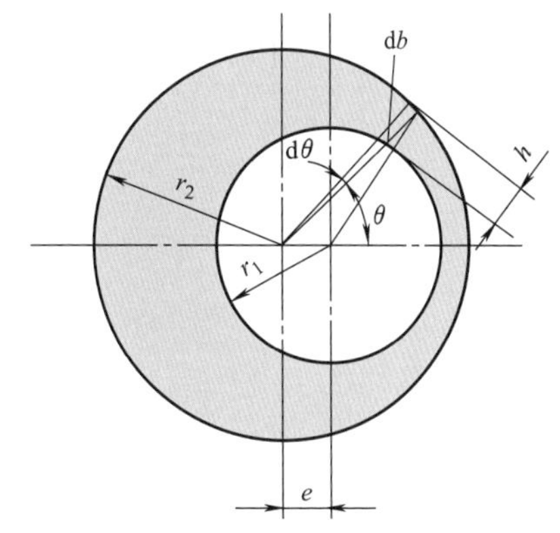

图 1-36　偏心环形缝隙间的液流

$$q_\varepsilon=(1+1.5\varepsilon^2)\frac{\pi dh_0^3}{12\mu l}\Delta p+\frac{\pi dh_0}{2}u_0 \tag{1-91}$$

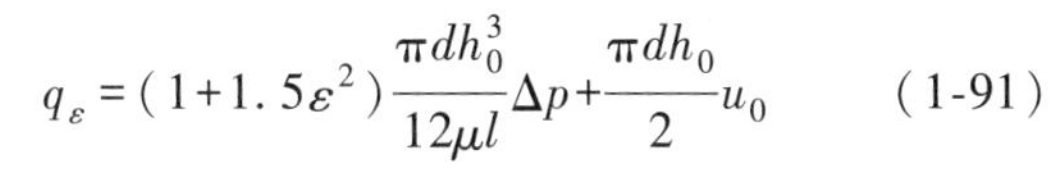
偏心环形缝隙的泄漏量大于同心环形缝隙。

当内外圆之间没有轴向相对移动，即 $u_0=0$ 时，其流量公式为

$$q_\varepsilon'=(1+1.5\varepsilon^2)\frac{\pi dh_0^3}{12\mu l}\Delta p \tag{1-92}$$

由式（1-92）可以看出，当 $\varepsilon=0$ 时，它就是同心环形缝隙的流量公式；当 $\varepsilon=1$，即有最大偏心量时，其流量为同心环形缝隙流量的 2.5 倍。因此在液压与气动元件中，为了减小缝隙泄漏量，应采取措施，尽量使其配合件处于同心状态。

例 1-15　如图 1-37 所示，柱塞直径 $d=19.9$mm，缸套直径 $D=20$mm，长 $l=70$mm，柱塞在力 $F=40$N 作用下向下运动，并将油液从缝隙中挤出，若柱塞与缸套同心，油液的动力黏度 $\mu=0.784\times10^{-3}$Pa·s，试求柱塞下落 0.1m 所需的时间。

解　缸套中油液的压力 $p=\frac{F}{A}=\frac{4F}{\pi d^2}$，由于缸套与柱塞间径向间隙很小且同心，故根据同心环形缝隙的流量公式，有

$$q=\frac{\pi dh^3}{12\mu l}\Delta p-\frac{\pi dh}{2}u_0$$

因柱塞移动方向与压差方向相反，所以$\frac{\pi dh}{2}u_0$ 项应取负值。

而 $q=Au_0=\frac{\pi}{4}d^2u_0$，$\Delta p=p-p_a=p$，$h=\frac{D-d}{2}=0.05$mm，则得

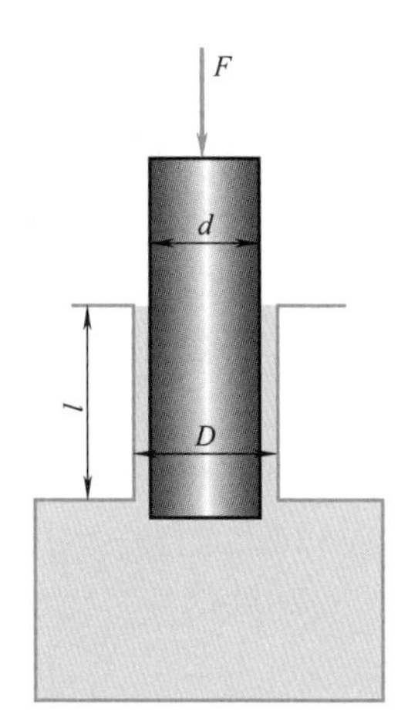

图 1-37　例 1-15 图

$$\frac{\pi}{4}d^2u_0=\frac{\pi dh^3}{12\mu l}\times\frac{4F}{\pi d^2}-\frac{\pi dh}{2}u_0$$

则

$$u_0=\frac{1}{\left(\dfrac{d}{4}+\dfrac{h}{2}\right)}\frac{h^3F}{3\pi\mu ld^2}$$

$$=\frac{1}{\left(\dfrac{19.9}{4}+\dfrac{0.05}{2}\right)\times10^{-3}}\times\frac{(0.05\times10^{-3})^3\times40}{3\times\pi\times0.784\times10^{-3}\times0.07\times0.0199^2}\text{m/s}$$

$$=4.8\times10^{-3}\text{m/s}$$

柱塞下落 0.1m 所需时间

$$t=\frac{0.1}{4.8\times10^{-3}}\text{s}=20.8\text{s}$$

第九节　瞬变流动

在液压与气动系统中有时会出现流体的流速在极短的瞬间发生很大变化的现象，从而导致压力的急剧变化，这就是所谓的瞬变流动。瞬变流动会给系统带来很大的危害，应尽量予以避免。

本节主要介绍液压冲击和气穴现象以及它们的减小措施。

一、液压冲击

在液压系统中，当突然关闭或开启液流通道时，在通道内液体压力发生急剧交替升降的波动过程称为液压冲击。出现液压冲击时，液体中的瞬时峰值压力往往比正常工作压力高好几倍，它不仅会损坏密封装置、管道和液压元件，而且还会引起振动和噪声；有时使某些压力控制的液压元件产生误动作，造成事故。

（一）管内液流速度突变引起的液压冲击

有一液位恒定并能保持液面压力不变的容器如图 1-38 所示。容器底部连一管道，在管道的输出端装有一个阀门。管道内的液体经阀门 B 出流。若将阀门突然关闭，则紧靠阀门的这部分液体立刻停止运动，液体的动能瞬时转变为压力能，产生冲击压力，接着后面的液体依次停止运动，依次将动能转变为压力能，在管道内形成压力冲击波，并以速度 c 由 B 向 A 传播。

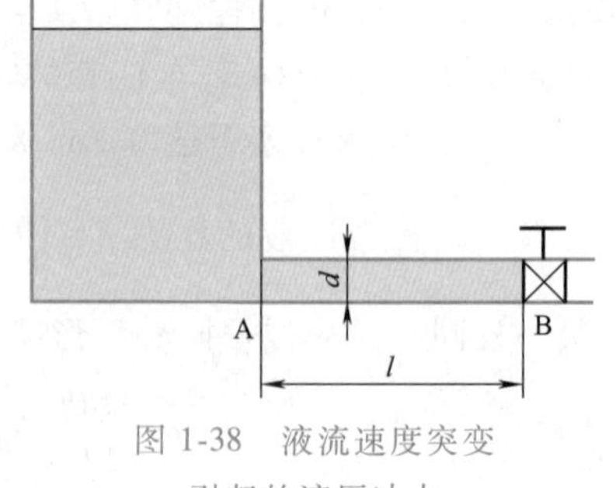

图 1-38　液流速度突变引起的液压冲击

设图 1-38 中管道的截面面积和长度分别为 A 和 l，管道中液体的流速为 v，密度为 ρ，则根据能量守恒定律，液体的动能转化成液体的压力能，即

$$\frac{1}{2}\rho Alv^2=\frac{1}{2}\frac{Al}{K'}\Delta p_{\text{rmax}}^2$$

所以

$$\Delta p_{\mathrm{rmax}}=\rho\sqrt{\frac{K'}{\rho}}v=\rho cv \tag{1-93}$$

式中　Δp_{rmax}——液压冲击时压力的升高值；

K'——计及管壁弹性后的液体等效体积模量；

c——压力冲击波在管道中的传播速度，即

$$c=\sqrt{K'/\rho}$$

压力冲击波在管道中的传播速度可按下式计算：

$$c=\sqrt{\frac{K'}{\rho}}=\frac{\sqrt{\frac{K}{\rho}}}{\sqrt{1+\frac{d}{\delta}\frac{K}{E}}} \tag{1-94}$$

式中　K——液体的体积模量；

d——管道的内径；

δ——管道的壁厚；

E——管道材料的弹性模量。

压力冲击波在管道中液体内的传播速度 c 一般在 890~1420m/s 范围内。

如果阀门不是全部关闭，而是部分关闭，使液体的流速从 v 降到 v'，则只要在式（1-93）中以（$v-v'$）代替 v，便可求得这种情况下的压力升高值，即

$$\Delta p_{\mathrm{r}}=\rho c(v-v')=\rho c\Delta v \tag{1-95}$$

一般，依阀门关闭时间常把液压冲击分为两种：

当阀门关闭时间 $t<t_{\mathrm{c}}=\frac{2l}{c}$时，称为直接液压冲击（又称完全冲击）。

当阀门关闭时间 $t>t_{\mathrm{c}}=\frac{2l}{c}$时，称为间接液压冲击（又称不完全冲击）。此时压力升高值比直接冲击时小，它可近似地按下式计算：

$$\Delta p'_{\mathrm{rmax}}=\rho cv\frac{t_{\mathrm{c}}}{t} \tag{1-96}$$

这样，可以把各种情况下关闭液流通道时管内液压冲击的压力升高值归纳于表 1-13 中。

表 1-13　关闭液流通道时管内液压冲击的压力升高值

阀门关闭情况	液压冲击的压力升高值 Δp
瞬时全部关闭液流（$t\leqslant t_{\mathrm{c}}$）（$v'=0$）	$\Delta p_{\mathrm{rmax}}=\rho cv$
瞬时部分关闭液流（$t\leqslant t_{\mathrm{c}}$）（$v'\neq 0$）	$\Delta p_{\mathrm{r}}=\rho c(v-v')$
逐渐全部关闭液流（$t>t_{\mathrm{c}}$）（$v'=0$）	$\Delta p'_{\mathrm{rmax}}=\rho cv\frac{t_{\mathrm{c}}}{t}$
逐渐部分关闭液流（$t>t_{\mathrm{c}}$）（$v'\neq 0$）	$\Delta p'_{\mathrm{r}}=\rho c(v-v')\frac{t_{\mathrm{c}}}{t}$

不论是哪一种情况，知道了液压冲击的压力升高值 Δp 后，便可求得出现冲击时管道中的最高压力

$$p_{\max}=p+\Delta p \tag{1-97}$$

式中　p——正常工作压力。

（二）运动部件制动引起的液压冲击

如图 1-39 所示，活塞以速度 v 驱动负载 m 向左运动，活塞和负载的总质量为 $\sum m$。当突然关闭出口通道时，液体被封闭在左腔中。但由于运动部件的惯性而使腔内液体受压，引起液体压力急剧上升。运动部件则因受到左腔内液体压力产生的阻力而制动。

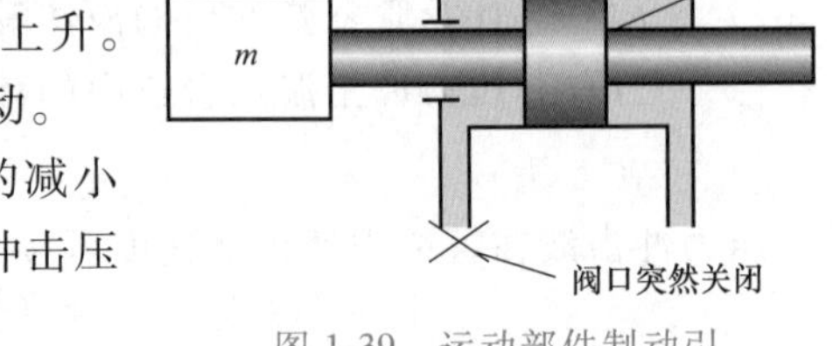

图 1-39 运动部件制动引起的液压冲击

设运动部件在制动时的减速时间为 Δt，速度的减小值为 Δv，则根据动量定律可近似地求得左腔内的冲击压力 Δp，由于

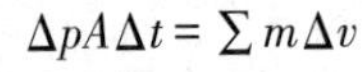

$$\Delta p A \Delta t = \sum m \Delta v$$

在液压系统中应尽可能避免产生液压冲击。

故有

$$\Delta p = \frac{\sum m \Delta v}{A \Delta t} \tag{1-98}$$

式中 $\sum m$——运动部件（包括活塞和负载）的总质量；

A——液压缸的有效工作面积；

Δt——运动部件制动时间；

Δv——运动部件速度的变化值，$\Delta v = v - v'$；

v——运动部件制动前的速度；

v'——运动部件经过 Δt 时间后的速度。

式（1-98）的计算忽略了阻尼、泄漏等因素，其值比实际的要大些，因而是偏安全的。

（三）减小液压冲击的措施

针对上述各式中影响冲击压力 Δp 的因素，可采取以下措施来减小液压冲击：

1）适当加大管径，限制管道流速 v，一般在液压系统中把 v 控制在 4.5m/s 以内，使 Δp_{rmax} 不超过 5MPa 就可以认为是安全的。

2）正确设计阀口或设置制动装置，使运动部件制动时速度变化比较均匀。

3）延长阀门关闭和运动部件制动换向的时间，可采用换向时间可调的换向阀。

4）尽可能缩短管长，以减小压力冲击波的传播时间，变直接冲击为间接冲击。

5）在容易发生液压冲击的部位采用橡胶软管或设置蓄能器，以吸收冲击压力；也可以在这些部位安装安全阀，以限制压力升高。

例 1-16 已知图 1-38 所示装置中管道的内径 $d = 20\times10^{-3}$m，管壁厚 $\delta = 2\times10^{-3}$m，管长 $l = 0.8$m，管壁材料的弹性模量 $E = 2\times10^{5}$MPa，液体的体积模量 $K = 1.4\times10^{3}$MPa，液体的密度 $\rho = 900$kg/m^3，液体在管中初始流速 $v = 4$m/s，压力 $p = 2$MPa。试求当阀门关闭时间 $t = 1\times10^{-3}$s 时，管内的最大压力 p_{max}。

解 先计算压力冲击波的传播速度 c。由式（1-94）可得

$$c = \frac{\sqrt{\dfrac{K}{\rho}}}{\sqrt{1+\dfrac{d}{\delta}\dfrac{K}{E}}} = \frac{\sqrt{\dfrac{1.4\times10^{9}}{900}}}{\sqrt{1+\dfrac{20\times10^{-3}}{2\times10^{-3}}\dfrac{1.4\times10^{9}}{2\times10^{11}}}}\text{m/s} = 1205.7\text{m/s}$$

再算出 t_c

$$t_c=\frac{2l}{c}=\frac{2\times0.8}{1205.7}\text{s}=1.33\times10^{-3}\text{s}$$

由于 $t=1\times10^{-3}\text{s}$，所以 $t<t_c$，属于直接冲击，根据式（1-93），有

$$\Delta p_{r\max}=\rho cv=900\times1205.7\times4\text{Pa}=4.34\times10^6\text{Pa}=4.34\text{MPa}$$

因此，管内的最大压力

$$p_{\max}=p+\Delta p_{r\max}=(2+4.34)\text{MPa}=6.34\text{MPa}$$

二、气穴现象

在液压系统中，当流动液体某处的压力低于空气分离压时，原先溶解在液体中的空气就会游离出来，使液体中产生大量气泡，这种现象称为气穴现象。气穴现象使液压装置产生噪声和振动，使金属表面受到腐蚀。为了说明气穴现象的机理，必须先介绍一下液体的空气分离压和饱和蒸气压。

（一）空气分离压和饱和蒸气压

液体不可避免地会含有一定量的空气。液体中所含空气体积的百分数称为它的含气量。空气可溶解在液体中，也可以气泡的形式混合在液体之中。空气在液体中的溶解度与液体的绝对压力成正比，如图 1-40a 所示。在常温常压下，石油基液压油的空气溶解度为 6%～12%。溶解在液体中的空气对液体的体积模量没有影响，但当液体的压力降低时，这些气体就会从液体中分离出来，如图 1-40b 所示。

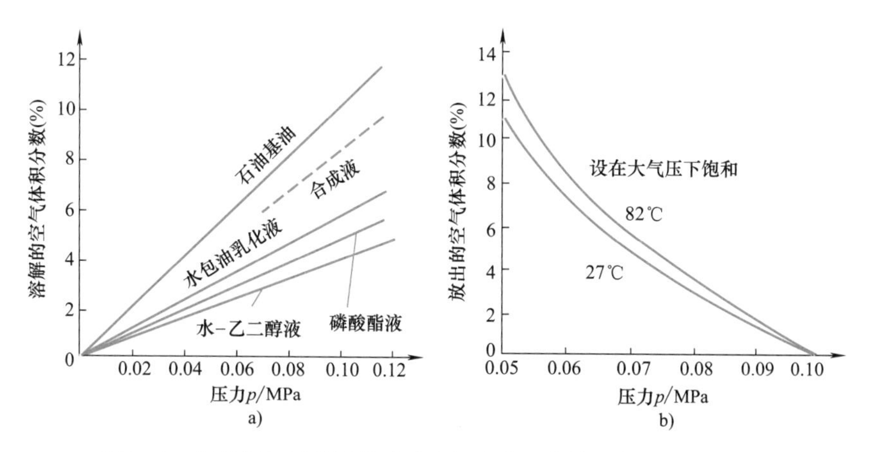

图 1-40 气体溶解度以及从油液中放出的气体体积与压力间的关系
a）溶解度与压力间的关系 b）油液中放出气体体积与压力间的关系

> 液体中混有气泡对液体的体积模量有明显影响。

在一定温度下，当液体压力低于某值时，溶解在液体中的空气将会突然地迅速从液体中分离出来，产生大量气泡，这个压力称为液体在该温度下的空气分离压。有气泡的液体其体积模量将明显减小。气泡越多，液体的体积模量越小。

当液体在某一温度下其压力继续下降而低于一定数值时，液体本身便迅速汽化，产生大量蒸气，这时的压力称为液体在该温度下的饱和蒸气压。一般说来，液体的饱和蒸气压比空

气分离压要小得多。几种液体的饱和蒸气压与温度的关系如图 1-41 所示。

液体的空气分离压与饱和蒸气压是两个概念不同的压力。通常，后者远小于前者。

（二）节流孔口的气穴

当液体流到图 1-42 所示的节流口的喉部位置时，由于流速很高，根据能量方程，该处的压力会很低。如那里的压力低于液体工作温度下的空气分离压，就会出现气穴现象。同样，在液压泵的自吸过程中，如果泵的吸油管太细、阻力太大，滤网堵塞，或泵安装位置过高、转速过快等，也会使其吸油腔的压力低于工作温度下的空气分离压，从而产生气穴现象。

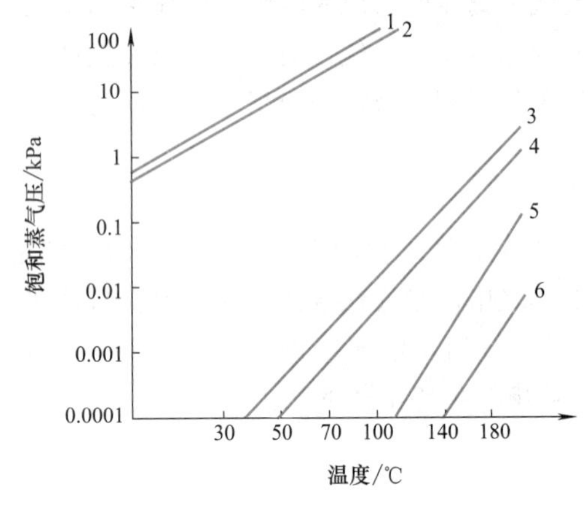

图 1-41　几种液体的饱和蒸气压与温度的关系

1—水包油乳化液　2—水-乙二醇液　3—合成液

4—石油基油液　5—硅酸酯液　6—磷酸酯液

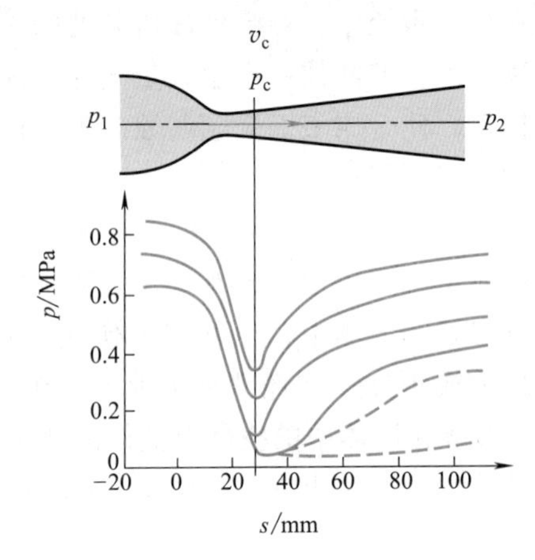

图 1-42　节流口的气穴现象

气蚀会严重损伤液压元件金属表面，大大缩短其使用寿命。

当液压系统出现气穴现象时，大量的气泡使液流的流动特性变差，造成流量不稳，噪声骤增。特别是当带有气泡的液流进入下游高压区时，气泡受到周围高压的压缩，迅速破灭，使局部产生非常高的温度和冲击压力。例如：在 38℃ 下工作的液压泵，当泵的输出压力分别为 6.8MPa、13.6MPa、20.4MPa 时，气泡破灭处的局部温度可高达 766℃、993℃、1149℃，冲击压力会达到几百兆帕。这样的局部高温和冲击压力，一方面使金属表面疲劳，另一方面又使工作介质变质，对金属产生化学腐蚀作用，从而使液压元件表面受到侵蚀、剥落，甚至出现海绵状的小洞穴。这种因气穴而对金属表面产生腐蚀的现象称为气蚀。气蚀会严重损伤元件表面质量，大大缩短其使用寿命，因而必须加以防范。

（三）防止气穴现象的措施

在液压系统中，哪里压力低于空气分离压，那里就会产生气穴现象。为了防止气穴现象的发生，最根本的一条是避免液压系统中的压力过分降低。具体措施有：

1）减小阀孔口前后的压差，一般希望其压力比 $p_1/p_2<3.5$。

2）正确设计和使用液压泵站。

3）液压系统各元部件的连接处要密封可靠，严防空气侵入。

4）采用抗腐蚀能力强的金属材料，提高零件的机械强度，减小零件表面粗糙度值。

习 题

1-1 某液压油在大气压下的体积是 $50\times10^{-3}m^3$，当压力升高后，其体积减小到 $49.9\times10^{-3}m^3$，取液压油的体积模量 $K=700.0MPa$，试求压力升高值。

1-2 图 1-43 所示液压缸的缸筒内径 $D=12cm$，活塞直径 $d=11.96cm$，活塞长度 $L=14cm$，若油液的黏度 $\mu=0.065Pa\cdot s$，活塞回程要求的稳定速度 $v=0.5m/s$，试求不计油液压力时拉回活塞所需的力 F。

1-3 如图 1-44 所示，具有一定真空度的容器用一根管子倒置于液面与大气相通的水槽中，液体在管中上升的高度 $h=1m$，设液体的密度 $\rho=1000kg/m^3$，试求容器内的真空度。

1-4 如图 1-45 所示，有一直径为 d、质量为 m 的活塞浸在液体中，并在力 F 的作用下处于静止状态。若液体的密度为 ρ，活塞浸入深度为 h，试确定液体在测压管内的上升高度 x。

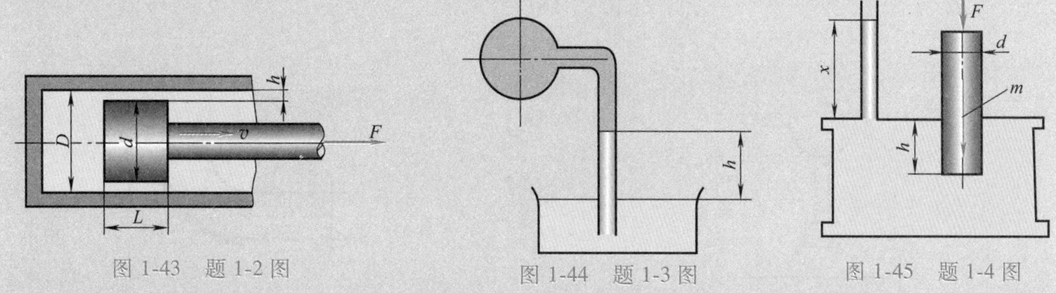

图 1-43 题 1-2 图　　图 1-44 题 1-3 图　　图 1-45 题 1-4 图

1-5 液压缸直径 $D=150mm$，柱塞直径 $d=100mm$，液压缸中充满油液。如果柱塞上作用着 $F=50000N$ 的力，不计油液的质量，试求图 1-46 所示两种情况下液压缸中的压力。

1-6 图 1-47 所示容器 A 中的液体的密度 $\rho_A=900kg/m^3$，B 中液体的密度 $\rho_B=1200kg/m^3$，$z_A=200mm$，$z_B=180mm$，$h=60mm$，U 形管中的测压介质为汞，试求 A、B 之间的压差。

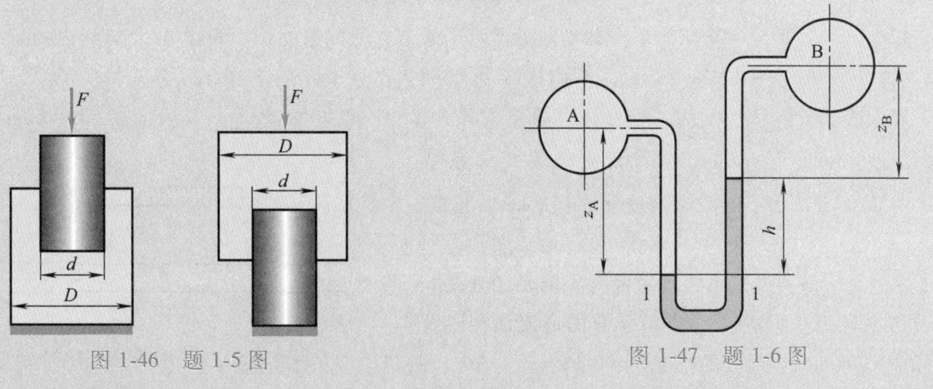

图 1-46 题 1-5 图　　图 1-47 题 1-6 图

1-7 如图 1-48 所示，已知水深 $H=10m$，截面 1—1 面积 $A_1=0.02m^2$，截面 2—2 面积 $A_2=0.04m^2$，试求孔口的出流流量以及点 2 处的表压力（取 $\alpha=1$，不计损失）。

1-8 如图 1-49 所示，一抽吸设备水平放置，其出口和大气相通，细管处截面面积 $A_1=3.2\times10^{-4}m^2$，出口处管道截面面积 $A_2=4A_1$，$h=1m$，试求开始抽吸时，水平管中所必须通过的流量 q（液体为理想液体，不计损失）。

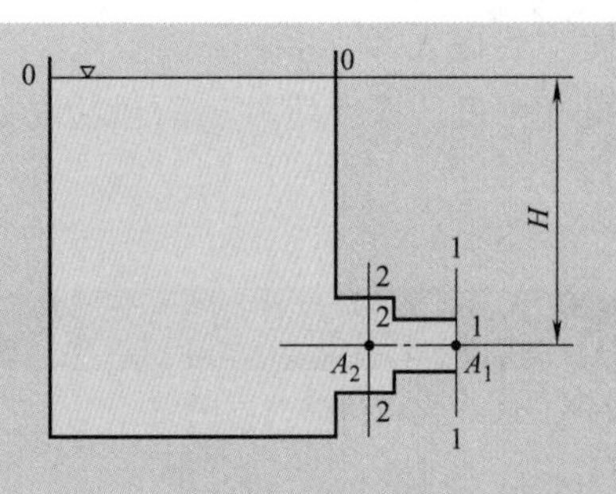

图 1-48 题 1-7 图

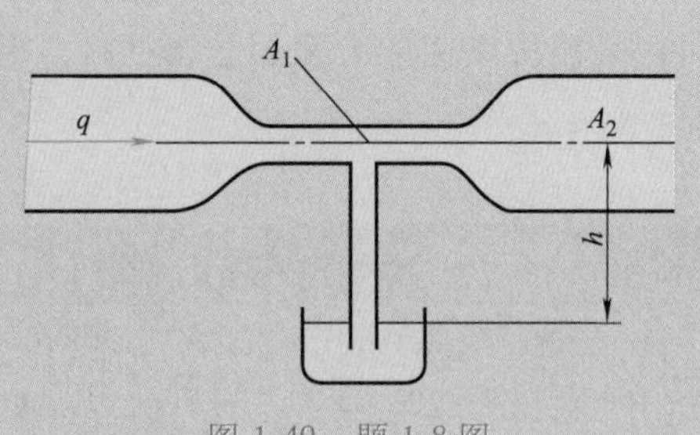

图 1-49 题 1-8 图

1-9 图 1-50 所示液压泵的流量为 25L/min，吸油管直径为 25mm，泵的吸油口比油箱液面高出 $h=400\text{mm}$。如只考虑管长为 500mm 的吸油管中的沿程压力损失，油液的运动黏度为 $30\times10^{-6}\text{m}^2/\text{s}$，油液的密度为 900kg/m^3，试求泵的吸油腔处的真空度（取 $\lambda=75/Re$，$\alpha=2$）。

1-10 图 1-51 所示为一水平放置的固定导板，将直径 $d=0.1\text{m}$、流速 $v=20\text{m/s}$ 的射流转过 90°角，试求导板作用于液体的合力大小及方向（$\rho=1000\text{kg/m}^3$）。

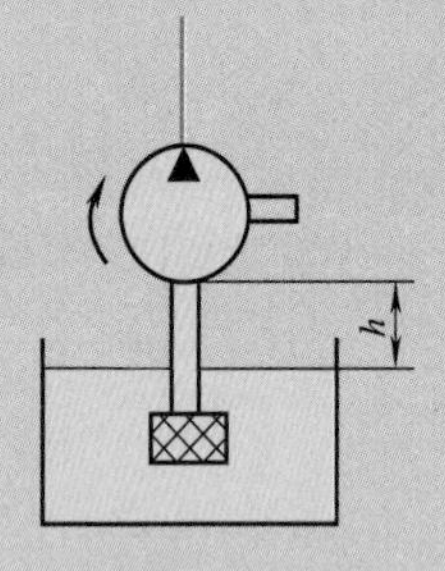

图 1-50 题 1-9 图

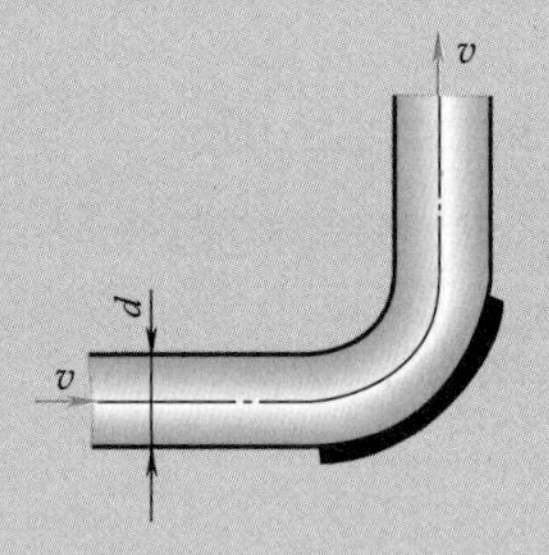

图 1-51 题 1-10 图

1-11 有一管径不等的串联管道，大管内径为 20mm，小管内径为 10mm，流过动力黏度为 $30\times10^{-3}\text{Pa}\cdot\text{s}$的液体，流量 $q=20\text{L/min}$，液体的密度 $\rho=900\text{kg/m}^3$，试求液流在两通流截面上的平均流速及雷诺数。

1-12 运动黏度 $\nu=40\times10^{-6}\text{m}^2/\text{s}$ 的油液通过水平管道，油液密度 $\rho=900\text{kg/m}^3$，管道内径 $d=10\text{mm}$，$l=5\text{m}$，进口压力 $p_1=4.0\text{MPa}$，试问平均流速为 3m/s 时，出口压力 p_2 为多少（取 $\lambda=64/Re$）?

1-13 试求图 1-52 所示两并联管路中的流量各为多少？已知总流量 $q=25\text{L/min}$，$d_1=50\text{mm}$，$d_2=100\text{mm}$，$l_1=30\text{m}$，$l_2=50\text{m}$。假设沿程压力损失系数 $\lambda_1=0.04$ 及 $\lambda_2=0.03$，并取油液密度 $\rho=900\text{kg/m}^3$，则并联管路中的总压力损失等于多少?

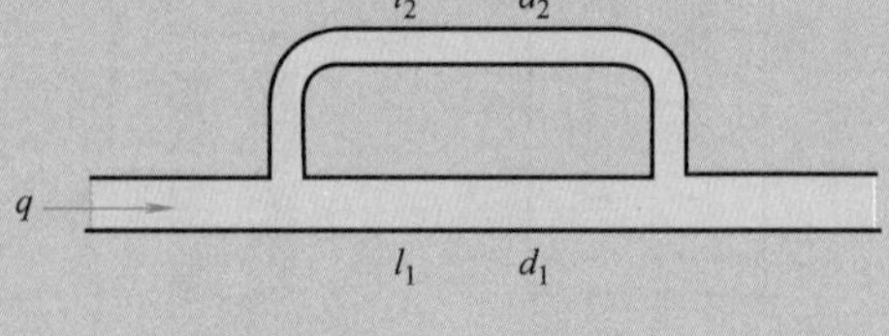

图 1-52 题 1-13 图

1-14 有一薄壁节流小孔，通过的流量 $q=25\text{L/min}$ 时，压力损失为 0.3MPa，试求节流孔的通流面积。设流量系数 $C_\text{d}=0.61$，油液的密度 $\rho=900\text{kg/m}^3$。

1-15 圆柱形滑阀如图 1-53 所示，已知阀芯直径 $d=2\text{cm}$，进口压力 $p_1=9.8\text{MPa}$，出口压力 $p_2=0.9\text{MPa}$，油液的密度 $\rho=900\text{kg/m}^3$，通过阀口时的流量系数 $C_\text{d}=0.65$，阀口开度 $x=0.2\text{cm}$，试求通过阀口的流量。

1-16 如图 1-54 所示，在一直径 $D=25\text{mm}$ 的液压缸中放置着一个具有 4 条矩形截面（$a\times b$）槽的活塞。液压缸左腔的表压力 $p=0.2\text{MPa}$，右腔直接回油箱。设油的动力黏度 $\mu=30\times10^{-3}\text{Pa}\cdot\text{s}$，进口处压力

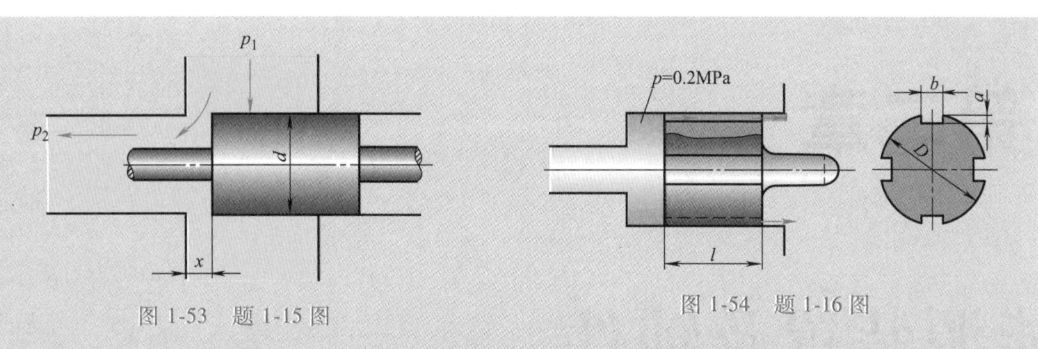

图 1-53　题 1-15 图　　图 1-54　题 1-16 图

损失可以忽略不计，试确定由液压缸左腔沿 4 条槽泄漏到右腔去的流量，已知槽的尺寸是 $a=1\text{mm}$，$b=2\text{mm}$ 和 $l=120\text{mm}$（提示：矩形截面按水力直径计算）。

1-17　如图 1-55 所示，已知液压泵供油压力为 3.2MPa，薄壁小孔节流阀 Ⅰ 的开口面积 $A_{Ⅰ}=0.02\text{cm}^2$，薄壁小孔节流阀 Ⅱ 的开口面积 $A_{Ⅱ}=0.01\text{cm}^2$，试求活塞向右运动的速度 v。缸中活塞面积 $A=100\text{cm}^2$，油的密度 $\rho=900\text{kg/m}^3$，负载 $F=16000\text{N}$，液流的流量系数 $C_d=0.6$。

1-18　如图 1-56 所示的液压系统从蓄能器 A 到电磁阀 B 的距离 $l=4\text{m}$，管径 $d=20\text{mm}$，壁厚 $\delta=1\text{mm}$，钢的弹性模量 $E=2.2\times10^5\text{MPa}$，油液的体积模量 $K=1.33\times10^3\text{MPa}$，管路中油液原先以 $v=5\text{m/s}$、$p_0=2.0\text{MPa}$ 流经电磁阀，试求当阀瞬间关闭、0.02s 和 0.05s 关闭时，在管路中分别达到的最大压力。

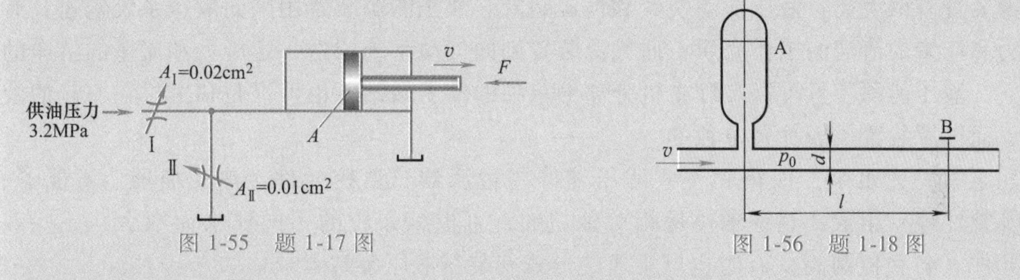

图 1-55　题 1-17 图　　图 1-56　题 1-18 图

1-19　在常温 $t=20℃$ 时，将空气从 0.1MPa（绝对压力）绝热压缩到 0.7MPa（绝对压力），试求温升 Δt。

1-20　空气压缩机向容积为 40L 的气罐充气直至 $p_1=0.8\text{MPa}$（绝对压力）时停止，此时气罐内温度 $t_1=40℃$，又经过若干小时气罐内温度降至室温 $t=10℃$，试问：

1）此时罐内表压力为多少？

2）此时罐内压缩了多少室温为 10℃ 的自由空气（设大气绝对压力近似为 0.1MPa）？

1-21　从室温（20℃）时把绝对压力为 1MPa 的压缩空气通过有效截面面积为 25mm^2 的阀口，充入容积为 90L 的气罐中，罐内绝对压力从 0.25MPa 上升到 0.68MPa 时，试求充气时间及气罐内的温度 t_2。当温度降至室温后罐内压力为多少？

1-22　设空压机站吸入的大气温度 $t_1=20℃$，相对湿度 $\varphi_1=80\%$，空压机站经过后冷却器冷却后将 $p_2=0.8\text{MPa}$（绝对压力）、$t_2=60℃$ 的压缩空气送至气罐，然后经输气管道送至车间使用。由于与外界的热交换，使进入车间的压缩空气温度 $t_3=20℃$。设车间平均耗气量 $q_v=3\text{m}^3/\text{min}$（自由空气），试求后冷却器出口压缩空气的相对湿度、气罐中压缩空气的露点温度和整个气源系统每小时冷却水析出量。

1-23　通过总有效截面面积为 50mm^2 的回路，容积为 100L 的气罐，压力从 $p_1=0.5\text{MPa}$（表压）放气成大气压 p_2，气罐内原始温度与环境温度均为 20℃，试求放气时间，并计算气罐中压力为 p_1 时的瞬时流量。

第二章

能源装置及辅件

第一节　概　　述

一、能源装置的组成

能源装置有两大类：液压能源装置和气源装置。液压能源装置用来向液压系统输送具有一定压力和流量的清洁的工作介质；而气源装置则向气动系统输送一定压力和流量的洁净的压缩空气。液压能源装置可以是和主机分离的单独的液压泵站，也可以是和主机在一起的液压泵组；而气源装置一般都是单独的。

液压泵站一般由泵、油箱和一些液压辅件（过滤器、温控元件、热交换器、蓄能器、压力表及管件等）组成，这些辅件是相对独立的，可根据系统的不同要求而取舍，一些液压控制元件（各种控制阀）有时也以集成的形式安装在液压泵站上。

气源装置则由空压机、压缩空气的净化储存设备（后冷却器、油水分离器、气罐、干燥器及输送管道）、气动三联件（分水过滤器、油雾器及减压阀）组成，还有一些必要的辅件，如自动排水器、消声器、缓冲器等，这些辅件是向系统输送洁净的压缩空气所必不可少的。

二、对能源装置的基本要求

对能源装置提出的基本要求如下：

1）能源装置外观应美观，其色泽应与主机协调。

2）能源装置上所装元件，应布局匀称，调节或维护方便，更换容易。

3）能源装置应节能，在系统不需要高压流体时，应采取卸荷等节能措施。

4）能源装置应工作平稳，产生振动小，噪声小，噪声水平应符合有关规定。

5）能源装置和电气、电子控制结合使用时，应能远程控制其工作参数（压力、流量等）。

6）能源装置可利用过载保护或其他适当的措施确保其工作高度可靠。

7）能源装置应尽量采用标准元件组合而成，万不得已时才进行个别元件的单独设计。

8）能源装置应减少泄漏，液压泵站更应如此，因工作液的泄漏，不仅浪费能源，而且污染环境。

9）能源装置应对工作介质的温度进行严格的监控，因传动和控制的特性和介质的温度有关，且当温度超限时，液压泵站工作液的寿命将大大缩短。

第二节　液　压　泵

一、液压泵概述

液压泵是一种将机械能转换为液压能的能量转换装置。它为液压系统提供具有一定压力和流量的液压液，是液压系统的一个重要组成部分。液压泵性能好坏直接影响液压系统工作的可靠性和稳定性。

（一）液压泵的工作原理

液压系统中所用的各种液压泵，都是依靠其密封工作腔容积大小交替变化来实现吸油和压油的，所以称为容积式泵。图2-1所示为单柱塞式液压泵的工作原理。凸轮 1 旋转时，柱塞 2 在凸轮和弹簧 3 的作用下在缸体中左右移动。柱塞右移时，缸体中的密封工作腔容积增大，产生真空，油液通过吸油阀 5 吸入，此时压油阀 6 关闭；柱塞左移时，缸体密封工作腔的容积变小，将吸入的油液通过压油阀输入到液压系统中去，此时，吸油阀关闭。液压泵就是依靠其密封工作腔容积不断的变化，实现吸入和输出油液的。

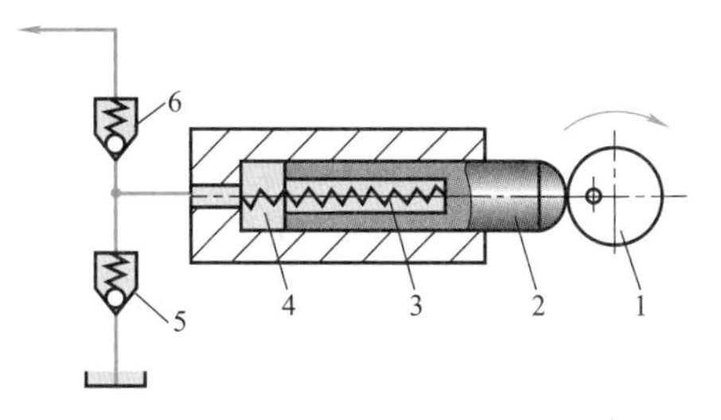

图 2-1　单柱塞式液压泵工作原理
1—凸轮　2—柱塞　3—弹簧　4—密封工作腔
5—吸油阀　6—压油阀

液压泵吸油时，油箱内的油液在大气压作用下使吸油阀开启，而压油阀在阀的弹簧作用下关闭；液压泵输油时，吸油阀在液压和弹簧作用下关闭，而压油阀在液压作用下开启。这种吸入和输出油液的转换，称为配流。液压泵的配流方式有确定式配流（如配流盘、配流轴）和阀式配流（如滑阀、座阀）等。

液压传动中所用的泵，都是容积式泵，它与液力传动中所用的泵工作原理不同。前者输出液体压力能，后者输出液体动能。

根据以上分析，构成液压泵的基本条件是：

1）具有密封的工作腔。

2）密封工作腔容积大小交替变化，变大时与吸油口相通，变小时与压油口相通。

3）吸油口和压油口不能连通。

（二）液压泵的主要性能参数

1. 液压泵的压力

工作压力是指液压泵出口处的实际压力，其大小取决于负载。而额定压力 p_s 是指液压泵在连续使用中允许达到的最高压力。

2. 液压泵的排量、流量

排量 V 是指在没有泄漏的情况下，泵轴转过一转时所能排出的油液体积。排量的大小仅与液压泵的几何尺寸有关。

液压泵的流量可分为理论流量、实际流量和额定流量。

理论流量 q_t 是指在没有泄漏情况下，单位时间内所输出的油液体积。其大小与泵轴转速 n 和排量 V 有关，即 $q_t=Vn$，常用单位为 m^3/s 和 L/min。

实际流量 q 是指单位时间内实际输出的油液体积。液压泵在运行时，泵的出口压力必大于零，因而存在部分油液泄漏，使实际流量小于理论流量。

额定流量 q_s 是指在额定转速和额定压力下输出的流量。

3. 功率与效率

1）输入功率 P_i 为驱动液压泵轴的机械功率。

2）输出功率 P_o 为液压泵输出的液压功率。

如果不考虑液压泵在能量转换过程中的损失，则输入功率等于输出功率，即是它们的理论功率：

$$P_t=pVn=T_t\omega=2\pi T_t n \tag{2-1}$$

式中 T_t——液压泵的理论转矩；

ω——液压泵的角速度；

n——液压泵的转速。

实际上，液压泵在能量转换过程中是有损失的，因此输出功率总是比输入功率小。两者之差即为功率损失。功率损失可分为容积损失和机械损失。

液压泵的输出功率总比输入功率要小，其损失包括容积损失和机械损失两部分。

（1）容积损失 因内泄漏、气穴和油液在高压下受压缩等而造成的流量上的损失，其中内泄漏是主要原因。因而泵的压力增高，输出的实际流量就减小。用容积效率 η_V 来表征容积损失的大小，可表示为

$$\eta_V=\frac{q}{q_t}=\frac{q_t-\Delta q}{q_t}=1-\frac{\Delta q}{q_t} \tag{2-2}$$

式中 Δq——某一工作压力下液压泵的流量损失，即泄漏量。

泄漏是由于液压泵内工作构件之间存在间隙所造成的，泄漏油液的流态可以看作为层流，因此泄漏量 Δq 就与泵的输出压力成正比，即 $\Delta q=k_1 p$，k_1 为泄漏系数。故有

$$\eta_V=1-\frac{k_1 p}{q_t}=1-\frac{k_1 p}{Vn} \tag{2-3}$$

由式（2-3）可以看出，泵的输出压力越高、泄漏系数越大、排量越小、转速越低，容积效率 η_V 就越小。

（2）机械损失 因泵内摩擦而造成的转矩上的损失。设转矩损失为 ΔT，实际输入转矩为 $T=T_t+\Delta T$，用机械效率 η_m 来表征机械损失，可表示为

$$\eta_m=\frac{T_t}{T}=\frac{T_t}{T_t+\Delta T} \tag{2-4}$$

对液压泵而言，驱动泵的转矩总是大于理论上需要的转矩。

总效率 η 是指液压泵的输出功率与输入功率之比，即

$$\eta=\frac{P_o}{P_i}=\frac{pq}{T\omega}=\eta_V\eta_m \tag{2-5}$$

式（2-5）表明，液压泵的总效率等于容积效率和机械效率的乘积。

例 2-1　设液压泵转速为 950r/min，排量 $V_P=168mL/r$，在额定压力 29.5MPa 和同样转速下，测得的实际流量为 150L/min，额定工况下的总效率为 0.87，试求：

1）泵的理论流量。

2）泵的容积效率。

3）泵的机械效率。

4）泵在额定工况下，所需电动机驱动功率。

5）驱动泵的转矩。

解　1）泵的理论流量

$$q_t=V_P n=168\times10^{-3}\times950L/min=159.6L/min$$

2）泵的容积效率

$$\eta_V=\frac{q}{q_t}=\frac{150}{159.6}=0.94$$

3）泵的机械效率

$$\eta_m=\frac{\eta}{\eta_V}=\frac{0.87}{0.94}=0.926$$

4）额定工况下，所需电动机驱动功率

$$P_i=\frac{pq}{\eta}=\frac{29.5\times10^6\times150\times10^{-3}/60}{0.87}W=84.77\times10^3W=84.77kW$$

5）驱动泵的转矩

$$T=\frac{P_i}{2\pi n}=\frac{84.77\times10^3}{2\pi\times950/60}N\cdot m=852.5N\cdot m$$

（三）液压泵的性能曲线

液压泵的性能曲线是在一定的介质、转速和温度下，通过试验得出的。它表示液压泵的工作压力与容积效率 η_V（或实际流量 q）、总效率 η 和输入功率 P_i 之间的关系。图 2-2 所示为某一液压泵的性能曲线。

由图示性能曲线可以看出：容积效率 η_V（或实际流量 q）随压力增高而减小，压力 p 为零时，泄漏流量 Δq 为零，容积效率 $\eta_V=100\%$，实际流量 q 等于理论流量 q_t。总效率 η 随工作压力增高而增大，且有一个最高值。

（四）液压泵的分类

液压泵种类繁多。按泵的排量可否调节，可分为定量泵和变量泵。按结构形式，可分为叶片泵、柱塞泵、齿轮泵和螺杆泵等。每类中还有多种形式。

二、齿轮液压泵

齿轮液压泵是一种常用的液压泵，在结构上可分为外啮合齿轮泵和内啮合齿轮泵。

（一）外啮合齿轮泵

1. 工作原理

图 2-3 所示为外啮合齿轮泵。它由壳体、一对外啮合齿轮和两个端盖（图中未示出）等

主要零件组成 。壳体、端盖和齿轮的各个齿间槽组成许多密封工作腔。当齿轮按图示方向旋转时，右侧吸油腔的轮齿逐渐脱开，密封工作腔的容积逐渐增大，形成部分真空。因此，油箱中的油液在大气压作用下，经吸油管进入吸油腔，将齿间槽充满，并随着齿轮旋转，把油液带到左侧压油腔去。因左侧压油腔的轮齿逐渐进入啮合，密封工作腔容积不断减小，齿间槽中的油液被挤出，通过泵的出口输出。吸油区和压油区是由相互啮合的轮齿以及两个端盖分隔开的。

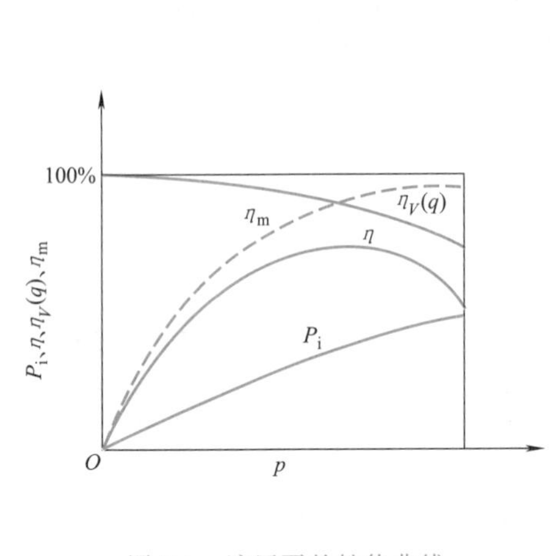

图 2-2 液压泵的性能曲线

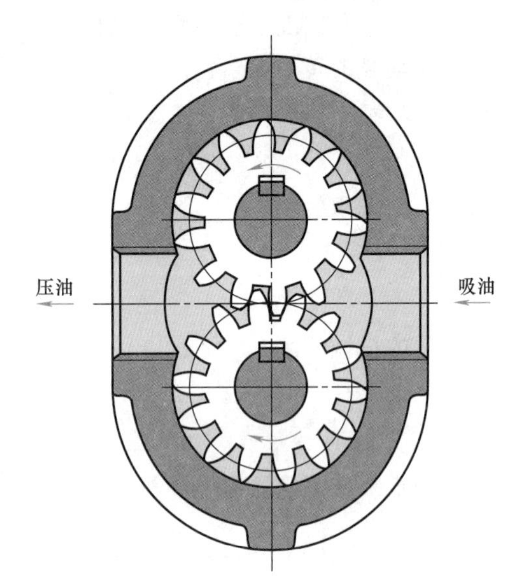

图 2-3 外啮合齿轮泵

2. 排量

外啮合齿轮泵中两个齿轮的啮合线起着配流作用，故不需要专设配流机构。

外啮合齿轮泵排量的精确计算可按齿轮啮合原理来进行。近似计算时，可认为排量等于它的两个齿轮的不包括径向间隙容积的齿间槽容积之和。设齿间槽容积等于轮齿体积，则当齿轮模数为 m、齿数为 z、分度圆直径为 D、工作齿高为 h_w（$h_w=2m$）、模数为 m、齿宽为 b 时，泵的排量为

$$V=\pi Dh_w b=2\pi zm^2 b \tag{2-6}$$

考虑到齿间槽容积比轮齿体积稍大，所以通常取

$$V=6.66zm^2 b \tag{2-7}$$

3. 流量脉动

由于齿轮啮合过程中工作腔容积变化率不是常数，因此，齿轮泵的瞬时流量是脉动的。运用流量脉动率 σ 来评价瞬时流量的脉动。设 q_{max}、q_{min} 表示最大瞬时流量和最小瞬时流量，q 表示平均流量。流量脉动率可用下式表示：

$$\sigma=\frac{q_{max}-q_{min}}{q} \tag{2-8}$$

外啮合齿轮泵齿数越少，脉动率就越大，其值最高可达 0.20 以上；而内啮合齿轮泵的脉动率要小得多。

4. 几个突出问题

泄漏、径向力不平衡、困油是外啮合齿轮泵运行中的三个突出问题，必须设法予以解决或减轻。

(1) 泄漏 外啮合齿轮泵高压腔的压力油可通过齿轮两侧面和两端盖间轴向间隙、泵体内孔和齿顶圆间的径向间隙及齿轮啮合线处的间隙泄漏到低压腔中去。其中对泄漏影响最大的是轴向间隙，可占总泄漏量的75%~80%。它是影响齿轮泵压力提高的首要问题。

(2) 径向不平衡力 齿轮泵中，从压油腔经过泵体内孔和齿顶圆间的径向间隙向吸油腔泄漏的油液，其压力随径向位置而不同。可以认为从压油腔到吸油腔的压力是逐级下降的。其合力相当于给齿轮轴一个径向作用力，此力称为径向不平衡力。工作压力越高，径向不平衡力也越大，直接影响轴承的寿命。径向不平衡力很大时能使轴弯曲、齿顶和壳体内表面产生摩擦。

(3) 困油 为了使齿轮泵能连续平稳地供油，必须使齿轮啮合的重叠系数 ε 大于1。这样，齿轮在啮合过程中，前一对轮齿尚未脱离啮合，后一对轮齿已进入啮合。由于两对轮齿同时啮合，就有一部分油液被围困在两对轮齿所形成的独立的封闭腔内，这一封闭腔和泵的吸、压油腔相互间不连通。当齿轮旋转时，此封闭腔容积发生变化，使油液受压缩或膨胀，这种现象称为困油现象。如图2-4所示，由图2-4a到图2-4b的过程中，封闭腔的容积逐渐减小；由图2-4b到图2-4c的过程中，容积逐渐增大。封闭腔容积减小时，被困油液受挤压，产生很高压力而从缝隙中挤出，油液发热，并使轴承等零件受到额外的负载；而封闭腔容积增大时，形成局部真空，使溶于油液中的气体析出，形成气泡，产生气穴，使泵产生强烈的噪声。

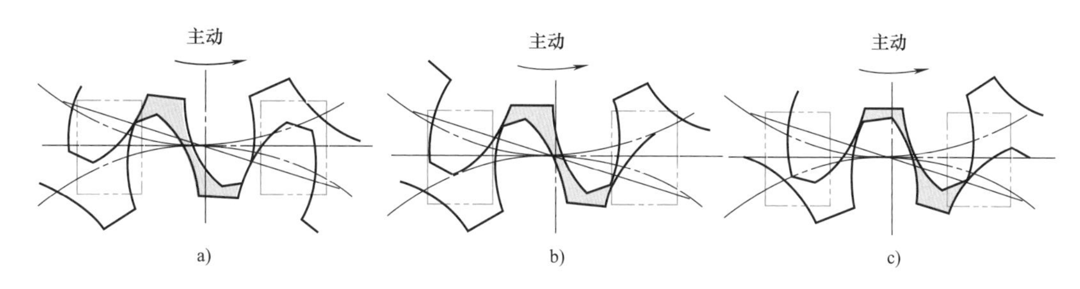

图2-4 困油现象

为了消除困油现象造成的危害，通常在两侧端盖上开卸荷槽（见图2-4中的双点画线所示），使容积减小时通过左边的卸荷槽与压油腔相通（图2-4a），避免压力急剧升高；容积增大时通过右边的卸荷槽与吸油腔相通（图2-4c），避免形成局部真空。两个卸荷槽间必须保持合适的距离，使泵的吸油腔和压油腔始终被隔开，避免增大泵的泄漏量。图2-5所示为几种异形困油卸荷槽。

外啮合齿轮泵的优点是结构简单，尺寸小，制造方便，价格低廉，自吸性能好，工作可靠，对油液污染不敏感，维护方便。其缺点是流量脉动大，因而压力脉动和噪声都较大。

应当指出，困油现象在其他液压泵中同样存在，是个共性问题。在设计与制造液压泵时应竭力避免。

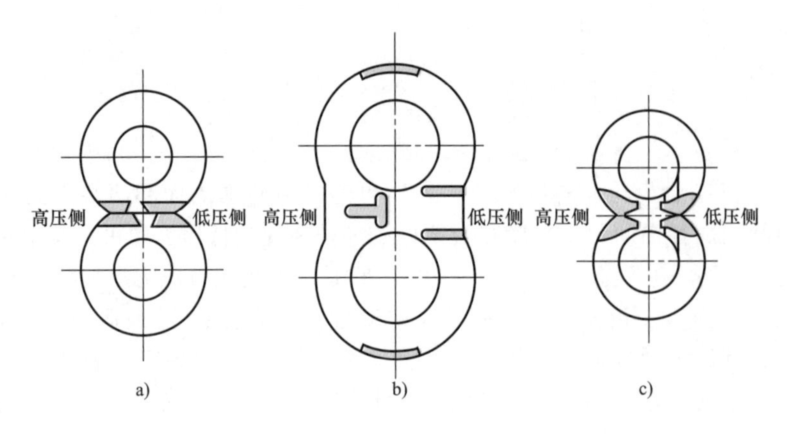

图 2-5 几种异形困油卸荷槽

5. 提高压力的措施

要提高齿轮泵的工作压力，首要的问题是解决轴向泄漏。而造成轴向泄漏的原因是齿轮端面和端盖侧面的间隙。解决这个问题的关键是要在齿轮泵长期工作时，使齿轮端面和端盖侧面之间保持一个合适的间隙。在高、中压齿轮泵中，一般采用轴向间隙自动补偿的办法。其原理是把与齿轮端面相接触的部件制作成轴向可移动的，并将压油腔的压力油经专门的通道引入这个可动部件背面一定形状的油腔中，使该部件始终受到一个与工作压力成比例的轴向力压向齿轮端面，从而保证泵的轴向间隙能与工作压力自动适应且长期稳定。这个可动部件可以是能整体移动的部件，如浮动轴套（见图 2-6）或浮动侧板（见图 2-7）。

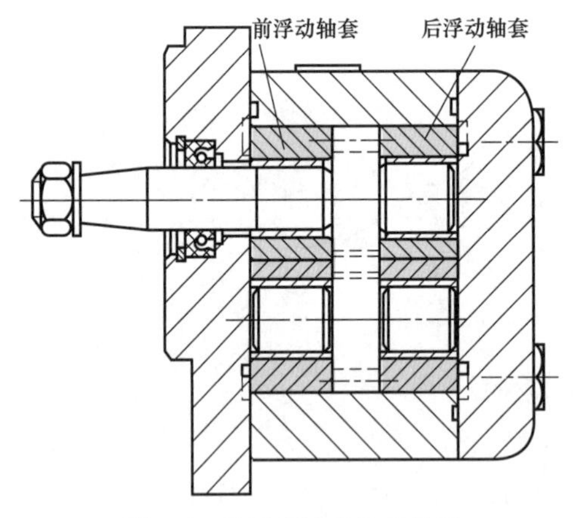

图 2-6 带浮动轴套的齿轮泵

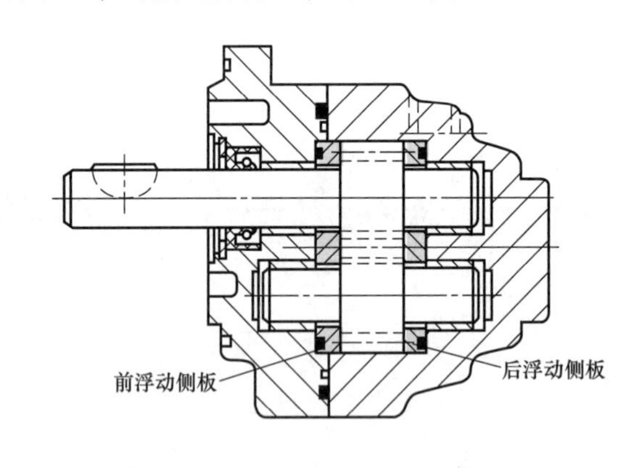

图 2-7 带浮动侧板的齿轮泵

齿轮泵的不平衡径向力也是影响其压力提高的另一个重要问题。目前应用广泛的一种解决方法是，缩小压油口并用扩大泵体内腔高压区径向间隙来实现径向补偿。此方法的优点在于，在用浮动轴套产生轴向补偿的同时，由于齿顶处高压油的作用，尚可使轴套与齿轮副一起在泵体内浮动，从而自动地将齿顶圆压紧在泵体的吸油腔侧内壁面上（图 2-8），不仅结构简单，而且能使轴承的受力有所减轻。

（二）内啮合齿轮泵

内啮合齿轮泵有渐开线齿轮泵和摆线齿轮泵（又名转子泵）两种，如图 2-9 所示。

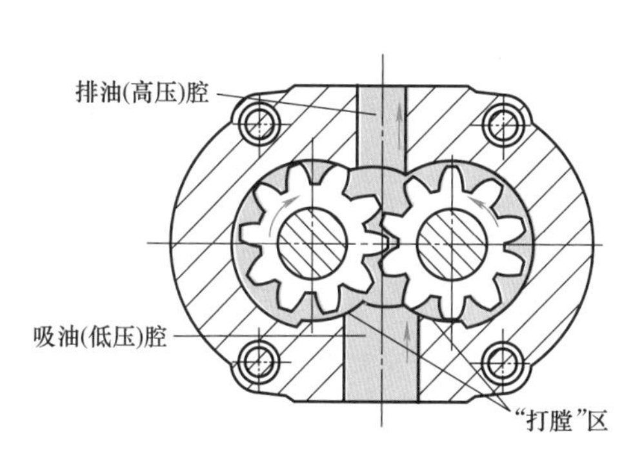

图 2-8　扩大高压区径向间隙的齿轮泵

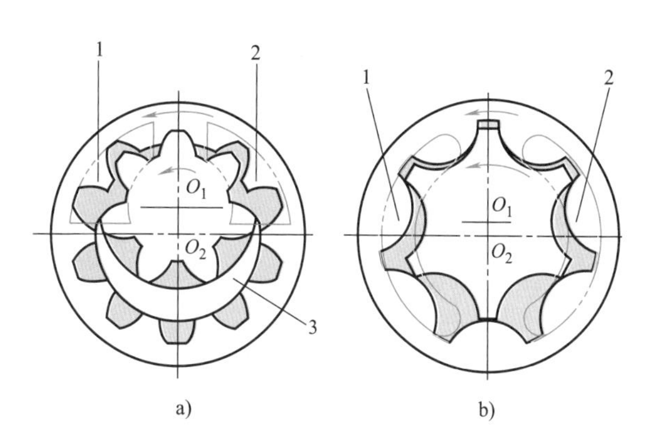

图 2-9　内啮合齿轮泵

a）渐形线内啮合齿轮泵　b）摆线内啮合齿轮泵

1—吸油腔　2—压油腔　3—隔板

渐开线内啮合齿轮泵由小齿轮、内齿轮和月牙形隔板等零件组成，如图 2-9a 所示。当小齿轮按逆时针方向绕中心 O_1 旋转时，驱动内齿轮绕 O_2 同向旋转。月牙形隔板把吸油腔 1 和压油腔 2 隔开。在泵的左边，轮齿脱离啮合，形成局部真空，油液从吸油窗口吸入，进入齿槽，并被带到压油腔。在压油腔的轮齿进入啮合，工作腔容积逐渐变小，将油液经压油窗口压出。

内啮合齿轮泵的流量脉动要比外啮合齿轮泵小得多。

采用齿顶高系数 $f=1$、啮合角 $\alpha=20°$的标准渐开线齿轮副的内齿轮泵的排量 V（单位为 mL/r）可用下式近似计算：

$$V=\pi Bm^2\left(4z_1-\frac{z_1}{z_2}-0.75\right)\times10^{-3} \tag{2-9}$$

式中　z_1、z_2——小齿轮和内齿轮的齿数；

B——齿宽（mm）；

m——齿轮模数（mm）。

内啮合摆线齿轮泵由小齿轮和内齿轮（均为摆线齿轮）组成。小齿轮比内齿轮只少一个齿，不需要设置隔板，如图 2-9b 所示。当小齿轮绕中心 O_1 旋转时，内齿轮被驱动，并绕 O_2 同向旋转，泵的左边轮齿脱离啮合，形成局部真空，进行吸油。泵的右边轮齿进入啮合，进行压油。

内啮合摆线齿轮泵的排量 V（单位为 mL/r）可按下式近似计算：

$$V=2\pi eBD_2(z_2-0.125)\times10^{-3} \tag{2-10}$$

式中　e——啮合副的偏心距（mm）；

B——齿宽（mm）；

D_2——内齿轮齿顶圆直径（mm）；

z_2——内齿轮齿数。

内啮合齿轮泵结构紧凑，尺寸和质量小；由于齿轮同向旋转，相对滑动速度小，磨损小，使用寿命长；流量脉动小，因而压力脉动和噪声都较小；油液在离心力作用下易充满齿间槽，故允许高速旋转，容积效率高。摆线内啮合齿轮泵结构更简单，啮合重叠系数大，传

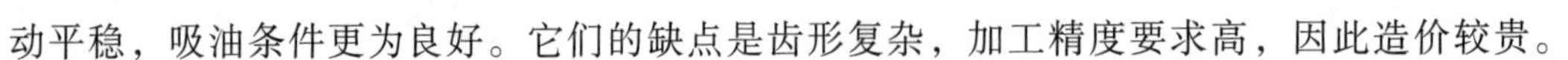

动平稳，吸油条件更为良好。它们的缺点是齿形复杂，加工精度要求高，因此造价较贵。

（三）齿轮泵的主要性能

（1）压力　具有良好的轴向和径向补偿措施的中、小排量的齿轮泵的最高工作压力目前均超过了25MPa，最高达32MPa以上。大排量齿轮泵的许用压力也可达16~20MPa。

（2）排量　液压工程用的齿轮泵的排量范围很宽，为0.05~800mL/r，但常用的为2.5~250mL/r。

（3）转速　微型齿轮泵的最高转速可达20000r/min以上，常用的为1000~3000r/min。必须指出，齿轮泵的工作转速也有下限，一般为300~500r/min。

（4）寿命　低压齿轮泵的寿命为3000~5000h，高压外齿轮泵在额定压力下的寿命一般却只有几百小时，高压内齿轮泵的寿命可达2000~3000h。

三、螺杆泵

螺杆泵是一种利用螺杆转动将液体沿轴向输送的容积式泵，有单、双、三和五螺杆泵之分。但是，目前在机械领域应用不是很多。

四、叶片液压泵

叶片液压泵有单作用式（变量泵）和双作用式（定量泵）两大类，在机床、工程机械、船舶、压铸及冶金设备中得到广泛应用。它具有输出流量均匀、运转平稳、噪声小的优点。叶片泵对油液的清洁度要求较高。

（一）单作用叶片泵

图2-10所示为单作用叶片泵的工作原理。单作用叶片泵由转子1、定子2、叶片3、配油盘和端盖等主要零件组成。定子的内表面是圆柱形孔，定子和转子中心不重合，相距一偏心距e。叶片可以在转子槽内灵活滑动（当转子转动时，叶片由离心力或液压力作用使其顶部和定子内表面产生可靠接触）。配油盘上各有一个腰形的吸油窗口和压油窗口。由定子、转子、两相邻叶片和配油盘组成密封工作腔。当转子按逆时针方向转动时，右半周的叶片向外伸出，密封工作腔容积逐渐增大，形成局部真空，于是通过吸油口和配油盘上的吸油窗口将油吸入。在左半周的叶片向转子里缩进，密封工作腔容积逐渐缩小，工作腔内的油液经配油盘压油窗口和泵的压油口输到系统中去。泵的转子每旋转一周，叶片在槽中往复滑动一次，密封工作腔容积增大和缩小各一次，完成一次吸油和压油，故称单作用泵。由图2-11可看出，转子转一转，每个工作腔容积变化$\Delta V=V_1-V_2$。于是叶片泵每转输出的油液体积为ΔVz，z为叶片数。由此可得单作用叶片泵的排量近似为

$$V=2be\pi D \tag{2-11}$$

式中　b——转子宽度；

e——转子和定子间的偏心距；

D——定子内圆直径。

这种泵的转子上受有单方向的液压不平衡作用力，轴承负载较大。通过变量机构来改变定子和转子间的偏心距e，就可改变泵的排量，使其成为一种变量泵。为了使叶片在离心力作用下可靠地压紧在定子内圆表面上，采用特殊沟槽使压油一侧的叶片底部和压油腔相通，吸油一侧的叶片底部和吸油腔相通。

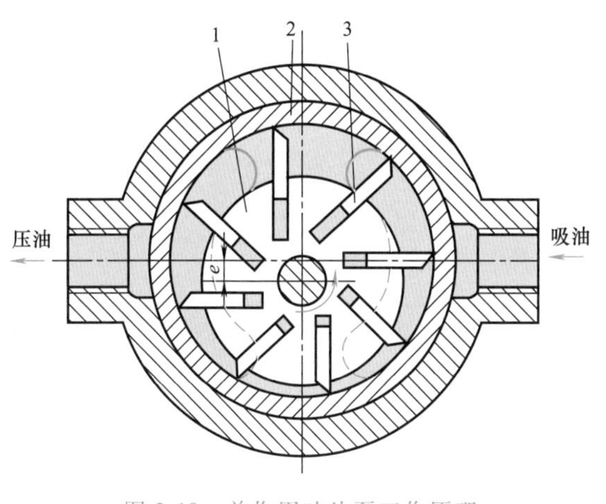

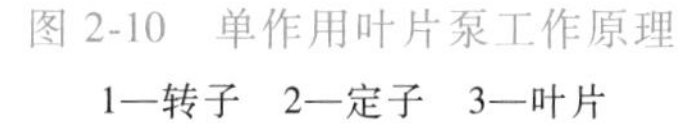
图 2-10 单作用叶片泵工作原理

1—转子 2—定子 3—叶片

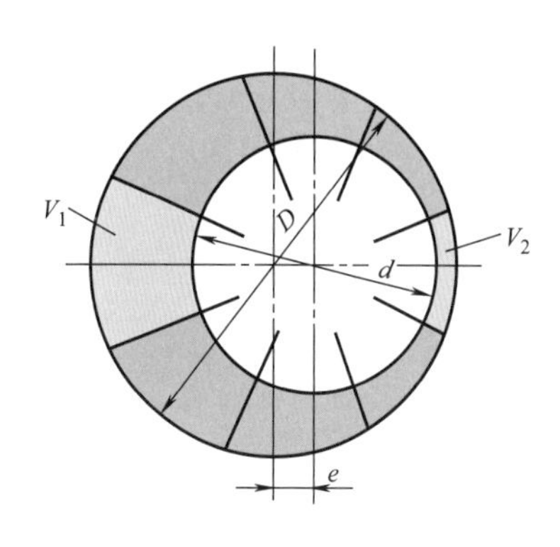

图 2-11 单作用叶片泵排量计算

单作用叶片泵的流量是有脉动的。但是泵内叶片数越多，流量脉动率越小。此外，奇数叶片泵的脉动率比偶数叶片泵的脉动率小，一般取 13 或 15 片叶片。

叶片泵流量脉动和噪声小，广泛应用于中、低压液压系统中。

（二）双作用叶片泵

图 2-12 所示为双作用叶片泵的工作原理。它的作用原理和单作用叶片泵相似，不同之处只在于定子内表面是由两段长半径圆弧、两段短半径圆弧和四段过渡曲线组成的，且定子和转子是同心的。当转子顺时针方向旋转时，密封工作腔容积在左上角和右下角处逐渐增大，为吸油区；在左下角和右上角处逐渐减小，为压油区。在吸油区和压油区之间有一段封油区将它们隔开。这种泵的转子每转一转，完成两次吸油和压油，所以称双作用叶片泵。由于泵的吸油区和压油区对称布置，因此，转子所受径向力是平衡的，故又称平衡式液压泵。

根据图 2-13 所示，可计算出双作用叶片泵的排量。V_1 为吸油后封油区内的油液体积，V_2 为压油后封油区内的油液体积，泵轴转一转完成两次吸油和压油，考虑到叶片厚度 s 对吸油和压油时油液体积的影响，因此泵的排量为

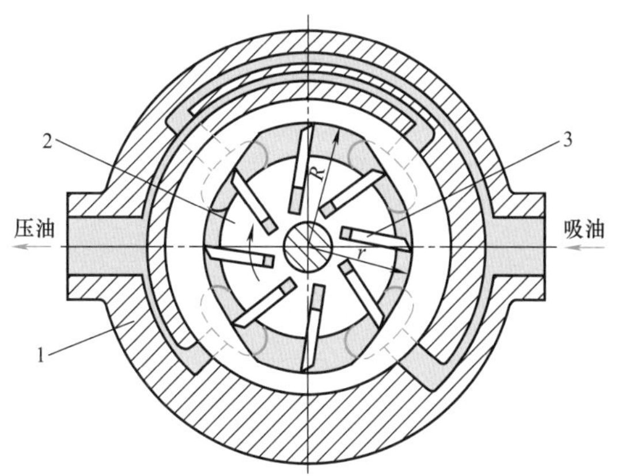

图 2-12 双作用叶片泵的工作原理

1—定子 2—转子 3—叶片

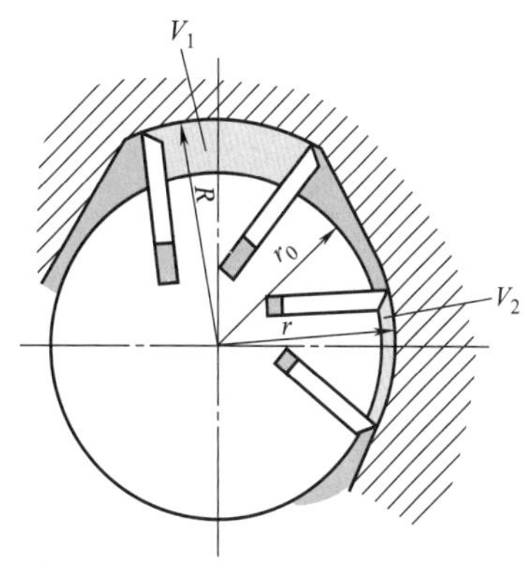

图 2-13 双作用叶片泵排量计算

$$V=2(V_1-V_2)z=2b\left[\pi(R^2-r^2)-\frac{R-r}{\cos\theta}sz\right] \tag{2-12}$$

式中 R、r——叶片泵定子内表面圆弧部分长、短半径；

z——叶片数；

b——叶片宽度；

θ——叶片倾角。

单作用叶片泵的叶片数为奇数；双作用叶片泵的叶片数为偶数，且常取4的倍数。

双作用叶片泵也存在流量脉动，但比其他形式的泵要小得多，且在叶片数为4的倍数时最小，一般都取12或16片。

双作用叶片泵的定子曲线直接影响泵的性能，如流量均匀性、噪声、磨损等。过渡曲线应保证叶片贴紧在定子内表面上，且叶片在转子槽中径向运动时速度和加速度的变化均匀，使叶片对定子内表面的冲击尽可能小。等加速-等减速曲线、高次曲线和余弦曲线等是目前应用较广泛的几种曲线。

一般双作用叶片泵为了保证叶片和定子内表面紧密接触，叶片底部都通压力油腔。但当叶片处在吸油腔时，叶片底部作用着压油腔的压力，顶部作用着吸油腔的压力，这一压差使叶片以很大的力压向定子内表面，加速了定子内表面的磨损，影响泵的寿命和额定压力的提高。所以对高压叶片泵常采用以下措施来改善叶片受力状况：图2-14a所示为子母叶片的结构，母叶片3和子叶片4之间的油室f始终经槽e、d、a和压力油相通，而母叶片的底腔g

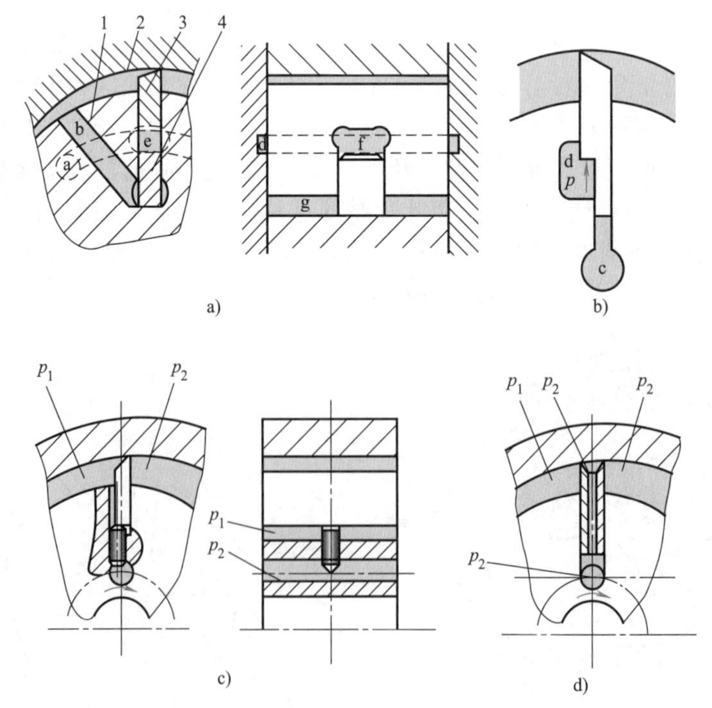

图2-14 几种改善叶片受力状况的结构

a）子母叶片 b）阶梯叶片 c）柱销叶片 d）双叶片

1—转子 2—定子 3—母叶片 4—子叶片

则经转子 1 上的孔 b 和所在油腔相通。这样，叶片处在吸油腔时，母叶片只在压油室 f 的高压油作用下压向定子内表面，使作用力不致太高。图 2-14b 所示为阶梯叶片结构。阶梯叶片和阶梯叶片槽之间的油室 d 始终和压力油相通，而叶片的底部油室 c 和所在工作腔相通，这样，叶片处在吸油腔时，叶片只有在 d 室的高压油作用下压向定子内表面，从而减小了叶片和定子内表面的作用力。图 2-14c 所示为柱销叶片结构。在缩短了的叶片底部专设一个柱销，使叶片外伸的力主要来自作用在这一柱销底部的压力油。适当设计该柱销的作用面积，即可控制叶片在吸油区受到的外推力。图 2-14d 所示为双叶片结构。在一个叶片槽内装有两个可以互相滑动的叶片，每个叶片的内侧均制成倒角。这样，在两叶片相叠的内侧就形成了沟槽，使叶片顶部和底部始终作用着相等的油压。合理设计叶片的承压面积，既可保证叶片与定子紧密接触，又不致使接触应力过大。此结构的不足之处是削弱了叶片强度，加剧了叶片在槽中的磨损。因此，仅适用于较大规格的泵。

（三）限压式变量叶片泵

限压式变量叶片泵是一种输出流量随工作压力变化而变化的泵。当工作压力大到泵所产生的流量全部用于补偿泄漏时，泵的输出流量为零，不管外负载再怎样加大，泵的输出压力不会再升高，所以这种泵被称为限压式变量叶片泵。限压式变量叶片泵可分为外反馈式和内反馈式两种。图 2-15 所示为外反馈限压式变量叶片泵的工作原理。它能根据外负载（泵的工作压力）的大小自动调节泵的排量。图中液压泵的转子 7 中心 O 固定不动，定子 3 可左右移动。定子左侧有一弹簧 2，右侧是一反馈柱塞 5，它的油腔与泵的压油腔相通。设弹簧刚度为 k_s，反馈柱塞面积为 A_x，若忽略泵在滑块滚针支承 4 处的摩擦力 F_f，则泵的定子受弹簧力 $F_s=k_s x_0$ 和反馈柱塞液压力的作用。当泵的转子按逆时针方向旋转时，转子上部为压油腔，下部为吸油腔。压力油把定子向上压在滑块滚针支承上。当反馈柱塞的液压力 F（等于 pA_x）小于弹簧力 F_s 时，定子处于最右边，偏心距最大，即 $e=e_{max}$，泵的输出流量最大。若泵的输出压力因工作负载增大而增高，使 $F>F_s$，反馈柱塞把定子向左推移 x 距离，则偏心距减小到 $e_x=e_{max}-x$，输出流量随之减小。泵的工作压力越高，定子与转子间的偏心距越小，泵的输出流量也越小。其压力-流量特性曲线如图 2-16 所示。图中 AB 段是泵的不变量段，这时由于 $F_s>F$，e_{max}是常数，如同定量泵特性一样，压力增高时，泄漏量增加，实际输出流量略有减小。图中 BC 段是泵的变量段，在

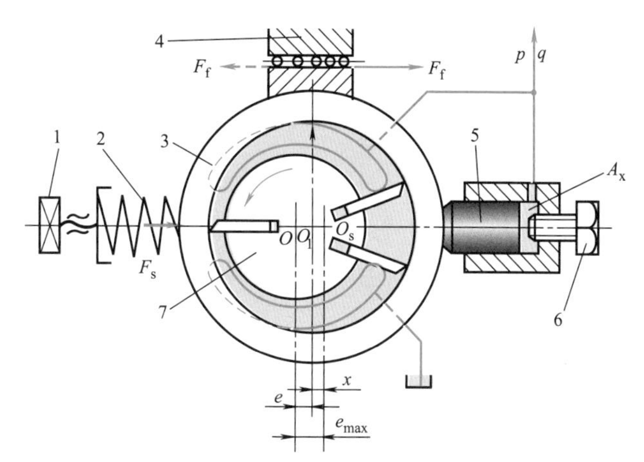

图 2-15 外反馈限压式变量叶片泵的工作原理

1—弹簧预紧力调节螺钉 2—弹簧 3—定子 4—滑块滚针支承 5—反馈柱塞 6—流量调节螺钉 7—转子

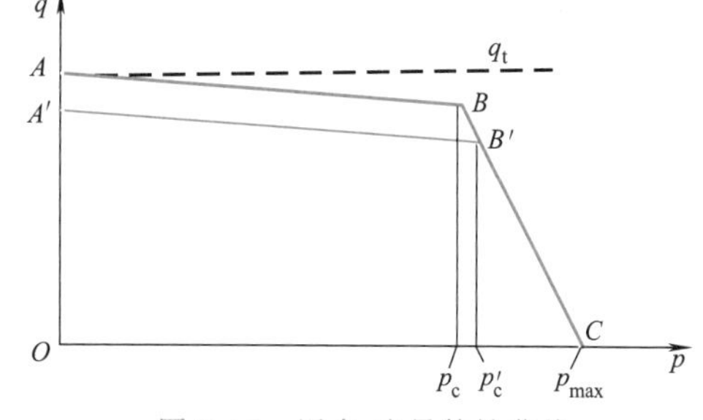

图 2-16 压力-流量特性曲线

该区段内，泵的实际输出流量随着工作压力增高而减小。图中 B 点称为曲线的拐点，对应的工作压力 $p_c=k_s x_0/A_x$，其值由弹簧预压缩量 x_0 确定。C 点对应变量泵最大输出压力 p_{max}，相当于实际输出流量为零时的压力。

通过调节弹簧预压缩量 x_0，便可改变 p_c 和 p_{max} 的值，BC 段曲线左右平移。

调节图 2-15 中的流量调节螺钉 6，可改变 e_{max}，从而改变泵的最大流量，AB 段曲线上下平移，p_c 值稍有变化。

如果更换刚度不同的弹簧，则可改变 BC 段的斜率。弹簧越“软”，BC 段越陡，反之，弹簧越“硬”，BC 段越平坦。

使用限压式变量叶片泵有利于节能和简化液压系统。

（四）叶片泵主要性能

（1）压力　中低压叶片泵的工作压力一般为 6.3MPa，双作用叶片泵的最高工作压力现已达 28~30MPa，变量叶片泵的压力一般不超过 17.5MPa。

（2）排量　叶片泵的排量范围为 0.5~4200mL/r，常用的为 2.5~300mL/r，其中变量叶片泵为 6~120mL/r。

（3）转速　小排量双作用叶片泵的最高转速达 8000~10000r/min，一般排量的泵只有 1500~2000r/min，常用变量叶片泵最高转速约 3000r/min，但其同时有最低速限制（一般为 600~900r/min）。

（4）效率　双作用叶片泵在额定工况下的容积效率可达 93%~95%。

（5）寿命　高压叶片泵的使用寿命可达 5000h 以上。

例 2-2　某机床液压系统采用一限压式变量泵。泵的压力-流量特性曲线 ABC 如图 2-17 所示。泵的总效率为 0.7。如机床在工作进给时泵的压力和流量分别为 4.5MPa 和 2.5L/min，在快速移动时，泵的压力和流量为 2.0MPa 和 20L/min，试问泵的特性曲线应调成何种形状？泵所需的最大驱动功率为多少？

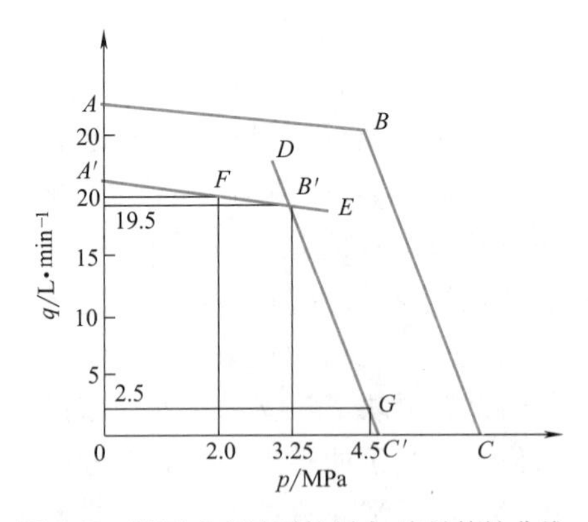

图 2-17　限压式变量泵的压力-流量特性曲线

解　根据快进时的压力和流量可得工作点 F，通过 F 点作 AB 的平行线 $A'E$，根据工进时的压力和流量可得工作点 G，过 G 作 BC 的平行线 DC'。$A'E$ 和 DC' 相交于 B' 点，则 $A'B'C'$ 即为调整后的泵的特性曲线。B' 点为拐点，在图上查出 B' 点对应的压力和流量为 $p=3.25\text{MPa}$，$q=19.5\text{L/min}$。

变量泵的最大驱动功率可认为在拐点压力附近，故泵的最大驱动功率近似为

$$P=pq/\eta=[3.25\times10^6\times19.5\times10^{-3}/(60\times0.7)]\text{W}=1508\text{W}=1.5\text{kW}$$

五、柱塞液压泵

柱塞液压泵是依靠柱塞在缸体孔内做往复运动时产生的容积变化进行吸油和压油的。由于柱塞和缸体内孔都是圆柱表面，容易得到高精度的配合，密封性能好，在高压下工作仍能保持较高的容积效率和总效率。因此，现在柱塞泵的形式众多，性能各异，应用非常广泛。

根据柱塞的布置和运动方向与传动主轴相对位置的不同，柱塞液压泵可分为轴向柱塞泵和径向柱塞泵两类。

（一）直轴式轴向柱塞泵

直轴式轴向柱塞泵又名斜盘式轴向柱塞泵。此液压泵的柱塞中心线平行于缸体的轴线。

1. 工作原理

图 2-18 所示为直轴式轴向柱塞泵的工作原理。它由斜盘 1、柱塞 2、缸体 3、配流盘 4 和传动轴 5 等主要零件组成。缸体上均匀分布着几个轴向排列的柱塞孔，柱塞可在孔内沿轴向移动，斜盘的中心线与缸体中心线斜交一个 δ 角。斜盘和配流盘固定不动。柱塞可在低压油或弹簧作用下压紧在斜盘上。在配流盘上有两个腰形窗口，它们之间由过渡区隔开。过渡区宽度做得等于或稍大于缸体底部窗口宽度，以防止吸油区和压油区的连通。

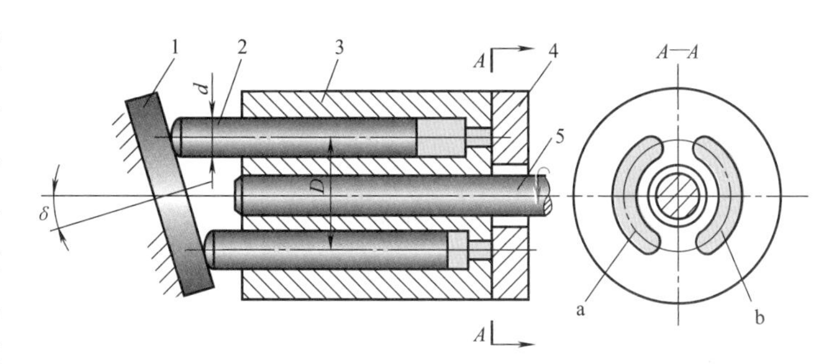

图 2-18　直轴式轴向柱塞泵的工作原理

1—斜盘　2—柱塞　3—缸体　4—配流盘　5—传动轴

当传动轴以图示方向带动缸体转动时，在其自下而上回转的半周内的柱塞，在机械装置的作用下逐渐向外伸出，使缸体孔内密封工作腔容积不断增大，产生真空，将油液从配油盘配油窗口 a 吸入；在自上而下的半周内的柱塞被斜盘推着逐渐向里缩入，使密封工作腔容积不断减小，将油液经配油盘配油窗口 b 压出。缸体旋转一周，每个柱塞往复运动一次，完成一次吸油和压油动作。改变斜盘与缸体中心线的夹角 δ，就可改变柱塞的行程长度，从而改变了泵的排量 V。

由于柱塞刚性好、易精密加工，且可有多种变量控制方式，故柱塞泵广泛应用于中、高压液压系统。

2. 排量

由图 2-18 可看出，直轴式轴向柱塞泵的排量可按下式计算：

$$V=\frac{\pi}{4}d^2 D\tan\delta z \tag{2-13}$$

式中　d——柱塞直径；

D——柱塞在缸体上的分布圆直径；

δ——斜盘倾角；

z——柱塞数。

3. 流量脉动

实际上，轴向柱塞泵的输出流量是脉动的，当柱塞数 z 为单数时，脉动较小，其脉动率为

$$\sigma = \frac{\pi}{2z}\tan\frac{\pi}{4z} \qquad (2\text{-}14)$$

因此，一般常用的柱塞数视流量大小，取 7、9 或 11 个。

4. 变量机构

由式（2-13）可以看出，改变斜盘倾角 δ，就可改变轴向柱塞泵的排量，从而达到改变泵的输出流量。用来改变斜盘倾角 δ 的机械装置称为变量机构。这种变量机构按控制方式分有手动控制、液压伺服控制和手动伺服控制等；按控制目的分有恒压控制、恒流量控制和恒功率控制等多种。

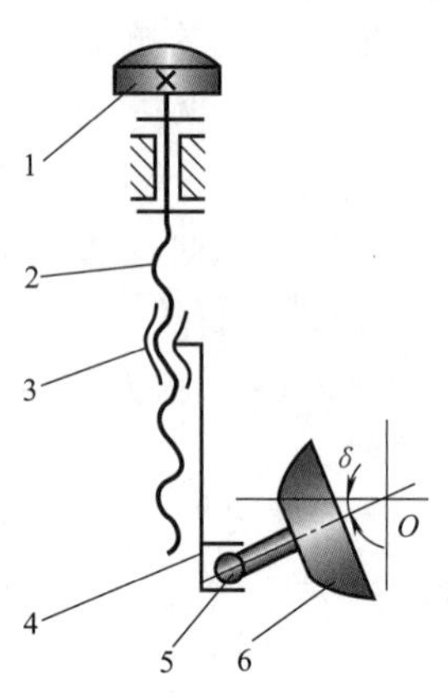

图 2-19 手动变量机构原理图

1—手轮 2—螺杆 3—螺母 4—变量活塞 5—销轴 6—斜盘

图 2-19 所示为手动变量机构原理图。它是由手轮 1 带动螺杆 2 旋转，使变量活塞 4 上下移动并通过销轴 5 使斜盘 6 绕其回转中心 O 摆动，从而改变倾角 δ 的大小，达到调节流量的目的。这种变量机构结构简单，但操纵费力，仅适用于中小功率的液压泵。

（二）斜轴式轴向柱塞泵

这种轴向柱塞泵的传动轴中心线与缸体中心线倾斜一个角度 γ，故称斜轴式轴向柱塞泵，目前应用比较广泛的是无铰斜轴式柱塞泵。图 2-20 所示为该泵的工作原理。

当主轴 1 转动时，通过连杆 2 的侧面和柱塞 3 的内壁接触带动缸体 4 转动。同时，柱塞在缸体的柱塞孔中做往复运动，实现吸油和压油。其排量公式与直轴式轴向柱塞泵相同，用缸体倾角 γ 代替公式中斜盘的倾角 δ 即可。

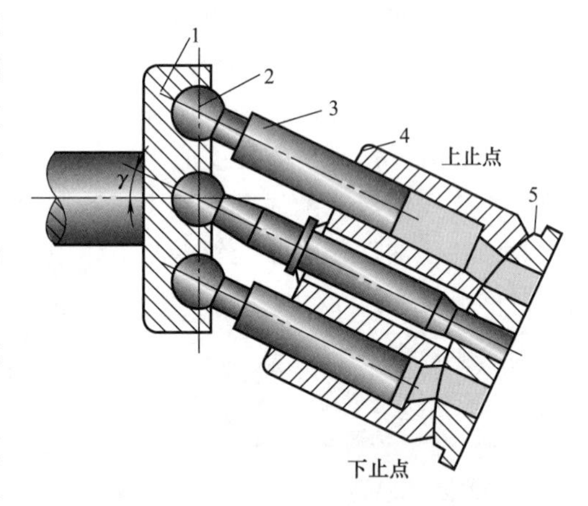

图 2-20 无铰斜轴式柱塞泵的工作原理

1—主轴 2—连杆 3—柱塞 4—缸体 5—配流盘

斜轴式轴向柱塞泵与直轴式轴向柱塞泵相比，具有如下优点：

1）柱塞的侧向力小，因而由此引起的摩擦损失很小。

2）主轴与缸体的轴线夹角较大，斜轴式泵一般为 25°，最大达 40°；而直轴式泵一般是 15°，最大为 20°，所以斜轴式泵变量范围大。

3）主轴不穿过配流盘，故其球面配流盘的分布圆直径可以设计得较小，在同样工作压力下摩擦副的比功率值（pv）较小，因此可以提高泵的转速。

4）连杆球头和主轴盘连接比较牢固，故自吸能力较强。

5）转动部件的转动惯量小，起动特性好，起动效率高。

斜轴式轴向柱塞泵的缺点是：结构中多处球面摩擦副的加工精度要求较高。

（三）径向柱塞泵

图 2-21 所示为轴配流式径向柱塞泵的工作原理。这种泵由定子 1、转子 2（缸体）、配流轴 3、衬套 4 和柱塞 5 等主要零件组成。衬套紧配在转子孔内，随转子一起旋转，而配流轴则不动。在转子圆周的径向排列的孔内装有可以自由移动的柱塞。当转子顺时针方向转动

时，柱塞靠离心力或在低压油液的作用下，从缸孔中伸出压紧在定子的内表面上。由于定子和转子间有偏心距 e，柱塞转到上半周时，逐渐向外伸出，缸孔内的工作容积逐渐增大，形成局部真空，将油液经配流轴上的 a 腔吸入；柱塞转到下半周时，逐渐向里推入，缸孔内的工作容积减小，将油从配流轴上的 b 腔排出。转子每转一转，柱塞在缸孔内吸油、压油各一次。通过变量机构改变定子和转子间的偏心距 e，就可改变泵的排量。径向柱塞变量泵一般都是将定子沿水平方向移动来调节偏心距 e。

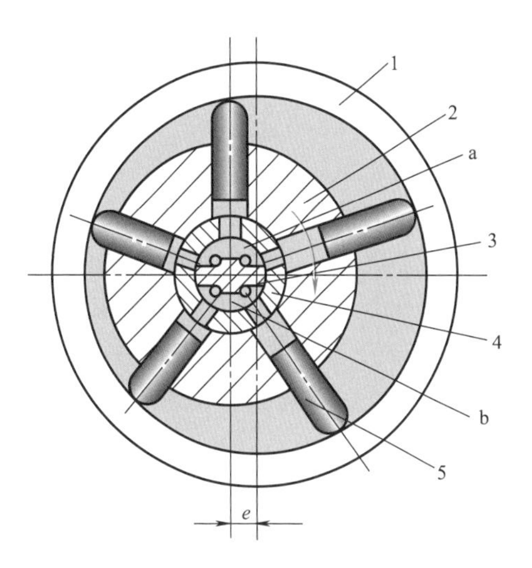

图 2-21　轴配流式径向柱塞泵的工作原理
1—定子　2—转子　3—配流轴
4—衬套　5—柱塞
a—吸油腔　b—压油腔

径向柱塞泵径向尺寸大，结构较复杂，自吸能力差。但它的容积效率和机械效率都比较高。

当转子和定子间的偏心距为 e 时，转子转一整转，柱塞在缸孔内的行程就为 $2e$，柱塞数为 z，则泵的排量为

$$V=\frac{\pi}{4}d^2 2ez \tag{2-15}$$

式中　d——柱塞直径。

径向柱塞泵的流量也是脉动的，情况与轴向柱塞泵类似。

六、液压泵的噪声

液压泵的噪声在液压系统的噪声中占有很大的比重，减小液压泵的噪声是液压系统降噪处理中的重要组成部分。因此，应了解液压泵产生噪声的原因，以便采取相应的措施来降低泵的噪声。

（一）产生噪声的原因

1）泵的流量脉动引起压力脉动，这是造成泵振动的动力源。

2）泵在其工作过程中，当吸油容积突然和压油腔接通，或压油容积突然和吸油腔接通时，会产生流量和压力的突变而产生噪声。

3）泵内产生气穴现象。

4）泵内流道具有突然扩大或收缩、急拐弯、通道面积过小等而导致油液湍流、旋涡而产生噪声。

5）泵的连接管道、支架、联轴器等机械部分产生的噪声。

（二）降低噪声的措施

1）吸收泵的流量和压力脉动，在泵的出口处安装蓄能器或消声器。

2）消除泵内油液压力急剧变化，如在配流盘吸、压油窗口开三角形阻尼槽。

3）装在油箱上的电动机和泵使用橡胶垫减振，安装时电动机轴和泵轴的同轴度要好，要采用弹性联轴器。

4）压油管的某一段采用橡胶软管，对泵和管路的连接进行隔振。

5）防止气穴现象和油中渗混空气现象发生。

七、液压泵的选用

设计液压系统时，应根据所要求的工作情况合理选择液压泵。表2-1所列为液压系统中常用液压泵的性能比较。

一般在负载小、功率小的机械设备中，可用齿轮泵和双作用叶片泵；精度较高的机械设备（如磨床）可用螺杆泵和双作用叶片泵；在负载较大并有快速和慢速行程的机械设备（如组合机床）可用限压式变量叶片泵；负载大、功率大的机械设备可使用柱塞泵；机械设备的辅助装置，如送料、夹紧等要求不太高的地方，可使用价廉的齿轮泵。

表2-1 液压系统中常用液压泵的性能比较

性能	外啮合齿轮泵	双作用叶片泵	限压式变量叶片泵	径向柱塞泵	轴向柱塞泵	内啮合齿轮泵
输出压力	低压、中高压	中压、中高压	中压、中高压	高压、超高压	高压、超高压	低压
流量调节	不能	不能	能	能	能	不能
效率	低	较高	较高	高	高	较高
输出流量脉动	很大	很小	一般	一般	一般	小
自吸特性	好	较差	较差	差	差	好
对油的污染敏感性	不敏感	较敏感	较敏感	很敏感	很敏感	不敏感
噪声	大	小	较大	大	大	小

第三节 油箱

一、功用

油箱在液压系统中的主要功用是：

1）储存供系统循环所需的油液。

2）散发系统工作时所产生的热量。

3）释出混在油液中的气体。

4）为系统中元件的安装提供位置。

二、结构

液压系统中的油箱有整体式油箱、分离式油箱；开式油箱、闭式油箱等之分。

整体式油箱是利用主机的内腔作为油箱，结构紧凑，易于回收漏油，但维修不便，散热条件不好，且会使主机产生热变形，目前已较少使用。分离式油箱单独设置，与主机分开，减小了油箱发热和液压源的振动对主机工作精度的影响，应用较为广泛。

所谓开式油箱是指油箱液面和大气相通的油箱，应用最广。而闭式油箱则是指油箱液面和大气隔绝的油箱。油箱整个密封，在顶部有一充气管，送入0.05~0.07MPa的纯净压缩空气。空气或者直接和油液接触，或者输到皮囊内对油液施压。这种油箱的优点在于改善了泵的吸油条件，但系统的回油管、泄油管要承受背压。油箱还须配置安全阀、电接点压力表等以稳定充气压力，所以它只在特殊场合下使用。

图 2-22 所示为油箱的典型结构。油箱内部用隔板 7 将吸油管 3、过滤器 9 与泄油管 2、回油管 1 隔开。顶部、侧面和底部分别装有空气过滤/注油器 4、液位/温度计 12 和排放污油的堵塞 8。液压泵及其驱动电动机的安装板固定在油箱顶面上。

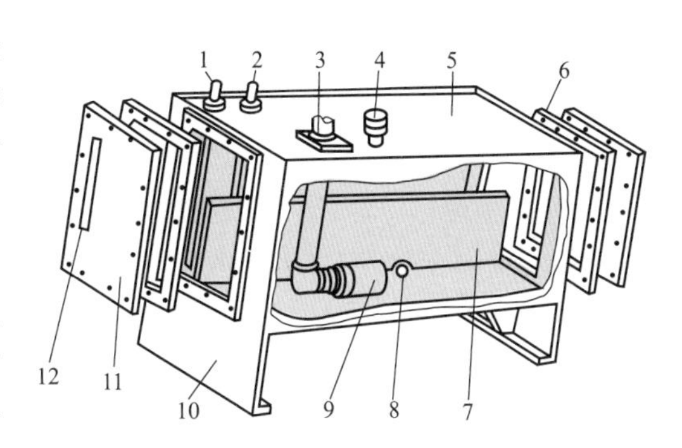

图 2-22　油箱的典型结构

1—回油管　2—泄油管　3—吸油管　4—空气过滤/注油器　5—安装板　6—密封衬垫　7—隔板　8—堵塞　9—过滤器　10—箱体　11—端盖　12—液位/温度计

三、油箱的容量

油箱的容量即为油面高度为油箱高度 80% 时的油箱有效容积，应根据液压系统的发热、散热平衡的原则来计算。对于一般情况而言，油箱的容量可按液压泵的额定流量估算出来，如对于机床和其他一些固定式装置，油箱的容量 V（单位为 L）可依下式估算：

$$V=\zeta q_{\mathrm{P}} \tag{2-16}$$

式中　q_{P}——液压泵的额定流量（L/min）；

ζ——与压力有关的经验数据：低压系统 $\zeta=2\sim4$，中压系统 $\zeta=5\sim7$，高压系统 $\zeta=10\sim12$。

应注意：系统需要高峰流量时，油箱中液面正好下降到最低点，此时液面还应高于泵的吸油管口 75mm 或 1.5 倍的管径，两者之中取大值。液压系统处于最大回油工况时，油箱液面处于最高位，此时油箱中还应有 10% 的储备容量。

*第四节　液压辅件

一、过滤器

液压油液的污染是液压系统发生故障的主要原因，而控制油液污染最主要的措施就是合理选用和恰当安装过滤器。

（一）过滤器的功用和类型

过滤器的功用是过滤混在油液中的杂质，把油液中杂质颗粒大小控制在能保证液压系统正常工作的范围内。

过滤器依其滤芯材料的过滤机制来分，有表面型、深度型和吸附型三种。

（1）表面型过滤器　过滤功能是由一个几何面来实现的。滤芯材料具有均匀的标定小孔，可以滤除比小孔尺寸大的杂质。编网式滤芯、线隙式滤芯属于这种类型。

（2）深度型过滤器　滤芯由多孔可透性材料制成，内部具有曲折迂回的通道。大于表面孔径的杂质积聚在外表面，较小的杂质进入滤材的内部，撞到通道壁上被吸附。纸芯、毛毡、烧结金属、陶瓷和各种纤维制品等属于这种类型。

（3）吸附型过滤器　滤芯材料把油液中的有关杂质吸附在其表面，如磁芯可吸附油液中的铁屑。

（二）过滤器的主要参数和特性

1. 过滤精度

过滤精度表示过滤器对各种不同尺寸的污染颗粒的滤除能力，用绝对过滤精度和过滤比等指标来表征。

绝对过滤精度是指通过滤芯的最大硬球状颗粒的尺寸（y），它反映了过滤材料中最大的通孔尺寸，单位为μm。它可以用试验的方法进行确定。

过滤比（β_X 值）是指过滤器上游油液单位容积中大于某给定尺寸的颗粒数 N_u 与下游油液单位容积中大于同一尺寸的颗粒数 N_d 之比，即对某一尺寸为 x（单位为μm）的颗粒来说，其过滤比 β_X 的表达式为

$$\beta_X = \frac{N_u}{N_d} \tag{2-17}$$

由式（2-17）可见，β_X 越大，过滤精度越高。当 $\beta_X \geq 75$ 时，x 即被认为是过滤器的过滤精度。过滤比能确切地反映过滤器对不同尺寸颗粒污染物的过滤能力。

不同的液压系统，有不同的过滤精度要求，可参考表 2-2 进行选择。

表 2-2　推荐液压系统的过滤精度

工作类别	极关键	关键	很重要	重要	一般	普通保护
系统举例	高性能伺服阀、航空航天实验室、导弹、飞船控制系统	工业用伺服阀、飞机、数控机床、液压舵机、位置控制装置、电液精密液压系统	比例阀、柱塞泵、注塑机、潜水艇、高压系统	叶片泵、齿轮泵、低速马达、液压阀、叠加阀、插装阀、机床、油压机、船舶等中高压工业用液压系统	车辆、土方机械、物料搬运液压系统	重型设备、水压机、低压系统
要求过滤精度/μm	1～3	3～5	10	10～20	20～30	30～40

2. 压降特性

过滤器是利用滤芯上的小孔和微小间隙来过滤油液中杂质的，因此，油液流过滤芯时必然产生压降（即压力损失）。一般说来，在滤芯尺寸和流量一定的情况下，压降随过滤精度提高而增加，随油液黏度的增大而增加，随过滤面积增大而下降。过滤器有一个最大允许压降值，以保护过滤器不受破坏或系统压力不致过高。

3. 纳垢容量

纳垢容量是指过滤器在压降达到规定值之前可以滤除并容纳的污染物数量，这项指标可用多次通过性试验来确定。过滤器的纳垢容量越大，它的使用寿命就越长。一般说来，滤芯尺寸越大，即过滤面积越大，纳垢容量就越大。

（三）过滤器的结构

图 2-23a 所示为网式过滤器，这是一种装在液压泵吸油管上的吸油用过滤器。它用细铜丝网 1 作过滤材料，包在周围有很多窗孔的塑料或金属筒形骨架 2 上。其过滤精度为 80～180μm，压力损失不超过 0.01MPa。

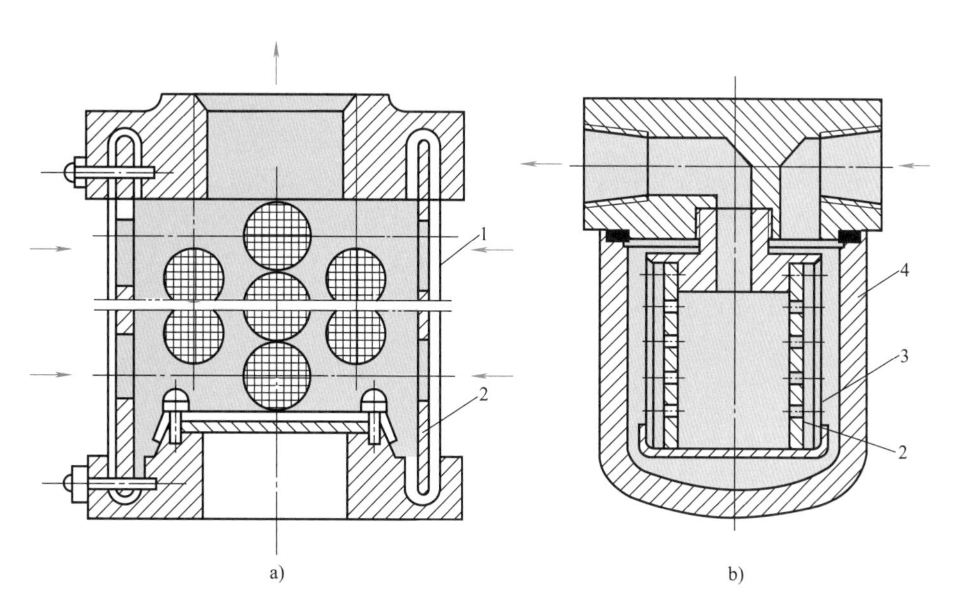

图 2-23　表面型过滤器

a）网式过滤器　b）线隙式过滤器

1—细铜丝网　2—筒形骨架　3—铜丝或铝线　4—壳体

图 2-23b 所示为线隙式过滤器，4 是壳体，滤芯是用每隔一定距离冲扁的铜丝或铝线 3 绕在筒形骨架 2 的外圆上，利用线间缝隙进行过滤。吸油用线隙式过滤器的过滤精度为 80~100μm，压力损失约为 0.02MPa；回油用线隙式过滤器的过滤精度为 30~50μm，压力损失为 0.07~0.35MPa。

图 2-24 所示为纸芯式过滤器。它由筒壳 1、滤芯 2、堵塞发信器 5 和旁通阀 3 等组成。滤芯由平纹或波纹的酚醛树脂或木浆微孔滤纸制成。使用时，油流从外侧进入滤芯后流出。当滤芯上、下游之间的压差增大到接近允许的极限值时，堵塞发信器给出指示信号，提醒应更换滤芯。若堵塞发信器报警后过滤器未能得到及时维护，当压差继续增大到旁通阀的设定值时，旁通阀开启，以防止滤芯破裂而污染整个系统。纸芯式过滤器的过滤精度一般为 10~20μm，高精度的可达 1μm，压力损失在 0.08~0.35MPa 之间。

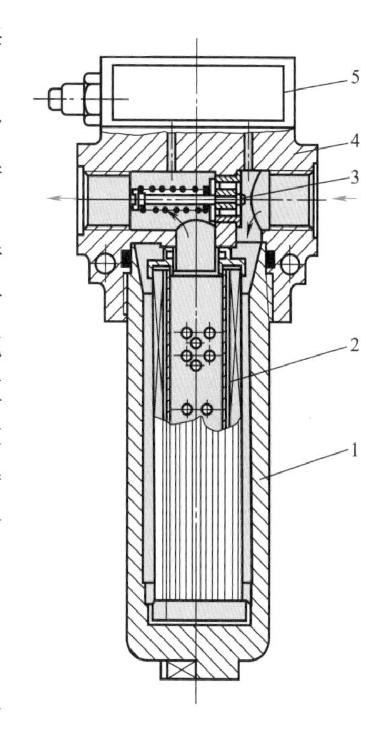

图 2-24　纸芯式过滤器

1—筒壳　2—滤芯　3—旁通阀

4—滤壳头部　5—堵塞发信器

（四）过滤器的安装

过滤器根据液压系统的不同要求，可以安装在不同的位置上。

1）安装在液压泵吸油管路上，用于保护液压泵不使较大颗粒杂质进入。要求过滤器有很大的通流能力（要大于液压泵流量的两倍）和较小的压力损失（不大于 0.01~0.02MPa）。一般采用过滤精度较低的网式过滤器。

2）安装在液压泵的压油管路上，用来保护液压泵以外的液压元件。要求过滤器外壳有

一定的强度，承受工作压力和冲击，滤芯的最大压降不大于0.35MPa；为防止过滤器堵塞时引起液压泵过载，它应安装在溢流阀之后或与差压式安全阀并联，并应有堵塞发信器。

3）安装在回油路上，用来过滤回油箱的油液，因此允许采用壳体刚度和强度较低的过滤器。为防止过滤器堵塞而造成事故，常并联一只单向阀。

4）安装在辅助泵输油管路上，以不断净化系统中的油液。

5）安装在支油路上。系统工作时只需通过液压泵全部流量的20%~30%，因此可以采用小规格的过滤器。不会在主油路中造成压降，过滤器也不必承受系统的工作压力。

二、热交换器

液压系统在工作时的能量损失转化为热量，一部分通过油箱和装置的表面向周围空间发散，而大部分使油液的温度升高。液压系统的油温一般希望保持在30~50℃范围内，最高不超过65℃；当环境温度低时，油温最低不得低于15℃。因此，如果液压系统靠自然冷却不能使油温控制在上述范围内，系统就须安装冷却器；相反，如果油温过低而无法起动液压泵或系统不能正常工作，就须安装加热器。

（一）冷却器

液压系统中用得较多的冷却器是强制对流式冷却器。图2-25所示为多管式冷却器，油液从进油口5流入，从出油口3流出；而冷却水从进水口7流入，通过多根水管后由出水口1流出。冷却器内设置了隔板4，在水管外部流动的油液的行进路线因隔板的上下布置变得迂回曲折，从而增强了热交换效果。这种冷却器的冷却效果较好。

翅片管式冷却器是在冷却水管的外表面上装了许多横向或纵向的散热翅片，大大扩大了散热面积和增强了热交换效果。图2-26所示的翅片管式冷却器，是在圆管或椭圆管外嵌套了许多径向翅片，它的散热面积可比光滑管大8~10倍。椭圆管的散热效果比圆管更好。

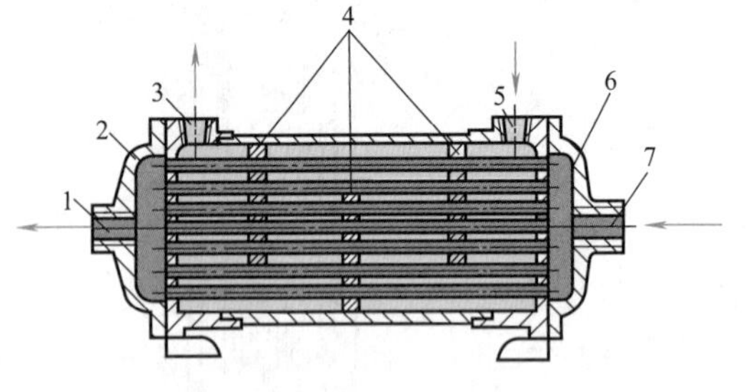

图2-25 多管式冷却器

1—出水口 2、6—端盖 3—出油口

4—隔板 5—进油口 7—进水口

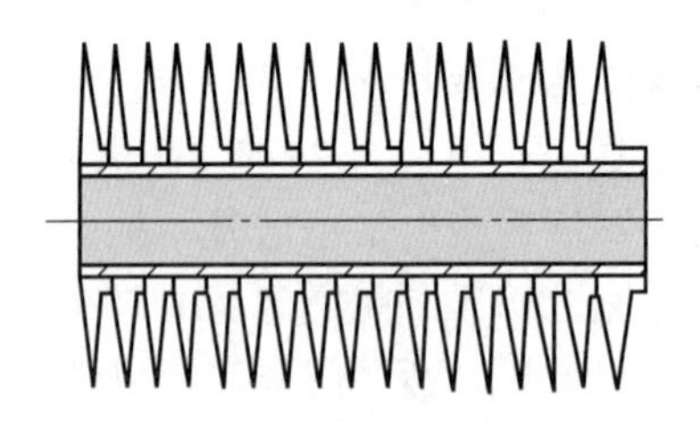

图2-26 翅片管式冷却器

液压系统也有用风冷却的，其中翅片式风冷却器结构紧凑、体积小、强度高、效果好。如果用风扇鼓风，则冷却效果更好。在要求较高的液压装置上，可以采用冷媒式冷却器。

液压系统最好装有油液的自动控温装置，以确保油液温度准确地控制在要求的范围内。

图2-27所示为冷却器在液压系统中的各种安装位置。

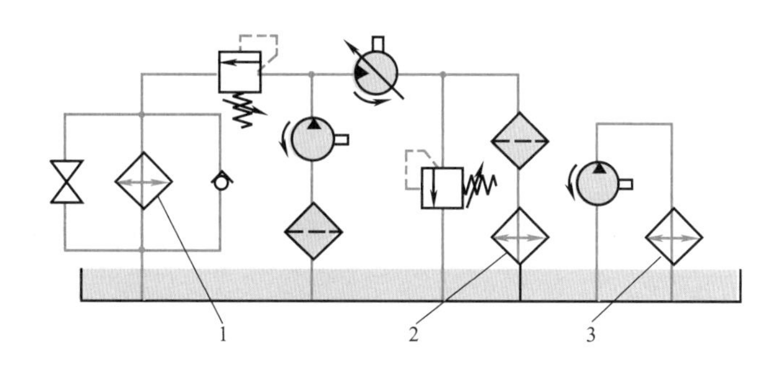

图 2-27　冷却器在液压系统中的各种安装位置

1—冷却器装在主溢流阀溢流口，溢流阀产生的热油直接获得冷却，同时也不受系统冲击压力影响，单向阀起保护作用，截止阀可在起动时使液压油液直接回油箱　2—冷却器直接装在主回油路上，冷却速度快，但系统回路有冲击压力时，要求冷却器能承受较高的压力　3—单独的液压泵将热的液压油液通入冷却器，冷却器不受液压冲击的影响

油液流经冷却器时的压力损失一般为 0.01~0.1MPa。

（二）加热器

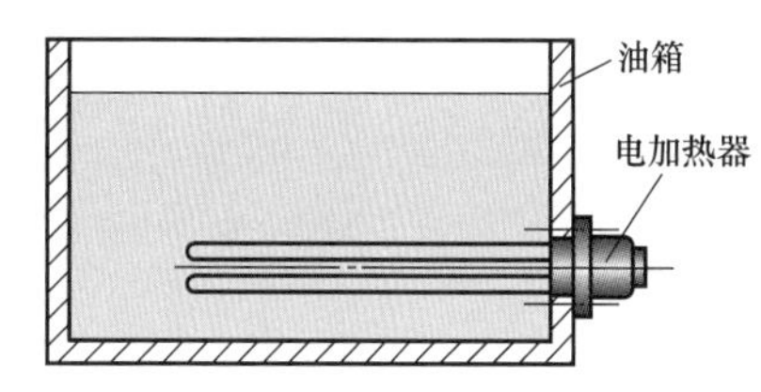

图 2-28　电加热器的安装位置

电加热器因为结构简单，使用方便，能按需要自动调节温度，得到广泛应用。如图 2-28 所示，电加热器用法兰安装在油箱壁上，发热部分全部浸在油液内。加热器应安装在箱内油液流动处，以利于热量的交换。同时，单个电加热器的功率容量也不能太大，一般不超过 $3W/cm^2$，以免其周围油液因局部过度受热而变质。在电路上应设置联锁保护装置，当油液没有完全包围加热元件或没有足够的油液进行循环时，加热器应不能工作。

三、蓄能器

（一）蓄能器的功用和分类

在液压系统中，蓄能器主要用来储存油液的压力能，它的主要功用是：

（1）作辅助动力源　在某些实现周期性动作的液压系统中，其动作循环的不同阶段所需的流量变化很大时，可采用蓄能器。在系统不需要大量油液时，把液压泵输出的多余压力油储存在蓄能器内；而当系统需要大量油液时，蓄能器快速释放储存的油液，和液压泵一起向系统输油。这样就可使系统选用流量等于循环周期内平均流量的较小的液压泵，而不必按最大流量来选用泵。从而减小了电动机的功率消耗，降低了系统的温升。

另外，在驱动液压泵的原动机发生故障时，蓄能器可作为应急动力源向系统输油，避免不必要的意外事故的发生。

（2）维持系统压力　在某些需要在较长时间内保压的液压系统中，为了节能，保压过程中液压泵停止运转或进行卸荷，蓄能器能把储存的压力油供给系统，补偿了系统的泄漏，并在一段时间内维持系统的压力。

（3）减小液压冲击或压力脉动　在液压泵突然起停、液压阀突然开闭、液压缸突然运动或停止时，系统会产生液压冲击。为此把蓄能器安装在发生液压冲击的地方，可有效地减小液压冲击的峰值。在液压泵的出口处安装蓄能器，可吸收液压泵工作时的压力脉动，有助于提高系统工作的平稳性。

常用的蓄能器有弹簧式和充气式两种，它们的结构简图和特点列于表 2-3 中。

表 2-3 蓄能器的结构简图和特点

名称		结构简图	特点和说明
弹簧式		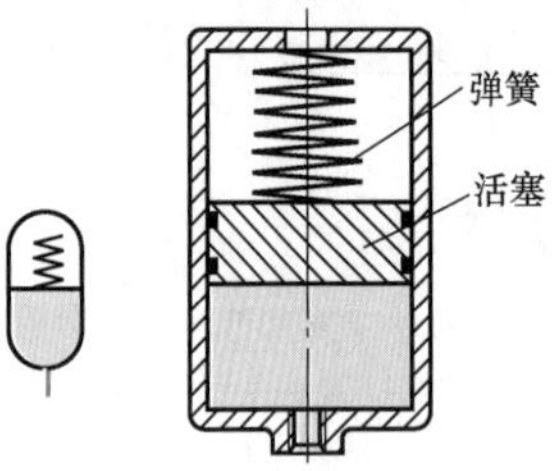	1. 利用弹簧的压缩和伸长来储存、释放压力能 2. 结构简单，反应灵敏，但容量小 3. 供小容量、低压（$p\leqslant 1\sim1.2\mathrm{MPa}$）回路缓冲之用，不适用于高压或高频的工作场合
充气式	气瓶式	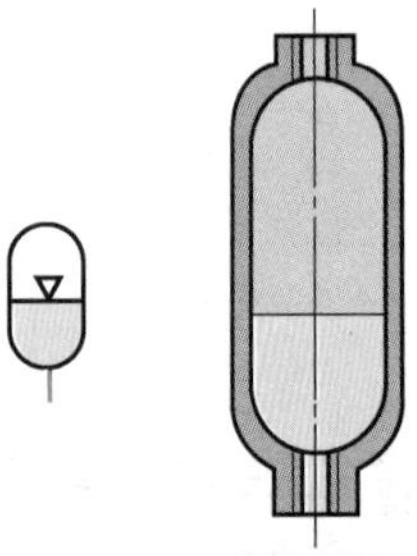	1. 利用气体的压缩和膨胀来储存、释放压力能；气体和油液在蓄能器中直接接触 2. 容量大，惯性小，反应灵敏，轮廓尺寸小，但气体容易混入油内，影响系统工作平稳性 3. 只适用于大流量的中、低压回路
	活塞式	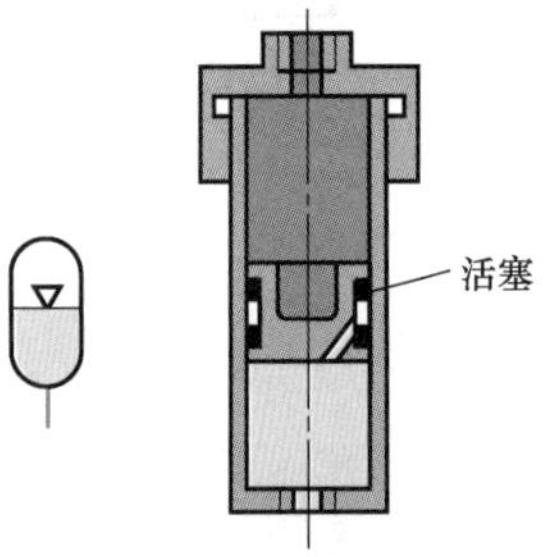	1. 利用气体的压缩和膨胀来储存、释放压力能；气体和油液在蓄能器中由活塞隔开 2. 结构简单，工作可靠，安装容易，维护方便，但活塞惯性大，活塞和缸壁间有摩擦，反应不够灵敏，密封要求较高 3. 用来储存能量或供中、高压系统吸收压力脉动之用
	囊式	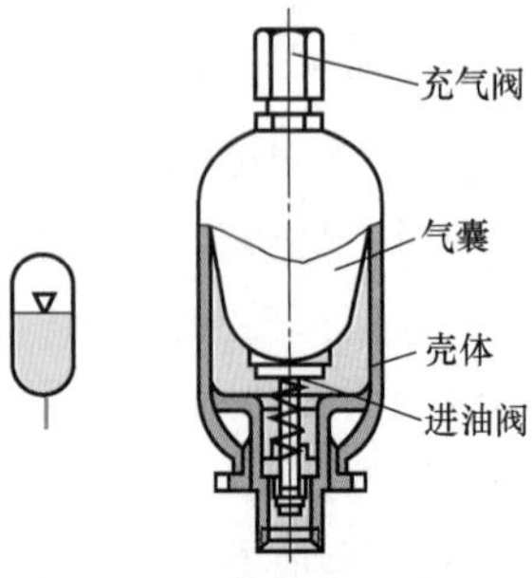	1. 利用气体的压缩和膨胀来储存、释放压力能；气体和油液在蓄能器中由气囊隔开 2. 带弹簧的菌状进油阀使油液能进入蓄能器但防止气囊自油口被挤出。充气阀只在蓄能器工作前气囊充气时打开，蓄能器工作时则关闭 3. 结构尺寸和质量小，安装方便，维护容易，气囊惯性小，反应灵敏；但气囊和壳体制造都较难 4. 折合型气囊容量较大，可用来储存能量；波纹型气囊适用于吸收冲击
	隔膜式	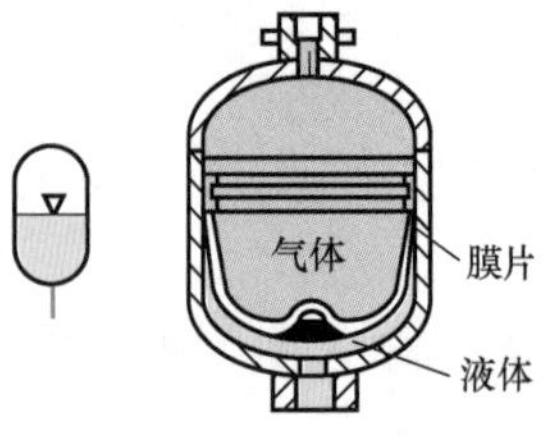	1. 利用气体的压缩和膨胀来储存、释放压力能；气体和油液在蓄能器中由膜片隔开 2. 液气隔离可靠，密封性能好，无泄漏 3. 隔膜动作灵敏，容积小（0.16~2.8L） 4. 用于补偿系统泄漏，吸收流量脉动和压力冲击；最高工作压力达 21MPa

（续）

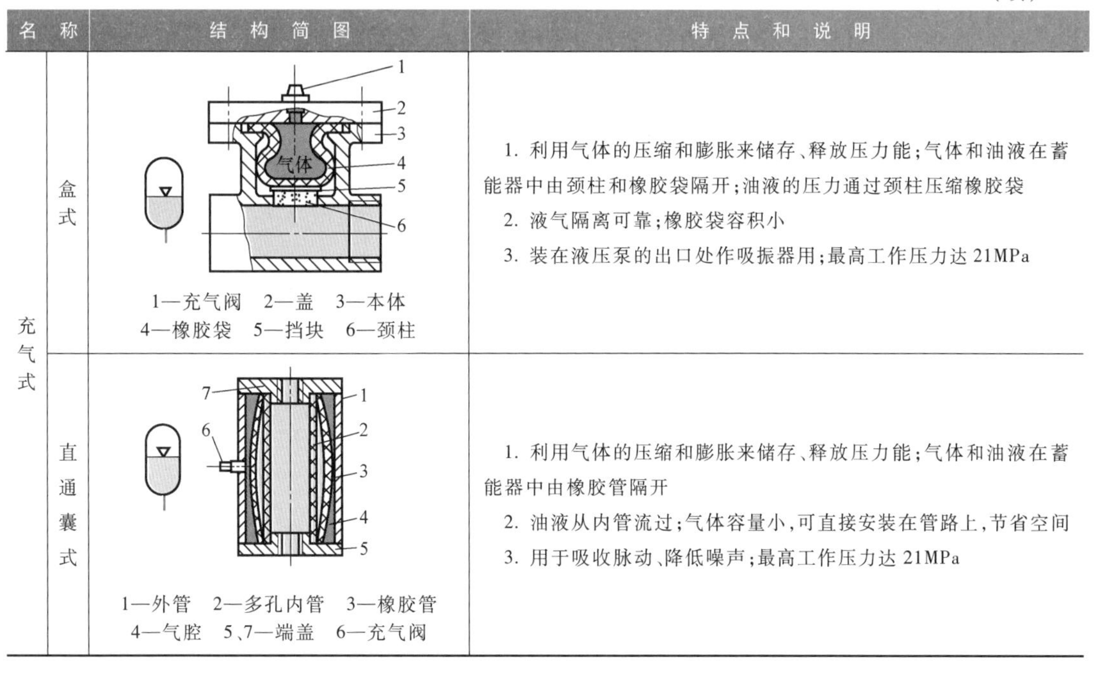

名称		结构简图	特点和说明
充气式	盒式	1—充气阀　2—盖　3—本体 4—橡胶袋　5—挡块　6—颈柱	1. 利用气体的压缩和膨胀来储存、释放压力能；气体和油液在蓄能器中由颈柱和橡胶袋隔开；油液的压力通过颈柱压缩橡胶袋 2. 液气隔离可靠；橡胶袋容积小 3. 装在液压泵的出口处作吸振器用；最高工作压力达 21MPa
	直通囊式	1—外管　2—多孔内管　3—橡胶管 4—气腔　5、7—端盖　6—充气阀	1. 利用气体的压缩和膨胀来储存、释放压力能；气体和油液在蓄能器中由橡胶管隔开 2. 油液从内管流过；气体容量小，可直接安装在管路上，节省空间 3. 用于吸收脉动、降低噪声；最高工作压力达 21MPa

（二）蓄能器的容积计算

蓄能器的总容积是指气腔和液腔容积之和。它的大小和其用途有关，下面以囊式蓄能器为例进行说明。

1. 用于储存和释放压力能时（图 2-29）

蓄能器的容积 V_0 是由充气压力 p_0、工作中要求输出的油液体积 V_W、系统的最高工作压力 p_1 和最低工作压力 p_2 决定的。气体状态方程为

$$p_0 V_0^n = p_1 V_1^n = p_2 V_2^n = \text{const} \tag{2-18}$$

式中　V_1 和 V_2——气体在最高和最低压力下的体积；

n——多变指数，其值由气体工作条件所决定，当蓄能器用以补偿泄漏、保持压力时，它释放能量过程很慢，可以认为气体在等温条件下工作，$n=1$；当蓄能器瞬时提供大量油液时，释放能量速度很快，可以认为气体在绝热条件下工作，$n=1.4$。

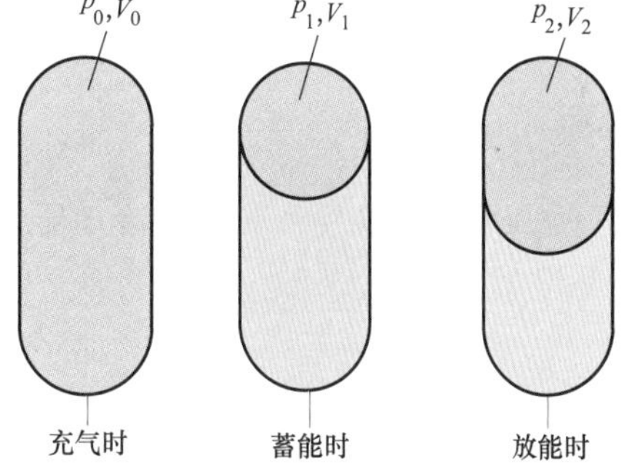

图 2-29　囊式蓄能器储存和释放能量的过程

由于 $V_W=V_1-V_2$，故由式（2-18）可得

$$V_0=\frac{V_W\left(\frac{1}{p_0}\right)^{\frac{1}{n}}}{\left(\frac{1}{p_2}\right)^{\frac{1}{n}}-\left(\frac{1}{p_1}\right)^{\frac{1}{n}}} \tag{2-19}$$

p_0 值理论上可与 p_2 相等，但为了保证系统的压力为 p_2 时蓄能器还有能力补偿泄漏起见，宜使 $p_0<p_2$。一般对折合型气囊，$p_0=(0.8\sim0.85)p_2$；对波纹型气囊，$p_0=(0.6\sim0.65)p_2$。如能使气囊工作时的容腔在其充气容腔的 1/3~2/3 区段内变化，则它可更加经久耐用。

2. 用于吸收因阀换向而在管路中产生的液压冲击时

这时蓄能器的容积 V_0 可以近似地由其充气压力 p_0、系统中允许的最高工作压力 p_1 和瞬时吸收的液体动能 $\rho Alv^2/2$（见第一章第九节）来确定。由于蓄能器中气体在绝热过程中压缩所吸收的能量为

$$\int_{V_0}^{V_1} p\mathrm{d}V=\int_{V_0}^{V_1} p_0\left(\frac{V_0}{V}\right)^{1.4}\mathrm{d}V=-\frac{p_0V_0}{0.4}\left[\left(\frac{p_1}{p_0}\right)^{0.286}-1\right]=-\frac{1}{2}\rho Alv^2$$

故得

$$V_0=\frac{\rho Alv^2}{2}\left(\frac{0.4}{p_0}\right)\left[\left(\frac{p_1}{p_0}\right)^{0.286}-1\right]^{-1} \tag{2-20}$$

式（2-20）未考虑油液压缩性和管道弹性，式中 p_0 值常取系统工作压力的 90%。

第五节 气源装置

气源装置是向气动系统提供所需压缩空气的动力源。它包括空气压缩机（简称空压机）和气源处理系统两部分。一般供气量大于 $6\sim12\text{m}^3/\text{min}$ 时，应独立设置空气压缩站（简称空压站）；供气量低于 $6\text{m}^3/\text{min}$ 时，可将空压机直接与主机安装在一起。

一、空压站

空压站主要由空压机、后冷却器、油水分离器、干燥器、空气过滤器和气罐等组成，如图 2-30 所示。

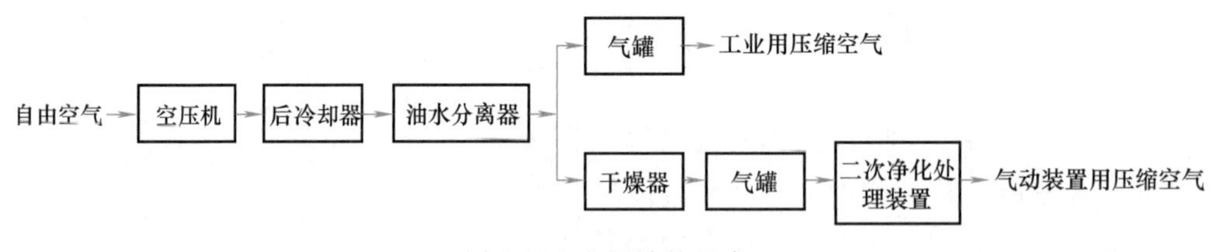

图 2-30 空压站的组成

（一）空压机

空压机是气压发生装置，是将机械能转换为气体压力能的转换装置。

1. 类型

空压机的种类很多，可按工作原理、结构形式及性能参数分类。

（1）按工作原理 可分为容积型空压机和速度型空压机。容积型空压机的工作原理是压缩空气的体积，使单位体积内空气分子的密度增加以提高压缩空气的压力。速度型空压机的工作原理是提高气体分子的运动速度以增加气体的动能，然后将分子动能转化为压力能以提高压缩空气的压力。

（2）按结构形式 其分类如图 2-31 所示。

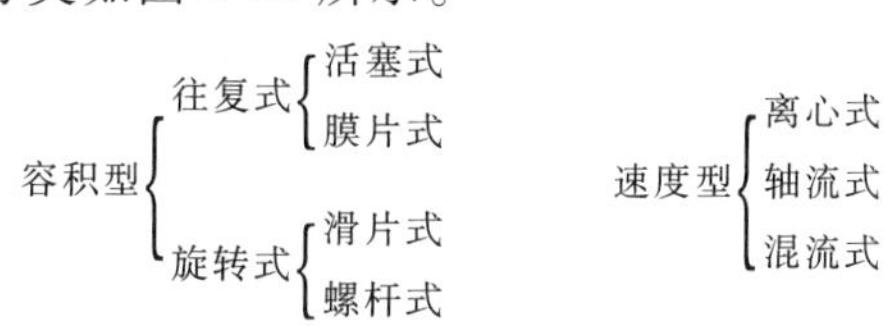

图 2-31 空压机按结构形式分类

（3）按输出压力大小 可分为：

低压空压机 0.2~1.0MPa

中压空压机 1.0~10MPa

高压空压机 10~100MPa

超高压空压机 >100MPa

（4）按输出流量 可分为：

微型 $<1m^3/min$

小型 $1\sim10m^3/min$

中型 $10\sim100m^3/min$

大型 $>100m^3/min$

2. 工作原理

下面介绍常见的活塞式空压机、叶片式空压机和螺杆式空压机。

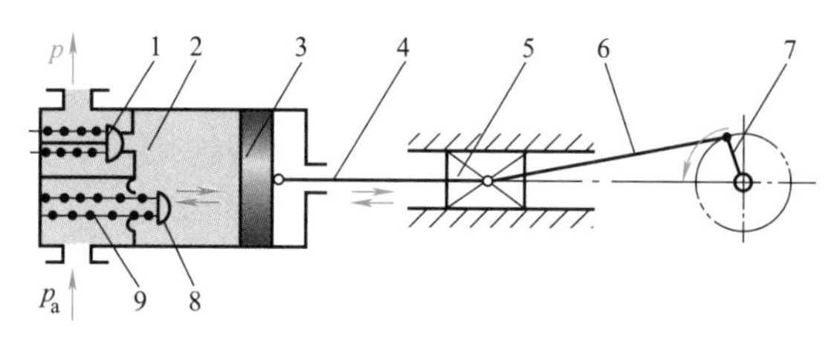

图 2-32 活塞式空压机工作原理图

1—排气阀 2—气缸 3—活塞 4—活塞杆 5—滑块 6—连杆 7—曲柄 8—吸气阀 9—阀门弹簧

（1）活塞式空压机 图 2-32 所示为活塞式空压机，它的工作原理和本章图 2-1 所示的单柱塞式液压泵工作原理相仿，故不再赘述。在这里，活塞的往复运动由电动机带动曲柄滑块机构形成，曲柄 7 的旋转运动转换为滑块 5 和活塞 3 的往复运动。

活塞式空压机的优点是结构简单，使用寿命长，并且容易实现大容量和高压输出；缺点是振动大、噪声大，且输出压力脉动大，需要设置气罐。

（2）叶片式空压机 图 2-33 所示为叶片式空压机的工作原理。它的结构、工作原理和叶片液压泵类似，在回转过程中不需要活塞式空压机中具有的吸气阀和排气阀。在转子的每一次回转中，进行多次吸气、压缩和排气，所以输出压力的脉动小。

通常情况下，叶片式空压机需采用润滑油对叶片 3、转子 2 和机体 1 内部进行润滑、冷却和密封，所以排出的压缩空气中含有大量的油分。因此在排气口需要安装油分离器和冷却器。在进气口设置流量调节阀，根据排出气体压力的变化自动调节流量，使输出压力保持恒定。

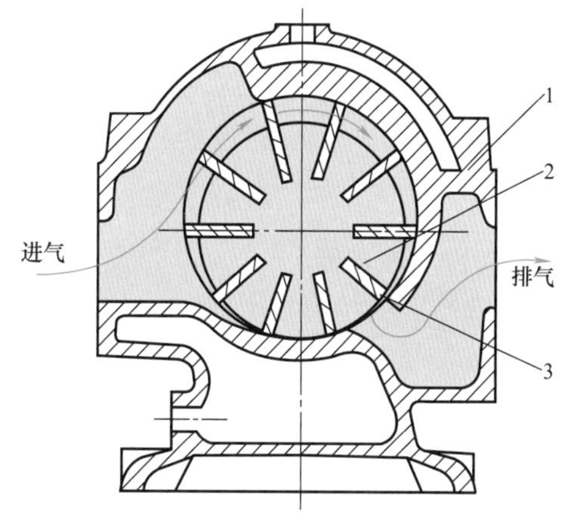

图 2-33 叶片式空压机工作原理图

1—机体 2—转子 3—叶片

叶片式空压机的优点是能连续排出脉动小的压缩空气，所以一般无需设置气罐，并且结构简单、制造容易，操作维修方便，运转噪声小；缺

点是叶片、转子和机体之间机械摩擦较大，产生较高的能量损失，因而效率也较低。

（3）螺杆式空压机　螺杆式空压机的工作原理如图 2-34 所示。两个啮合的螺杆以相反方向转动，由它们的啮合线形成的空间，其容积沿轴向逐渐缩小，因而两螺杆间的空气不断被压缩，从出口排出。

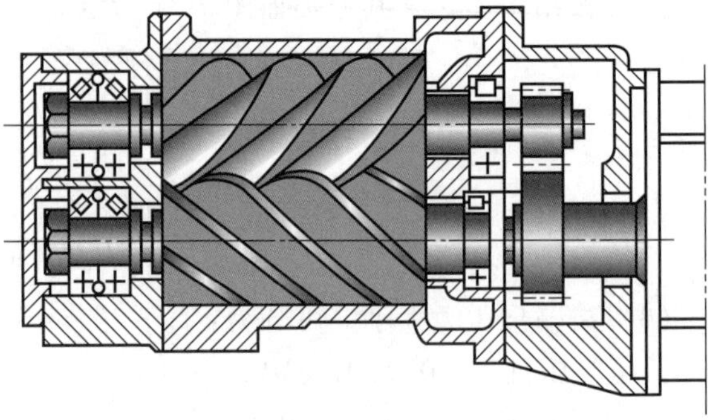

图 2-34　螺杆式空压机的工作原理

螺杆式空压机与叶片式空压机一样，也需要加油进行冷却、润滑及密封，所以在出口处也要设置油分离器。

螺杆式空压机的优点是排气压力脉动小，输出流量大，无须设置气罐，结构中无易损件，寿命长，效率高；缺点是制造精度要求高，运转噪声大，且由于结构刚度的限制，只适合于中低压范围使用。

空压机系统流程图如图 2-35 所示。

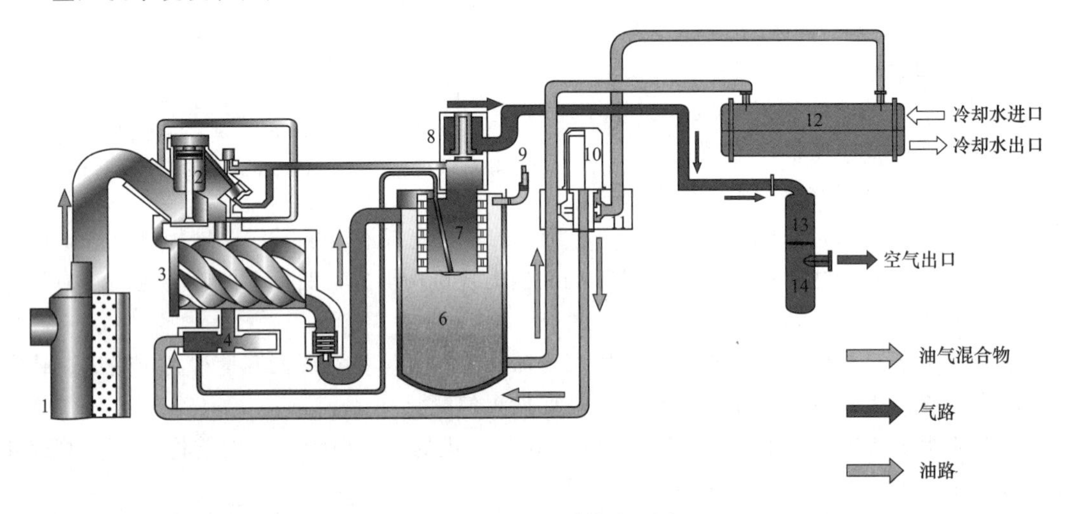

图 2-35　空压机系统流程图

1—空气过滤器　2—减荷阀　3—螺杆主机　4—停油阀　5—排气单向阀　6—分离油罐　7—油气精分器　8—最小压力阀　9—安全阀　10—油过滤器　11—温控阀　12—油冷却器　13—后冷却器　14—气水分离器

（二）后冷却器

后冷却器的作用是使温度高达 120～150℃ 的空压机排出的气体冷却至 40～50℃，并使其中的水蒸气和被高温氧化变质的油雾冷凝成水滴和油滴，以便对压缩空气实施进一步净化处理。

后冷却器有风冷式和水冷式两大类。风冷式是靠风扇产生的冷空气吹向带散热片的热空气管道。经风冷后的压缩空气出口温度大约比环境温度高 15℃。水冷式是通过强迫冷却水与压缩空气反方向流动进行冷却的，如图 2-36 所示。压缩空气出口温度大约比环境温度高 10℃。

后冷却器上应装有自动排水器，以排除冷凝水和油滴等杂质。

（三）油水分离器

油水分离器的作用是将压缩空气中的冷凝水和油污等杂质分离出来，使压缩空气得到初步净化。

图 2-37 所示的油水分离器采用了惯性分离原理。因固态、液态物质的密度比气态物质的密度大得多，依靠气流撞击隔离壁时的折转和旋转离心作用，使气体上浮，液态和固态物质下沉，固液态杂质积聚在容器底部，经排污阀排出。

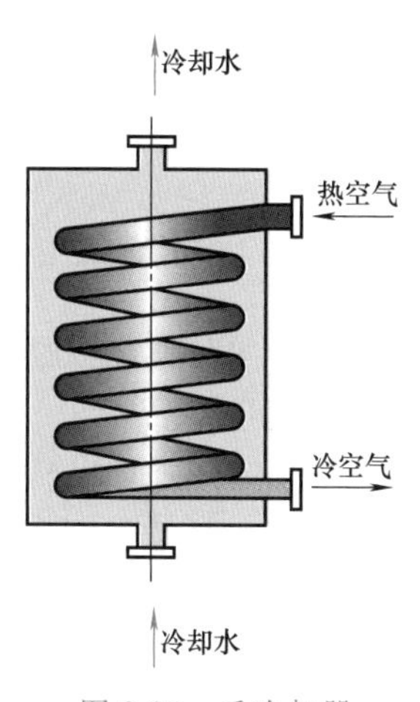

图 2-36　后冷却器

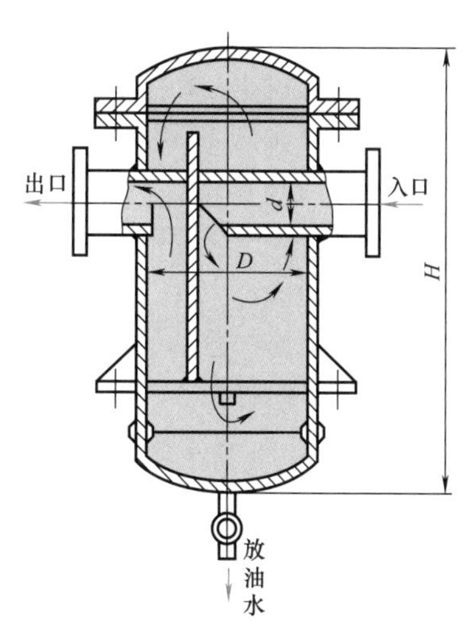

图 2-37　油水分离器

（四）干燥器

1. 冷冻式空气干燥器

冷冻式空气干燥器的工作原理是使湿空气冷却到其露点温度以下，使空气中水蒸气凝结成水滴并予以排除，然后将压缩空气加热至环境温度后输出。

图 2-38 所示为冷冻式干燥器的工作原理。进入干燥器的空气首先进入热交换器 1 初步冷却，析出空气中的水分和油分并从分离器 2 排出。然后，空气进入制冷器 4，进一步冷却到 2～5℃，使空气中含有的汽态水分、油分等由于温度的降低而进一步大量析出，经分离器排出。冷却后的空气再进入热交换器加热输出。

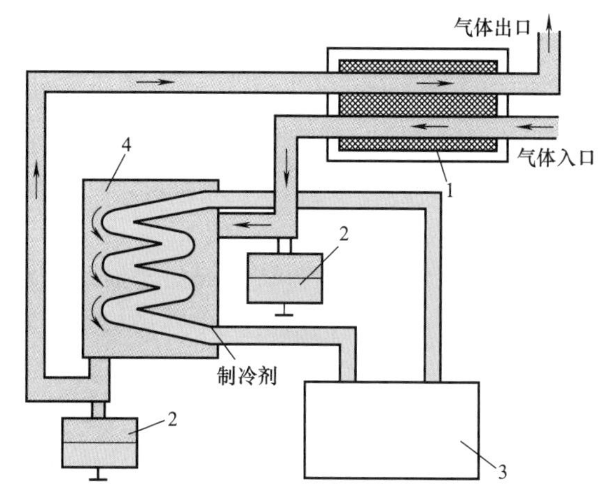

图 2-38　冷冻式空气干燥器工作原理
1—热交换器　2—分离器　3—制冷机　4—制冷器

冷冻式干燥器具有结构紧凑、使用方便、维护费用较低等优点，适用于空气处理量较大、露点温度不是太低的场合。

2. 吸附式空气干燥器

吸附式空气干燥器是利用吸附剂（如硅胶、活性氧化铝、分子筛等）吸附空气中水蒸气的一种空气净化装置。吸附剂吸附湿空气中的水蒸气后将达到饱和状态。为了能够连续工作，就必须使吸附剂中的水分再排除掉，使吸附剂恢复到干燥状态，这称为吸附剂的再生（也称脱附）。吸附剂的再生方法有加热再生和无热再生两种。目前无热再生吸附式空气干燥器得到了广泛应用。

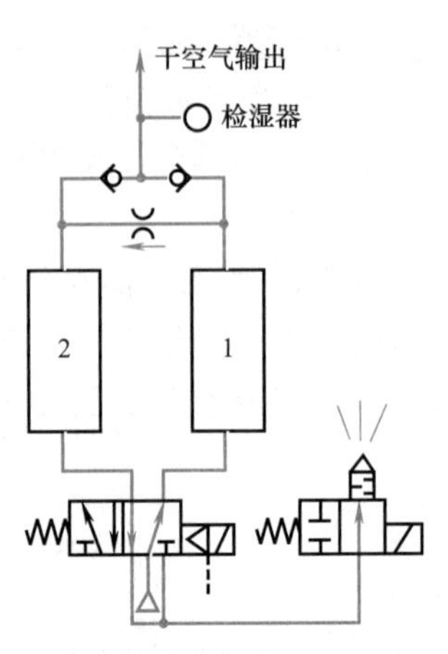

图 2-39 无热再生吸附式空气干燥器工作原理图

无热再生式干燥器利用了吸附剂的变压吸附原理，即吸附剂压力高时吸附水分多，压力低时吸附水分少。图 2-39 所示为一种无热再生吸附式空气干燥器工作原理图。它有两个填满吸附剂的相同容器 1 和 2。湿空气经二位五通阀从容器 1 的底部流入，通过吸附剂层流到上部，空气中的水分被吸附剂吸收，干燥后的空气经单向阀输出，供系统使用。与此同时，输出的干燥空气量的 10%～20%经节流阀流入再生筒 2，使吸附剂再生。由于再生筒的底部经阀与大气相通，使流入再生筒的干燥空气迅速减压，并流经筒中已达饱和状态的吸附层，吸附在吸附剂上的水分就会被脱附。脱附出来的水分随空气经阀排向大气。由此实现了无须外加热而使吸附剂再生。

干燥器的 1、2 两个容器定期（工作周期为 5～10min）交替工作，使吸附剂轮流吸附和再生，这样就可以获得连续输出的干燥压缩空气。二位二通阀的作用是使再生容器在转为吸附干燥前预先充压，防止再生和干燥转换时输出流量的波动。

（五）气罐

气罐的作用是：

1）储存一定的压缩空气，保证连续供气。

2）当空压机停机、突然停电等意外事故发生时，可用气罐中储存的压缩空气实施应急处理，保证安全。

3）减小空压机输出气流的脉动，稳定输出。

4）降低空气温度，分离压缩空气中的部分水分和油分。

确定气罐容积时，应考虑以下两方面因素：

1）当空压机或外部管网突然停止供气后，气罐中储存的压缩空气应保证气动系统工作一定时间。气罐容积 V（单位为 m^3）由下式计算：

$$V \geqslant \frac{p_a}{p_1 - p_2} q_{max} t \tag{2-21}$$

式中 p_a——大气绝对压力（MPa）；

p_1——突然停电时气罐内的初始绝对压力（MPa）；

p_2——气动系统的最低工作绝对压力（MPa）；

t——停电后气罐应维持的供气时间（min）；

q_{max}——气动系统的最大耗气流量（m^3/min）。

2）当气动系统用气量大于空压机的排量时，应按下式计算气罐容积 V（单位为 m^3）：

$$V \geqslant \frac{p_a}{p_1 - p_2} (V_0 - q_v t) \tag{2-22}$$

式中　V_0——气动系统在工作周期 t 内所消耗的自由空气体积（m^3）；

q_v——空压机或外部管网供给的空气流量（m^3/min）；

t——气动设备和装置的工作周期（min）；

p_a——大气绝对压力（MPa）；

p_1——气罐内的气体绝对压力（MPa）；

p_2——气罐内气体允许降至的最低绝对压力，（MPa）。

取式（2-21）与式（2-22）计算出的最大容积为气罐容积。

在气罐（图 2-40）上应装有安全阀、压力表，以控制和指示其内部压力，底部装有排污阀，并定时排放。气罐属于压力容器，其设计、制造和使用应遵守国家有关压力容器的规定。

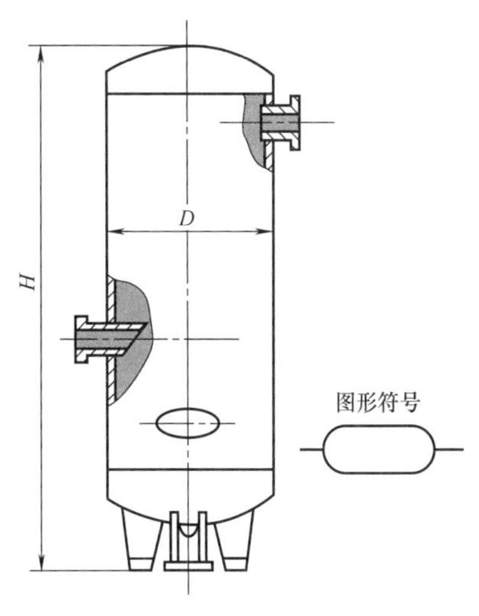

图 2-40　气罐

（六）二次净化处理装置

经后冷却器、油水分离器、干燥器等设备处理后的压缩空气，还不能直接输入气动装置。在气压传动系统的前端必须安装过滤器，即所谓的二次过滤器（也称分水过滤器），用以进一步滤除压缩空气中的杂质。

1. 分水过滤器

分水过滤器能除去压缩空气中的冷凝水、颗粒杂质和油滴，具有较强的滤尘能力，如图 2-41 所示。它的工作原理如下：当压缩空气从输入口流入后，由导流板（旋风挡板）6 引入滤杯 4 中。旋风挡板使气流沿切线方向旋转，于是空气中的冷凝水、油滴和颗粒较大的固态杂质等因质量较大受离心力作用被甩到滤杯内壁上，并流到底部沉积起来；随后，空气流过滤芯 2，进一步除去其中的固态杂质，洁净的空气便从输出口输出。挡水板 1 的作用是防止已沉积于滤杯底部的冷凝水再次被混入气流中。定期打开排放螺栓 5，放掉积存的油、水和杂质。

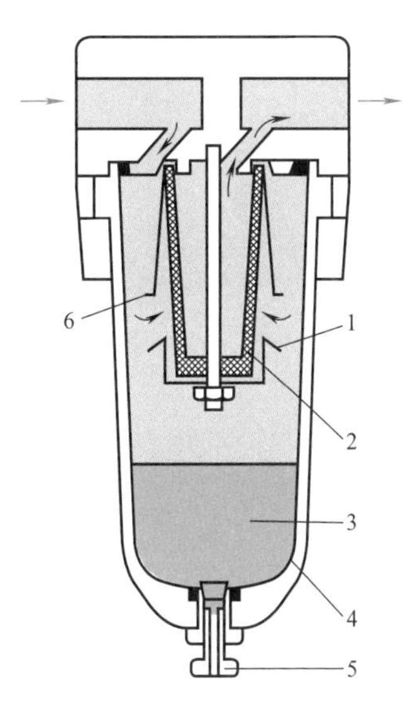

图 2-41　分水过滤器
1—挡水板　2—滤芯　3—冷凝物　4—滤杯　5—排放螺栓　6—旋风挡板

分水过滤器的主要性能参数有流量特性、分水效率和过滤精度。

（1）流量特性　流量特性是指过滤器在一定的进气压力下，其进出口两端的压降与通过该元件的标准额定流量之间的关系。在相同的流量和进气压力下，压降越小，表明流动阻力越小。

（2）分水效率　分水效率 η_w 表示过滤器分离水分的能力，定义为

$$\eta_w=\frac{\varphi_{in}-\varphi_{out}}{\varphi_{in}}\times 100\% \tag{2-23}$$

式中 φ_{in}——输入空气的相对湿度；

φ_{out}——输出空气的相对湿度。

一般要求分水过滤器的分水效率大于80%。

（3）过滤精度　滤芯的过滤精度按其所能滤除的最小微粒尺寸分为5μm、10μm、25μm和40μm四档，可根据对空气质量的要求选定。

2. 油雾器

油雾器分为普通型油雾器和微雾型油雾器两类。

普通型油雾器（也称全量式油雾器）能把雾化后的油雾全部随压缩空气输出，油雾粒径约为20μm。微雾型油雾器（也称选择式油雾器）仅能把雾化后的油雾中油雾粒径为2~3μm的微雾随空气输出。两者又可分别分为固定节流式和可变节流式两种。固定节流式输出的油雾浓度随输出空气流量的变化而变化，而可变节流式输出的油雾浓度基本上保持恒定，不随输出空气流量而变化。

图2-42所示为固定节流式普通型油雾器。压缩空气从输入口进入油雾器后，绝大部分经主管道输出，一小部分气流进入立杆1上正对着气流方向的小孔a，经截止阀2进入油杯3的上腔c中，使油面受压。而立杆上背对气流方向的孔b，由于其周围气流的高速流动，其压力低于气流压力。这样，油面气压与孔b压力间存在压差，润滑油在此压差作用下，经吸油管4、单向阀5和油量调节针阀6滴落到透明的视油窗7内，并顺着油路被主管道中的高速气流从孔b中引射出来，雾化后随空气一同输出。

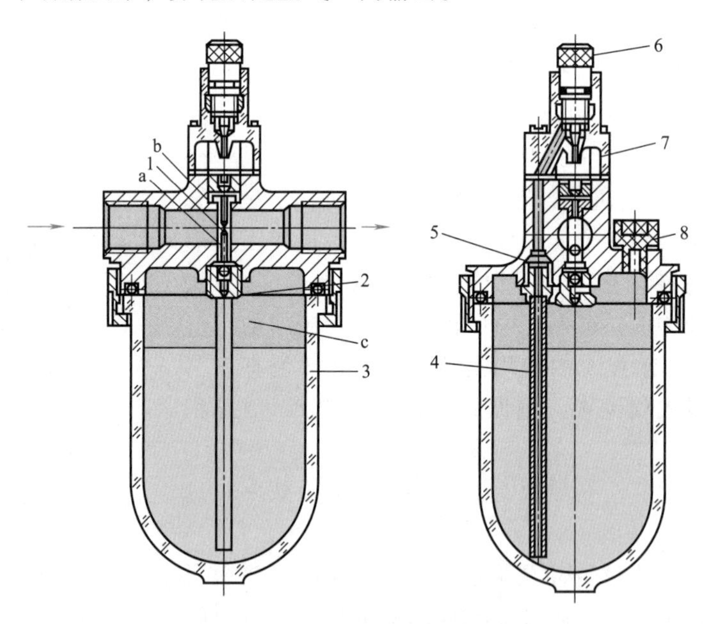

图2-42　固定节流式普通型油雾器

1—立杆　2—截止阀　3—油杯　4—吸油管　5—单向阀

6—油量调节针阀　7—视油窗　8—油塞

3. 气动三联件

在气动系统中，将分水滤气器、减压阀和油雾器按顺序组合在一起使用，通常称为气动三联件，其图形符号如图2-43所示。具体结构见第四章第四节。

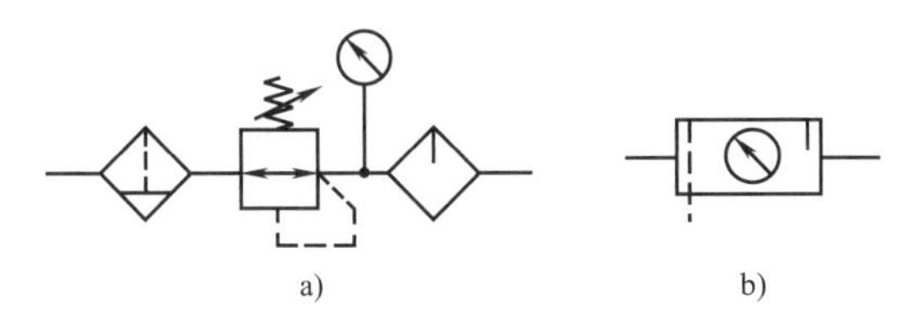

图 2-43　气动三联件的图形符号

a）完整符号　b）图形符号

*第六节　气动辅件

一、自动排水器

随着对空气净化要求的提高，靠人工的方法进行定期排污已变得不可靠，况且有些场合也不便于人工操作，因此自动排水器得到广泛应用。

图 2-44 所示为浮子式自动排水器。其工作原理是，被分离出来的水分流入自动排水器内，水位不断升高，当水位升高至一定高度后，浮子 3 的浮力大于浮子自重及作用在喷嘴座面积$\frac{\pi}{4}d^2$上的气压力时，喷嘴 2 开启，气压经喷嘴、滤芯 4 作用在活塞 8 左侧，气压力克服弹簧力使活塞右移，排水阀座 5 打开放水。排水后，浮子下降，喷嘴又关闭。活塞左腔气压通过设在活塞及手动操纵杆 6 内的溢流孔 7 卸压，迅速关闭排水阀座。

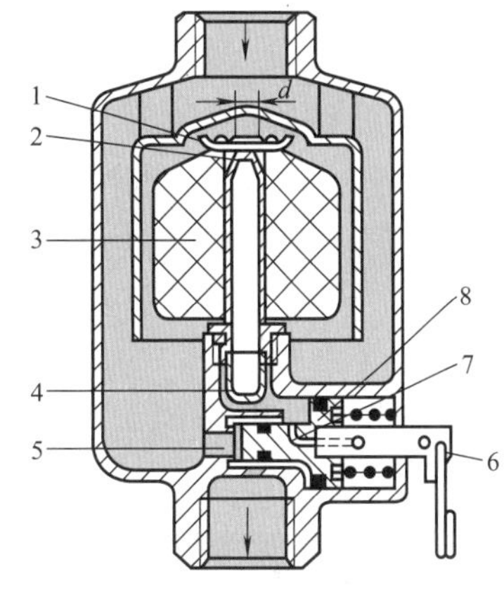

图 2-44　浮子式自动排水器

1—盖板　2—喷嘴　3—浮子　4—滤芯

5—排水阀座　6—手动操纵杆

7—溢流孔　8—活塞

自动排水器用于排除管道、油水分离器、气罐及分水过滤器等处的积水。自动排水器必须垂直安装。在使用过程中，如自动排水器出现故障，可用手动操作杆打开阀门放水。

二、消声器

气动系统中，压缩空气经换向阀向气缸等执行元件供气；动作完成后，又经换向阀向大气排气。由于阀内的气路复杂且又十分狭窄，压缩空气以接近声速的流速从排气口排出，空气急剧膨胀和压力变化产生高频噪声。排气噪声与压力、流量和有效作用面积等因素有关，当阀的排气压力为 0.5MPa 时可达 100dB（A）以上。而且，执行元件速度越高，流量越大，噪声也越大。此时，就要用消声器来降低排气噪声。

消声器是一种允许气流通过而使声能衰减的装置，能够降低气流通道上的空气动力性噪声。根据消声原理不同，有阻性消声器、抗性消声器和阻抗复合式消声器及多孔扩散消声器。

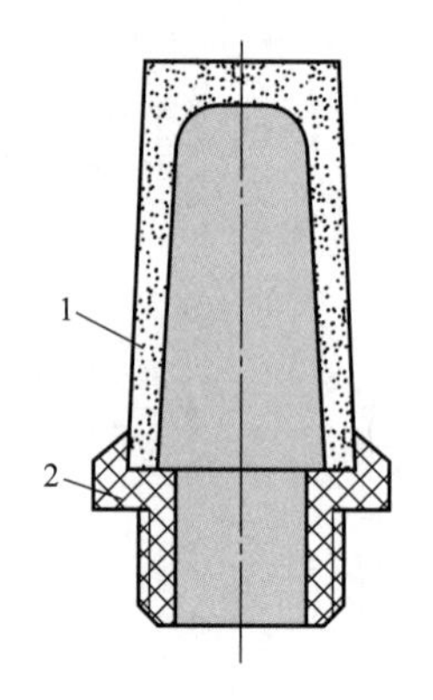

图 2-45 阀用消声器
1—消声套 2—管接头

选用消声器时，应合理选择通过消声器的气流速度。对一般系统可取 6~10m/s，对高压排空消声器则可大于 20m/s。

阀用消声器通常用多孔扩散消声器，以消除高速喷气射流噪声。消声材料用铜颗粒烧结而成，也有用塑料颗粒烧结的，要求消声器的有效出流面积大于排气管道面积。阀用消声器的消声效果按标准规定，公称通径 6~25mm 为不小于 20dB（A），公称通径 32~50mm 为不小于25dB（A）。

图 2-45 所示为阀用消声器。它一般用螺纹连接方式直接拧在阀的排气口上。对于集成式连接的控制阀，消声器安装在底板的排气口上。

*第七节 管 件

管件包括管道和管接头，它的主要功用是连接液压/气动元件和输送流体。对它的主要要求是：有足够的强度、密封性好、压力损失小和装拆方便。

一、管道

液压和气动系统中使用的管道有钢管、纯铜管、尼龙管、塑料管和橡胶管等，须依其安装位置、工作条件和工作压力来正确选用。各种常用管道的特点及适用场合见表 2-4。

表 2-4 各种常用管道的特点及适用场合

种类		特点和适用场合
硬管	钢管	能承受高压，价格低廉，耐油，抗腐蚀，刚性好，但装配时不能任意弯曲；常在装拆方便处用作压力管道（中、高压用无缝管，低压用焊接管）
	纯铜管	易弯曲成各种形状，但承压能力一般不超过 6.5~10MPa，抗振能力较弱，又易使油液氧化；通常用在液压装置内配接不便之处
软管	尼龙管	可以随意弯曲成形或扩口，承压能力因材质而异，自 2.5MPa 至 8MPa 不等，最高可达 16MPa；气动系统常用尼龙 11 管；低压液压系统、真空系统、空调及振动隔离器等场合推荐用尼龙 12 管
	聚氨酯管	是高性能聚酰胺制品，比尼龙管更柔软，弹性类似橡胶，弯曲半径可非常小，具有很好的耐弯曲疲劳特性；在-20℃下还能耐机床油；高温时耐压能力迅速下降，允许环境温度一般为-35~+60℃；适用于气动系统的许多场合
	塑料管	质轻耐油，价格便宜，装配方便，但承压能力低，长期使用会变质老化，只宜用作压力低于 0.5MPa 的回油管、泄油管等
	橡胶管	高压管由耐油橡胶夹几层钢丝编织网制成，钢丝网层数越多，耐压越高，价昂，用作中、高压液压系统中两个相对运动件之间的压力管道 低压管由耐油橡胶夹帆布制成，可用作回油管道，也可作气动管道用

管道的规格尺寸指的是它的内径和壁厚，可依下式算出后，查阅有关的标准选定：

$$d = 2\sqrt{\frac{q}{\pi v}} \tag{2-24}$$

$$\delta = \frac{pdn}{2R_m} \tag{2-25}$$

式中 d——管道内径。

q——管内流量。

v——对于液压管道，管中油液的流速，吸油管取 0.5~1.5m/s，压油管取 2.5~5m/s（压力高的取大值，低的取小值，如压力在 6MPa 以上的取 5m/s，在 3~6MPa 之间的取 4m/s，在 3MPa 以下的取 2.5~3m/s；管道短时取大值；油液黏度大时取小值），回油管取 1.5~2.5m/s，短管及局部收缩处取 5~7m/s；对于气动管道，厂区内取 8~10m/s，车间内取 10~15m/s。

δ——管道壁厚。

p——管内工作压力。

n——安全系数，对于钢管来说，$p<7\text{MPa}$ 时，取 $n=8$；$7\text{MPa}<p<17.5\text{MPa}$ 时，取 $n=6$；$p>17.5\text{MPa}$ 时，取 $n=4$。

R_m——管道材料的抗拉强度。

二、管接头

管接头是管道之间、管道与元件之间的可拆式连接件。管接头在满足强度足够的前提下，应当装拆方便、连接牢固、密封性好、外形尺寸小、压力损失小以及工艺性好。

管接头的种类很多，其规格品种可查阅有关手册。液压和气动系统中常用的管接头见表 2-5。管接头的连接螺纹采用国家标准米制锥螺纹（ZM）和普通细牙螺纹（M）。锥螺纹可依靠自身的锥体旋紧和采用聚四氟乙烯生料带进行密封，广泛用于中、低压系统；细牙螺纹常采用组合垫圈或 O 形密封圈，有时也采用纯铜垫圈进行端面密封后用于高压液压系统。

表 2-5 液压和气动系统中常用的管接头

名称	结构简图	特点和说明
焊接式管接头	球形头	1. 连接牢固，利用球面进行密封，简单可靠 2. 焊接工艺必须保证质量，必须采用厚壁钢管，装拆不便 3. 工作压力可达 32MPa 或更高
卡套式管接头	油管 卡套	1. 用卡套卡住油管进行密封，轴向尺寸要求不严，装拆简便 2. 对管子径向尺寸精度要求较高，为此要采用冷拔无缝钢管 3. 工作压力可达 32MPa 4. 适用于油、气及一般腐蚀性介质的管路系统
扩口式管接头	油管 管套	1. 用管端的扩口在管套的压紧下进行密封，结构简单，可重复进行连接 2. 适用于铜管、薄壁钢管、尼龙管和塑料管等低压管道的连接 3. 喇叭口扩成 74°~90° 4. 适用于不超过 8MPa 的中低压系统

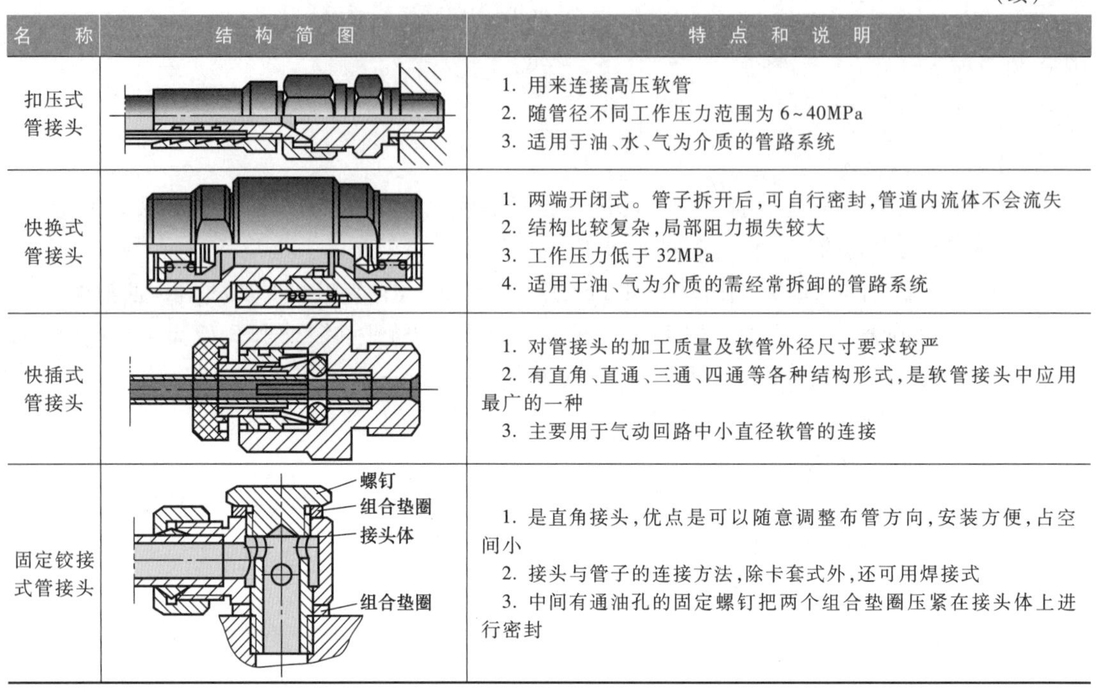

（续）

名　称	结构简图	特点和说明
扣压式管接头		1. 用来连接高压软管 2. 随管径不同工作压力范围为 6~40MPa 3. 适用于油、水、气为介质的管路系统
快换式管接头		1. 两端开闭式。管子拆开后，可自行密封，管道内流体不会流失 2. 结构比较复杂，局部阻力损失较大 3. 工作压力低于 32MPa 4. 适用于油、气为介质的需经常拆卸的管路系统
快插式管接头		1. 对管接头的加工质量及软管外径尺寸要求较严 2. 有直角、直通、三通、四通等各种结构形式，是软管接头中应用最广的一种 3. 主要用于气动回路中小直径软管的连接
固定铰接式管接头	螺钉 组合垫圈 接头体 组合垫圈	1. 是直角接头，优点是可以随意调整布管方向，安装方便，占空间小 2. 接头与管子的连接方法，除卡套式外，还可用焊接式 3. 中间有通油孔的固定螺钉把两个组合垫圈压紧在接头体上进行密封

习　题

2-1　已知液压泵的额定压力和额定流量，若不计管道内压力损失，试说明图 2-46 所示各种工况下液压泵出口处的工作压力值。

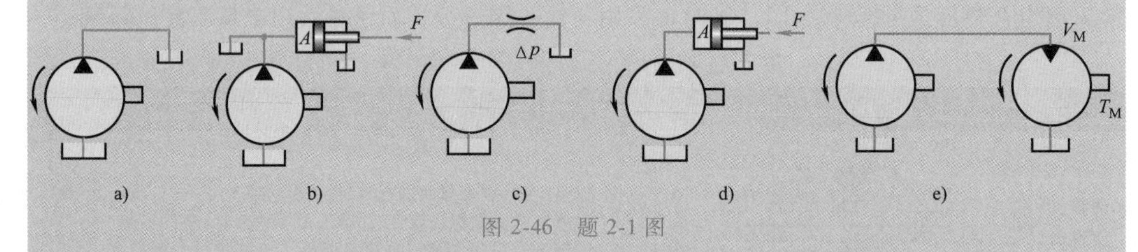

图 2-46　题 2-1 图

2-2　如图 2-47 所示，A 为通流截面可变的节流阀，B 为溢流阀。溢流阀的调整压力为 p_Y，如不计管道压力损失，试说明在节流阀通流截面不断增大时，液压泵的出口压力如何变化？

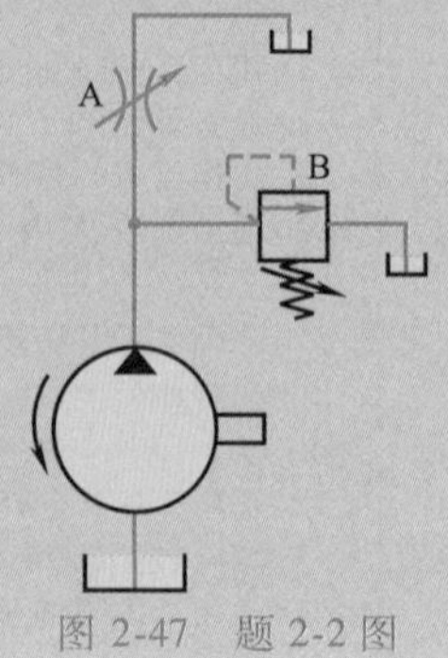

图 2-47　题 2-2 图

2-3 试分析影响液压泵容积效率 η_V 的各因素。

2-4 液压泵的额定流量为100L/min，额定压力为2.5MPa，当转速为1450r/min时，机械效率 η_m = 0.9。由试验测得，当泵出口压力为零时，流量为106L/min，压力为2.5MPa时，流量为100.7L/min，试求：

1）泵的容积效率。

2）如泵的转速下降到500r/min，在额定压力下工作时泵的流量。

3）上述两种转速下泵的驱动功率。

2-5 在双作用叶片液压泵配流盘的压油窗口端开三角形槽，为什么能降低压力脉动和噪声？

2-6 双作用叶片液压泵两叶片之间夹角为 $2\pi/z$，配流盘上封油区夹角为 ε，定子内表面曲线圆弧段的夹角为 β，它们之间应满足怎样的关系？为什么？

2-7 试分析外反馈限压式变量叶片液压泵的 q-p 特性曲线，并叙述改变 AB 段上下位置、BC 段的斜率和拐点 B 的位置的方法。

2-8 气压传动系统对其工作介质有哪些质量要求？采取什么措施来达到所要求的质量？

2-9 常用气动三联件是哪些气动元/辅件？在使用时应按怎样的次序进行排列？如果颠倒了，将会产生什么问题？

2-10 在压缩空气的净化设备和辅件中为什么既有油水分离器，又要有油雾器？

2-11 气罐在气源装置中起什么作用？其容积应如何确定？

第三章

执行元件

液压与气压传动中的执行元件是将流体的压力能转化为机械能的元件。它驱动机构做直线往复或旋转（或摆动）运动，其输入为压力和流量，输出为力和速度或转矩和转速。

第一节　直线往复运动执行元件

一、液压缸

液压缸是实现直线往复运动的执行元件。

（一）液压缸的类型

液压缸按其结构形式，可以分为活塞缸、柱塞缸和伸缩缸等。

1. 活塞缸

（1）双杆活塞缸　图 3-1a 所示为缸筒固定的双杆活塞缸，活塞两侧的活塞杆直径相等，它的进、出油口位于缸筒两端。当工作压力和输入流量相同时，两个方向上输出的推力 F 和速度 v 是相等的。其值为

$$F_1=F_2=(p_1-p_2)A\eta_m=(p_1-p_2)\frac{\pi}{4}(D^2-d^2)\eta_m \tag{3-1}$$

$$v_1=v_2=\frac{q}{A}\eta_V=\frac{4q\eta_V}{\pi(D^2-d^2)} \tag{3-2}$$

式中　A——活塞的有效作用面积；

D、d——活塞和活塞杆的直径；

q——输入流量；

p_1、p_2——缸的进、出口压力；

η_m、η_V——缸的机械效率、容积效率。

这种安装形式，工作台移动范围约为活塞有效行程的三倍，占地面积大，适用于小型机械。

图 3-1b 所示为活塞杆固定的双杆活塞缸。它的进、出油液可经活塞杆内的通道输入液压缸或从液压缸流出，也可以用软管连接，进、出口就位于缸的两端。它的推力和速度与缸筒固定的形式相同。但是其工作台移动范围为缸筒有效行程的两倍，故可用于行程较长的机

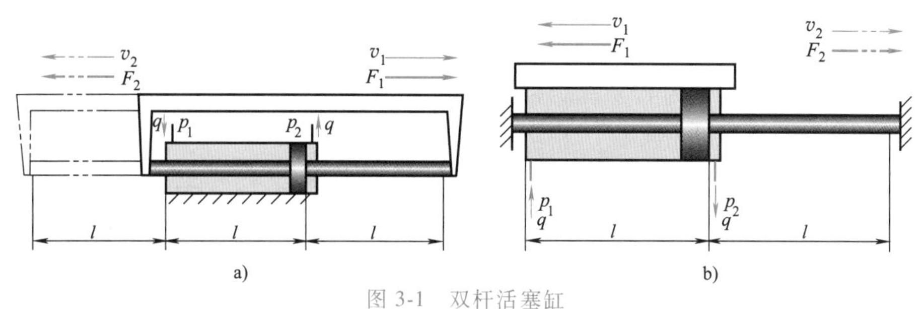

图 3-1 双杆活塞缸

a）缸筒固定 b）活塞杆固定

械，如外圆磨床工作台的驱动。

（2）单杆活塞缸 图 3-2 所示为单杆活塞缸。由于只在活塞的一端有活塞杆，使两腔的有效工作面积不相等，因此在两腔分别输入相同流量的情况下，活塞的往复运动速度不相等。它的安装也有缸筒固定和活塞杆固定两种，进、出口的布置根据安装方式而定；但工作台移动范围都为活塞有效行程的两倍。

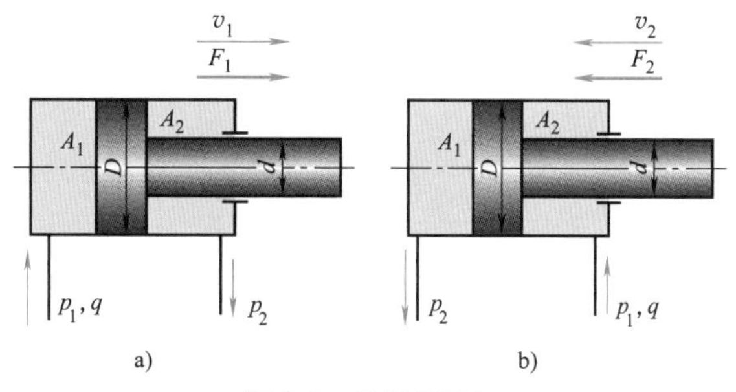

图 3-2 单杆活塞缸

a）向右运动 b）向左运动

单杆活塞缸往复速比越大，活塞杆越粗。

单杆活塞缸的推力和速度计算式如下：

$$F_1=(p_1A_1-p_2A_2)\eta_m=\left[p_1\frac{\pi}{4}D^2-p_2\frac{\pi}{4}(D^2-d^2)\right]\eta_m \tag{3-3}$$

$$F_2=(p_1A_2-p_2A_1)\eta_m=\left[p_1\frac{\pi}{4}(D^2-d^2)-p_2\frac{\pi}{4}D^2\right]\eta_m \tag{3-4}$$

$$v_1=\frac{q}{A_1}\eta_V=\frac{4q\eta_V}{\pi D^2} \tag{3-5}$$

$$v_2=\frac{q}{A_2}\eta_V=\frac{4q\eta_V}{\pi(D^2-d^2)} \tag{3-6}$$

在液压缸的活塞往复运动速度有一定要求的情况下，活塞杆直径 d 通常根据液压缸速度比 $\lambda_v=\frac{v_2}{v_1}$的要求以及缸内径 D 来确定。由式（3-5）和式（3-6），得

$$\frac{v_2}{v_1}=\frac{1}{1-\left(\frac{d}{D}\right)^2}=\lambda_v \tag{3-7}$$

$$d=D\sqrt{\frac{\lambda_v-1}{\lambda_v}} \tag{3-8}$$

由此可见，速度比 λ_v 越大，活塞杆直径 d 越大。

> 若要求差动液压缸的往复速度相等，则必须使 $D=\sqrt{2}d$。

单杆活塞缸的左右腔同时接通压力油，如图 3-3 所示，称为差动连接，此缸称为差动液压缸。差动液压缸左、右腔压力相等，但左、右腔有效作用面积不相等，因此，活塞向右运动。差动连接时因回油腔的油液进入左腔，从而提高活塞运动速度，其推力和速度按下式计算：

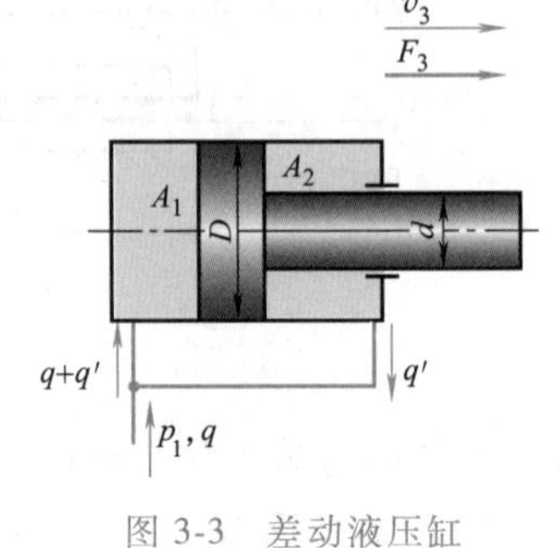

图 3-3 差动液压缸

$$F_3=p_1(A_1-A_2)\eta_m=p_1\frac{\pi}{4}d^2\eta_m \tag{3-9}$$

由图 3-3 可知

$$A_1v_3=q+A_2v_3$$

$$v_3=\frac{q}{A_1-A_2}=\frac{q}{\frac{\pi}{4}d^2}$$

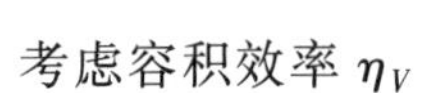

考虑容积效率 η_V

$$v_3=\frac{4q}{\pi d^2}\eta_V \tag{3-10}$$

向液压缸右腔输油，而左腔通油箱，活塞便向左运动，推力和速度与式（3-4）、式（3-6）相同。如要求 v_3 和活塞向左运动的速度 v_2 相等，即 $v_3=v_2$，则必须使 $D=\sqrt{2}d$。

2. 柱塞缸

单柱塞缸只能实现一个方向的运动，反向要靠外力，如图 3-4a 所示。用两个柱塞缸组合，如图 3-4b 所示，也能用压力油实现往复运动。柱塞运动时，由缸盖上的导向套来导向，因此，缸筒内壁不需要精加工。它特别适用于行程较长且要求推力较大的场合，如摆渡船靠岸板驱动液压缸。

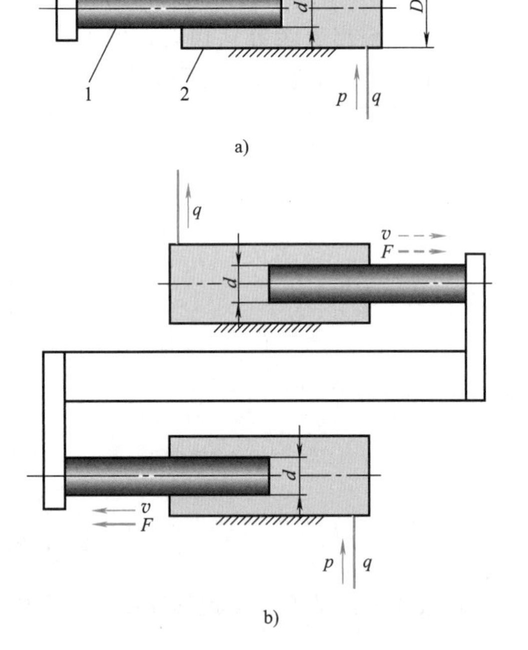

图 3-4 柱塞缸

a）单柱塞缸 b）双柱塞缸

1—柱塞 2—缸筒

柱塞缸输出的推力和速度为

$$F=pA\eta_m=p\frac{\pi}{4}d^2\eta_m \tag{3-11}$$

$$v=\frac{q\eta_V}{A}=\frac{4q\eta_V}{\pi d^2} \tag{3-12}$$

式中 d——柱塞直径。

3. 伸缩缸

伸缩缸由两个或多个活塞套装而成，前一级缸的活塞杆是后一级缸的缸筒。伸出时，可以获得很长的工作行程，缩回时可保持很小的结构尺寸。图 3-5 所示为一种双作用式两级伸缩缸。通入压力油时各级活塞按有效作用面积大小依次先后动作，并在输入流量不变的情况

下，输出推力逐级减小，速度逐级加大，其值为

$$F_i = p\frac{\pi}{4}D_i^2\eta_{mi} \tag{3-13}$$

$$v_i = \frac{4q\eta_{Vi}}{\pi D_i^2} \tag{3-14}$$

式中　i——i 级活塞。

这种液压缸起动时，活塞有效作用面积最大，因此输出推力也最大。随着行程逐级增长，推力随之逐级减小，速度则逐级增快，故适用于起动负载大而又逐渐减小，但行程长的场合，如翻斗车。如要使缸的推力和速度始终保持恒定，且要求快速长行程移动，可采用同步快速伸缩缸。

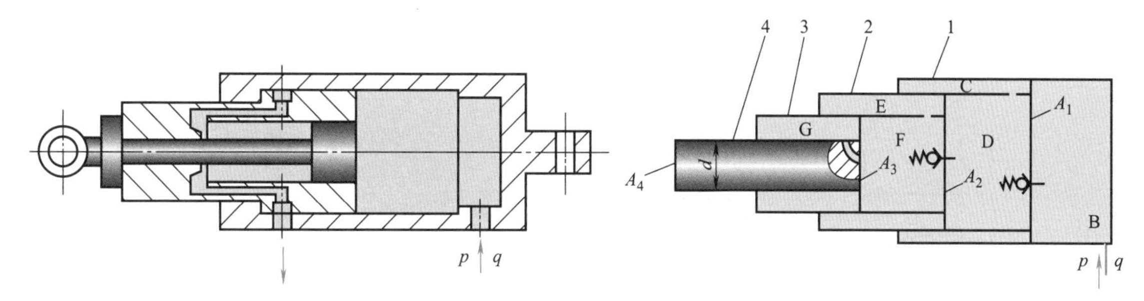

图 3-5　双作用式两级伸缩缸

图 3-6　单作用式三级同步快速伸缩缸的工作原理
1—外缸筒　2—一级活塞
3—二级活塞　4—三级活塞

图 3-6 所示为单作用式三级同步快速伸缩缸的工作原理。该缸的各级活塞有效作用面积设计成 $A_1=2A_2$、$A_2=2A_3$、$A_3=2A_4$，并在一级和二级活塞的右端各设一带有顶杆的单向阀，而在其缸筒侧壁面各开有小孔。正常工作时单向阀均关闭。当压力油进入 B 腔时，一级活塞 2 向左移动，C 腔油通过小孔进入 D 腔，推动二级活塞 3 以相同速度向左移动；同样的原理，三级活塞 4 也以同一速度向左移动。若因泄漏原因，二级或三级活塞没有移动到最左位置，则相应的单向阀开启，补充液压油使其到位。外力推其向右移动时各活塞动作与向左移动时相反。一级和二级活塞运动到最右端时，两个单向阀的顶杆使其开启，从而恢复各级间的平衡状态。

单作用式同步快速伸缩缸适用于快速、小负载、长行程场合，其返回靠外力。

这种同步伸缩缸输出的推力和速度为

$$F = pA_4\eta_m = p\frac{\pi}{4}d^2\eta_m \tag{3-15}$$

$$v = \frac{q\eta_V}{A_4} = \frac{4q\eta_V}{\pi d^2} \tag{3-16}$$

（二）液压缸的结构

图 3-7 所示为单杆活塞缸，它由缸筒 5，活塞 12，活塞杆 8，前后缸盖 1、7，活塞杆导

向装置9，前、后缓冲柱塞4、11等主要零件组成。活塞与活塞杆用螺纹连接，并用止动销13固定。前、后法兰14、10用螺纹与缸筒连接，前、后缸盖1、7通过法兰14、10和螺钉（图中未示）压紧在缸筒的两端。为了提高密封性能并减小摩擦力，在活塞与缸筒之间、活塞杆与导向装置之间、导向装置与后缸盖之间、前后缸盖与缸筒之间装有各种动、静密封圈。当活塞移动接近左右终端时，液压缸回油腔的油只能通过缓冲柱塞上通流面积逐渐减小的轴向三角槽和可调锥阀2、6回油箱，对移动部件起制动缓冲作用。缸中空气经排气装置（图中未画出）排出。

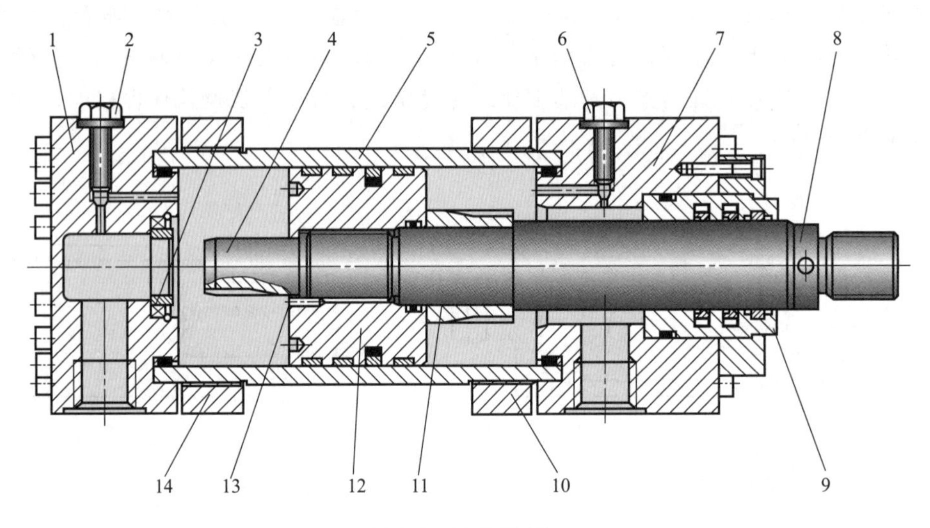

图3-7　单杆活塞缸

1—前缸盖　2、6—可调锥阀　3—前缓冲套　4、11—前、后缓冲柱塞
5—缸筒　7—后缸盖　8—活塞杆　9—活塞杆导向装置　10—后法兰
12—活塞　13—止动销　14—前法兰

从图3-7可以看到，液压缸的结构基本上可以分为缸筒和缸盖、活塞和活塞杆、密封装置、缓冲装置、排气装置五个部分，现分述如下。

1. 缸筒和缸盖

缸筒和缸盖的常见连接结构形式如图3-8所示。图3-8a所示为法兰式连接，结构简单、加工和装拆都方便，但外形尺寸和质量都大。图3-8b所示为半环式连接，加工和装拆方便，但是，这种结构须在缸筒外部开有环形槽而削弱了其强度，因此有时要为此增加缸的壁厚。图3-8c所示为外螺纹式连接，图3-8d所示为内螺纹式连接。螺纹式连接装拆时要使用专用工具，适用于较小的缸筒。图3-8e所示为拉杆式连接，容易加工和装拆，但外形尺寸较大，且较重。图3-8f所示为焊接式连接，结构简单，尺寸小，但缸底处内径不易加工，且可能引起变形。

2. 活塞和活塞杆

活塞和活塞杆的结构形式很多，有螺纹式连接和半环式连接等，如图3-9所示。前者结构简单，但需有螺母防松装置。后者结构复杂，但工作较可靠。此外，在尺寸较小的场合，活塞和活塞杆也有制成整体式结构的。

3. 密封装置

密封装置用来防止液压系统油液的内外泄漏和外界杂质的侵入。它的密封机理、结构等

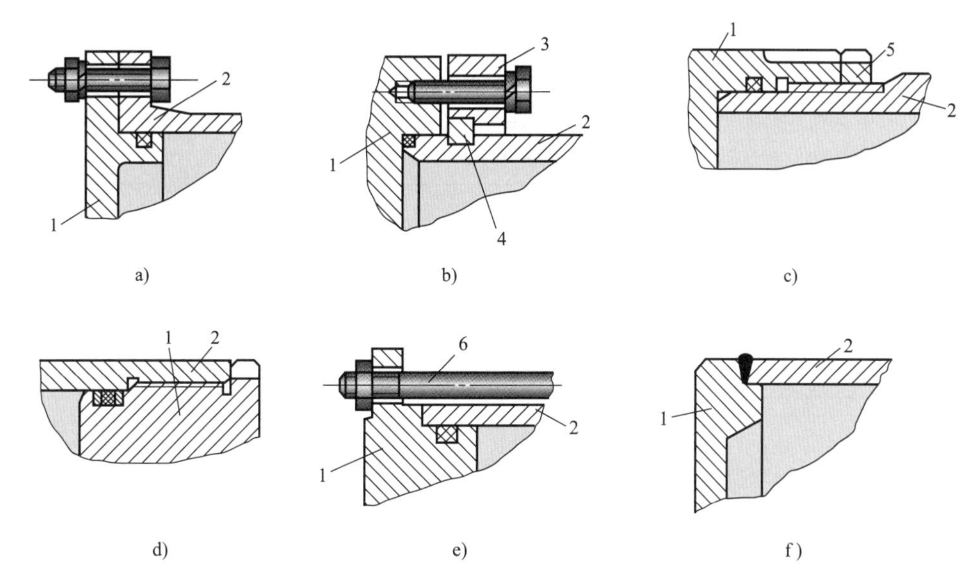

图 3-8 缸筒和缸盖的常见连接结构形式

a）法兰式连接 b）半环式连接 c）外螺纹式连接 d）内螺纹式连接 e）拉杆式连接 f）焊接式连接

1—缸盖 2—缸筒 3—压板 4—半环 5—防松螺母 6—拉杆

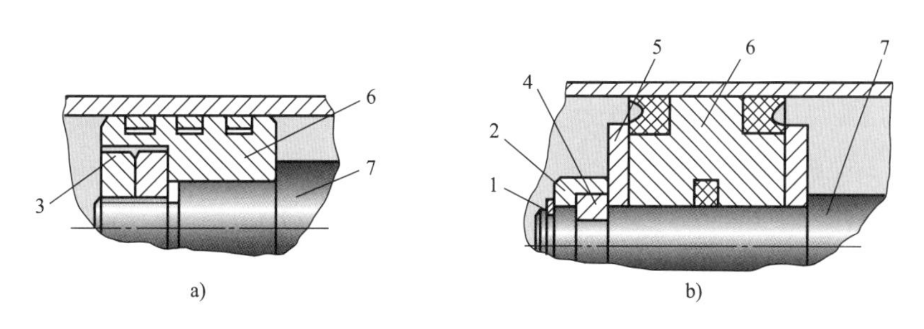

图 3-9 活塞和活塞杆的结构

a）螺纹式连接 b）半环式连接

1—弹簧卡圈 2—轴套 3—螺母 4—半环 5—压板 6—活塞 7—活塞杆

将在第五章中详述。

4. 缓冲装置

缓冲装置是利用活塞或缸筒移动到接近终点时，将活塞和缸盖之间的一部分油液封住，迫使油液从小孔或缝隙中挤出，从而产生很大的阻力，使工作部件平稳制动，并避免活塞和缸盖的相互碰撞。液压缸缓冲装置的工作原理如图 3-10 所示。理想的缓冲装置应在其整个工作过程中保持缓冲压力恒定不变，实际的缓冲装置则很难做到这点。图 3-11 所示为上述各种形式缓冲装置的缓冲压力曲线。由图可见，反抛物线式性能曲线最接近于理想曲线，缓冲效果最好。但是，这种缓冲装置需要根据液压缸的具体工作情况进行专门设计和制造，通用性差。阶梯圆柱式的缓冲效果也很好。最常用的则是节流口可调的单圆柱式和节流口变化式。

（1）节流口可调式缓冲装置（图 3-10d） 当活塞上的缓冲柱塞进入端盖凹腔后，圆环形的回油腔中的油液只能通过针形节流阀流出，这就使活塞制动。调节节流阀的开口，可改变制动阻力的大小。这种缓冲装置起始缓冲效果好，随着活塞向前移动，缓冲效果逐渐减

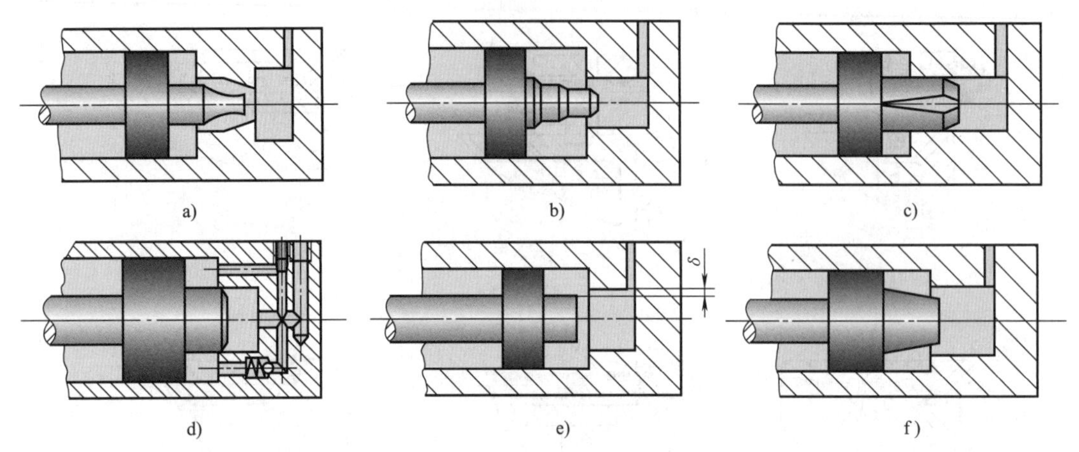

图 3-10 液压缸缓冲装置的工作原理（缓冲柱塞的形式）

a）反抛物线式 b）阶梯圆柱式 c）节流口变化式 d）单圆柱式 e）环形缝隙式 f）圆锥台式

弱，因此它的制动行程较长。

（2）节流口变化式缓冲装置（图 3-10c） 它的缓冲柱塞上开有变截面的轴向三角槽。当活塞移近端盖时，回油腔油液只能经过三角槽流出，因而使活塞受到制动作用。随着活塞的移动，三角槽通流截面逐渐变小，阻力作用增大，因此，缓冲作用均匀，冲击压力较小，制动位置精度高。

5. 排气装置

排气装置用来排除积聚在液压缸内的空气。一般把排气装置安装在液压缸两端盖的最高处。常用的排气装置如图 3-12 所示。

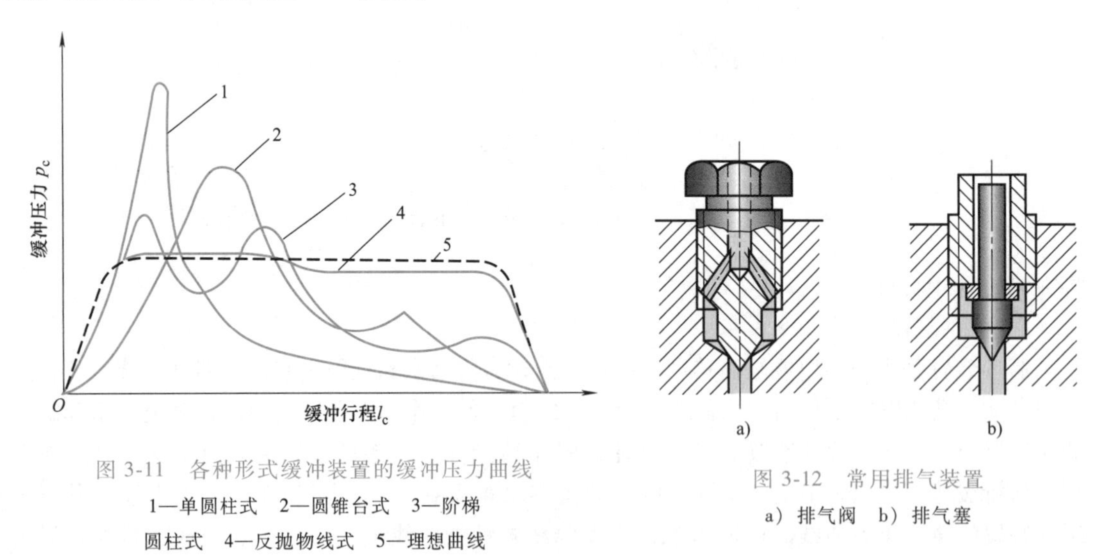

图 3-11 各种形式缓冲装置的缓冲压力曲线

1—单圆柱式 2—圆锥台式 3—阶梯圆柱式 4—反抛物线式 5—理想曲线

图 3-12 常用排气装置

a）排气阀 b）排气塞

二、气缸

（一）气缸的类型

气缸是气动系统中使用最多的执行元件，它以压缩空气为动力驱动机构做直线往复运

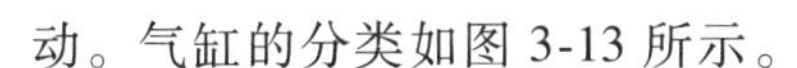

动。气缸的分类如图 3-13 所示。

（二）普通气缸

普通气缸是在缸筒内只有一个活塞和一根活塞杆的气缸，有单作用气缸和双作用气缸两种。

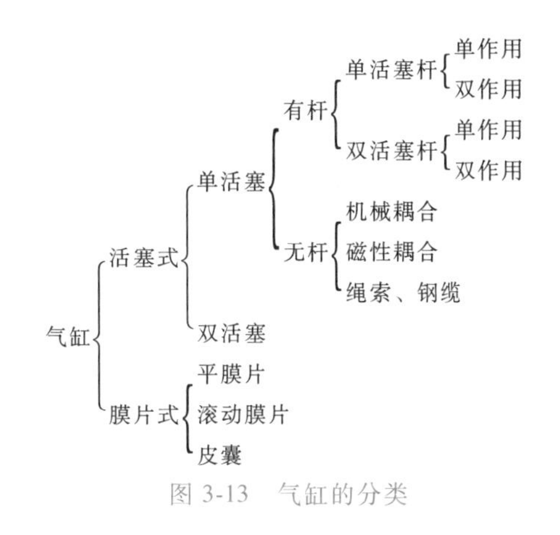

图 3-13　气缸的分类

图 3-14 所示为普通型单活塞杆双作用气缸的结构。气缸一般由缸筒 11，前、后缸盖 13、1，活塞 8，活塞杆 10，密封件和紧固件等零件组成。缸筒在前后缸盖之间由四根拉杆和螺母将其紧固锁定（图中未画出）。活塞与活塞杆相连，活塞上装有密封圈 4、导向环 5 及磁性环 6。为防止漏气和外部粉尘的侵入，前缸盖上装有防尘组合密封圈 15。磁性环用来产生磁场，使活塞接近磁性开关时发出电信号，即在普通气缸上装了磁性开关就构成开关气缸。

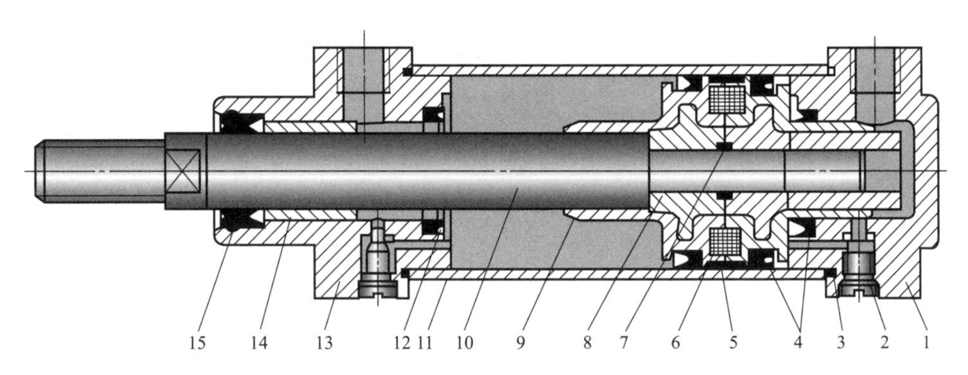

图 3-14　普通型单活塞杆双作用气缸的结构

1—后缸盖　2—缓冲节流阀　3、4、7—密封圈　5—导向环　6—磁性环
8—活塞　9—缓冲柱塞　10—活塞杆　11—缸筒　12—缓冲密封圈
13—前缸盖　14—导向套　15—防尘组合密封圈

（三）其他形式气缸

1. 无杆气缸

无杆气缸没有普通气缸的刚性活塞杆，它利用活塞直接或间接实现往复直线运动。这种气缸最大优点是节省了安装空间，特别适用于小缸径长行程的场合。在自动化系统、气动机器人中获得了大量应用。

图 3-15 所示为无杆气缸。在气缸筒轴向开有一条槽，在气缸两端设置空气缓冲装置。活塞 5 带动与负载相连的滑块 6 一起在槽内移动，且借助缸体上的一个管状沟槽防止其产生旋转。因防泄漏和防尘的需要，在开口部采用聚氨酯密封带 3 和防尘不锈钢带 4 固定在两侧端盖上。

这种气缸适用缸径为 8~80mm，最大行程在缸径不小于 40mm 时可达 6m。气缸运动速度高，可达 2m/s。若需用无杆气缸构成气动伺服定位系统，可用内置式位移传感器的无杆气缸。

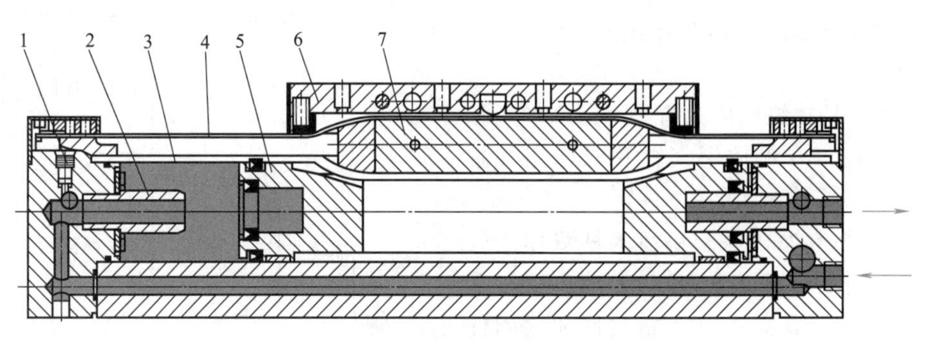

图 3-15 无杆气缸

1—节流阀 2—缓冲柱塞 3—聚氨酯密封带 4—防尘不锈钢带 5—活塞 6—滑块 7—管状体

2. 磁性气缸

图 3-16 所示为一种磁性气缸。在活塞上安装了一组高磁性的稀土永久磁环，磁力线穿过薄壁缸筒（不锈钢或铝合金非导磁材料）作用在缸筒外面的另一组磁环套上。由于两组磁环极性相反，两者间具有很强的吸力，当活塞在输入气压作用下移动时，则通过磁力线带动缸筒外的磁环套与负载一起移动。在气缸行程两端设有空气缓冲装置。

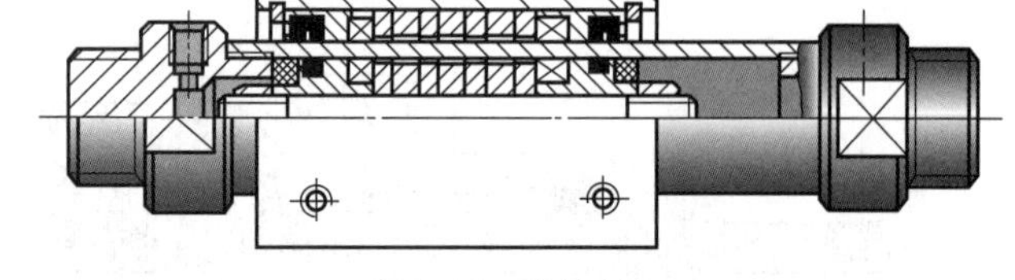

图 3-16 磁性气缸

它的特点是：体积和质量小，无外部空气泄漏，维护保养方便。

3. 手指气缸

气动手指气缸能实现各种抓取功能，是现代气动机械手的关键部件。图 3-17 所示的手指气缸的特点有：①所有的结构都是双作用的，能实现双向抓取，可自动对中，重复精度高；②抓取力矩恒定；③在气缸两侧可安装非接触式行程检测开关；④有多种安装、连接方式；⑤耗气量少。

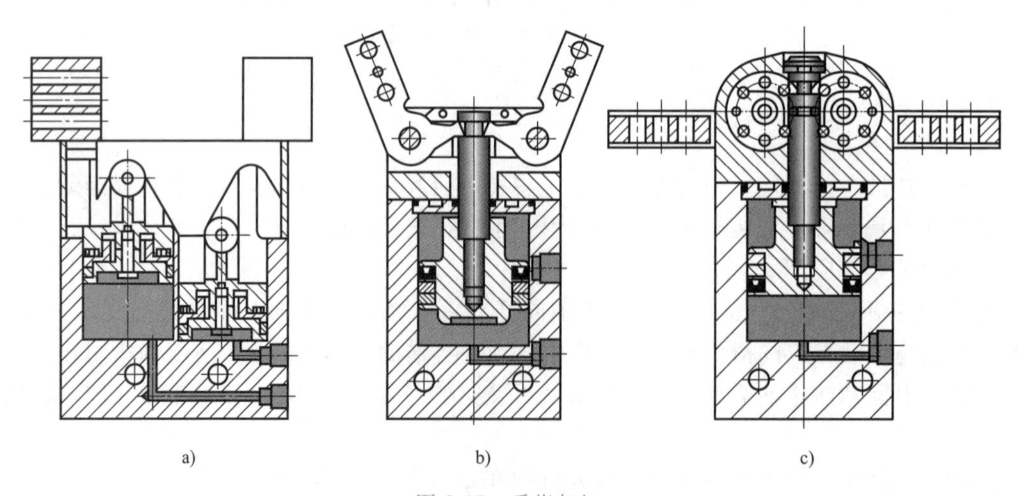

图 3-17 手指气缸

a）平行手指气缸 b）摆动手指气缸 c）旋转手指气缸

图 3-17a 所示为平行手指气缸，平行手指通过两个活塞工作。每个活塞由一个滚轮和一个双曲柄与气动手指相连，形成一个特殊的驱动单元。这样，气缸手指总是径向移动，每个手指是不能单独移动的。

如果手指反向移动，则先前受压的活塞处于排气状态，而另一个活塞处于受压状态。

图 3-17b 所示为摆动手指气缸，活塞杆上有一个环形槽，由于手指耳轴与环形槽相连，因而手指可同时摆动且自动对中，并确保抓取力矩始终恒定。

图 3-17c 所示为旋转手指气缸，其动作和齿轮齿条的啮合原理相似。活塞与一根可上下移动的轴固定在一起。轴的末端有三个环形槽，这些槽与两个驱动轮的齿啮合。因而，两个手指可同时转动并自动对中，其齿轮齿条啮合原理确保了抓取力矩始终恒定。

4. 气液阻尼缸

气液阻尼缸是一种由气缸和液压缸构成的组合缸。由气缸产生驱动力，而通过液压缸的阻尼调节作用获得平稳的运动。这种气缸常用于机床和切削加工的进给驱动装置，克服了普通气缸在负载变化较大时容易产生的“爬行”或“自移”现象。

图 3-18a、b 所示为这种气液阻尼缸的工作原理图及速度特性。它由一根活塞杆将气缸活塞和液压缸活塞串联在一起，两缸之间用中盖 6 隔开，防止空气与液压油互窜。在液压缸的进出口处连接了调速用的液压单向节流阀。由节流阀 3 和单向阀 4 组成的节流机构可调节液压缸的排油量，从而调节活塞运动的速度。

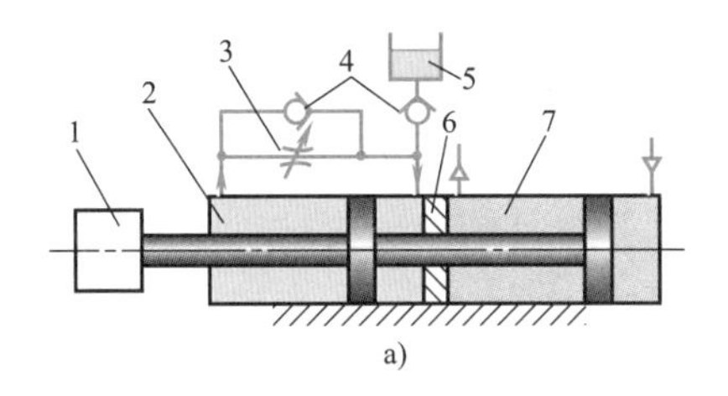

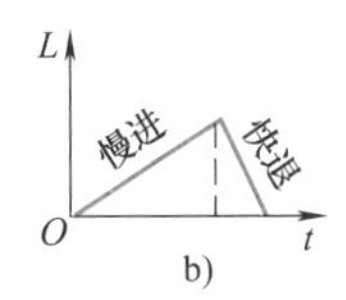

图 3-18　气液阻尼缸

a）工作原理图　b）速度特性

1—负载　2—液压缸　3—节流阀　4—单向阀　5—油杯　6—中盖　7—气缸

当气缸活塞向右退回运动时，液压缸右腔排油，此时单向阀打开，回油快，使活塞快速退回。图示节流机构能实现慢进—快退的速度特性，如图 3-18b 所示。

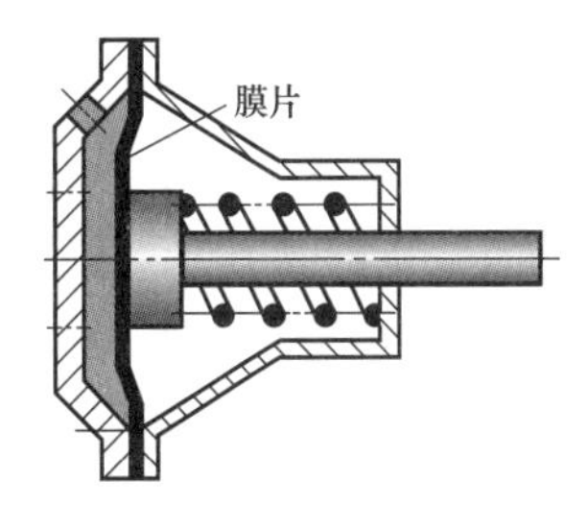

图 3-19　膜片式气缸

5. 膜片式气缸

图 3-19 所示为膜片式气缸，它主要由膜片和中间硬芯相连来代替普通气缸中的活塞，依靠膜片在气压作用下的变形来使活塞杆前进。活塞的位移较小，一般小于 40mm。

这种气缸的特点是结构紧凑、质量小、维修方便、密封性能好、制造成本低，广泛应用于气动夹具、化工生产过程中的自动调节阀等短行程工作场合。

6. 仿生气动肌腱 MAS（Muscle Actuator Sinale）

仿生气动肌腱是一种新型的拉伸型执行元件，是新概念气动元件。如同人类的肌肉那样，仿生气动肌腱能产生很强的收缩力。从结构上看，它非常简单：一段加强的纤维管两端由连接器固定（图 3-20），因为没有运动的机械零件和外部摩擦，故寿命比一般气缸更长、更耐用。

仿生气动肌腱是一种能量转换装置，由一根包裹着特殊纤维格栅网的橡胶织物管与两端连接接头组成。这种特殊材质纤维格栅网预先嵌入在能承受高负载、高吸收能力的橡胶材料之中。如图 3-20 所示，当仿生气动肌腱内有工作压力后，橡胶管开始变形，使格栅中的纤维网格夹角 α 变大，在直径方向膨胀，在长度方向收缩，气动肌腱便由此产生轴向拉力。当工作压力被释放后，弹性的橡胶材料迫使特殊纤维格栅恢复到原来位置，恢复原状。仿生气动肌腱的收缩长度与气压成正比，若配合后述比例控制阀（详见第四章）使用，可调节气动肌腱的终端位置。

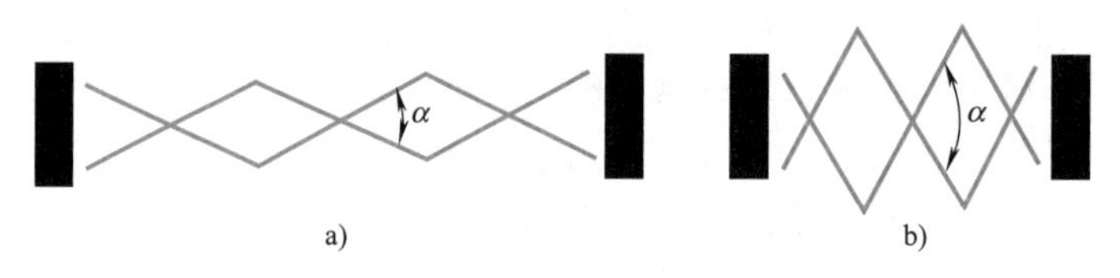

图 3-20 仿生气动肌腱工作原理图

a）伸长 b）收缩

仿生气动肌腱的拉伸力是同样直径普通单作用气缸的 10 倍，而质量仅为普通单作用气缸的几分之一。与产生相等力的气缸相比，其耗气量仅为普通气缸的 40%。

仿生气动肌腱的独特优势使它在工业自动化领域有着广泛的应用。其较适合于夹紧技术、搬移技术、定位机构、制动器、注塑机、汽车技术、仿真技术、机器人、仿生/平台机械、建筑技术，甚至体育、健康服务等。此外，气动肌腱还可以用于制作动感电影院的动态椅子等，可以大大增强观众身临其境的感觉。

三、气缸的工作特性及计算

（一）气缸的压力特性

气缸的压力特性是指气缸内压力随时间变化的关系，如图 3-21 所示。

气缸活塞的运动速度在运动过程中不是恒定的，这一点与液压缸有很大不同。

图示状态时，无杆腔内的气压 p_1 为大气压，有杆腔内的气压 p_2 为工作气压。当换向阀切换后，无杆腔与气源接通，因其容腔小，气体以高速向无杆腔充气，并很快升至气源压力；同时有杆腔开始向大气排气，但因其容腔大，故腔中气体压力下降的速度较缓慢。当两腔的压差 $\Delta p = p_1 - p_2$ 超过起动压差后，活塞就开始向右运动。可见，从换向阀切换到气缸起动需要一段时间。

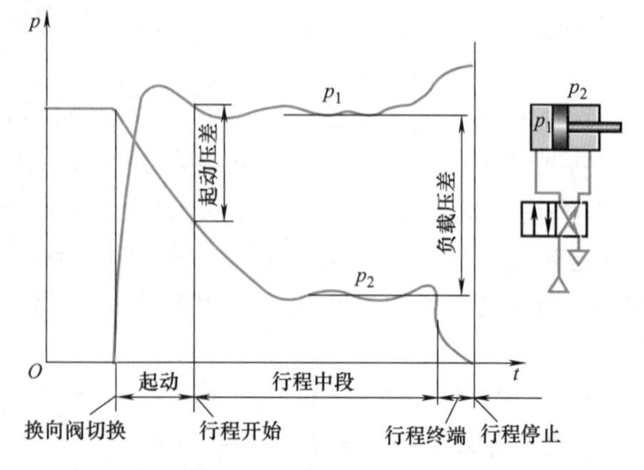

图 3-21 气缸的压力特性曲线

起动以后，活塞所受的摩擦阻力由静

摩擦转为动摩擦而变小，使活塞加速运动，无杆腔的压力有所下降。若供气充分，活塞继续运动，无杆腔压力基本保持不变；而有杆腔容积的相对减小量越来越大，在排气过程中其压力继续下降。

若活塞杆上的负载保持恒定，会出现气缸进排气速度与活塞运动速度相平衡的情况，这时压力特性曲线趋于水平，活塞在两腔不变的压差推动下匀速前进。

当活塞行至终端时，无杆腔压力再次急剧上升到气源压力；有杆腔压力却快速下降至大气压。这种较大的压差往往会造成“撞缸”。如果气缸设有缓冲装置，活塞运动进入缓冲行程时，排气通路受阻，排气腔压力瞬时增大，随后降至大气压，可避免产生“撞缸”现象。

（二）气缸的速度

气缸活塞运动的速度在运动过程中是变化的。通常所说的气缸速度是指气缸活塞的平均速度。例如：普通气缸的速度范围为 50~500mm/s，就是气缸活塞在全行程范围内的平均速度。目前，普通气缸的最低速度为 5mm/s，高速达 17m/s。

（三）气缸的理论输出力

气缸理论输出力的计算公式和液压缸的相同。

（四）气缸的效率和负载率

气缸未加载时实际所能输出的力，受到气缸活塞和缸筒之间的摩擦力、活塞杆和前缸盖之间的摩擦力影响。摩擦力影响程度用气缸效率 η 表示。图 3-22 所示为气缸的效率 η 与气缸的缸径 D 和工作压力 p 的关系曲线，缸径增大，工作压力提高，则气缸效率 η 增加。当气缸缸径增大时，在同样的气缸结构和加工条件下，摩擦力在气缸的理论输出力中所占的比例明显地减小，即效率提高了。一般气缸的效率在 0.7~0.95 之间。

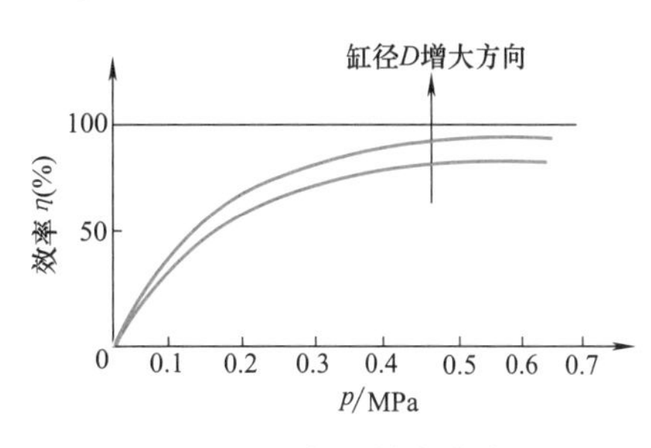

图 3-22　气缸效率曲线

从对气缸的特性研究知道，要精确确定气缸的实际输出力是困难的。于是，在研究气缸的性能和选择确定气缸缸径时，常用到负载率 β 的概念。气缸负载率 β 定义为

$$\beta=\frac{\text{气缸的实际负载 } F}{\text{气缸的理论输出力 } F_0}\times 100\% \tag{3-17}$$

气缸的实际负载（轴向负载）是由工况所决定的，若确定了气缸负载率 β，则由定义就能确定气缸的理论输出力 F_0，从而可以计算气缸的缸径。气缸负载率 β 的选取与气缸的负载性质及气缸的运动速度有关，见表 3-1。

表 3-1　气缸的运动状态与负载率

阻性负载(静负载)	惯性负载的运动速度 v		
	<100mm/s	100~500mm/s	>500mm/s
$\beta<0.8$	$\beta\leqslant0.65$	$\beta\leqslant0.5$	$\beta\leqslant0.3$

由此就可以计算气缸的缸径，再依标准缸径进行圆整。

估算时可取活塞杆直径 $d=0.3D$。

例 3-1　有一气缸推动工件在导轨上运动，已知工件等运动件的质量 $m=250$kg，工件与导轨间的摩擦因数 $f=0.25$，气缸行程 300mm，动作时间为 1s，工作压力 $p=0.4$MPa，试选

定缸径 D。

解 气缸的轴向负载力 $F=fmg=0.25\times250\times9.8\text{N}=612.5\text{N}$

气缸的平均速度 $v=\frac{s}{t}=\frac{300}{1}\text{mm/s}=300\text{mm/s}$

按表 3-1 选负载率 $\beta=0.5$

气缸的理论输出力 $F_0=\frac{F}{\beta}=\frac{612.5}{0.5}\text{N}=1225\text{N}$

由此得双作用气缸缸径 D

$$D=\sqrt{\frac{4F_0}{\pi p}}=\sqrt{\frac{4\times1225}{\pi\times0.4}}\text{mm}=62.4\text{mm}$$

故选取双作用气缸的缸径为 63mm。

(五) 气缸的耗气量

气缸耗气量是指气缸往复运动时所消耗的压缩空气量，耗气量大小与气缸的性能无关，但它是选择空压机排量的重要依据。

1. 最大耗气量 q_{max}

最大耗气量是指气缸活塞完成一次行程所需的耗气量（单位为 L/min），其计算公式如下：

$$q_{max}=0.047D^2s\frac{p+0.1}{0.1}\frac{1}{t} \tag{3-18}$$

式中 D——缸径（cm）；

s——气缸行程（cm）；

t——气缸一次往复行程所需的时间（s）；

p——工作压力（MPa）。

2. 平均耗气量

平均耗气量是由气缸容积和气缸每分钟的往复次数算出的耗气量平均值（单位为 L/min），其计算公式如下：

$$q=0.00157ND^2s\frac{p+0.1}{0.1} \tag{3-19}$$

式中 N——气缸每分钟的往复次数。

第二节 旋转运动执行元件

一、液压马达

液压马达是实现连续旋转或摆动的执行元件。

(一) 分类

液压马达和液压泵的结构基本相同，按结构分有齿轮式、叶片式和柱塞式等几种。按工作特性可分为高速小转矩马达和低速大转矩马达两大类。

1. 高速液压马达

高速液压马达的结构形式通常为外啮合齿轮式、双作用叶片式和轴向柱塞式等，其特点是转速高（一般高于500r/min）、转动惯量小、输出转矩不大，故又称高速小转矩液压马达。

外啮合齿轮式液压马达具有结构简单、体积小、价格低及对油液污染不敏感等优点；其缺点是噪声大、脉动较大且难以变量、低速稳定性较差等。

双作用叶片式液压马达具有结构紧凑、噪声较小、寿命较长及脉动率小等优点；其缺点是抗污染能力较差、对油液的清洁度要求较高。目前，叶片式液压马达的最高转速有的已达4000r/min。

轴向柱塞式液压马达具有单位功率质量小、工作压力高、效率高和容易实现变量等优点；其缺点是结构比较复杂、对油液污染敏感、过滤精度要求较高、价格较贵。按其结构特点又可分为斜盘式和斜轴式两类。

2. 低速液压马达

低速液压马达的特点是输入油液压力高、排量大，可靠性高，可在马达轴转速为10r/min以下平稳运转，低速稳定性好，输出转矩大，可达几百牛·米到几千牛·米，所以又称低速大转矩液压马达。

低速大转矩液压马达分为单作用和多作用两大类。单作用液压马达，转子旋转一周，每个柱塞往复工作一次。它又有径向和轴向之分。多作用液压马达，转子旋转一周，每个柱塞往复工作多次。它同样有径向和轴向之分。单作用马达结构比较简单，工艺性较好，造价较低；但存在输出转矩和转速的脉动，低速稳定性不如多作用液压马达。多作用液压马达单位功率的质量较小，若设计合理，可得到无脉动输出；但其制造工艺较复杂，造价高于单作用液压马达。

（二）工作原理

图3-23所示为轴向柱塞式液压马达的工作原理。斜盘1和配流盘4固定不动，柱塞3可在缸体2的孔内移动，斜盘中心线与缸体中心线相交一个倾角δ。高压油经配流盘的窗口进入缸体的柱塞孔时，处在高压腔中的柱塞被顶出，压在斜盘上，斜盘对柱塞的反作用力F可分解为两个分力，轴向分力F_x和作用在柱塞上的液压力平衡，垂直分力F_y使缸体产生转矩，带动马达轴5转动。设第i个柱塞和缸体的垂直中心线夹角为θ，则在柱塞上产生的转矩为

$$T_i = F_y r = F_y R\sin\theta = F_x R\tan\delta\sin\theta$$

式中　R——柱塞在缸体中的分布圆半径。

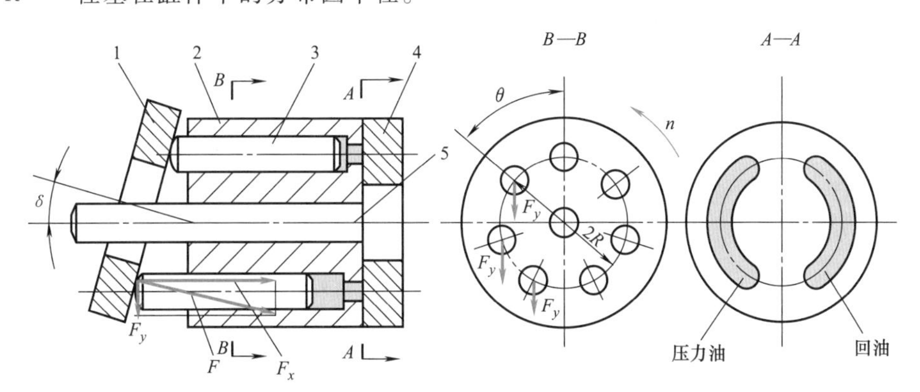

图3-23　轴向柱塞式液压马达的工作原理

1—斜盘　2—缸体　3—柱塞　4—配流盘　5—马达轴

液压马达产生的转矩应是处于高压腔柱塞产生转矩的总和，即

$$T = \sum F_x R\tan\delta\sin\theta \tag{3-20}$$

随着角 θ 的变化，每个柱塞产生的转矩也发生变化，故液压马达产生的总转矩也是脉动的，它的脉动情况和讨论液压泵流量脉动时的情况相似。

> 液压马达的工作原理与液压泵刚好相反：它输入的是压力能，输出的是机械能（转矩和转速）。

图 3-24 所示为多作用内曲线径向柱塞液压马达的结构原理图。马达的配流轴 2 是固定的，其上有进油口和排油口。压力油经配流窗口穿过衬套 5 进入缸体 1 的柱塞孔中，并作用于柱塞 3 的底部，柱塞 3 与横梁 4 之间无刚性连接，在液压力的作用下，柱塞 3 的顶部球面与横梁 4 的底部相接触，从而使横梁 4 两端的滚轮 6 压向定子 7 的内壁。定子内壁在与滚轮接触处的反作用力 N 的周向分力 F 对缸体产生转矩，使缸体及与其刚性连接的主轴转动；而径向分力 P 则与柱塞底部的液压力相平衡。由于定子内壁由多段曲面构成，滚轮每经过一段曲面，柱塞往复运动一次，故称多作用式。

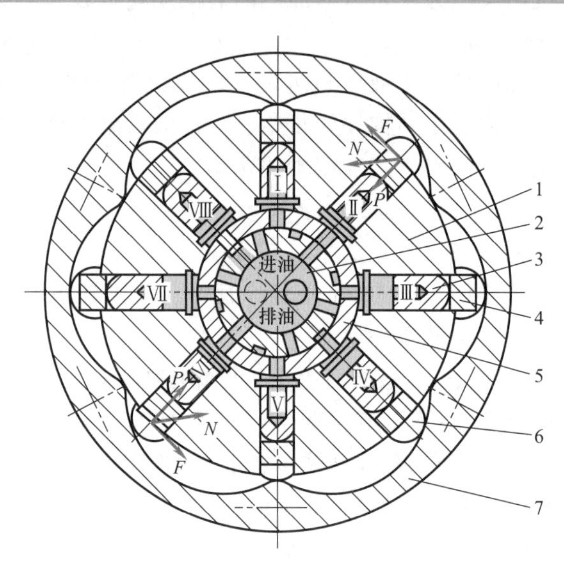

图 3-24 多作用内曲线径向柱塞液压马达的结构原理图

1—缸体 2—配流轴 3—柱塞 4—横梁 5—衬套 6—滚轮 7—定子

这种液压马达的优点是输出转矩大，转速低，平稳性好；缺点是配流轴磨损后不能补偿，使效率下降。

（三）结构举例

图 3-25 所示是轴向点接触柱塞式液压马达的典型结构。在缸体 7 和斜盘 2 间装入鼓轮 4，在鼓轮的圆周上均匀分布着推杆 10，液压力作用在柱塞上并通过推杆作用在斜盘上，推杆在斜盘反作用力的作用下产生一个对轴 1 的转矩，迫使鼓轮转动，又通过传动键带动马达轴，同时通过传动销 6 带动缸体旋转。缸体在弹簧 5 和柱塞孔内的压力油作用下贴紧在配流盘 8 上。这种结构使缸体和柱塞只受轴向力，因而配流盘表面、柱塞和缸体上的柱塞孔磨损均匀，又缸体内孔与马达轴的接触面较小，有一定的自定位作用，使缸体的配流表面和配流盘的配流表面贴合好，减少了端面间的泄漏，并使配流盘表面磨损后能得到自动补偿。

这种液压马达的斜盘的倾角固定，所以是一种定量液压马达。

（四）性能参数

1. 工作压力和额定压力

工作压力是指液压马达实际工作时进口处的压力。

额定压力是指液压马达在正常工作条件下，按试验标准规定能连续运转的最高压力。

2. 排量和理论流量

排量 V 是指液压马达轴转一周由其各密封工作腔容积变化的几何尺寸计算得到的油液

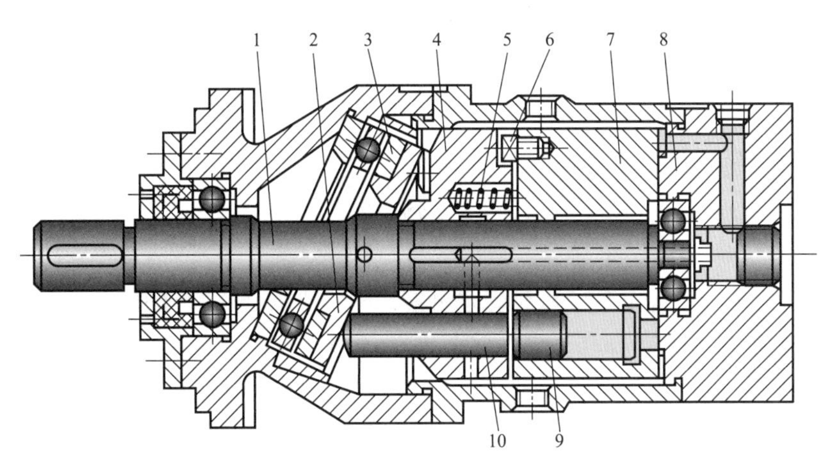

图 3-25 轴向点接触柱塞式液压马达的典型结构

1—轴 2—斜盘 3—轴承 4—鼓轮 5—弹簧

6—传动销 7—缸体 8—配流盘 9—柱塞 10—推杆

体积。

理论流量 q_t 是指在没有泄漏的情况下，由液压马达排量计算得到指定转速所需输入油液的流量。

3. 效率和功率

容积效率：由于有泄漏损失，为了达到液压马达要求的转速，实际输入的流量 q 必须大于理论流量 q_t。容积效率为

$$\eta_V = \frac{q_t}{q} \tag{3-21}$$

机械效率：由于有摩擦损失，液压马达的实际输出转矩 T 一定小于理论转矩 T_t。因此机械效率为

$$\eta_m = \frac{T}{T_t} \tag{3-22}$$

液压马达的总效率为

$$\eta = \eta_V \eta_m \tag{3-23}$$

液压马达输入功率 P_i 为

$$P_i = \Delta p q \tag{3-24}$$

液压马达输出功率 P_o 为

$$P_o = T\Omega = 2\pi n T \tag{3-25}$$

式中 Δp——液压马达进、出口的压差；

Ω、n——液压马达的角速度和转速。

4. 转矩和转速

液压马达能产生的理论转矩 T_t 为

$$T_t = \frac{1}{2\pi} \Delta p V \tag{3-26}$$

液压马达输出的实际转矩为

$$T=\frac{1}{2\pi}\Delta pV\eta_{m} \tag{3-27}$$

液压马达的实际输入流量为 q 时，马达的转速为

$$n=\frac{q\eta_{V}}{V} \tag{3-28}$$

例 3-2 图 3-26 所示为定量液压泵和定量液压马达系统。泵输出压力 $p_{P}=10\text{MPa}$，排量 $V_{P}=10\text{mL/r}$，转速 $n_{P}=1450\text{r/min}$，机械效率 $\eta_{Pm}=0.9$，容积效率 $n_{PV}=0.9$，马达排量 $V_{M}=10\text{mL/r}$，机械效率 $\eta_{Mm}=0.9$，容积效率 $\eta_{MV}=0.9$，泵出口和马达进口间管道压力损失 0.2MPa，其他损失不计，试求：

1）泵的输出功率。

2）泵的驱动功率。

3）马达输出转速、转矩和功率。

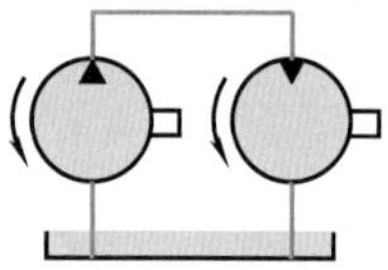

图 3-26 例 3-2 图

解 1）泵的输出功率

$$P_{P出}=p_{P}V_{P}n_{P}\eta_{PV}=10\times10^{6}\times10\times10^{-6}\times(1450/60)\times0.9\text{W}=2.175\text{kW}$$

2）泵的驱动功率

$$P_{P驱}=\frac{P_{P出}}{\eta_{Pm}\eta_{PV}}=\frac{2.175}{0.9\times0.9}\text{kW}=2.685\text{kW}$$

3）马达输出转速

$$n_{M}=\frac{V_{P}n_{P}\eta_{PV}}{V_{M}}\eta_{MV}=\frac{10\times1450\times0.9}{10}\times0.9\text{r/min}=1174.5\text{r/min}$$

马达输出转矩

$$T_{M}=\frac{P_{M出}}{2\pi n_{M}}=\frac{1726.5}{2\times\pi\times(1174.5/60)}\text{N}\cdot\text{m}=14.04\text{N}\cdot\text{m}$$

马达输出功率

$$P_{M出}=p_{M}V_{P}n_{P}\eta_{PV}\eta_{Mm}\eta_{MV}$$
$$=(10-0.2)\times10^{6}\times10\times10^{-6}\times(1450/60)\times0.9\times0.9\times0.9\text{W}=1726.5\text{W}$$

（五）摆动液压马达

摆动液压马达是一种实现往复摆动的执行元件。常用的有单叶片式和双叶片式两种结构。图 3-27a 所示为单叶片式摆动液压马达，压力油从进油口进入缸筒 3，推动叶片 1 和轴一起做逆时针方向转动，回油从缸筒的回油口排出。其摆动角度小于 300°，分隔片 2 用以隔开高低压腔。设进、出油口压力分别为 p_1、p_2，叶片宽度为 b，叶片底端、顶端半径分别为 R_1、R_2，输入流量为 q，摆动液压马达机械效率、容积效率分别为 η_m、η_V。则输出的转矩 T 和角速度 ω 分别为

$$T=\frac{b}{2}(R_2^2-R_1^2)(p_1-p_2)\eta_{m} \tag{3-29}$$

$$\omega=\frac{2q}{b(R_2^2-R_1^2)}\eta_{V} \tag{3-30}$$

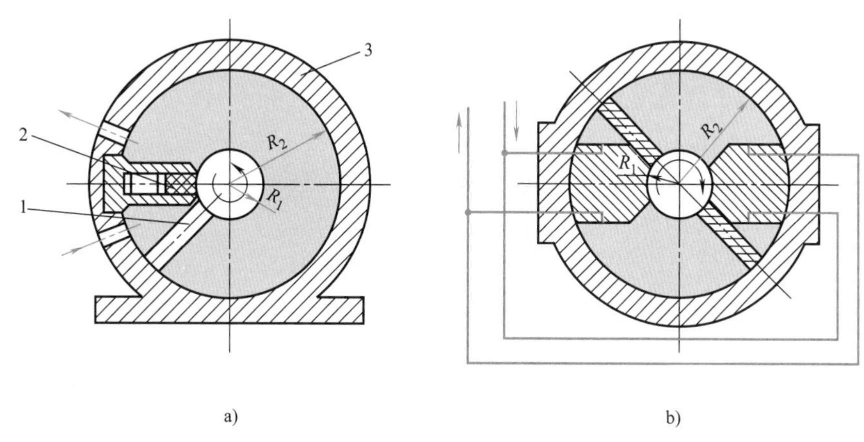

图 3-27 摆动液压马达

a）单叶片式 b）双叶片式

1—叶片 2—分隔片 3—缸筒

图 3-27b 所示为双叶片式摆动液压马达。它有两个进、出油口，其摆动角度小于 150°。在相同的条件下，它的输出转矩是单叶片式的两倍，角速度是单叶片式的一半。

例 3-3 双叶片摆动液压马达的输入压力 $p_1=4\text{MPa}$，$q=25\text{L/min}$，回油压力 $p_2=0.2\text{MPa}$，叶片的底端半径 $R_1=60\text{mm}$，顶端半径 $R_2=110\text{mm}$，摆动马达的容积效率和机械效率均为 0.9，若马达输出轴转速 $n_M=13.55\text{r/min}$，试求摆动马达叶片宽度 b 和输出转矩 T。

解 因 $\omega_M=2\pi n_M=\dfrac{2q}{2b(R_2^2-R_1^2)}\eta_V$，所以叶片宽度

$$b=\frac{q}{2\pi n_M(R_2^2-R_1^2)}\eta_V=\frac{(25\times10^{-3}/60)\times0.9}{2\times\pi\times(13.55/60)\times(110^2-60^2)\times10^{-6}}\text{m}$$

$$=3.11\times10^{-2}\text{m}=31.1\text{mm}$$

叶片摆动液压马达输出转矩

$$T=2\times\frac{b}{2}(R_2^2-R_1^2)(p_1-p_2)\eta_m$$

$$=3.11\times10^{-2}\times(110^2-60^2)\times10^{-6}\times(4-0.2)\times10^6\text{N}\cdot\text{m}$$

$$=1004.53\text{N}\cdot\text{m}$$

二、气动马达

气动马达是将压缩空气的能量转换为旋转或摆动运动的执行元件。

（一）气动马达的分类

气动马达的分类如图 3-28 所示。

（二）叶片式气动马达

1. 工作原理

图 3-29 所示为叶片式气动马达，其主要由转子 1、定子 2、叶片 3 及壳体构成。

压缩空气从输入口 A 进入，作用在工作腔两侧的叶片上。由于转子偏心安装，气压作

用在两侧叶片上产生转矩差，使转子按逆时针方向旋转。做功后的气体从输出口 B 排出。改变压缩空气的输入方向，即可改变转子的转向。

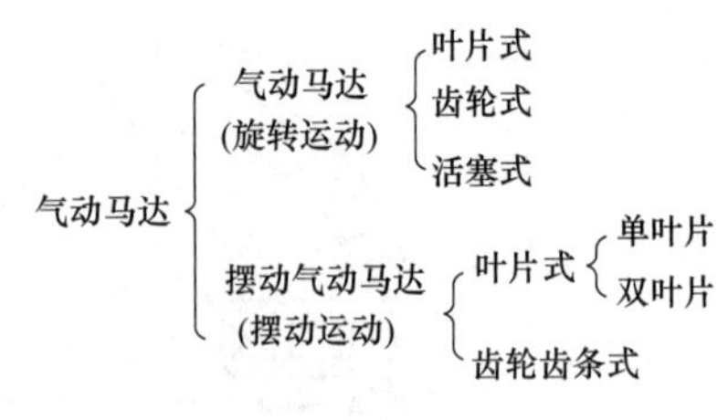

图 3-28 气动马达的分类

叶片式气动马达一般在中小容量、高速旋转的场合使用，其输出功率为 0.1~20kW，转速为 500~25000r/min。叶片式气动马达起动及低速时的特性不好，在转速 500r/min 以下场合使用时，必须要用减速机构。叶片式气动马达主要用于矿山机械和气动工具中。

2. 特性曲线

图 3-30 所示为叶片式气动马达的基本特性曲线。该曲线表明，在一定的工作压力下，气动马达的转速及功率都随外负载转矩变化而变化。

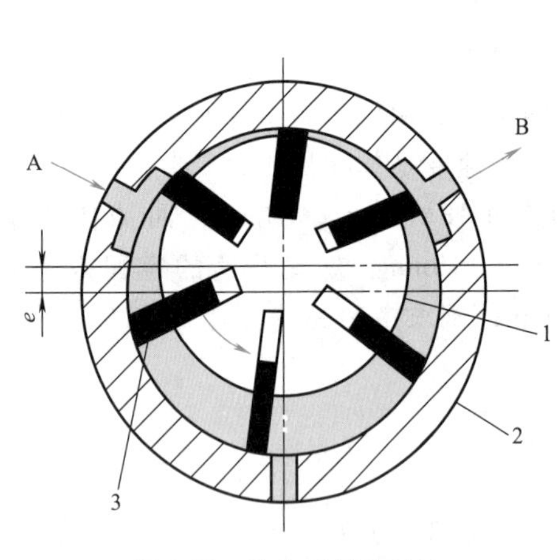

图 3-29 叶片式气动马达

1—转子 2—定子 3—叶片

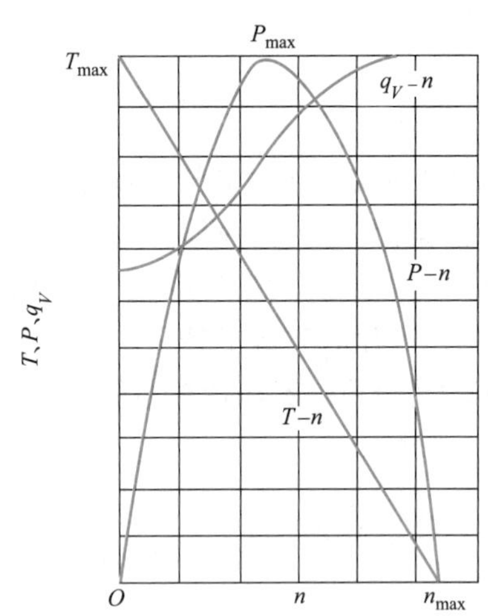

图 3-30 叶片式气动马达的基本特性曲线

T-n—转矩曲线 P-n—功率曲线

q_V-n—流量曲线

由特性曲线可知，叶片式气动马达的特性较软。当外负载转矩为零（即空转）时，转速达最大值 n_{max}，气动马达的输出功率为零。当外负载转矩等于气动马达最大转矩 T_{max} 时，气动马达停转，转速为零。此时输出功率也为零。当外负载转矩约等于气动马达最大转矩的一半$\left(\frac{1}{2}T_{max}\right)$时，其转速为最大转速的一半$\left(\frac{1}{2}n_{max}\right)$，此时气动马达输出功率达最大值 P_{max}。一般来说，这就是所要求的气动马达额定功率。在工作压力变化时，特性曲线的各值将随压力的改变而有较大的改变。

习 题

3-1 图 3-31 所示为三种结构形式的液压缸，活塞和活塞杆直径分别为 D、d，如进入液压缸的流量为 q，压力为 p，试分析各缸产生的推力、速度大小以及运动方向。

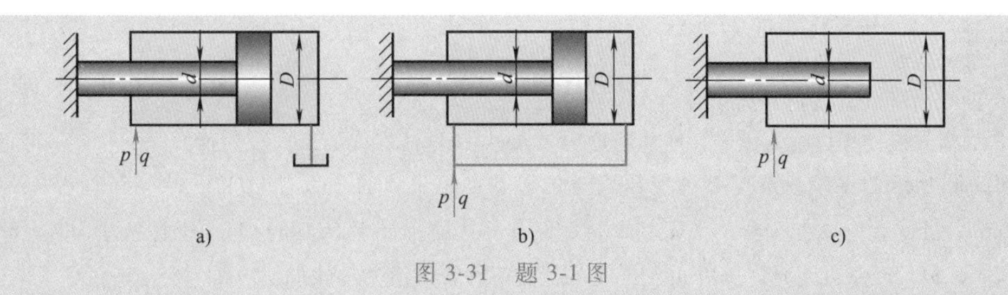

图 3-31　题 3-1 图

3-2　图 3-32 所示为两个结构和尺寸均相同的相互串联的液压缸，无杆腔有效作用面积 $A_1=100\text{cm}^2$，有杆腔有效作用面积 $A_2=80\text{cm}^2$，缸 1 输入压力 $p_1=0.9\text{MPa}$，输入流量 $q_1=12\text{L/min}$。不计损失和泄漏，试求：

1）两缸承受相同负载时（$F_1=F_2$），负载和速度各为多少？

2）缸 1 不受负载时（$F_1=0$），缸 2 能承受多少负载？

3）缸 2 不受负载时（$F_2=0$），缸 1 能承受多少负载？

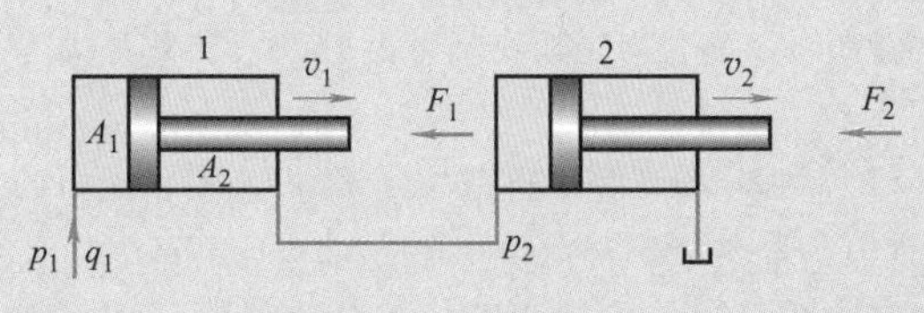

图 3-32　题 3-2 图

3-3　图 3-33 所示液压缸，输入压力为 p_1，活塞直径为 D，柱塞直径为 d，试求输出压力 p_2。

3-4　差动连接液压缸，无杆腔有效作用面积 $A_1=100\text{cm}^2$，有杆腔有效作用面积 $A_2=40\text{cm}^2$，输入油压力 $p=2\text{MPa}$，输入流量 $q=40\text{L/min}$。所有损失忽略不计，试求：

1）液压缸能产生的最大推力。

2）差动快进时管内允许流速为 4m/s，进油管管径应选多大？

3-5　图 3-34 所示为与工作台相连的柱塞液压缸，工作台质量为 980kg，缸筒与柱塞间的摩擦阻力 $F_f=1960\text{N}$，$D=100\text{mm}$，$d=70\text{mm}$，$d_0=30\text{mm}$，试求：工作台在 0.2s 时间内从静止加速到最大稳定速度 $v=7\text{m/min}$ 时，泵的供油压力和流量各为多少？

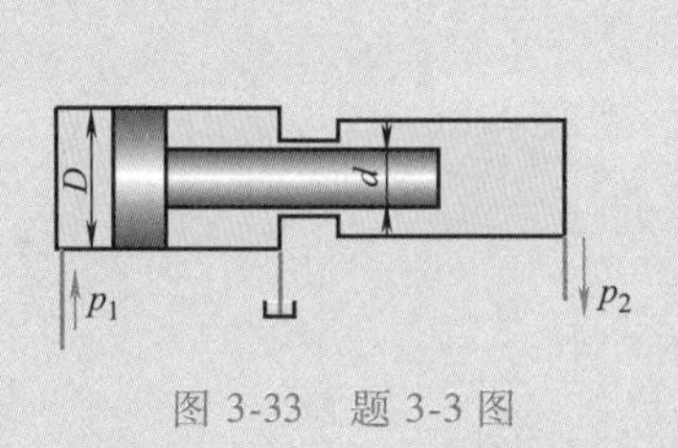

图 3-33　题 3-3 图

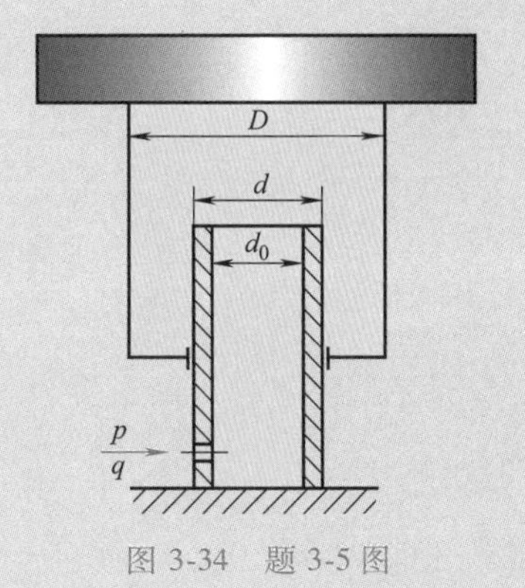

图 3-34　题 3-5 图

3-6　一单杆液压缸快进时采用差动连接，快退时油液输入缸的有杆腔，设缸快进、快退的速度均为 0.1m/s，工进时杆受压，推力为 25000N。已知输入流量 $q=25\text{L/min}$，背压 $p_2=0.2\text{MPa}$，试求：

1）缸和活塞杆直径 D、d。

2）缸筒壁厚（缸筒材料为45钢）。

3）如活塞杆铰接，缸筒固定，安装长度为1.5m，校核活塞杆的纵向稳定性。

3-7 图3-35所示的系统，液压泵和液压马达的参数如下：泵的最大排量 $V_{Pmax}=115\text{mL/r}$，转速 $n_P=1000\text{r/min}$，机械效率 $\eta_{Pm}=0.9$，总效率 $\eta_P=0.84$；马达的排量 $V_M=148\text{mL/r}$，机械效率 $\eta_{Mm}=0.9$，总效率 $\eta_M=0.84$，回路最大允许压力 $p_r=8.3\text{MPa}$，若不计管道损失，试求：

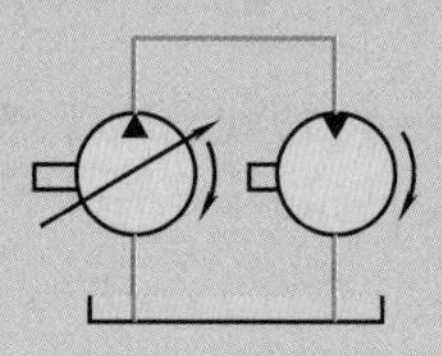

图3-35 题3-7图

1）液压马达最大转速及该转速下的输出功率和输出转矩。

2）驱动液压泵所需的转矩。

3-8 单作用气缸内径为63mm，复位弹簧最大反力为150N，工作压力为0.5MPa，负载效率为0.8。试求气缸的推力为多少？

3-9 单杆双作用气缸内径为125mm，活塞杆直径为36mm，工作压力为0.5MPa，气缸负载效率为0.5。试求该气缸的拉力和推力各为多少？

3-10 单杆双作用气缸内径 $D=100\text{mm}$，活塞杆直径 $d=40\text{mm}$，行程 $s=450\text{mm}$，进退时工作压力均为 $p=0.5\text{MPa}$，$\eta_V=0.9$。试求一个往返行程所消耗的自由空气量为多少？

3-11 单叶片摆动式气动马达的内半径 $r=50\text{mm}$，外半径 $R=300\text{mm}$，叶片轴向宽度 $B=320\text{mm}$，进、排气口的压力分别为0.6MPa和0.15MPa，总效率 $\eta=0.5$，容积效率 $\eta_V=0.6$，输入流量 $q=0.4\text{m}^3/\text{min}$。试求气动马达的输出转矩 T 和角速度 ω。

第四章 控制元件

液压阀、气动阀、气动逻辑控制元件等均属液压与气压传动系统中的控制元件。

第一节 概　　述

一、阀的功用

阀是用来控制系统中流体的流动方向或调节其压力和流量的，因此它可以分为方向阀、压力阀和流量阀三大类。

压力阀和流量阀利用通流截面的节流作用控制系统的压力和流量，而方向阀则利用通流通道的更换控制流体的流动方向。尽管阀存在着各种各样不同的类型，它们之间还是保持着一些基本的共同之处的。例如：

1）在结构上，所有的阀都由阀体、阀芯（座阀或滑阀）和驱使阀芯动作的元、部件（如弹簧、电磁铁）组成。

2）在工作原理上，所有阀的开口大小，进、出口间的压差以及流过阀的流量之间的关系都符合孔口流量公式，仅是各种阀控制的参数各不相同而已。

二、阀的分类

阀可按不同的特征进行分类，见表4-1。

表4-1　阀的分类

分类方法	种　类	详细分类
按机能分类	压力控制阀	溢流阀、减压阀、顺序阀、卸荷阀、平衡阀、比例压力控制阀、缓冲阀、仪表截止阀、限压切断阀、压力继电器等
	流量控制阀	节流阀、单向节流阀、调速阀、分流阀、集流阀、比例流量控制阀、排气节流阀等
	方向控制阀	单向阀、液控单向阀、换向阀、行程减速阀、充液阀、梭阀、比例方向控制阀、快速排气阀、脉冲阀等
按结构分类	滑阀	圆柱滑阀、旋转阀、平板滑阀
	座阀	锥阀、球阀
	射流管阀	
	喷嘴挡板阀	单喷嘴挡板阀、双喷嘴挡板阀

（续）

分类方法	种　类	详 细 分 类
按操纵方法分类	手动阀	手把及手轮、踏板、杠杆
	机动阀	挡块及碰块、弹簧
	液/气动阀	液动阀、气动阀
	电液/气动阀	电液动阀、电气动阀
	电动阀	普通/比例电磁铁控制、力马达/力矩马达/步进电动机/伺服电动机控制
按连接方式分类	管式连接	螺纹式连接、法兰式连接
	板式/叠加式连接	单层连接板式、双层连接板式、整体连接板式、叠加阀、多路阀
	插装式连接	螺纹式插装(二、三、四通插装阀)、法兰式插装(二通插装阀)
按控制方式分类	比例阀	电液比例压力阀、电液比例流量阀、电液比例换向阀、电液比例复合阀、电液比例多路阀;气动比例压力阀、气动比例流量阀
	伺服阀	单、两级(喷嘴挡板式、滑阀式)电液流量伺服阀,三级电液流量伺服阀,电液压力伺服阀,气液伺服阀,机液伺服阀,气动伺服阀
	数字控制阀	数字控制压力阀、数字控制流量阀与方向阀
按输出参数可调节性分类	开关控制阀	方向控制阀、顺序阀、限速切断阀、逻辑元件
	输出参数连续可调的阀	溢流阀、减压阀、节流阀、调速阀、各类电液控制阀(比例阀、伺服阀)

三、阀性能的基本要求

系统中所用的阀，应满足如下要求：

1）动作灵敏，使用可靠，工作时冲击和振动小，噪声小，寿命长。

2）流体流过时压力损失小。

3）密封性能好。

4）结构紧凑，安装、调整、使用、维护方便，通用性大。

第二节　阀芯的结构和性能

一、阀口形式

常用阀的阀口形式及其通流截面面积的计算公式见表4-2。

表4-2　常用阀口的形式及其通流截面面积的计算公式

类　型	阀 口 形 式	通流截面面积的计算公式
圆柱滑阀式		$A=\pi Dx$
锥阀式		$A=\pi dx\sin\dfrac{\phi}{2}\left(1-\dfrac{x}{2d}\sin\phi\right)$

（续）

类型	阀口形式	通流截面面积的计算公式
球阀式		$A=\pi dx\left(\sqrt{\left(\frac{D}{2}\right)^2-\left(\frac{d}{2}\right)^2}+\frac{x}{2}\right)\Big/\sqrt{\left(\frac{d}{2}\right)^2+\left(\sqrt{\left(\frac{D}{2}\right)^2-\left(\frac{d}{2}\right)^2}+x\right)^2}$
截止阀式		$A=\pi dx$
轴向三角槽式	V形槽	$A=n\frac{\phi}{2}x^2\tan2\theta$ n 为槽数

二、液动力

在第一章的例1-7中，讨论了液流作用在锥阀上的力，这里要讨论液流作用在滑阀上的力。

很多液压阀采用滑阀式结构。滑阀在阀芯移动、改变阀口的开口大小或启闭时控制了液流，同时也产生着液动力。液动力对液压阀的性能有重大的影响。

由第一章中液流的动量定律可知，作用在阀芯上的液动力有稳态液动力和瞬态液动力两种。

（一）稳态液动力

稳态液动力是阀芯移动完毕，开口固定之后，液流流过阀口时因动量变化而作用在阀芯上的力。图4-1所示为油液流过阀口的两种情况。取阀芯两凸肩间的容腔中的液体作为控制体，对它列写动量方程，据式（1-38），可得这两种情况下的轴向液动力都是 $F_{bs}=\rho qv\cos\varphi$，其方向都是促使阀口关闭的。

一般情况下，稳态液动力总是促使阀口关闭。

据式（1-70）和式（1-71），并注意到 $A_0=w\sqrt{c_r^2+x_V^2}$，上式可写成

$$F_{bs}=2C_dC_vw\sqrt{c_r^2+x_V^2}\Delta p\cos\varphi \tag{4-1}$$

稳态液动力对滑阀性能的影响是加大了操纵滑阀所需的力。例如：当 $C_d=0.7$、$C_v=1$、$c_r=0$、$w=31.4\text{mm}$、$\varphi=69°$、$\Delta p=10\text{MPa}$、$x_V=1\text{mm}$ 时，稳态轴向液动力 $F_{bs}\approx110\text{N}$。在高压大流量情况下，这个力将会很大，使阀芯的操纵成为突出的问题。

（二）瞬态液动力

瞬态液动力是滑阀在移动过程中（即开口大小发生变化时）阀腔中液流因加速或减速而作用在阀芯上的力。这个力只与阀芯移动速度有关（即与阀口开度的变化率有关），与阀口开度本身无关。

图 4-2 所示为阀芯移动时出现瞬态液动力的情况。当阀口开度发生变化时，阀腔内长度为 l 那部分油液的轴向速度也发生变化，也就是出现了加速或减速，于是阀芯就受到了一个轴向的反作用力 F_{bt}，这就是瞬态液动力。很明显，若流过阀腔的瞬时流量为 q，阀腔的截面积为 A_s，阀腔内加速或减速部分油液的质量为 m_0，阀芯移动的速度为 v，则有

$$F_{bt}=-m_0\frac{dv}{dt}=-\rho A_s l\frac{dv}{dt}=-\rho l\frac{d(A_s v)}{dt}=-\rho l\frac{dq}{dt} \tag{4-2}$$

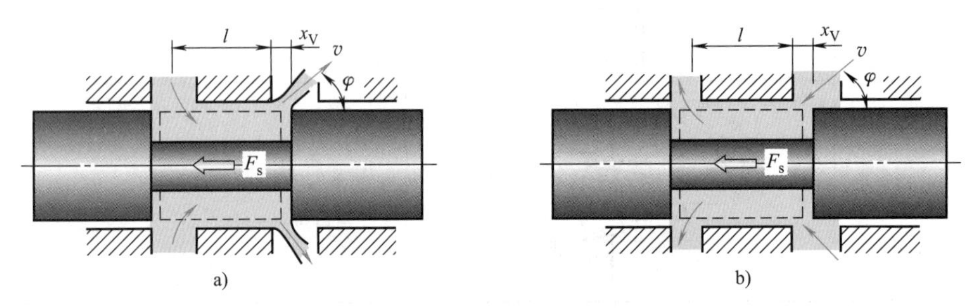

图 4-1 滑阀的稳态液动力

a）液流流出阀口 b）液流流入阀口

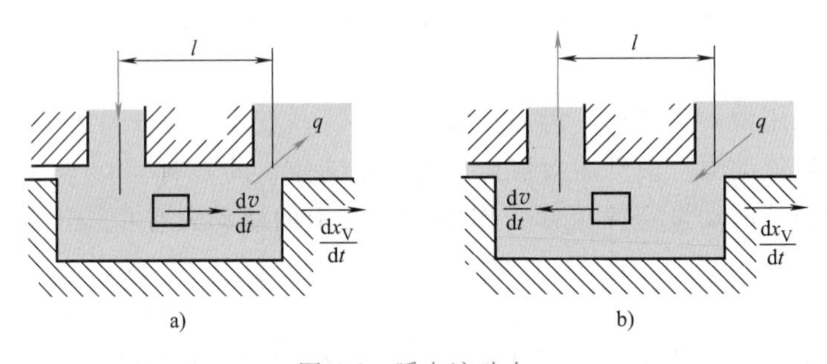

图 4-2 瞬态液动力

a）开口加大，液流流出阀口 b）开口加大，液流流入阀口

据式（1-71）和等式 $A_0=wx_V$，当阀口前后的压差不变或变化不大时，流量的变化率 dq/dt 为

$$\frac{dq}{dt}=C_d w\sqrt{\frac{2}{\rho}\Delta p}\frac{dx_V}{dt}$$

将上式代入式（4-2），得

$$F_{bt}=-C_d wl\sqrt{2\rho\Delta p}\frac{dx_V}{dt} \tag{4-3}$$

滑阀上瞬态液动力的方向，视油液流入还是流出阀腔而定。图 4-2a 中油液流出阀腔，

则阀口开度加大时长度为 l 的那部分油液加速，开度减小时油液减速，两种情况下瞬态液动力作用方向都与阀芯的移动方向相反，起着阻止阀芯移动的作用，相当于一个阻尼力。这时式（4-3）中的 l 取正值，并称之为滑阀的“正阻尼长度”。反之，图 4-2b 中油液流入阀腔，阀口开度变化时引起液流流速变化的结果，都是使瞬态液动力的作用方向与阀芯移动方向相同，起着帮助阀芯移动的作用，相当于一个负的阻尼力。这种情况下式（4-3）中的 l 取负值，并称之为滑阀的“负阻尼长度”。

如果滑阀移动出现“负阻尼”，滑阀工作将不稳定。

滑阀上的“负阻尼长度”是造成滑阀工作不稳定的原因之一。

滑阀上如有好几个阀腔串联在一起，阀芯工作的稳定与否就要看各个阀腔阻尼长度的综合作用结果而定。

三、卡紧力

一般滑阀的阀孔和阀芯之间有很小的缝隙，当缝隙中有油液时，移动阀芯所需的力只需克服黏性摩擦力，数值应该是相当小的。可是实际情况并非如此，特别在中、高压系统中，当阀芯停止运动一段时间后（一般约 5min），这个阻力可以大到几百牛，使阀芯重新移动十分费力。这就是所谓滑阀的液压卡紧现象。

引起液压卡紧的原因，有的是脏物进入缝隙而使阀芯移动困难，有的是缝隙过小在油温升高时阀芯膨胀而卡死。但是主要的原因来自滑阀副几何形状误差和同轴度变化所引起的径向不平衡液压力，即液压卡紧力。图 4-3 所示为滑阀上产生径向不平衡力的几种情况。图 4-3a 所示为阀芯与阀孔无几何形状误差，轴心线平行但不重合时的情况，这时阀芯周围缝隙内的压力分布是线性的（图中 A_1 和 A_2 线所示），且各向相等，因此阀芯上不会出现径向不平衡力。

图 4-3b 所示为阀芯因加工误差而带有倒锥（锥部大端朝向高压腔），阀芯与阀孔轴心线平行但不重合时的情况。阀芯受到径向不平衡压力的作用（图中曲线 A_1 和 A_2 间的阴影部分，下同），使阀芯与阀孔间的偏心距越来越大，直到两者表面接触为止，这时径向不平衡力达到最大值。但是，如果阀芯带有顺锥（锥部大端朝向低压腔），产生的径向不平衡力将使阀芯和阀孔间的偏心距减小。

图 4-3c 所示为阀芯表面有局部凸起（相当于阀芯碰伤、残留毛刺或缝隙中楔入脏物），且凸起在阀芯的高压端时，阀芯受到的径向不平衡力将使阀芯的高压端凸起部分推向孔壁。

 滑阀移动时被卡住，是液压阀常出现的故障，应尽量避免。

当阀芯受到径向不平衡力作用而和阀孔相接触后，缝隙中的存留液体被挤出，阀芯和阀孔间的摩擦变成半干摩擦乃至干摩擦，因而使阀芯重新移动时所需的力就大大增加了。

为了减小液压卡紧力，可以采取下述一些措施：

1）提高阀的加工和装配精度，避免出现偏心。阀芯的不圆度和锥度公差为 0.003~0.005mm，要求带顺锥，阀芯的表面粗糙度 Ra 值不大于 0.2μm，阀孔的表面粗糙度 Ra 值不大于 0.4μm。

2）在阀芯台肩上开出平衡径向力的均压槽，如图 4-4 所示。槽的位置应尽可能靠近高压端。槽的尺寸是：宽 0.3~0.5mm，深 0.5~0.8mm，槽距 1~5mm。

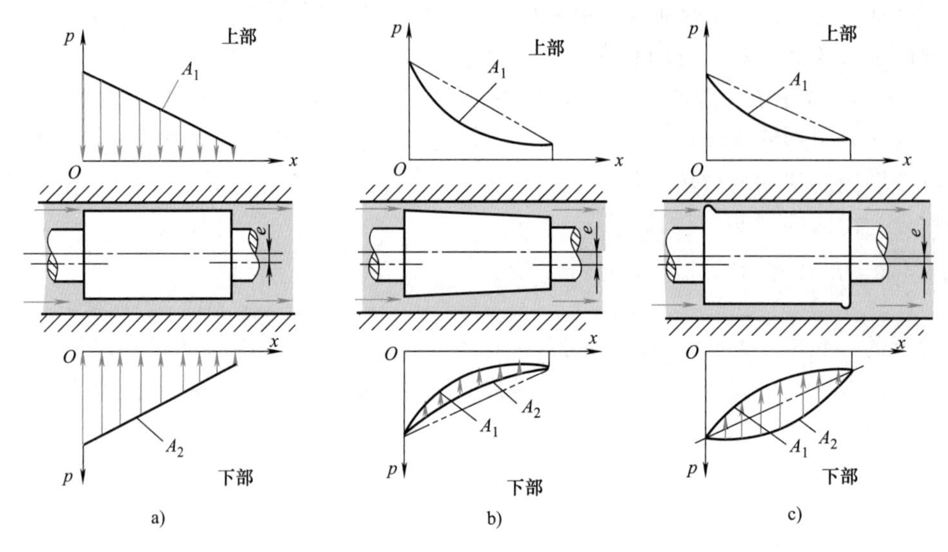

图 4-3 滑阀上的径向力

a）无锥度，轴线平行，有偏心 b）有倒锥，轴线平行，有偏心 c）阀芯表面有凸起

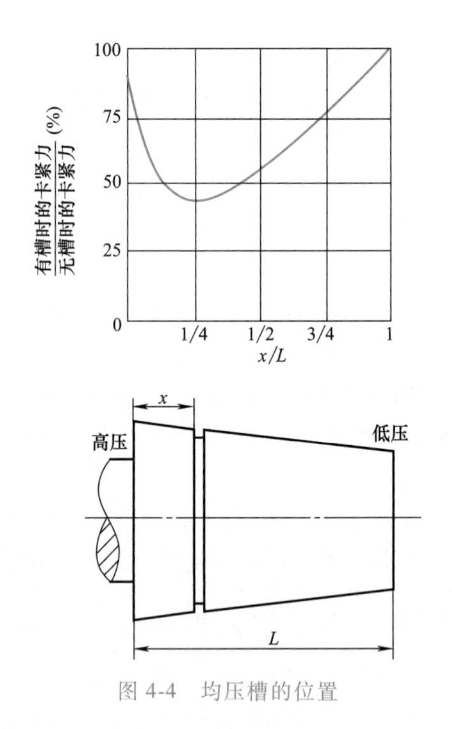

图 4-4 均压槽的位置

开槽后，移动阀芯的力将减小，如取摩擦因数 $f=0.04\sim0.08$ 时，移动阀芯的力

$$F_t=(0.01\sim0.02)\lambda_k lD\Delta p \tag{4-4}$$

式中 λ_k——系数，其数值与均压槽数 n 有关：$n=1$，$\lambda_k=0.4$；$n=3$，$\lambda_k=0.06$；$n=7$，$\lambda_k=0.027$。

3）使阀芯或阀套在轴向或圆周方向上产生高频小振幅的振动或摆动。

4）精细过滤油液。

第三节 常用液压控制阀

一、方向控制阀

（一）单向阀

液压系统中常用的单向阀有普通单向阀和液控单向阀两种。

1. 普通单向阀

普通单向阀的作用，是使油液只能沿一个方向流动，不许它反向倒流。图 4-5a 所示为管式普通单向阀的结构。压力油从阀体左端的通口 P_1 流入时，克服弹簧 2 作用在阀芯 1 上的力，使阀芯向右移动，打开阀口，并通过阀芯上的径向孔 a、轴向孔 b 从阀体右端的通口 P_2 流出。但是压力油从阀体右端的通口 P_2 流入时，它和弹簧力一起使阀芯锥面压紧在阀座上，使阀口关闭，油液无法从 P_2 口流向 P_1 口。图 4-5b 所示为单向阀的图形符号。

在普通单向阀中，通油方向的阻力应尽可能小，而不通油方向应有良好的密封。另外，单向阀的动作应灵敏，工作时不应有撞击和噪声。单向阀弹簧的刚度一般都选得较小，使阀的正向开启压力仅需 0.03~0.05MPa。如采用刚度较大的弹簧，使其开启压力达 0.2~0.6MPa，便可用作背压阀。

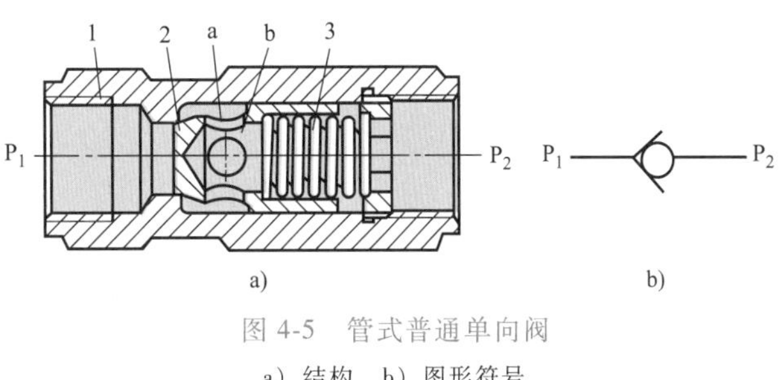

图 4-5 管式普通单向阀
a）结构 b）图形符号
1—阀体 2—阀芯 3—弹簧

单向阀的性能参数主要有：正向最小开启压力、正向流动时的压力损失以及反向泄漏量等。这些参数都和阀的结构和制造质量有关。

单向阀常安装在泵的出口处，可防止系统压力冲击对泵的影响；另外泵不工作时可防止系统油液经泵倒流回油箱。单向阀还可用来分隔油路防止干扰。

2. 液控单向阀

液控单向阀有普通型和带卸荷阀芯型两种，每种又按其控制活塞的泄油腔的连接方式分为内泄式和外泄式两种。图 4-6 所示为普通型外泄式液控单向阀。当控制口 K 处无控制压力通入时，其作用和普通单向阀一样，压力油只能从通口 P_1 流向通口 P_2，不能反向倒流。当控制口 K 有控制压力油，且其作用在控制活塞 1 上的液压力超过 P_2 腔压力和弹簧 4 作用在阀芯 3 上的合力时（控制活塞上腔通泄油口），控制活塞推动推杆 2 使阀芯上移开启，通油口 P_1 和 P_2 接通，油液便可在两个方向自由通流。这种结构在反向开启时的控制压力较小。

图 4-6 中，如没有外泄油口，而进油腔 P_1 和控制活塞的上腔直接相通的话，则是内泄式液控单向阀。这种结构较为简单，在反向开启时，K 腔的压力必须高于 P_1 腔的压力，控制压力较高，故仅适用于 P_1 腔压力较低的场合。

在高压系统中，液控单向阀反向开启前 P_2 口的压力很高，所以使之反向开启的控制压力也较高，且当控制活塞推开阀芯时，高压封闭回路内油液的压力突然释放，会产生很大的冲击，为了避免这种现象且减小控制压力，可采用图 4-7 所示的带卸荷阀芯的液控单向阀。

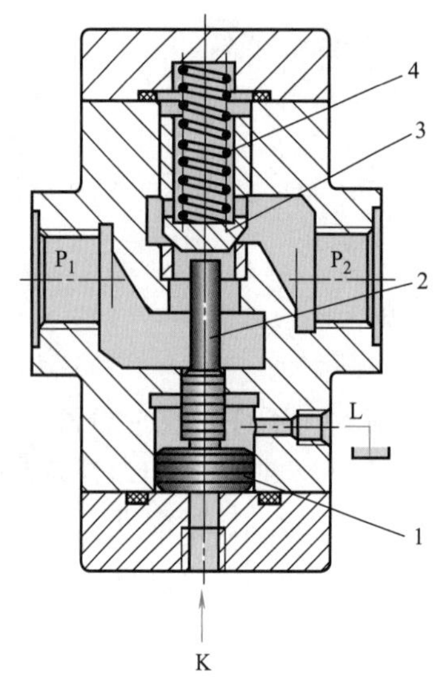

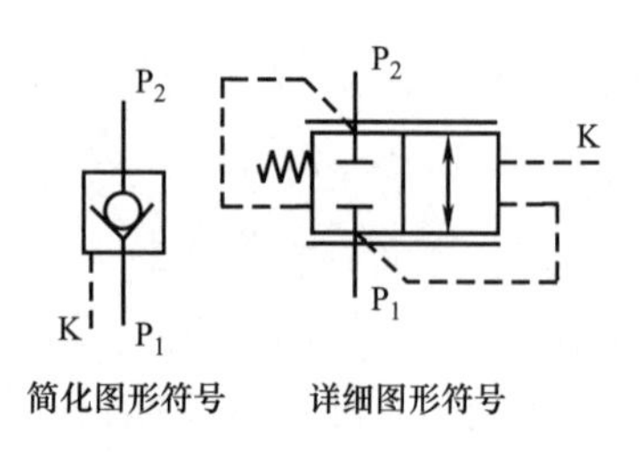

图 4-6 普通型外泄式液控单向阀

1—控制活塞 2—推杆 3—阀芯 4—弹簧

作用在控制活塞 1 上的控制压力推动控制活塞上移，先将卸荷阀芯 6 顶开，P_2 和 P_1 腔之间产生微小的缝隙，使 P_2 腔压力降低到一定程度，然后顶开阀芯 3 实现 P_2 到 P_1 的反向通流。

液控单向阀的一般性能与普通单向阀相同，但有反向开启最小控制压力要求。当 P_1 口压力为零时，反向开启最小控制压力，普通型的为 $(0.4\sim0.5)p_2$，而带卸荷阀芯的为 $0.05p_2$，两者相差近 10 倍。必须指出，其反向流动时的压力损失比正向流动时小，因为在正向流动时，除克服流道损失外，还须克服阀芯上的液动力和弹簧力。

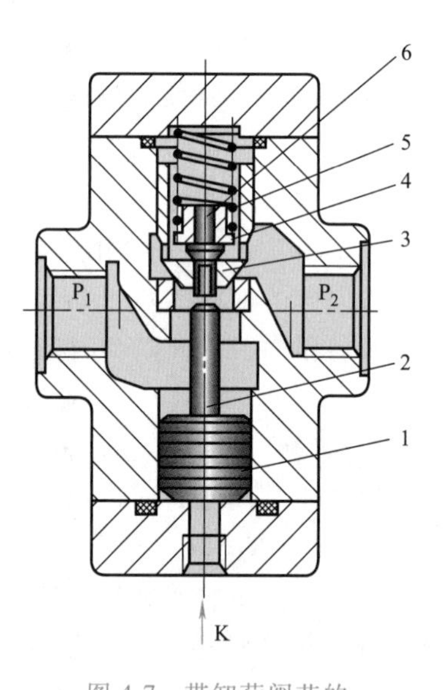

图 4-7 带卸荷阀芯的液控单向阀（内泄）

1—控制活塞 2—推杆 3—阀芯 4—弹簧座 5—弹簧 6—卸荷阀芯

液控单向阀在系统中主要用途有：

1）对液压缸进行锁闭。

2）用作立式液压缸的支承阀。

3）某些情况下起保压作用。

（二）换向阀

换向阀是利用阀芯在阀体中的相对运动，使液流的通路接通、关断或变换流动方向，从而使执行元件起动、停止或变换运动方向。

1. 对换向阀的主要要求

换向阀应满足：

1）流体流经阀时的压力损失要小。

2）互不相通的通口间的泄漏要小。

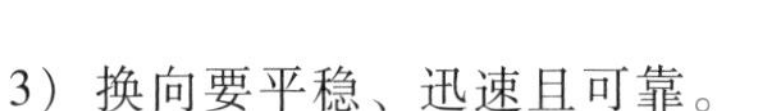

3）换向要平稳、迅速且可靠。

2. 换向阀的工作原理

图 4-8a 所示为滑阀式换向阀的工作原理。阀芯在中间位置时，流体的全部通路均被切断，活塞不运动。当阀芯移到左端时，泵的流量流向 A 口，使活塞向右运动，活塞右腔的油液经 B 口和阀流回油箱；反之，当阀芯移到右端时，活塞便向左运动。因而通过阀芯移动可实现执行元件的正、反向运动或停止。图 4-8b 所示为滑阀式换向阀的图形符号。

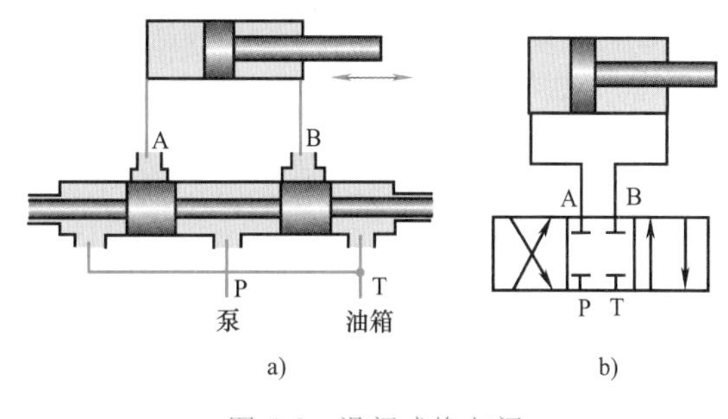

图 4-8 滑阀式换向阀

a）工作原理 b）图形符号

3. 换向阀的结构形式

换向阀的功能主要由其控制的通路数及工作位置所决定。图 4-8 所示的换向阀有三个工作位置和四条通路（P、A、B、T），称为三位四通阀。

（1）结构主体 阀体和滑阀阀芯是滑阀式换向阀的结构主体。表 4-3 列出了常见滑阀式换向阀主体部分的结构原理图、图形符号和使用场合。以表中末行的三位五通阀为例，阀体上有 P、A、B、T_1、T_2 五个通口，阀芯有左、中、右三个工作位置。当阀芯处在图示中间位置时，五个通口都关闭；当阀芯移向左端时，通口 T_2 关闭，通口 P 和 B 相通，通口 A 和 T_1 相通；当阀芯移向右端时，通口 T_1 关闭，通口 P 和 A 相通，通口 B 和 T_2 相通。这种结构形式由于具有使五个通口都关闭的工作状态，故可使受它控制的执行元件在任意位置上停止运动。

表 4-3 常见滑阀式换向阀主体部分的结构原理、图形符号和使用场合

名称	结构原理图	图形符号	使用场合		
二位二通阀	A P	A P	控制油路的接通与切断（相当于一个开关）		
二位三通阀	A P B	A B P	控制液流方向（从一个方向变换成另一个方向）		
二位四通阀	A P B T	A B P T	控制执行元件换向	不能使执行元件在任意位置上停止运动	执行元件正反向运动时回油方式相同
三位四通阀	A P B T	AB PT		能使执行元件在任意位置上停止运动	

（续）

名　称	结构原理图	图形符号	使用场合		
二位 五通阀	T_1 A P B T_2	AB T_1PT_2	控制执行元件换向	不能使执行元件在任意位置上停止运动	执行元件正反向运动时可以得到不同的回油方式
三位 五通阀	T_1 A P B T_2	AB T_1PT_2		能使执行元件在任意位置上停止运动	

换向阀都有两个或两个以上的工作位置，其中一个是常位，即阀芯未受外部操纵时所处的位置。绘制液压系统图时，油路一般应连接在常位上。

（2）滑阀的操纵方式

1）手动换向阀。图 4-9 所示为手动换向阀及其图形符号。图 4-9a 所示为弹簧自动复位结构的阀，松开手柄，阀芯靠弹簧力恢复至中位（常位），适用于动作频繁、持续工作时间较短的场合，操作比较安全，常用于工程机械。图 4-9b 所示为弹簧钢球定位结构的阀，当松开手柄后，阀仍然保持在所需的工作位置上，适用于液压机、船舶等需保持工作状态时间较长的情况。这种阀也可用脚踏操纵。

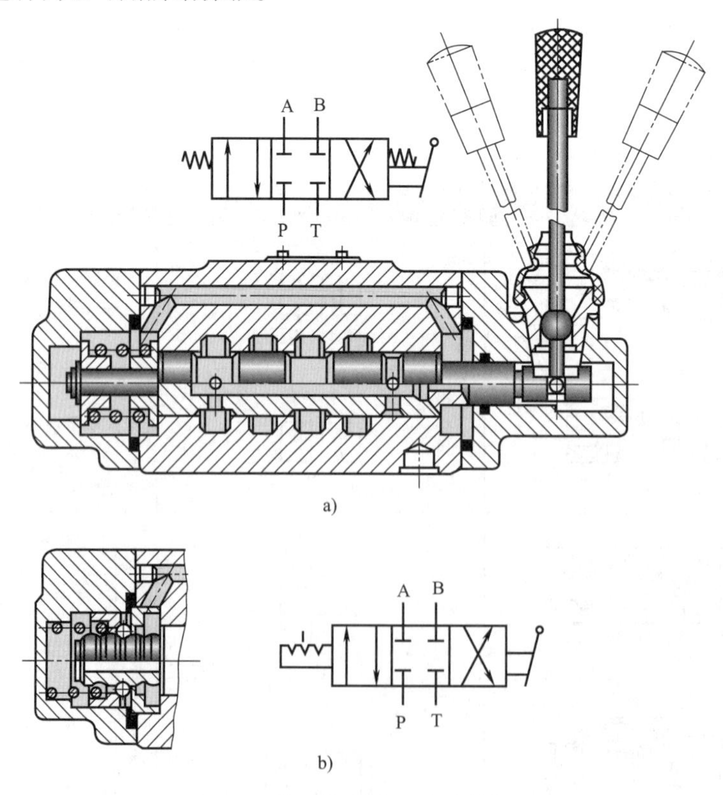

图 4-9　手动换向阀及其图形符号

a）弹簧自动复位结构　b）弹簧钢球定位结构

将多个手动换向阀组合在一起，用以操纵多个执行元件的运动，便构成多路阀。

2）机动换向阀。图 4-10 所示为机动换向阀的结构及图形符号，它依靠挡铁或凸轮来压迫阀芯移动，从而实现液流通、断或改变流向。

3）电磁换向阀。电磁换向阀借助于电磁铁吸力推动阀芯动作来改变液流流向。这类阀操纵方便，布置灵活，易实现动作转换的自动化，因此应用最广泛。

电磁阀的电磁铁按所用电源的不同，分为交流型、直流型和交流本整型三种；按电磁铁内部是否有油浸入，又分为干式、湿式和油浸式三种。

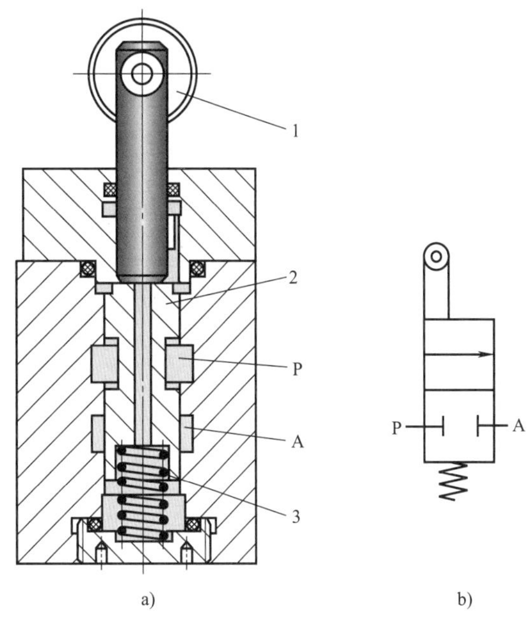

图 4-10　机动换向阀

a）结构图　b）图形符号

1—滚轮　2—阀芯　3—弹簧

交流电磁铁使用方便，起动力大，吸合、释放快，动作时间最快约为 10ms；但工作时冲击和噪声较大，为避免线圈过热，换向频率不能超过 60 次/min；起动电流大，在阀芯被卡时会烧毁线圈；一般工作寿命仅在 50 万~60 万次以内，目前也有能达到 1000 万次的。

直流电磁铁体积小，工作可靠；冲击小，允许换向频率为 120 次/min，最高可达 300 次/min；使用寿命可高达 2000 万次以上；但起动力比交流电磁铁要小，且需有直流电源。

交流本整型电磁铁自身带有整流器，可以直接使用交流电源，又具有直流电磁铁的性能。

交流干式二位三通电磁换向阀结构图如图 4-11a 所示。为避免油液侵入电磁铁，在阀芯推杆 5 的外周上装有动密封，使线圈的绝缘性能不受油液的影响。铁心与轭铁间隙的介质为空气，故为干式电磁铁。但推杆上的密封摩擦力则影响着电磁阀的换向可靠性。图 4-11b 所示为其图形符号。

直流湿式三位四通电磁换向阀结构图如图 4-12a 所示。该电磁铁的导磁套 6 是一个密封筒状结构，与换向阀阀体 1 连接时仅套内的衔铁 8 工作腔与滑阀直接连接，推杆 7 上没有任何密封，套内可承受一定的液压力。线圈 9 部分仍处于干的状态。由于推杆上没有密封，从而提高了换向可靠性。衔铁工作时处于油液润滑状态，且有一定阻尼作用而减小了冲击和噪声。所以湿式电磁铁具有吸合声小、散热快、可靠性好、效率高、寿命长等优点。因此已逐渐取代传统的干式电磁铁。图 4-12b 所示为其图形符号。

油浸式电磁铁的铁心和线圈都浸在油液中工作，因此散热更快、换向更平稳可靠、效率更高、寿命更长。但结构复杂，造价较高。

由于电磁铁的吸力一般 $\leqslant$ 90N，因此电磁换向阀只适用于压力不太高、流量不太大的场合。

4）液动换向阀。液动换向阀是利用控制油路的压力油来改变阀芯位置的换向阀。图

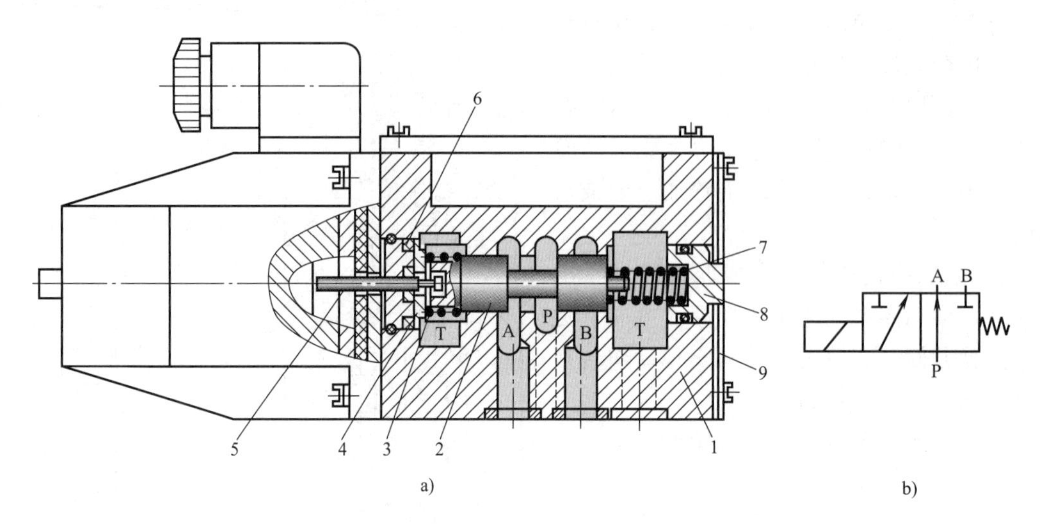

图 4-11 交流干式二位三通电磁换向阀

a）结构图 b）图形符号

1—阀体 2—阀芯 3、7—弹簧 4、8—弹簧座 5—推杆 6—O 形圈 9—后盖

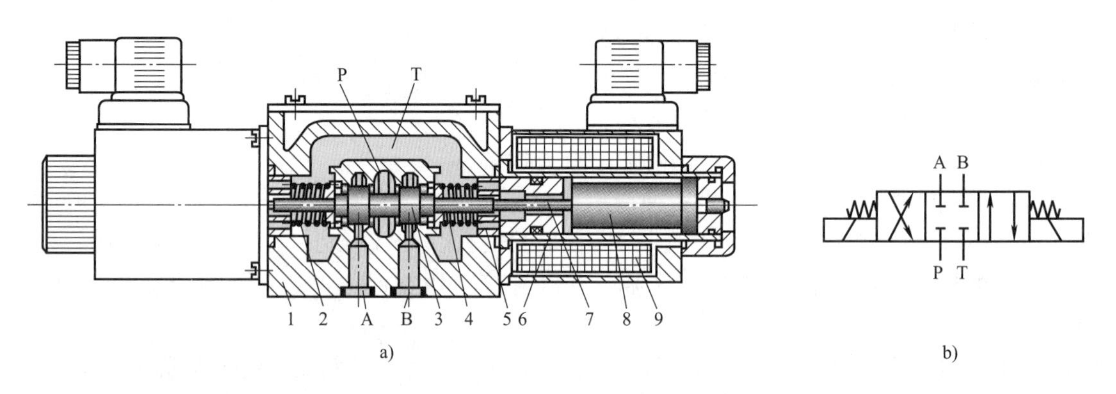

图 4-12 直流湿式三位四通电磁换向阀

a）结构图 b）图形符号

1—阀体 2、4—弹簧 3—阀芯 5—挡块 6—导磁套

7—推杆 8—衔铁 9—线圈

4-13a所示为三位四通液动换向阀的结构原理。当控制油路的压力油从控制油口 K_1 进入滑阀左腔、滑阀右腔经控制油口 K_2 接通回油时，阀芯在其两端压差作用下右移，使压力油口 P 与 A 相通、B 与 T 相通；当 K_2 接压力油、K_1 接回油时，阀芯左移，使 P 与 B 相通、A 与 T 相通；当 K_1 和 K_2 都通回油时，阀芯在两端弹簧和定位套作用下处于中位，P、A、B、T 相互均不通。必须指出，液动换向阀还需另一个阀来操纵其控制油路的方向。图 4-13b 所示为三位四通液动换向阀的图形符号。

5）电液换向阀。图 4-14a 所示为电液换向阀的结构原理，当两个电磁铁都不通电时，电磁阀阀芯 4 处于中位，液动阀（主阀）阀芯 8 因其两端都接通油箱，也处于中位。电磁铁 3 通电时，电磁阀阀芯移向右位，压力油经单向阀 1 接通主阀芯的左端，其右端的油则经节流阀 6 和电磁阀而接通油箱，于是主阀芯右移，移动速度由节流阀 6 的开口大小决定。同

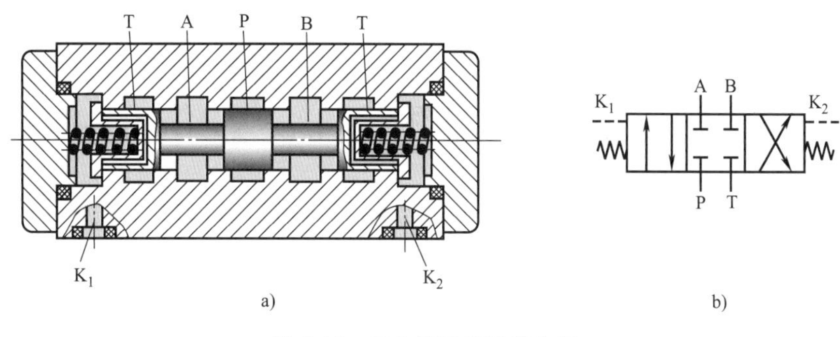

图 4-13 三位四通液动换向阀

a）结构原理 b）图形符号

理，当电磁铁 5 通电，电磁阀阀芯移向左位时，主阀芯也移向左位，其移动速度由节流阀 2 的开口大小决定。

在电液换向阀中，控制主油路的主阀芯不是靠电磁铁的吸力直接推动的，而是靠电磁铁操纵控制油路上的压力油液推动的，因此推力可以很大，操纵也很方便。此外，主阀阀芯向左或向右的移动速度可分别由节流阀 2 或 6 来调节，这就使系统中的执行元件能够得到平稳无冲击的换向。所以，这种操纵形式的换向性能是较好的，适用于高压、大流量的场合。

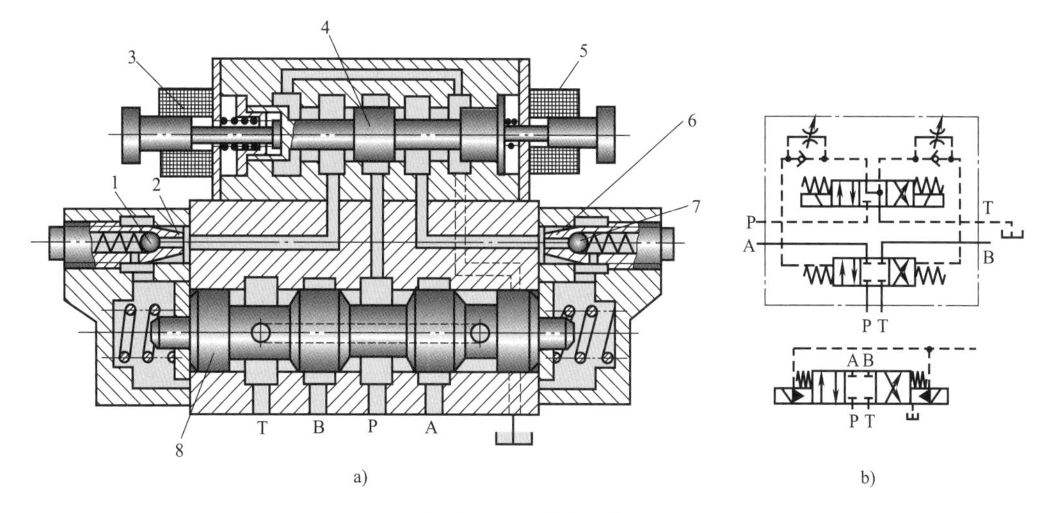

图 4-14 电液换向阀

a）结构原理 b）图形符号

1、7—单向阀 2、6—节流阀 3、5—电磁铁 4—电磁阀阀芯 8—液动阀（主阀）阀芯

4. 滑阀机能

换向阀的滑阀机能分为工作位置机能和过渡状态机能，前者是指滑阀处于某个工作位置时，其各个油口的连通关系；后者则指滑阀从一个工作位置变换到另一个工作位置的过渡过程中，它的各个油口的瞬时连通关系。不同的滑阀机能对应有不同的功能。滑阀机能对换向阀的换向性能和系统的工作特性有着重要的影响。

几种常用换向阀的滑阀机能见表 4-4、表 4-5。

表 4-4 三位换向阀滑阀工作位置机能

滑阀机能代号	滑阀中位状态	图形符号	中位特点
O			各油口全封闭,系统不卸载,缸封闭
H			各油口全连通,系统卸载
Y			系统不卸载,缸两腔与回油连通
J			系统不卸载,缸一腔封闭,另一腔与回油连通
C			压力油与缸一腔连通,另一腔及回油均封闭
P			压力油与缸两腔连通,回油封闭
K			压力油与缸一腔及回油连通,另一腔封闭,系统可卸载
X			压力油与各油口半开启连通,系统保持一定压力
M			系统卸载,缸两腔封闭
U			系统不卸载,缸两腔连通,回油封闭
N			系统不卸载,缸一腔与回油连通,另一腔封闭

注:阀芯两端工作位置的接通形式,除常用的交叉通油外,也可设计成特殊的 OP 型或 MP 型。

换向阀滑阀工作位置机能决定着液压系统稳态性能;而其过渡状态机能则影响着系统动态性能。

表 4-5　WE10 型电磁换向阀滑阀工作位置机能和过渡状态机能（部分）

工作位置机能	过渡状态机能	工作位置机能	过渡状态机能	工作位置机能	过渡状态机能
A B a a o b b P T	A B a o b P T	A B a a o P T	A B a o P T	A B o b b P T	A B o b P T
=E		=EA		=EB	
=F		=FA		=FB	
=G		=GA		=GB	
=H		=HA		=HB	
=J		=JA		=JB	
=L		=LA		=LB	

在分析和选择三位换向阀中位工作机能时，通常考虑以下因素：

（1）系统保压　当 P 口被堵塞时，系统保压，液压泵能用于多缸系统。当 P 口不太通畅地与 T 口接通时，（如 X 型），系统能保持一定的压力供控制油路使用。

（2）系统卸荷　P 口畅地与 T 口接通，系统卸荷，既节约能量，又防止油液发热。

（3）换向平稳性和精度　当液压缸的 A、B 两口都封闭时，换向过程不平稳，易产生液压冲击，但换向精度高；反之，A、B 两口都通 T 口时，换向过程中工作部件不易制动，换向精度低，但液压冲击小。

（4）起动平稳性　阀在中位时，液压缸某腔若通油箱，则起动时该腔因无油液起缓冲作用，起动不太平稳。

（5）液压缸"浮动"和在任意位置上的停止　阀在中位，当 A、B 两口互通时，卧式液压缸呈"浮动"状态，可利用其他机构移动，调整位置。当 A、B 两口封闭或与 P 口连接（非差动情况）时，可使液压缸在任意位置停下来。

5. 电磁球阀

电磁球阀是一种以电磁铁的推力为驱动力推动钢球来实现油路通断的电磁换向阀。

图 4-15 所示为一个二位三通电磁球阀。当电磁铁 8 断电时，弹簧 7 将钢球 5 压紧在左阀座 4 的孔上，油口 P 与 A 通，T 关闭。当电磁铁通电时，电磁推力使杠杆 3 绕支点 1 逆时针方向旋转，电磁力经杠杆放大后通过操纵杆 2 克服弹簧力将钢球压向右阀座 6 的孔上，于是油口 P 与 A 不通，A 与 T 相通实现换向。通道 b 的作用是使钢球两侧液压力平衡。

这类阀密封性能好，可应用于达 63MPa 的高压，换向、复位速度快，换向频率高（可达 250 次/min），对工作介质黏度的适应范围广，可直接用于高水基、乳化液，由于没有液压卡紧力，以及受液动力影响小，换向、复位所需的力很小，此外，它的抗污染性也好。电磁球阀在小流量系统中可直接控制主油路，而在大流量系统中用作先导阀也很普遍。目前电磁球阀只有二位阀，需用两个二位阀才能组成一个三位阀。这种阀的加工、装配精度要求较高，成本也相应增加。

6. 换向阀的主要性能

换向阀的主要性能，以电磁阀的项目为最多，主要包括下面几项：

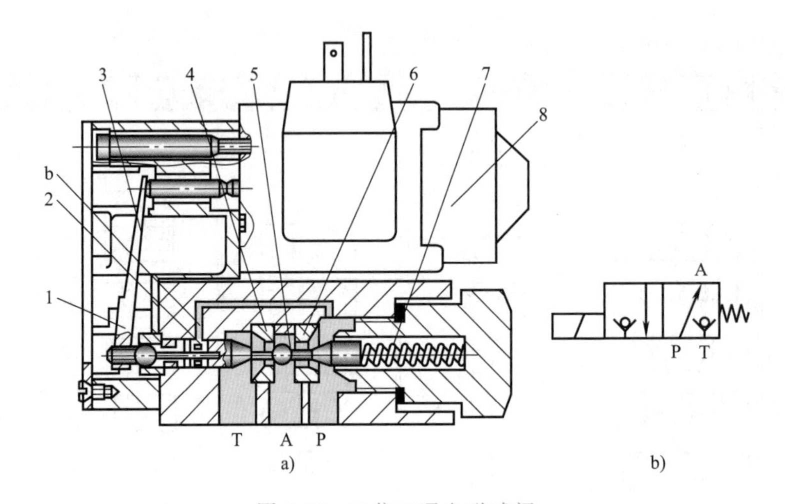

图 4-15 二位三通电磁球阀

a）结构原理 b）图形符号

1—支点 2—操纵杆 3—杠杆 4—左阀座 5—钢球 6—右阀座 7—弹簧 8—电磁铁

（1）工作可靠性 工作可靠性是指电磁铁通电后能否可靠地换向，而断电后能否可靠地复位。工作可靠性主要取决于设计和制造，和使用也有关系。液动力和液压卡紧力的大小对工作可靠性影响很大，而这两个力与通过阀的流量和压力有关。所以电磁阀也只有在一定的流量和压力范围内才能正常工作。这个工作范围的极限称为换向界限，如图 4-16 所示。

电磁换向阀换向失灵对液压系统是致命的故障，应尽可能避免。

（2）压力损失 由于电磁阀的开口很小，故液流流过阀口时产生较大的压力损失。图 4-17 所示为某电磁阀的压力损失曲线。一般地说，阀体精密铸造流道中的压力损失比机械加工流道中的损失小。

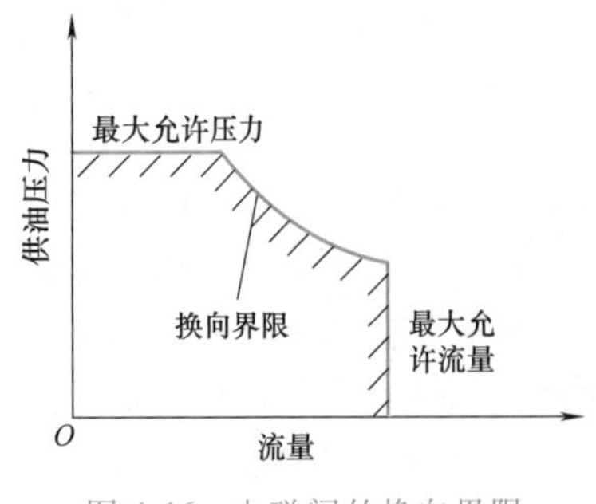

图 4-16 电磁阀的换向界限

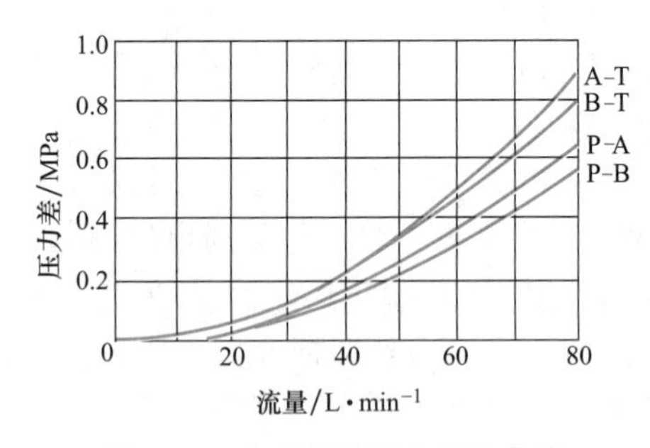

图 4-17 电磁阀的压力损失曲线

（3）内泄漏量 在各个不同工作位置，在规定的工作压力下，从高压腔漏到低压腔的泄漏量为内泄漏量。过大的内泄漏量不仅会降低系统的效率，引起过热，而且还会影响执行元件的正常工作。

（4）换向和复位时间 换向时间是指从电磁铁通电到阀芯换向终止的时间；复位时间是指从电磁铁断电到阀芯恢复到初始位置的时间。减小换向和复位时间可提高机构的工作效率，但会引起液压冲击。

一般说来，交流电磁阀的换向时间为0.03~0.05s，换向冲击较大；而直流电磁阀的换向时间为0.1~0.3s，换向冲击较小。通常复位时间比换向时间稍长。

（5）换向频率 换向频率是在单位时间内阀所允许的换向次数。目前交流单电磁铁的电磁阀的换向频率一般为30次/min以下。

（6）使用寿命 使用寿命是指电磁阀用到它某一零件损坏，不能进行正常的换向或复位动作或使用到电磁阀的主要性能指标超过规定指标时经历的换向次数。

电磁阀的使用寿命主要取决于电磁铁。湿式电磁铁的寿命比干式的长，直流电磁铁的寿命比交流的长。

二、压力控制阀

常见的压力控制阀的类型如图4-18所示。

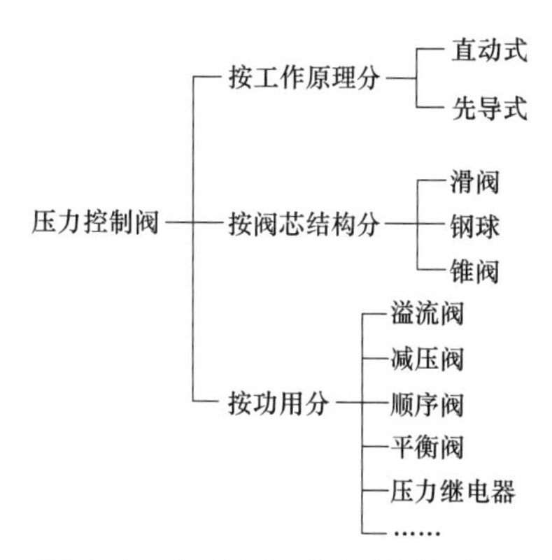

图4-18 常见的压力控制阀的类型

（一）溢流阀

1. 功用和要求

溢流阀是通过阀口的溢流，使被控制系统或回路的压力维持恒定，实现稳压、调压或限压作用。

对溢流阀的主要要求是：调压范围大，调压偏差小，压力振摆小，动作灵敏，过流能力大，噪声小。

溢流阀主要功能可归纳为调压和溢流两项。

2. 工作原理和结构形式

（1）直动式溢流阀 图4-19所示为直动式滑阀型溢流阀。压力油从进口P进入阀后，经孔f和阻尼孔g后作用在阀芯4的底面c上。当进口压力较低时，阀芯在弹簧2预调力作用下处于最下端，由底端螺母限位。由阀芯与阀体5构成的节流口有重叠量l将P与T口隔断，阀处于关闭状态。

当进口P处压力升高至作用在阀芯底面上液压力大于弹簧预调力时，阀芯开始向上运动。当阀芯上移重叠量l时，阀口处于开启的临界状态。若压力继续升高至阀口打开，油液从P口经T口溢流回油箱。此时，由于溢流阀的作用，在流量变化时，进口压力能基本保持恒定。

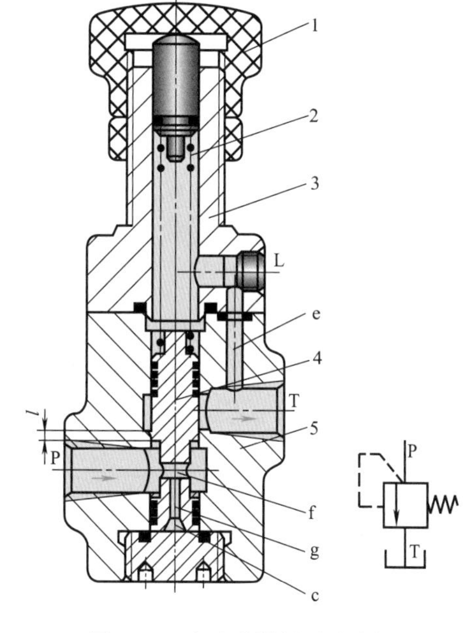

图4-19 直动式滑阀型溢流阀
1—调节螺母 2—弹簧 3—上盖 4—阀芯 5—阀体

图4-19中L为泄漏油口。图示回油口T与泄漏油流经的弹簧腔相通，L口堵塞，称为内泄。内泄时回油口T的背压将作用在阀芯上端面，这时与弹簧力相平衡的将是进出油口压差。若将泄漏油腔与T口的连接通道e堵塞，将L口打开，直接将泄漏油引回油箱，这种连接方式称为外泄。

图4-20所示为高压大流量直动式溢流阀。节

流口密封性能好，不需重叠量，可直接用于高压大流量场合。

图 4-20a 所示高压大流量直动式溢流阀锥阀型结构的最高压力、流量分别可达 40MPa 和 300L/min，图 4-20b 所示的球阀型结构的最高压力、流量可达 63MPa 和 120L/min。

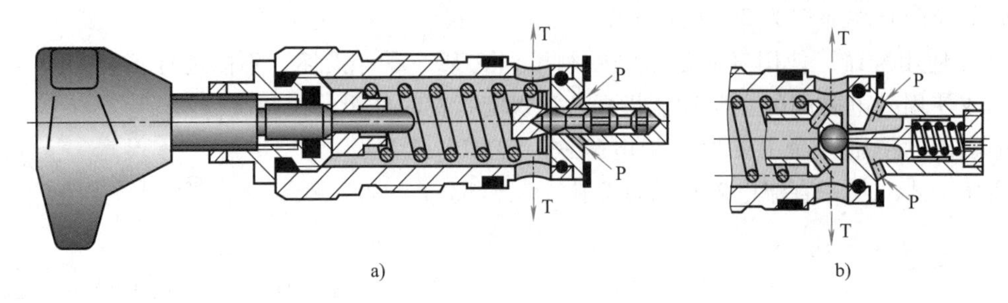

图 4-20 高压大流量直动式溢流阀

a）锥阀型 b）球阀型

（2）先导式溢流阀 先导式溢流阀如图 4-21 所示，主阀阀芯 1 上部受压面积略大于下部，当阀 P 口压力较低先导阀阀芯 4 未开启时，作用在主阀阀芯上液压力合力方向与弹簧 3 作用力相同，使阀关闭。阀有两个阻尼孔 2 和 8，一个在主阀阀芯上，另一个在先导阀阀座上。当阀 P 口的压力增加时，使阻尼孔 2，流道 a、动态阻尼孔 8 及先导阀阀芯前容腔的压力相应增加，而能克服先导阀弹簧预调力使先导阀开启，就有液流从 P 口经阻尼孔 2、流道 a、阻尼孔 8、开启的先导阀和通道 b 流到 T 口。此流量将在阻尼孔 2 两端产生压差。压差作用在主阀阀芯上下面积上的合力正好与主阀弹簧力平衡时，主阀阀芯处于开启的临界状态。当 P 口的压力再稍稍增加，而使流经阻尼孔的流量再稍稍增大，阻尼孔 2 两端压差克服主阀弹簧力使主阀打开，这时从 P 口输入的流量将分成两部分，少量流量经先导阀后流向出油口 T，大部分则经主阀节流口流向 T 口。经主阀节流口的流量便在进油口 P 建立压力。因流经先导阀的流量极小，所以主阀阀芯上腔的压力基本上和由先导阀弹簧预调力所确定的先导阀阀芯前容腔压力相等，而主阀上阻尼孔 2 两端用以打开主阀阀芯的压差，仅需克服主阀弹簧的作用力、主阀阀芯重力及液动力等，也不是很大，所以可以认为溢流阀进口处压力基本上也由先导阀弹簧预调力所确定。在溢流阀的主阀阀芯升起且有溢流作用时，溢流阀进口处的压力便可维持由先导阀弹簧所调定的定值。

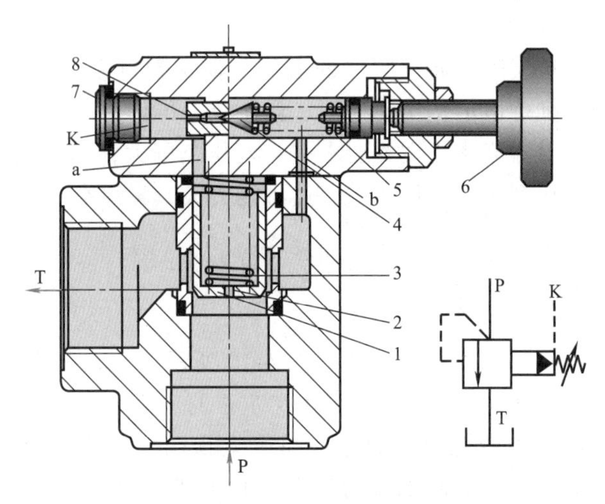

图 4-21 先导式溢流阀

1—主阀阀芯 2、8—阻尼孔 3—主阀弹簧 4—先导阀阀芯 5—先导阀弹簧 6—调压手轮 7—螺堵

先导式溢流阀中流经先导阀的油液可内泄（图 4-21），也可外泄。外泄时，可将先导阀回油单独引回油箱，而将先导阀回油口与主阀回油口 T 的连接通道 b 堵住。

阀体上有一个远程控制口 K，当将此口通过二位二通阀接通油箱时，主阀阀芯上腔的压力接近于零，主阀阀芯在很小的压力下即可向上移动且阀口开得最大，这时泵输出的油液在很低的压力下通过阀口流回油箱，实现卸荷作用。如果将K口接到另一个远程调压阀上（其结构和溢流阀的先导阀一样），并使打开远程调压阀的压力小于打开溢流阀先导阀阀芯4的压力，则主阀阀芯上腔的压力（即溢流阀的溢流压力）就由远程调压阀来决定，如图4-22所示。使用远程调压阀后，便可对系统的溢流压力实行远程调节。

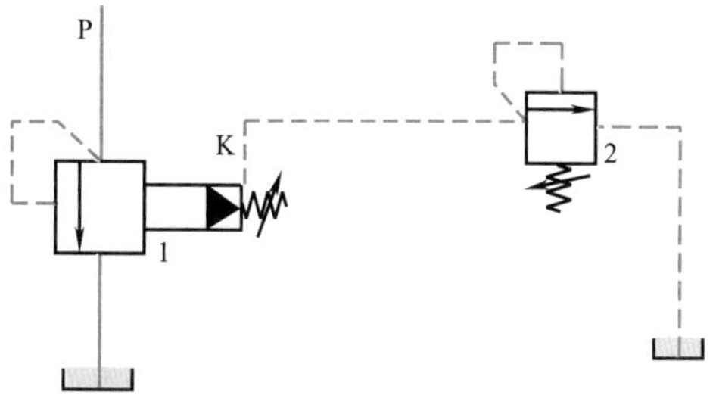

图4-22 远程调压原理图

1—主溢流阀 2—远程调压阀

3. 特性

当溢流阀稳定工作时，作用在阀芯上的力相互平衡。以图4-19所示的直动式溢流阀为例，如令p为进口处的压力（稳态下它就是阀芯底端的压力），A为阀芯承压面积，F_s为弹簧作用力，F_g为阀芯重力，F_{bs}为作用在阀芯上的轴向稳态液动力，F_f为摩擦力，则当阀垂直安放时，阀芯上的受力平衡方程为

$$pA=F_s+F_g+F_{bs}+F_f \tag{4-5}$$

在一般情况下，略去阀芯自重和摩擦力，将式（4-1）代入上式，令x_R表示溢流阀的开度，略去C_r不计，且取$C_v=1$，则有

$$p=\frac{F_s}{A-2C_d w x_R \cos\varphi} \tag{4-6}$$

可见溢流阀进口处的压力是由弹簧力决定的。如忽略稳态液动力，且假设弹簧力F_s变化相当小，则由式（4-6）可知溢流阀进口处的压力基本上维持由弹簧调定的定值。然而，在弹簧力调整好之后，因溢流阀流量变化，阀口开度x_R的变化影响弹簧压紧力和稳态液动力，所以溢流阀在工作时进口处的压力还是会发生变化的。

如令x_c为弹簧调整时的预压缩量，k_s为弹簧刚度，则由式（4-6）有

$$p=\frac{k_s(x_c+x_R)}{A-2C_d w x_R \cos\varphi} \tag{4-7}$$

当溢流阀开始溢流时（即阀口将开未开时），$x_R=0$，这时进口处的压力p_c称为溢流阀的开启压力，其值为

$$p_c=\frac{k_s}{A}x_c \tag{4-8}$$

当溢流量增加时，阀芯上升，阀口开度加大，p值也加大。当溢流阀通过额定流量q_n时，阀芯上升到相应位置，这时进口处的压力p_T称为溢流阀的调定压力或全流压力。全流压力与开启压力之差称为静态调压偏差，而开启压力与全流压力之比称为开启比。溢流阀的开启比越大，它的静态调压偏差就越小，所控制的系统压力便越稳定。

溢流阀溢流时通过阀口的流量q可以由第一章的式（1-71）求出，考虑式（4-7）、式（4-8）和等式$A_0=wx_R$，并因溢流阀的回油口接通油箱，$\Delta p=p$，便有

$$q=\frac{C_d A w}{k_s+2C_d w p\cos\varphi}(p-p_c)\sqrt{\frac{2p}{\rho}} \tag{4-9}$$

这就是直动式溢流阀的“压力-流量”特性方程。根据它画出来的曲线称为溢流特性曲线，

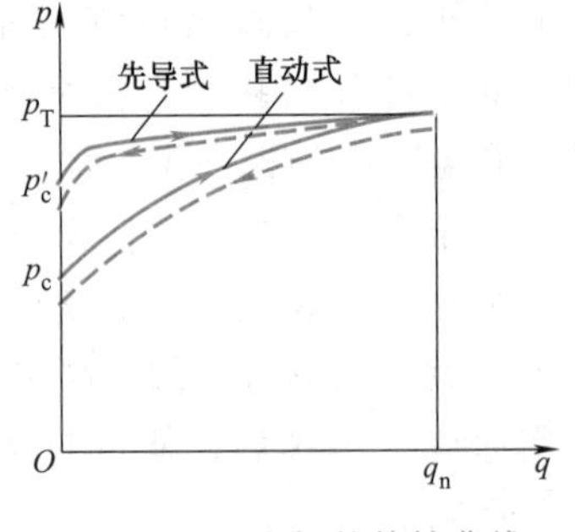

图 4-23 溢流阀的特性曲线

如图 4-23 所示。溢流阀的理想溢流特性曲线最好是一条在 p_T 处平行于流量坐标的直线，即仅在 p 达到 p_T 时才溢流，且不管溢流量多少，压力始终保持在 p_T 值上。实际溢流阀的特性不可能是这样的，而只能要求它的特性曲线尽可能接近这条理想曲线。

对先导式溢流阀来说，对应于式（4-6）的公式为

$$p=\frac{F_s+p'A}{A-2C_d wx_R\cos\varphi} \tag{4-10}$$

式中 p'——主阀阀芯上端的压力，其值由先导阀弹簧的压紧力决定；

其余符号意义同前。

当先导阀弹簧调整好之后，在溢流时主阀阀芯上端的压力 p'便基本上是个定值，此值与 p 值很接近（两者的差值为油液通过阻尼孔的压降），所以主阀弹簧力 F_s 只要能克服阀芯的摩擦力就行，主阀弹簧可以做得较软。当溢流量变化引起主阀阀芯位置变化时，F_s 值变化较小，因而 p 的变化也较小。为此先导式溢流阀的开启比通常都比直动式的大，即静态调压偏差比直动式的小（图 4-23）。

溢流阀的阀芯在工作中受到摩擦力的作用，阀口开大和关小时的摩擦力方向刚好相反，因此阀在工作时不可避免地会出现黏滞现象，使阀开启时的特性和闭合时的特性产生差异。图 4-23 中的实线表示其开启特性，而虚线则表示其闭合特性。在某一溢流流量时，这两条曲线纵坐标（即压力）的差值即是不灵敏区（压力在此差值范围内变动时，阀芯不起调节作用）。不灵敏区使受溢流阀控制的系统的压力波动范围增大。先导式溢流阀的不灵敏区比直动式溢流阀的小。

关于溢流阀的启闭特性，目前有如下规定：先把溢流阀调到全流量时的额定压力，在开启过程中，当溢流量加大到额定流量的 1%时，系统的压力称为阀的开启压力。在闭合过程中，当溢流量减小到额定流量的 1%时，系统的压力称为阀的闭合压力。为了保证溢流阀具有良好的静态特性，一般说来，阀的开启压力和闭合压力对额定压力之比分别不应低于 85%和 80%。

当溢流阀的溢流量由零到额定流量发生阶跃变化时，其进口压力将如图 4-24 所示迅速升高并超过其调定压力值，然后逐步衰减并稳定在调定压力值上。该过程即为溢流阀的动态特性。

评价溢流阀阶跃响应的指标主要有：

1）压力超调量。系最大峰值压力和调定压力之差 Δp 与阀的调定压力 p_T 比的百分值，即 $\Delta p/p_T\times100\%$。性能良好的溢流阀的压力超调量一般应小于 30%。

2）压力上升时间。压力开始上升第一次达到调定压力值所需时间 Δt_1，它反映阀的快速性。

3）过渡过程时间。压力开始上升到最后稳定在调定压力 $(1\pm5\%)p_T$ 所需时间 Δt_2。

4）压力卸荷时间。压力由调定压力降到卸荷压力所需的时间 Δt_3。

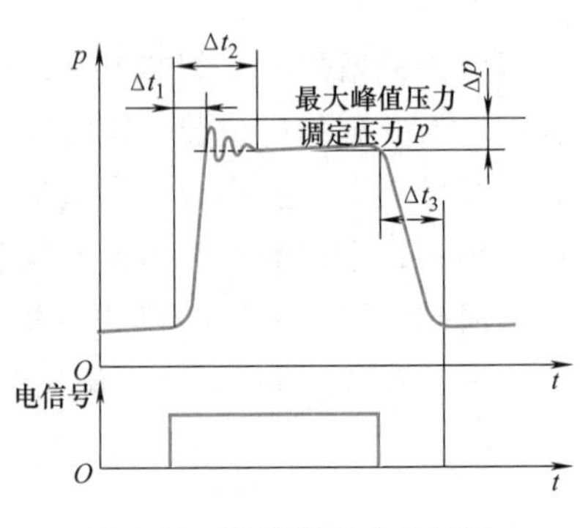

图 4-24 溢流阀的动态特性

必须说明的是：溢流阀的阶跃响应不仅反映阀本身的性能，而在很大程度上还受系统参数如阀前容腔大小和油的等效体积模量（与钢管、橡胶软管等管道材料及油中含气量等有关）的影响。

4. 应用

在系统中，溢流阀的主要用途有：

1）作溢流阀。溢流阀有溢流时，可维持阀进口亦即系统压力恒定。

2）作安全阀。系统超载时，溢流阀才打开，对系统起过载保护作用，而平时溢流阀是关闭的。

3）作背压阀。溢流阀（一般为直动式的）装在系统的回油路上，产生一定的回油阻力，以改善执行元件的运动平稳性。

4）用先导式溢流阀对系统实现远程调压或使系统卸荷。

（二）减压阀

减压阀分定值、定差和定比减压阀三种，其中最常用的是定值减压阀。如不指明，通常所称的减压阀即为定值减压阀。

1. 功用和要求

在同一系统中，往往有一个泵要向几个执行元件供油，而各执行元件所需的工作压力不尽相同的情况。若某执行元件所需的工作压力较泵的供油压力低，可在该分支油路中串联一只减压阀。油液流经减压阀后，压力降低，且使其出口处相接的某一回路的压力保持恒定。这种减压阀称为定值减压阀。

对减压阀的要求是：出口压力维持恒定，不受进口压力、通过流量大小的影响。

 定值减压阀的主要功能可归纳为减压和稳压两项。

2. 工作原理和结构

减压阀也有直动式和先导式两种，每种各有二通和三通两种形式。图 4-25 所示为直动式二通减压阀。当阀芯处在原始位置上时，它的阀口 a 是打开的，阀的进、出口连通。这个阀的阀芯由出口处的压力控制，出口压力未达到调定压力时阀口全开，阀芯不动。当出口压力达到调定压力时，阀芯上移，阀口开度 x_R 关小。如忽略其他阻力，仅考虑阀芯上的液压力和弹簧力相平衡的条件，则可以认为出口压力基本上维持在某一定值（调定值）上。这时如出口压力减小，阀芯下移，阀口开度 x_R 开大，阀口处阻力减小，压降减小，使出口压力回升，达到调定值。反之，如出口压力增大，则阀芯上移，阀口开度 x_R 关小，阀口处阻力加大，压降增大，使出口压力下降，达到调定值。

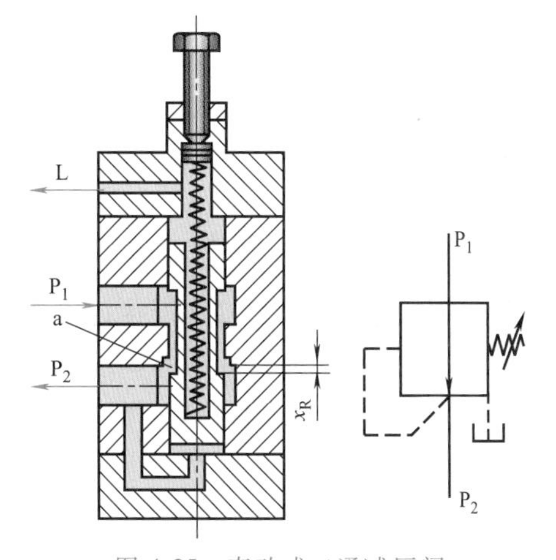

图 4-25 直动式二通减压阀

图 4-26 所示为先导式二通减压阀，它的工作原理可仿照图 4-25 以及先导式溢流阀来进行分析。

先导式减压阀和先导式溢流阀有以下几点不同之处：

1）减压阀保持出口处压力基本不变，而溢流

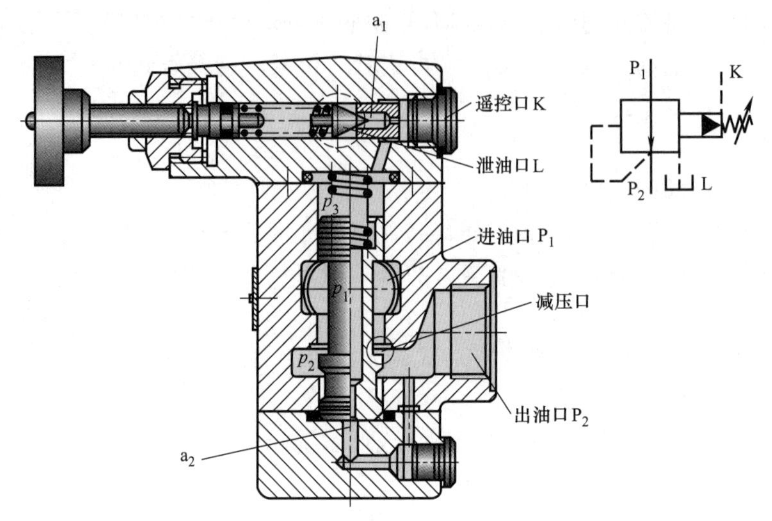

图 4-26 先导式二通减压阀

阀保持进口处压力基本不变。

2）在不工作时，减压阀进出口互通，而溢流阀进出口不通。

3）为保证减压阀出口压力调定值恒定，它的先导阀弹簧腔需通过泄油口单独外接油箱；而溢流阀的出油口是通油箱的，所以它的先导阀弹簧腔和泄漏油可通过阀体上的通道和出油口接通，不必单独外接油箱（当然也可外泄）。

3. 性能

在图 4-25 中，如忽略减压阀阀芯的自重、摩擦力，且令 $C_v=1$，则阀芯上的力平衡方程为

$$p_2A+2C_d wx_R\cos\varphi(p_1-p_2)=k_s(x_c-x_R) \tag{4-11}$$

式中 x_c——当阀芯开口 $x_R=0$ 时的弹簧预压缩量。

由此得

$$p_2=\frac{k_s(x_c-x_R)-2C_d wx_R\cos\varphi p_1}{A-2C_d wx_R\cos\varphi} \tag{4-12}$$

如忽略稳态液动力，则

$$p_2=\frac{k_s}{A}(x_c-x_R) \tag{4-13}$$

在使用 k_s 很小的弹簧，且考虑到 $x_R \ll x_c$ 时，则

$$p_2\approx\frac{k_s}{A}x_c\approx\text{const} \tag{4-14}$$

这就是减压阀出口压力基本上保持定值的说明。

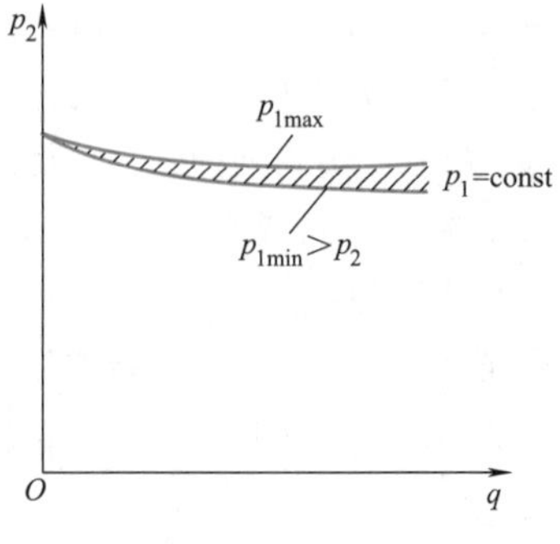

图 4-27 减压阀的特性曲线

减压阀的特性曲线如图 4-27 所示。减压阀进口压力 p_1 基本恒定时，若通过的流量 q 增加，则阀口缝隙 x_R 加大，出口压力略微下降。先导式减压阀出油口压力的调整值越低，它受流量变化的影响就越大。

当减压阀的出口处不输出油液时，它的出口压力基本

上仍能保持恒定，此时有少量的油液通过减压阀开口经先导阀和泄油管流回油箱，保持该阀处于工作状态。

4. 应用

减压阀主要用在系统的夹紧、电液换向阀的控制压力油、润滑等回路中。必须指出，应用减压阀必有压力损失，这将增加功耗和使油液发热。当分支油路压力比主油路压力低很多，且流量又很大时，常采用高、低压泵分别供油，而不宜采用减压阀。

定差减压阀可使进出油口压差保持为定值。如图 4-28 所示，高压油（压力为 p_1）经节流口 x_R 减压后以低压 p_2 输出，同时低压油经阀芯中心孔将压力 p_2 引至阀芯上腔，其进出油压在阀芯上、下两端有效作用面积上产生的液压力之差与弹簧力相平衡，阀芯受力平衡方程为

$$p_1 \frac{\pi}{4}(D^2-d^2) = p_2 \frac{\pi}{4}(D^2-d^2) + k(x_c+x_R) \tag{4-15}$$

式中符号意义同上。

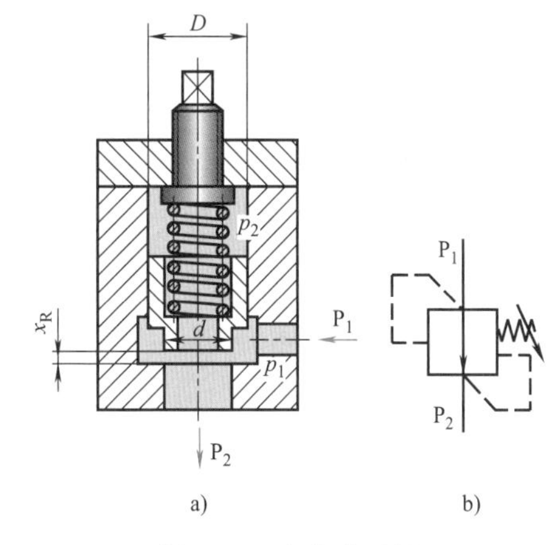

图 4-28　定差减压阀

a）结构图　b）图形符号

根据式（4-15）可求出定差减压阀进出油口压差 Δp 为

$$\Delta p = p_1 - p_2 = \frac{k(x_c+x_R)}{\pi(D^2-d^2)/4} \tag{4-16}$$

由式（4-16）可知，只要尽量减小弹簧刚度 k，并使 $x_c \ll x_R$，就可使压差 Δp 近似保持为定值。

图 4-29 所示为定比减压阀。定比减压阀的进口压力和出口压力之比维持恒定。

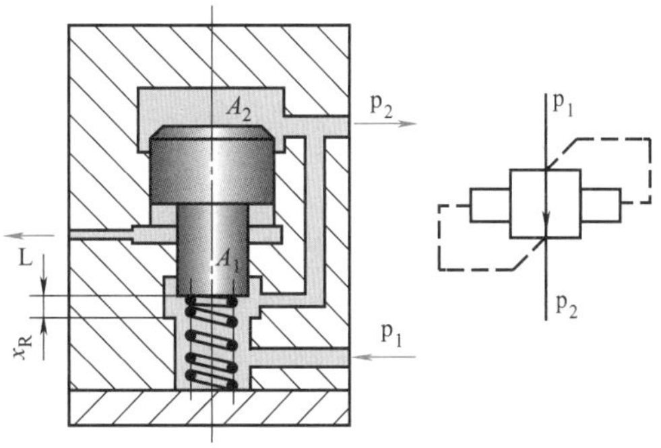

阀芯在稳态下的力平衡方程为

$$p_1 A_1 + k_s(x_c - x_R) = p_2 A_2 \tag{4-17}$$

式中　p_1、p_2——进口、出口压力；

A_1、A_2——阀芯有效作用面积；

x_R——阀口开度；

x_c——阀口关闭，即 $x_R=0$ 时的弹簧预压缩量；

k_s——弹簧刚度。

图 4-29　定比减压阀

弹簧力很小，可忽略，则有

$$\frac{p_2}{p_1} = \frac{A_1}{A_2} \tag{4-18}$$

由式（4-18）可见，在 A_1/A_2 一定时，该阀能维持进、出口压力间的定比关系，而改变阀芯的有效作用面积 A_1、A_2，便可得到不同的压力比。

定差减压阀和定比减压阀主要用来和其他阀组成组合阀，如定差减压阀可保证节流阀进

出口间的压差维持恒定，它和节流阀串联连接便可组成调速阀。

例 4-1 图 4-30 所示的减压回路中，已知液压缸无杆腔、有杆腔的有效作用面积分别为 $100\times10^{-4}\text{m}^2$、$50\times10^{-4}\text{m}^2$，最大负载 $F_1=14000\text{N}$、$F_2=4250\text{N}$，背压 $p=0.15\text{MPa}$，节流阀的压差 $\Delta p=0.2\text{MPa}$，试求：

1）A、B、C 各点压力（忽略管路阻力）。

2）液压泵和液压阀 1、2、3 应选多大的额定压力？

3）若两缸的进给速度分别为 $v_1=3.5\times10^{-2}\text{m/s}$、$v_2=4\times10^{-2}\text{m/s}$，液压泵和各液压阀的额定流量应选多大？

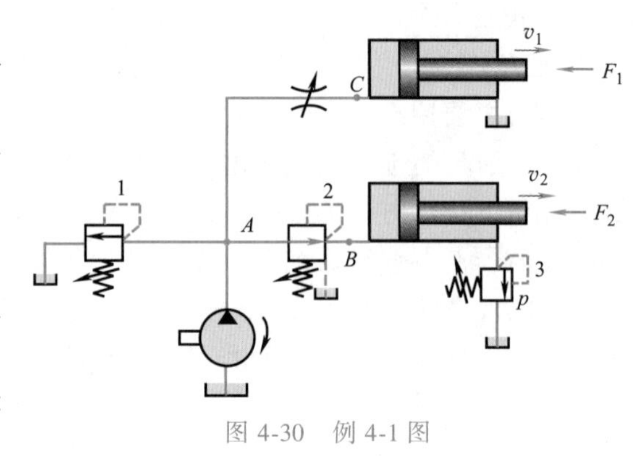

图 4-30 例 4-1 图

解 1）

$$p_C=\frac{F_1}{A_1}=\frac{14000}{100\times10^{-4}}\text{Pa}=1.4\text{MPa}$$

由于有节流阀，因此上面的液压缸运动时，溢流阀一定打开，故

$$p_A=\Delta p+p_C=(0.2+1.4)\text{MPa}=1.6\text{MPa}$$

因为

$$p_BA_1=F_2+p_{背}A_2$$

所以

$$p_B=\frac{F_2+p_{背}A_2}{A_1}=\frac{4250+0.15\times10^6\times50\times10^{-4}}{100\times10^{-4}}\text{Pa}=0.5\text{MPa}$$

2）液压泵和液压阀 1、2、3 的额定压力均按系统最大工作压力来取，选标准值 2.5MPa。

3）流入上面液压缸的流量

$$q_1=v_1A_1=3.5\times10^{-2}\times100\times10^{-4}\text{m}^3/\text{s}=350\times10^{-6}\text{m}^3/\text{s}=21\text{L/min}$$

流入下面液压缸的流量

$$q_2=v_2A_1=4\times10^{-2}\times100\times10^{-4}\text{m}^3/\text{s}=400\times10^{-6}\text{m}^3/\text{s}=24\text{L/min}$$

流经背压阀的流量

$$q_{背}=v_2A_2=4\times10^{-2}\times50\times10^{-4}\text{m}^3/\text{s}=200\times10^{-6}\text{m}^3/\text{s}=12\text{L/min}$$

由于两个液压缸不同时工作，故选 $q_{泵}$、$q_{溢}$、$q_{节}$、$q_{减}=25\text{L/min}$，$q_{背}=16\text{L/min}$。

（三）顺序阀

1. 功用

顺序阀用来控制多个执行元件的顺序动作。通过改变控制方式、泄油方式和二次油路的接法，顺序阀还可具有其他功能，如作背压阀、平衡阀或卸荷阀用。

> 顺序阀是用油液压力来控制油路通断的开关阀。

2. 工作原理和结构

顺序阀也有直动式和先导式之分，根据控制压力来源的不同，它有内控式和外控式之分；根据泄油方式，它有内泄式和外泄式两种。

图 4-31 所示为直动式内控外泄顺序阀。泵起动后，油源压力克服负载使液压缸Ⅰ运动。当 P_1 口压力升高至作用在阀芯 4 下端面积上的液压力超过弹簧预调力时，阀芯便向上运动，使 P_1 口和 P_2 口接通。油源压力经顺序阀后克服液压缸Ⅱ的负载使活塞运动。这样利用顺序阀实现了液压缸Ⅰ和Ⅱ的顺序动作。

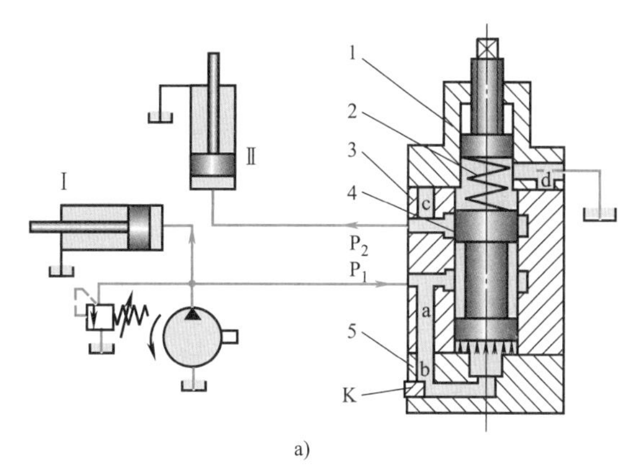

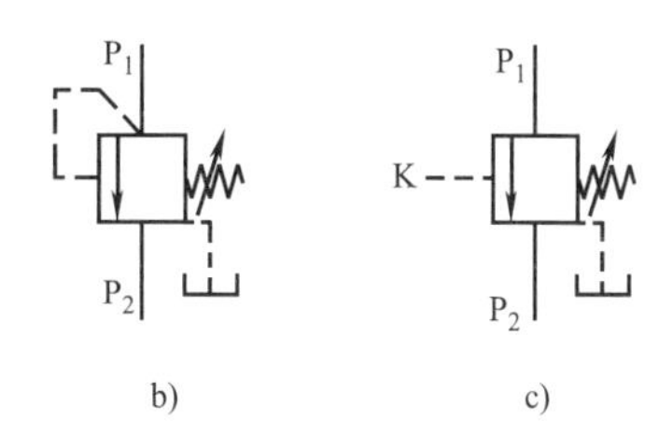

图 4-31 直动式内控外泄顺序阀

a）结构 b）内控外泄式顺序阀图形符号

c）外控外泄式顺序阀图形符号

1—上阀盖 2—弹簧 3—阀体 4—阀芯 5—下阀盖

顺序阀的结构与溢流阀相似。两者的主要差别是：顺序阀的出口通常与负载油路相通，而溢流阀的出口则与回油相通。因此先导式顺序阀调压弹簧中的泄漏油和先导控制油必须外泄；而溢流阀的泄漏油和先导控制油可内泄也可外泄。此外，溢流阀的进口压力调定后是不变的，而顺序阀的进口压力在阀开启后将随出口负载增加而改变。

若将下阀盖 5 转动 180°，并将外控口 K 的螺堵卸去，便成为外控式。

如果把上阀盖 1 旋转 180°，使 d 孔对准 c 孔，就变成内泄式。

内控式顺序阀在其进油路压力达到阀的设定压力之前，阀口一直是关闭的，达到设定压力后阀口才开启，使压力油进入二次油路，驱动另一个执行元件工作。

外控式顺序阀阀口的开启与否和一次油路处来的进口压力没有关系，仅取决于控制压力的大小。

直动式顺序阀结构简单，动作灵敏，但由于弹簧和结构设计的限制，虽可采用小直径阀芯，但弹簧刚度仍较大，因此调压偏差大，且限制了压力的提高，调压范围一般小于 8MPa，较高压力时宜采用先导式顺序阀。

图 4-32 所示为先导式顺序阀，图示为内控式，也可变成外控式。其先导控制油必须经 L 口外泄。采用先导控制后，主阀弹簧刚度可大为减小，主阀阀芯面积则可增大，故启闭特性显著改善，工作压力也可大大提高。先导式顺序阀的缺点是当阀的进口压力因负载压力增加而增大时，将

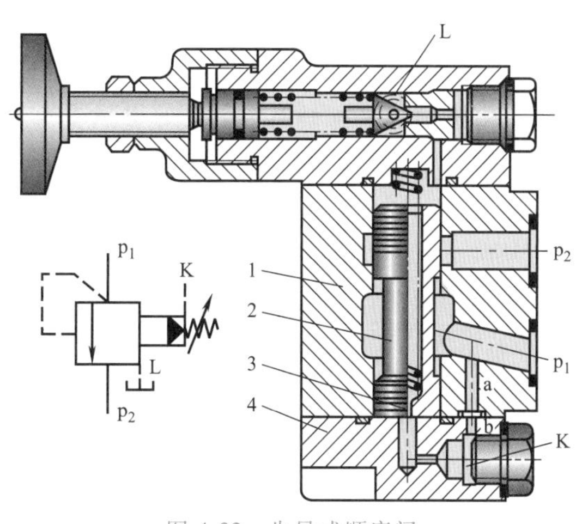

图 4-32 先导式顺序阀

1—阀体 2—阀芯 3—阻尼孔 4—盖板

使通过先导阀的流量随之增大，引起功率损失和油液发热。

3. 性能

顺序阀的主要性能和溢流阀相仿。此外，顺序阀为使执行元件准确地实现顺序动作，要求阀的调压偏差小，因而调压弹簧的刚度小一些好。另外，阀关闭时，在进口压力作用下各密封部位的内泄漏应尽可能小，否则可能引起误动作。

4. 应用

顺序阀在液压系统中的应用主要有：

1）控制多个执行元件的顺序动作。

2）与单向阀组成平衡阀，保持垂直放置的液压缸不因自重而下落。

3）用外控顺序阀可在双泵供油系统中，当系统所需流量较小时，使大流量泵卸荷。卸荷阀便是由先导式外控顺序阀与单向阀组成的。

4）用内控顺序阀接在液压缸回油路上，产生背压，以使活塞的运动速度稳定。

例 4-2　图 4-33 所示为由溢流阀、减压阀和顺序阀组成的回路，各阀的调定压力分别为 $p_Y=5\text{MPa}$、$p_J=3\text{MPa}$、$p_X=4\text{MPa}$。若不计液压缸、管路等一切液压损失，试求：

1）缸Ⅰ活塞移动时 A、B、C 三处的压力。

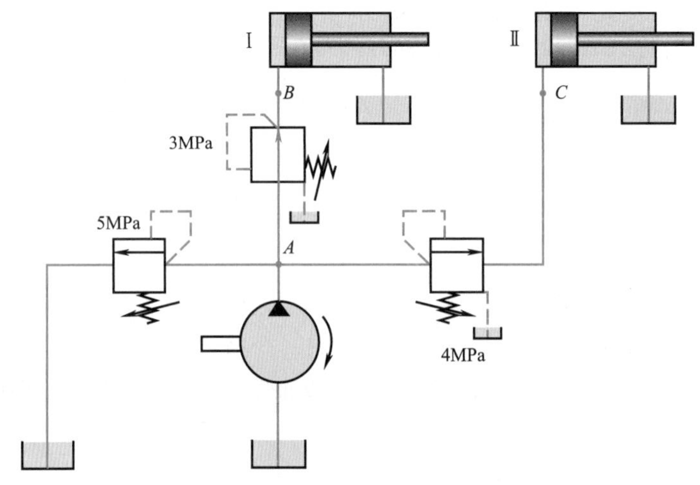

图 4-33　例 4-2 图

2）缸Ⅰ活塞移动到右端后，缸Ⅱ活塞移动时 A、B、C 三处的压力。

3）缸Ⅱ活塞移动到右端后，A、B、C 各点的压力值。

解　1）缸Ⅰ活塞移动时，由于缸Ⅰ活塞杆上没有负载，各阀均没有打开，故 $p_A=p_B=p_C=0\text{MPa}$。

2）缸Ⅰ活塞移动到右端后，缸Ⅰ左腔压力升高，减压阀为常开阀，这时 A 点和 B 点压力升高，当 A 点压力升至 4MPa 时，顺序阀打开，缸Ⅱ活塞移动，因缸Ⅱ活塞杆上无负载，故 C 点瞬时压力为零，同时减压阀工作，故此时 $p_A=4\text{MPa}$，$p_B=3\text{MPa}$，$p_C=0\text{MPa}$（瞬时）。

3）缸Ⅱ活塞移动到右端后，缸Ⅱ左腔压力不断升高，迫使溢流阀打开，故此时 $p_A=5\text{MPa}$，$p_B=3\text{MPa}$，$p_C=5\text{MPa}$。

（四）平衡阀

图 4-34 所示为在工程机械领域得到广泛应用的一种平衡阀的结构。重物下降时的油流

方向为 B→A，X 为控制油口。当没有输入控制油时，由重物形成的压力油作用在锥阀 2 上，B 口与 A 口不通，重物被锁定。当输入控制油时，推动活塞 4 右移，先顶开锥阀 2 内部的先导锥阀 3。由于先导锥阀 3 右移，切断了弹簧 8 所在容腔与 B 口高压腔的通路，该腔快速卸压。此时，B 口还未与 A 口连通。当活塞 4 右移至其右端面与锥阀 2 端面接触时，其左端圆盘正好与活塞附件 5 接触形成一个组件。该组件在控制油作用下压缩弹簧 9 继续右移，打开锥阀 2，B 口与 A 口相通，其通流截面依靠阀套 7 上几排小孔来逐渐增大，从而起到了很好的平衡阻尼作用。活塞 4 左端中心部分还配置了一套阻尼组件 6。这样，平衡阀在反向通油时就比较平稳。

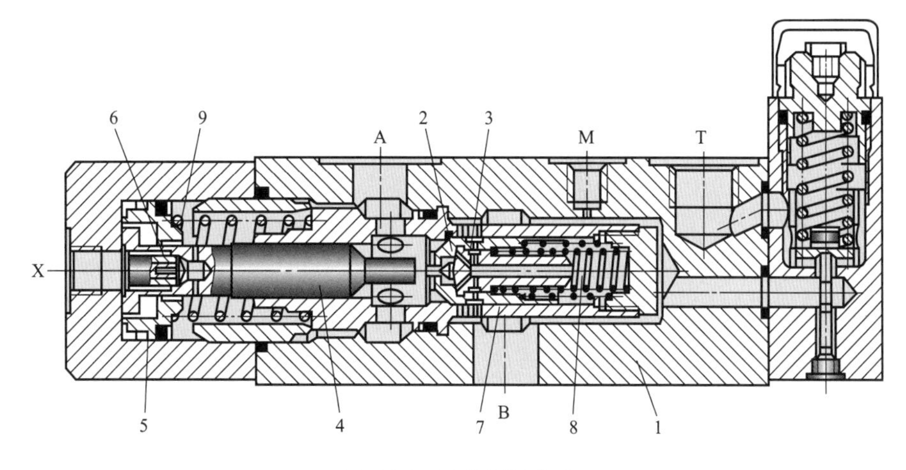

图 4-34　平衡阀结构图

1—阀体　2—锥阀　3—先导锥阀　4—活塞　5—活塞附件　6—阻尼组件　7—阀套　8、9—弹簧

（五）压力继电器

压力继电器是利用液体压力信号来启闭电气触点的液压电气转换元件。它在油液压力达到其设定压力时，发出电信号，控制电气元件动作，实现泵的加载或卸荷、执行元件的顺序动作或系统的安全保护和连锁等功能。国内现通常将压力继电器归入压力阀类，而国外则通常称之为压力开关而将其归入液压附件类。

压力继电器是通过油液的压力来控制电路的通断的。

图 4-35 所示为柱塞式压力继电器。当油液压力达到压力继电器的设定压力时，作用在柱塞 1 上的力通过顶杆 2 合上微动开关 4，发出电信号。

压力继电器的主要性能包括：

（1）调压范围　指能发出电信号的最低工作压力和最高工作压力之间的范围。

（2）灵敏度和通断调节区间　压力升高，继电器接通电信号的压力（称开启压力）和压力下降，继电器复位切断电信号的压力（称闭合压力）之差为压力继电器的灵敏度。为避免压力波动时继电器时通时断，要求开启压力和闭合压力间有一可调的差值，称为通断调节区间。

（3）重复精度　在一定的设定压力下，多次升压（或降压）过程中，开启压力（或闭合压力）本身的差值称为重复精度。

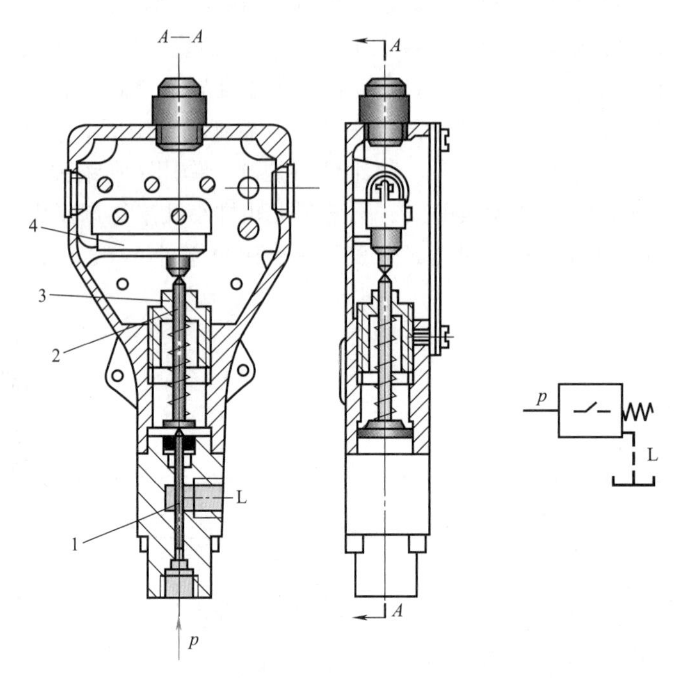

图 4-35 柱塞式压力继电器

1—柱塞 2—顶杆 3—调节螺钉 4—微动开关

（4）升压或降压动作时间 压力由卸荷压力升到设定压力，微动开关触点闭合发出电信号的时间，称为升压动作时间，反之称为降压动作时间。

压力继电器在液压系统中的应用很广，如刀具移到指定位置碰到挡铁或负载过大时的自动退刀；润滑系统发生故障时的工作机械自动停车；系统工作程序的自动换接等，都是典型的例子。

三、流量控制阀

流量控制阀是通过改变可变节流口面积大小，从而控制通过阀的流量，达到调节执行元件（缸或马达）运动速度的阀类。常用的液压流量控制阀有节流阀、调速阀、旁通式调速阀（溢流节流阀）、分流集流阀和限速切断阀等。

液压系统中使用的流量控制阀应满足如下要求：有足够的调节范围，能保证稳定的最小流量，温度和压力变化对流量的影响小，调节方便，泄漏小等。

（一）流量控制原理

由第一章“流体力学基础”知，当流体流经细长孔时，液流做层流流动，流过的流量 q 和细长孔两端的压差 Δp 成线性关系，见式（1-61）；而当流体流经薄壁孔口时，流量 q 与孔口两端压差 Δp 的平方根成正比，见式（1-71）。一般情况下，流经阀可变节流口（以下简称阀口）的流量公式可写成

$$q=KA(x)\Delta p^{m} \tag{4-19}$$

式中 K——常数；

$A(x)$——可变节流孔的通流面积；

x——开口量；

m——指数，$0.5 \leqslant m \leqslant 1$。

由式（4-19）可知，在一定压差 Δp 下，改变阀芯开口大小 x 可改变阀口的通流面积 $A(x)$，从而可改变通过阀的流量。这就是流量控制的基本原理。

由式（4-19）还可以看出，通过阀口的流量和阀口前后压差、油温及阀口形状等因素密切相关。

（1）压差 Δp 对流量稳定性的影响　在使用中，当阀口前后压差变化时，流量不稳定。式（4-19）中的 m 越大，Δp 的变化对流量的影响越大，因此阀口制成薄壁孔（$m=0.5$）比制成细长孔（$m=1$）的好。

（2）温度对流量稳定性的影响　油温的变化引起油液黏度的变化，从而对流量发生影响。这在细长孔式阀口上是十分明显的。而对锐边或薄壁型阀口来说，当雷诺数 Re 大于临界值时，流量系数不受油温影响；但当压差小，通流面积小时，流量系数与 Re 有关，流量要受到油温变化的影响。因而阀口应采用锐边或薄壁型的为好。

（3）最小稳定流量和流量调节范围　当阀口压差 Δp 一定，在阀口面积调小到一定值时，流量将出现时断时续现象；进一步调小，则可能断流。这种现象称为节流阀的阻塞现象。每个节流阀都有一个能正常工作的最小稳定流量，其值一般在 0.05L/min 左右。

节流阀口发生阻塞主要是由于油液中的杂质、油液高温氧化后析出的胶质等附在节流阀口表面上所致。当阀口开度很小，这些附着层达到一定厚度时，就会使油液时断时续，甚至断流。

为减轻阻塞，可采用水力直径大的节流口；另外，选择化学稳定性和抗氧化稳定性好的油液、精细过滤及定期换油等都有助于防止阻塞，降低最小稳定流量。

流量调节范围是指通过阀的最大流量和最小流量之比，一般在 50 以上。高压流量阀则在 10 左右。

（二）节流阀

图 4-36 所示的节流阀，可通过旋转阀芯 3 使之在螺母 1 中上下移动，从而改变阀芯与阀体 2 组成的节流口面积大小。采用三角槽结构的阀口可提高分辨率，即减小节流口面积对阀芯位移的变化率（又称面积梯度），使调节的精度提高。

节流阀在液压系统中主要与定量泵、溢流阀和执行元件等组成节流调速系统。调节其开口，便可调节执行元件运动速度的大小。节流阀也可在试验系统中用于加载等。

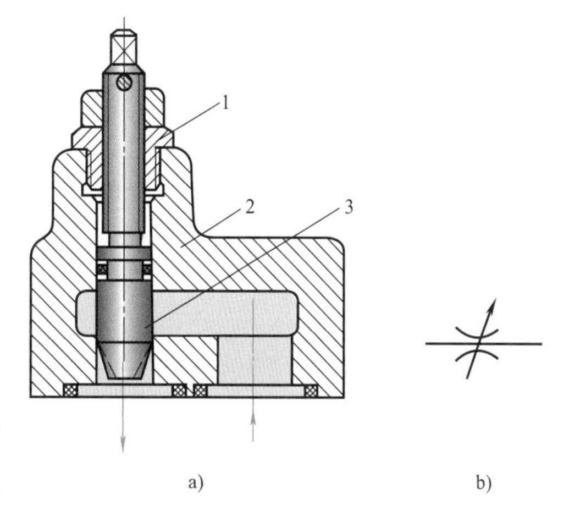

图 4-36　节流阀

a）结构图　b）图形符号

1—螺母　2—阀体　3—阀芯

例 4-3　图 4-37 所示回路中，$A_1=2A_2=50\times10^{-4}\text{m}^2$，溢流阀的调定压力 $p_Y=3\text{MPa}$，试回答下列问题：

1）回油腔背压 p_2 的大小由什么因素来

决定？

2）当负载 $F_L=0$ 时，p_2 比 p_1 高多少？液压泵的工作压力是多少？

3）当液压泵的流量略有变化时，上述结论是否需要修改？

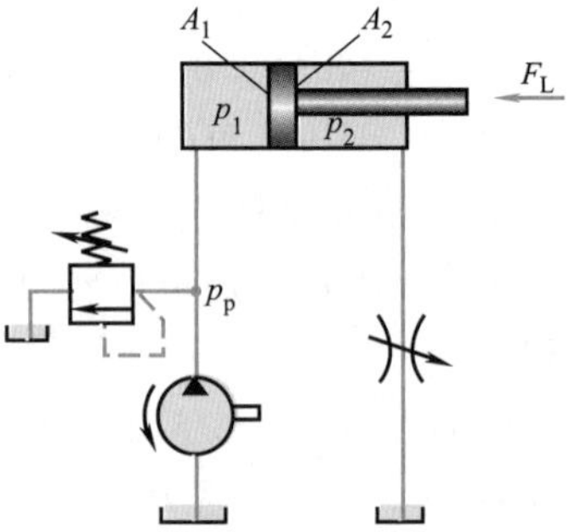

解 $p_1A_2=p_2A_2+F_L$

1）$p_2=\frac{A_1}{A_2}p_1-\frac{F_L}{A_2}=2p_1-\frac{F_L}{A_2}$

当 $p_1=p_p=p_Y=3\text{MPa}$ 时，p_2 由 F_L 决定。

2）$F_L=0$ 时，$p_2=2p_1=6\text{MPa}$，$p_2-p_1=3\text{MPa}$，$p_P=3\text{MPa}$。

3）当液压泵的流量略有变化时，上述结论无须修改，因 p_2 与泵的流量无关。

图 4-37　例 4-3 图

（三）调速阀

1. 工作原理

图 4-38 所示为调速阀进行调速的工作原理。液压泵出口（即调速阀进口）压力 p_1 由溢流阀调定，基本上保持恒定。调速阀出口处的压力 p_2 由活塞上的负载 F 决定。所以当 F 增大时，调速阀进出口压差（p_1-p_2）将减小。如在系统中装的是普通节流阀，则由于压差的变动，影响通过节流阀的流量，从而使活塞运动的速度不能保持恒定。

调速阀是在节流阀的前面串接了一个定差式减压阀，使油液先经减压阀产生一次压降，将压力降到 p_m。利用减压阀阀芯的自动调节作用，使节流阀前后压差（$\Delta p=p_m-p_2$）基本上保持不变。

减压阀阀芯上端的油腔 b 通过孔道 a 和节流阀后的油腔相通，压力为 p_2，而其肩部腔 c 和下端油腔 d，通过孔道 f 和 e 与节流阀前的油腔相通，压力为 p_m。活塞上负载 F 增大时，p_2 升高，于是作用在减压阀阀芯上端的液压力增加，阀芯下移，减压阀的开口加大，压降减小，因而使 p_m 也升高，结果使节流阀前后的压差（p_m-p_2）保持不变。反之亦然。这样就使通过调速阀的流量恒定不变，活塞运动的速度稳定，不受负载变化的影响。

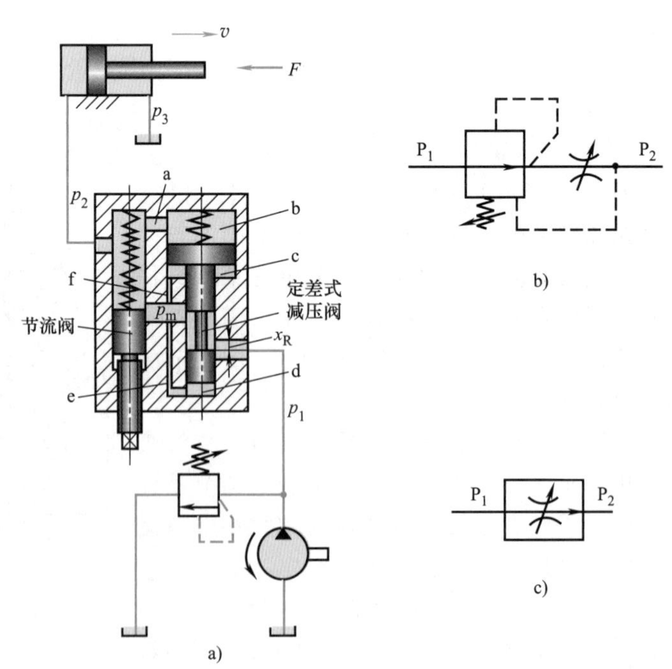

图 4-38　调速阀的工作原理

a）结构　b）图形符号　c）简化的图形符号

图 4-39 所示为某种调速阀结构图。油液从 A 口流入，经节流口 8、弹簧腔、减压阀阀口后，

从 B 口流出。通过调节旋钮 1 可以调节节流口的开度。弹簧 7 分别压紧节流阀阀芯 9 和压力补偿器 6（定差减压阀）的阀芯。当没有油液流过时，压力补偿器阀芯在弹簧力作用下处于最下端，减压阀阀口全开。当 A 口有油液流入时，压力油通过阻尼孔 5 作用在压力补偿器阀芯底部，与节流口 8 的出油口压力及弹簧力平衡，由于弹簧 7 的弹簧力较弱，可保证节流口 8 的进出油口压差基本不变，进而实现对节流口的压力补偿，保证调速阀流量的稳定性。阻尼孔 5 除了将 A 口的压力引入压力补偿器阀芯底部外，还具有增加补偿器阀芯动态运动过程的阻尼的作用，以提高其工作稳定性。该阀的节流阀阀芯与压力补偿器阀芯共用阀套和弹簧，不仅改善了加工工艺性，而且使整体结构简单、紧凑。

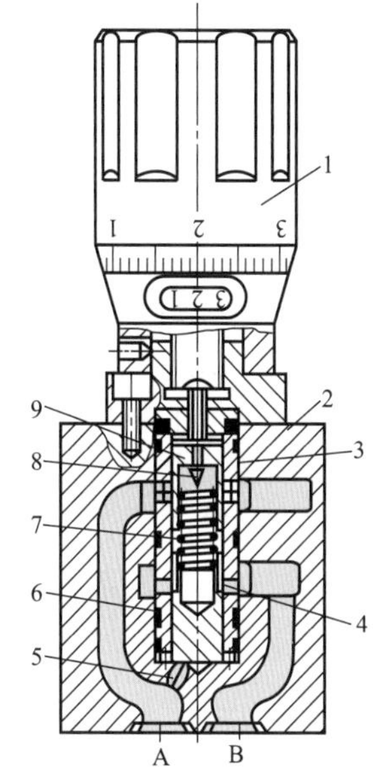

图 4-39　调速阀结构图

1—旋钮　2—阀体　3—阀套　4—减压阀阀口　5—阻尼孔　6—压力补偿器　7—弹簧　8—节流口　9—节流阀阀芯

上述调速阀是先减压后节流型的结构。调速阀也可以是先节流后减压型的，两者的工作原理和作用情况基本上相同。

应当指出，这种阀称为调速阀不是十分确切，称稳流量阀似乎更符合实际。

2. 稳态特性

调速阀的流量特性可按下述基本关系式推导出来。式中带 R 下标的为减压阀，带 T 下标的为节流阀。

在图 4-38 所示的调速阀中，当忽略减压阀阀芯的自重和摩擦力时，阀芯上受力平衡方程为

$$k_s(x_c-x_R)=2C_{dR}w_Rx_R(p_1-p_m)\cos\phi+(p_m-p_2)A_R \tag{4-20}$$

式中　x_c——阀芯开口 $x_R=0$ 时的弹簧预压缩量。

减压阀和节流阀的开口都是薄壁孔形式，所以通过减压阀和节流阀的流量分别为

$$q_R=C_{dR}w_Rx_R\sqrt{\frac{2}{\rho}(p_1-p_m)}$$

$$q_T=C_{dT}w_Tx_T\sqrt{\frac{2}{\rho}(p_m-p_2)}$$

于是

$$q_T=C_{dT}w_Tx_T\sqrt{\frac{2k_sx_c}{\rho A_R}}\left(\frac{1-\dfrac{x_R}{x_c}}{1+\dfrac{2C_{dT}^2w_T^2x_T^2}{A_RC_{dR}w_Rx_R}\cos\phi}\right)^{\frac{1}{2}} \tag{4-21}$$

考虑到

$$\frac{x_R}{x_c}\ll1,\qquad \frac{2C_{dT}^2w_T^2x_T^2}{A_RC_{dR}w_Rx_R}\cos\phi\ll1 \tag{4-22}$$

则

$$q_{\mathrm{T}} \approx C_{\mathrm{dT}} w_{\mathrm{T}} x_{\mathrm{T}} \sqrt{\frac{2k_{\mathrm{s}} x_{\mathrm{c}}}{\rho A_{\mathrm{R}}}} \tag{4-23}$$

由式（4-23）可见，在满足式（4-22）的条件下，通过调速阀的流量可以基本上保持不变。

调速阀的 q 与 Δp 间的关系曲线示于图 4-40 中。图中也示出了节流阀的流量特性，以资比较。调速阀因有减压阀和节流阀两个液阻串联，所以它在正常工作时，至少要有 0.4～0.5MPa 的压差。这是因为在压差很小时，减压阀阀芯在弹簧作用下处于最下端位置，阀口全开，不能起到稳定节流阀前后压差的缘故。

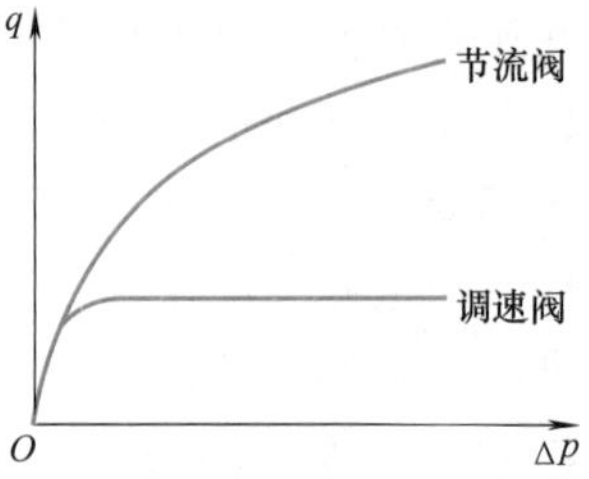

图 4-40　调速阀和节流阀的流量特性

3. 应用

调速阀在液压系统中的应用和节流阀相仿，它适用于执行元件负载变化大而运动速度要求稳定的系统中，也可用在容积-节流调速回路中。

调速阀在连接时，可接在执行元件的进油路上，也可接在执行元件的回油路或旁油路上。

（四）旁通式调速阀

旁通式调速阀也称溢流节流阀，图 4-41 所示旁通式调速阀是由定差溢流阀与节流阀并联而成的。当负载压力变化时，由于定差溢流阀的补偿作用使节流阀两端压差保持恒定，从而使流量与节流阀的通流面积成正比，而与负载压力无关。由图可见，进口处高压油（压力为 p_1），一部分通过节流阀 4 的阀口由出油口处流出，压力降到 p_2，进入液压缸 1 克服负载 F 而以速度 v 运动；另一部分则通过溢流阀 3 的阀口溢回油箱。溢流阀上端的油腔与节流阀后的压力油（压力为 p_2）相通，下端的油腔与节流阀前的压力油（压力为 p_1）相通。溢流阀阀芯的受力平衡方程是

$$p_2 A + k_{\mathrm{s}}(x_{\mathrm{o}} + x_{\mathrm{c}} + x_{\mathrm{R}}) + F_{\mathrm{fs}} = p_1 A_1 + p_1 A_2 \tag{4-24}$$

式中　k_{s}——溢流阀弹簧刚度；

x_{o}——溢流阀阀芯在底部限位时的弹簧预压缩量；

x_{c}——溢流阀开启（$x_{\mathrm{R}}=0$）时阀芯的位移；

x_{R}——阀开口量；

F_{fs}——溢流阀阀芯稳态液动力。

p_1、p_2、A、A_1、A_2 如图 4-41 所示。

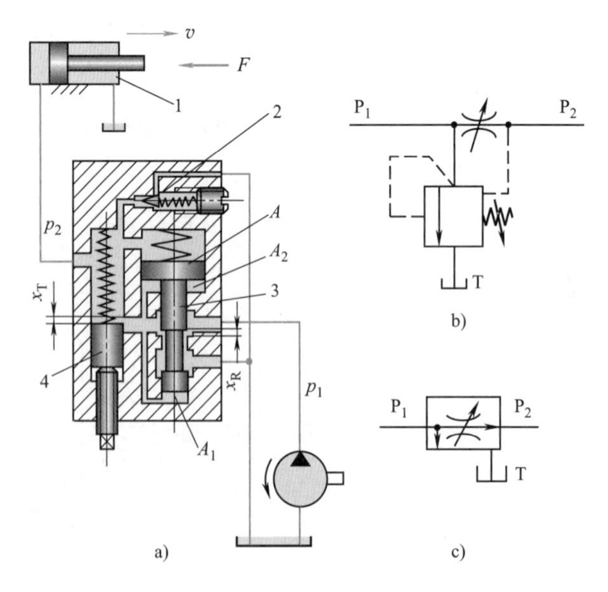

图 4-41　旁通式调速阀

a）结构　b）图形符号　c）简化的图形符号

1—液压缸　2—安全阀　3—溢流阀　4—节流阀

式（4-24）中，阀芯面积 $A=A_1+A_2$，设计时使 $x_{\mathrm{o}}+x_{\mathrm{c}} \gg x_{\mathrm{R}}$，若忽略稳态液动力 F_{fs}，则有

$$p_1-p_2 \approx \frac{k_s(x_o+x_c)}{A} \tag{4-25}$$

即节流阀两端压差（p_1-p_2）基本保持恒定。

在稳态工况下，当负载力 F 发生变化增大时，p_2 即上升，溢流阀阀芯的力平衡破坏，这时溢流阀阀芯向下运动，溢流阀阀口 x_R 减小，进口压力 p_1 上升，溢流阀阀芯建立新的力平衡，节流阀阀口两端压差（p_1-p_2）仍然不变；反之，当负载力 F 减小时，p_2 下降，但 p_1 也下降，压差（p_1-p_2）、流量和速度也保持不变。

当调节节流阀开度 x_T 增大时，通过节流阀的流量和活塞运动速度 v 均将增加，溢流阀阀口 x_R 将减小，但压差（p_1-p_2）将保持不变，同理可分析 x_T 减小的情况。

图 4-41 中 2 为安全阀。当负载压力 p_2 超过其调定压力时，安全阀将开启，流过安全阀的流量在节流阀阀口 x_T 处的压差增大，使溢流阀阀芯克服弹簧力向上运动，溢流阀阀口 x_R 将开大，泵通过溢流阀阀口的溢流加大，进口压力 p_1 得到限制。

调速阀和溢流节流阀虽都是通过压力补偿来保持节流阀两端的压差不变，但在性能和应用上有一定差别。调速阀应用在由液压泵和溢流阀组成的定压油源供油的节流调速系统中，如前所述，它可以安装在执行元件的进油路、回油路或旁油路上。旁通式调速阀只能用在进油路上，泵的供油压力 p_1 将随负载压力 p_2 而改变，因此系统功率损失小，效率高，发热量小，这是其最大的优点。此外，旁通式调速阀本身具有溢流和安全功能，因而与调速阀不同，进口处不必单独设置溢流阀。但是，旁通式调速阀中流过的流量比调速阀的大（一般是系统的全部流量），阀芯运动时阻力较大，弹簧较硬，其结果是使节流阀前后压差 Δp 加大（须达 0.3~0.5MPa），因此它的稳定性稍差。

（五）分流集流阀

分流集流阀分为分流阀，集流阀和兼有分流、集流功能的分流集流阀。这是一种同步控制阀，其功能是将一个油源按一定的流量比例（一般相等）同时向两个液压缸或液压马达供油（分流）或接收回油（集流），而两种流量（即执行元件速度）不受负载压力变化的影响。分流集流阀具有压力补偿的功能。

图 4-42a 所示为一螺纹插装、挂钩式分流集流阀。图中二位三通阀通电后在右位接入时起分流阀作用，断电时左位接入，起集流阀作用。

该阀有两个完全相同的带挂钩的阀芯 1，其上钻有固定节流孔 4，按流量规格不同，固定节流孔直径及数量不同，流量越大孔数和孔径越大；两侧流量比为 1∶1 时，两阀芯上固定节流孔完全相同。阀芯上还有通油孔及沉割槽，沉割槽与阀套上的圆孔组成左右两个可变节流孔 3。两根完全相同的外侧弹簧 6 的刚度较内侧弹簧 5 的大。

现分析起分流阀作用时的工作原理。假设两缸完全相同。开始时负载力 F_1 和 F_2 以及负载压力 p_1'和 p_2'完全相等。供油压力为 p_s，流量 q 等分为 q_1 和 q_2，活塞速度 v_1 与 v_2 相等。由于流量 q_1 和 q_2 流经固定节流孔产生压降，而两个阀芯的内侧都是高压，因此在压差作用下，两阀芯相离，挂钩互相钩住，两根弹簧产生相同变形。此时，假设 F_1 增大，p_1'升高，p_1 则也将升高。这时两阀芯将同时右移。使左边的可变节流孔开大，右边的可变节流孔减小，从而使 p_2 也升高，阀芯处于新的力平衡。若忽略阀芯位移引起的弹簧力变化等影响，p_1 和 p_2 在阀芯移动后仍近似相等，此时左侧可变节流孔两端压差（p_1-p_1'）虽比原来减小，

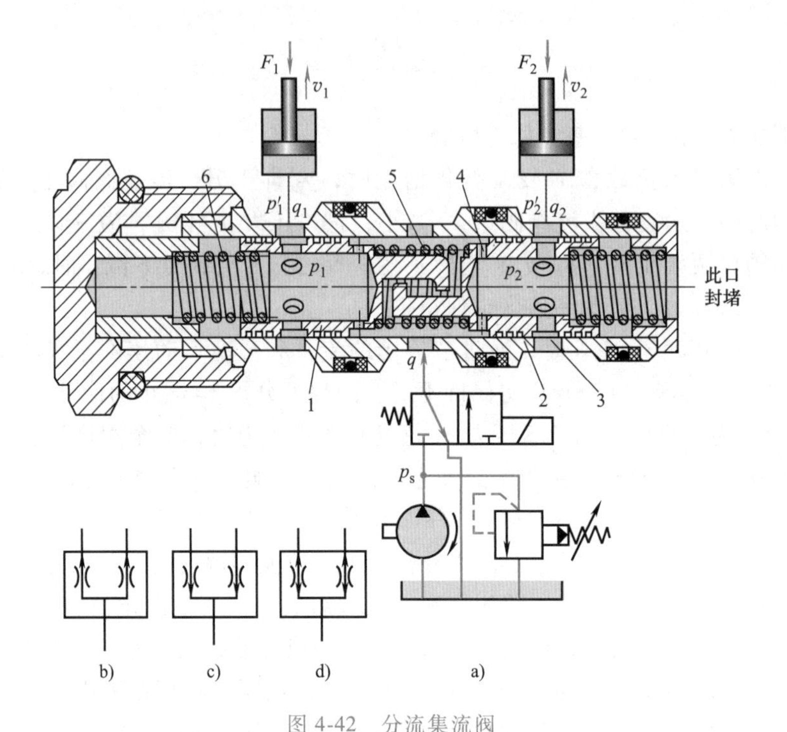

图 4-42 分流集流阀

a）结构原理 b）分流阀图形符号 c）集流阀图形符号 d）分流集流阀图形符号

1—阀芯 2—阀套 3—可变节流孔 4—固定节流孔 5—内侧弹簧 6—外侧弹簧

但阀口通流面积增大，而右侧可变节流孔两端的压差（p_2-p_2'）虽增大，但阀口通流面积减小，因此两侧负载流量 q_1 和 q_2 在 $F_1>F_2$ 后仍基本相等。但 F_1 增大后，q_1 和 q_2 比原来的要减小。即一侧负载加大后，两者流量和速度虽仍能保持相等，但比原来的要小。同样的分析可知，当 F_1 减小后，两侧流量和速度也能相等，但比原来的要增加。

起集流阀作用时，两缸中的油经阀集流后回油箱。此时由于压差作用两阀芯相抵。同理可知，两缸负载不等时，活塞速度和流量也能基本保持相等。

由于弹簧力和液动力变化、摩擦力的影响以及两侧固定节流孔特性不可避免的差异，分流集流阀有 2%~5%的同步误差。分流集流阀主要用在精度要求不太高的同步控制场合。

第四节 常用气动控制阀

气动控制阀的功用、工作原理等和液压控制阀的相似，仅在结构上有些不同。常用气动控制阀也分为方向控制阀、压力控制阀和流量控制阀三大类。

一、方向控制阀

（一）方向控制阀的分类

与液压方向控制阀相同，气动方向控制阀也分为单向阀和换向阀。但由于气压传动具有的特点，气动换向阀可按阀芯结构、控制方式等进行分类，如图 4-43 所示。

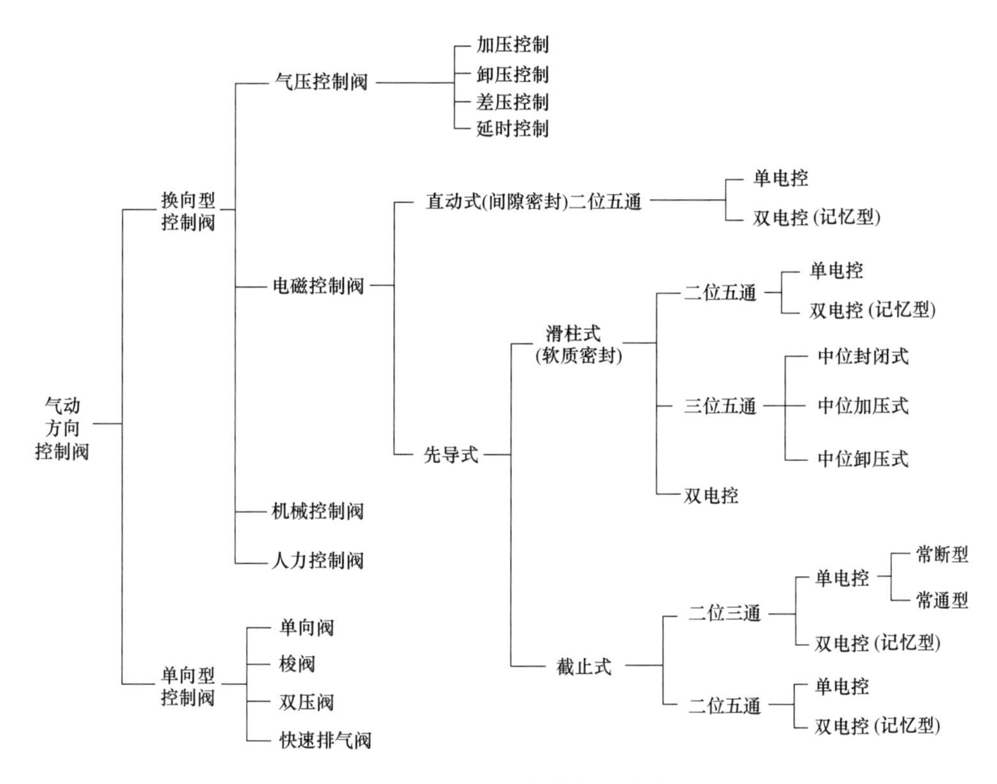

图 4-43 气动方向控制阀的分类

从阀芯结构来看，以截止式换向阀和滑柱式换向阀应用较多。

1. 截止式换向阀的工作原理

图 4-44 所示为二位三通单气控截止式换向阀的工作原理。4-44a 所示为无控制信号时的状态，阀芯在弹簧力及 P 腔压力作用下关闭，气源被切断，A、O 相通，阀没有输出；当加上控制信号 K（图 4-44b）时，阀芯克服弹簧力和 P 腔压力而向下运动，打开阀口使 P、A 相通，阀有输出。此阀属常闭型二位三通阀，若将 P、O 换接，则为常通型二位三通阀。

截止式阀的性能特点：

1）阀芯行程短，故换向迅速，流阻小，通流能力强，易于设计成结构紧凑的大通径阀。

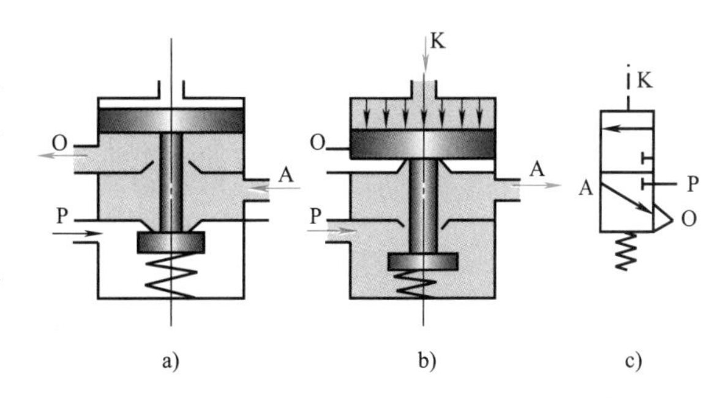

图 4-44 二位三通单气控截止式换向阀的工作原理

2）由于阀芯始终受气源压力的作用，因此阀的密封性能好，即使弹簧折断也能密封，不会导致动作失误，但在高压或大流量时，所需的换向力较大，换向时的冲击力也较大，故不宜用在灵敏度要求高的场合。

3）滑动密封面少，漏泄损失小，因此抗粉尘及污染能力强，阀件磨损小，对气源过滤精度要求较其他结构的阀低。

4）截止式阀在换向的瞬间，气源口、输出口和排气口可能因同时相通而产生串气现象，此时会出现较大的系统气压波动。

2. 滑柱式换向阀工作原理

图 4-45 所示为二位五通双气控滑柱式换向阀的工作原理。如图 4-45a 所示，当有控制信号 K_1 时，滑柱停在右端，通路状态是 P→B、A→O_1，B 腔进气，A 腔排气；如图 4-45b 所示，当有控制信号 K_2 时，滑柱左移，通路状态变为 P→A、B→O_2，A 腔进气，B 腔排气。显然，这种双气控滑柱式换向阀具有记忆功能，即控制信号消失后，阀仍然保持着有信号时的工作状态。

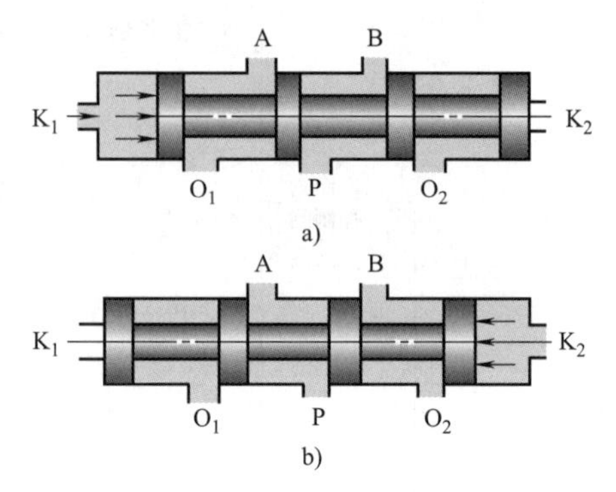

图 4-45　二位五通双气控滑柱式换向阀的工作原理

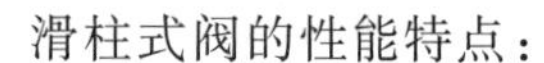
滑柱式阀的性能特点：

1）阀芯行程较截止式长，对动态性能有不利影响，并会增加阀的轴向尺寸，因此，大通径的阀一般不宜采用滑柱式结构。

2）阀芯处于静止状态时，由于结构的对称性，各通口气压对阀芯产生的轴向力保持平衡，因此，容易设计成具有记忆功能的阀。

3）换向时，由于不承受像截止式密封结构所具有的背压阻力，所以换向力小，动作灵敏。

4）通用性强。同一基型，只要调换少数零件便可变成不同控制方式、不同通口数的各种阀。同一只阀，改变接管方式，可作多种阀使用。

5）滑柱式结构的密封特点是密封面为圆柱面，换向时，沿密封面进行滑动，因此对工作介质中的杂质比较敏感，需有一套严格的过滤、润滑、维护等措施，宜使用含有油雾润滑的压缩空气。

（二）单向型控制阀

1. 单向阀

单向阀是最简单的一种单向型方向阀，图 4-46 所示为单向阀的典型结构与图形符号。当气流由 P 口进气时，气体压力克服弹簧力和阀芯与阀体之间的摩擦力，阀芯左移，P、A 接通。为保证气流稳定流动，P 腔与 A 腔应保持一定压差，使阀芯保持开启。当气流反向时，阀芯在 A 腔气压和弹簧力作用下右移，P、A 关闭。

密封性是单向阀的重要性能。最好采用平面弹性密封，尽量不采用钢球或金属阀座密封。

2. 梭阀（或门）

梭阀相当于由两个单向阀组合而成，有两个输入口和一个输出口，在气动回路中起逻辑“或”的作用。

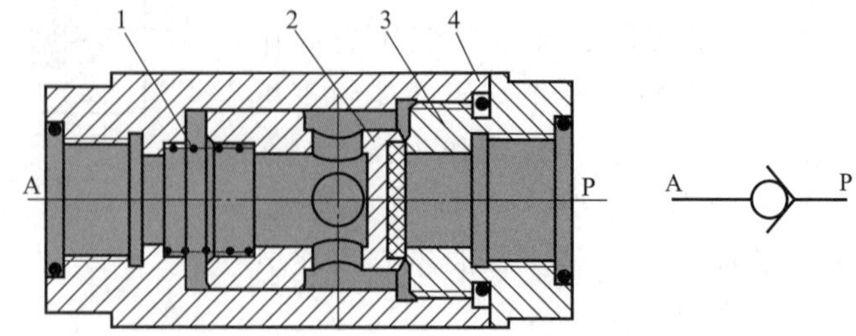

图 4-46　单向阀的典型结构与图形符号

1—弹簧　2—阀芯　3—阀座　4—阀体

图 4-47 所示为梭阀的两种结构与图形符号。当 P_1 腔进气，P_2 腔通大气时，阀芯推向右边（图

4-47a)，A 有输出。反之，当 P_2 腔进气，P_1 腔通大气时，阀芯推向左边（图 4-47b），A 也有输出。当 P_1、P_2 都进气，且气压力相等时，视压力加入的先后次序，阀芯可停在左边或右边；若压力不等，则开启高压口通路。这两种情况下 A 都有输出。

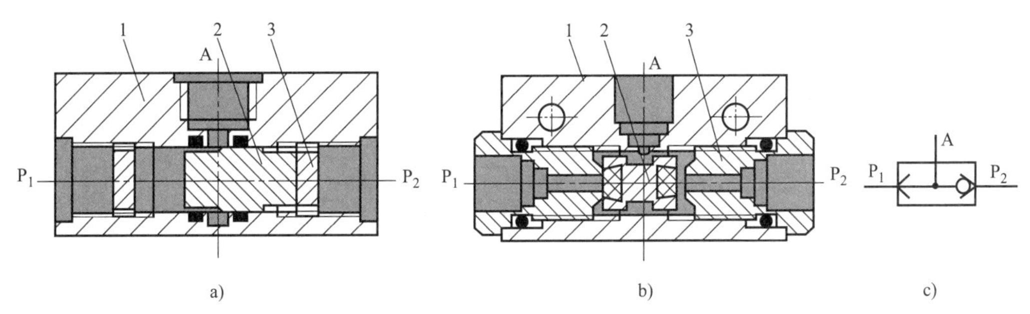

图 4-47　梭阀的两种结构与图形符号

1—阀体　2—阀芯　3—阀座

图 4-47a 所示结构没有串气现象。但摩擦阻力较大，最低工作压力增高，多用于控制回路，特别是逻辑回路中。图 4-47b 所示的结构在切换过程中有串气现象，但因摩擦阻力小，最低工作压力低，广泛应用于执行回路和不会造成误动作的控制回路。图 4-47c 所示为该阀的图形符号。

梭阀在逻辑回路和程序控制回路中被广泛采用。图 4-48 所示为梭阀应用于手动-自动回路的转换。当其用于高低压转换回路中时，须注意，若一个输入口进气，则另一个输入口必须排气。

3. 双压阀（与门）

双压阀有两个输入口 P_1、P_2 和一个输出口 A。当 P_1、P_2 都有输入时，A 才有输出。双压阀使用于互锁回路中，起逻辑“与”的作用。

图 4-49 所示为双压阀的一种结构与图形符号。当 P_1 进气，P_2 通大气时，阀芯推向右侧，使 P_1、A 通路关闭，A 无输出。反之，当 P_2 进气而 P_1 通大气时，阀芯推向左侧，使 P_2、A 关闭，A 也无输出。只有当 P_1、P_2 同时输入时，气压低者的一侧才与 A 相通，使 A 有输出。

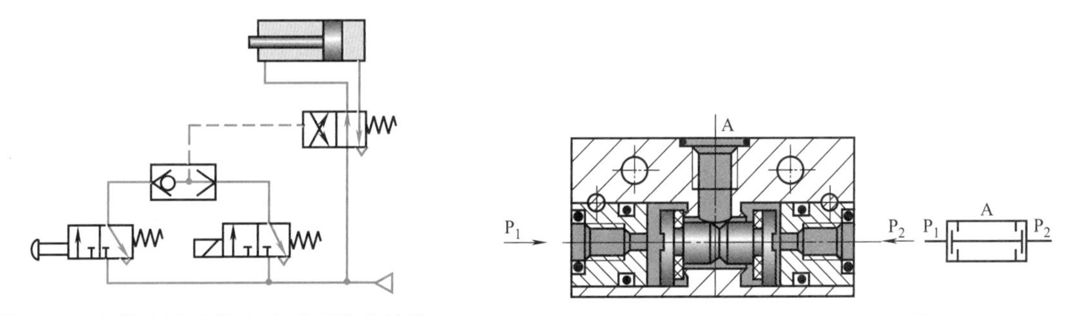

图 4-48　梭阀应用于手动-自动回路的转换

图 4-49　双压阀的结构与图形符号

双压阀的应用很广泛，图 4-50 所示为该阀在互锁回路中的应用。行程阀 1 为工件定位信号，行程阀 2 是夹紧工件信号。只有在工件定位并被夹紧后，即只有当 1、2 两个信号同时存在时，双压阀 3 才有输出，使换向阀 4 切换，钻孔缸 5 进给，钻孔开始。

4. 快速排气阀

图 4-51 所示为快速排气阀。当 P 腔进气后，活塞上移，阀口 2 开启，阀口 1 关闭，P 口和 A 口接通，A 有输出。当 P 腔排气时，活塞在两侧压差作用下迅速向下运动，将阀口 2 关闭，阀口 1 开启，A 口和排气口接通，管路中的气体经 A 通过排气口快速排出。

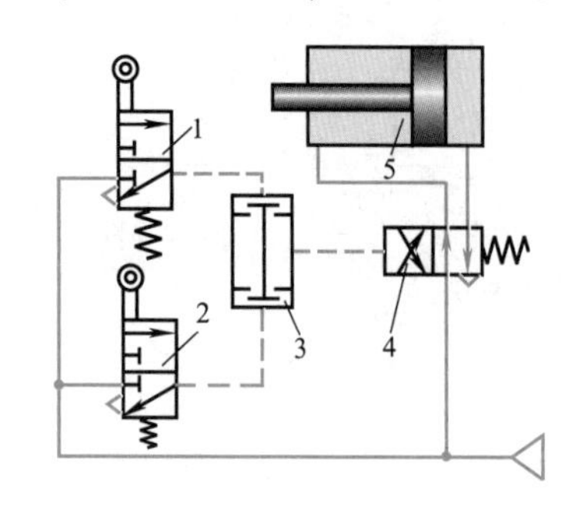

图 4-50 双压阀在互锁回路中的应用

1、2—行程阀 3—双压阀

4—换向阀 5—钻孔缸

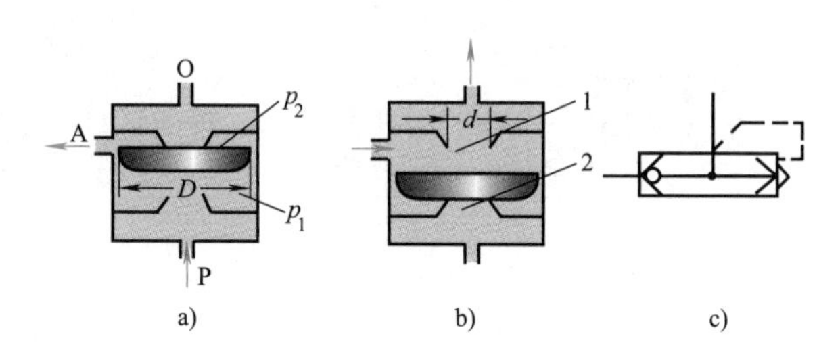

图 4-51 快速排气阀

a）关闭状态 b）排气状态 c）图形符号

1、2—阀口

快速排气阀主要用于气缸排气，以加快气缸动作速度。通常，气缸中的气体是从气缸的腔室经管路及换向阀而排出的，若气缸到换向阀的距离较长，排气时间也较长，气缸的动作缓慢。采用快速排气阀后，则气缸内的气体就直接从快速排气阀排向大气。快速排气阀的应用回路如图 4-52 所示。

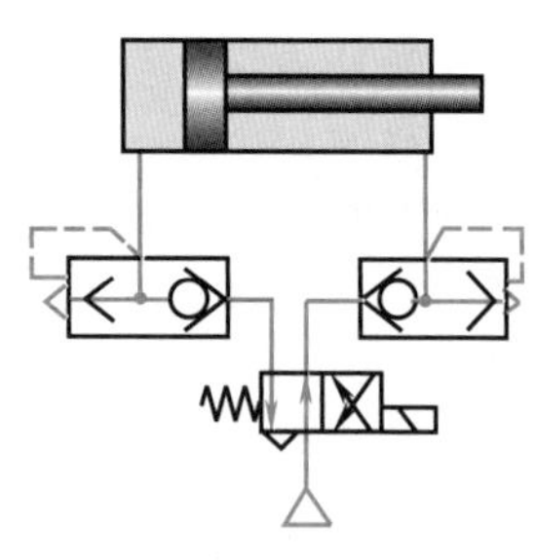

图 4-52 快速排气阀的应用回路

（三）换向型控制阀

换向型控制阀的功能是改变气体通道使气体流动方向发生变化从而改变气动执行元件的运动方向，以完成规定的操作。

1. 气压控制换向阀

气压控制换向阀是利用气体压力来获得轴向力使主阀阀芯迅速移动换向而使气体改变流向的，按施加压力的方式不同可分为加压控制、卸压控制、差压控制和延时控制等。

（1）加压控制 加压控制是指加在阀芯控制端的压力信号的压力值是渐升的，当压力升至某一定值时使阀芯迅速移动换向的控制，其有单气控和双气控之分。加压控制原理如图 4-53 所示，阀芯沿着加压方向移动换向。

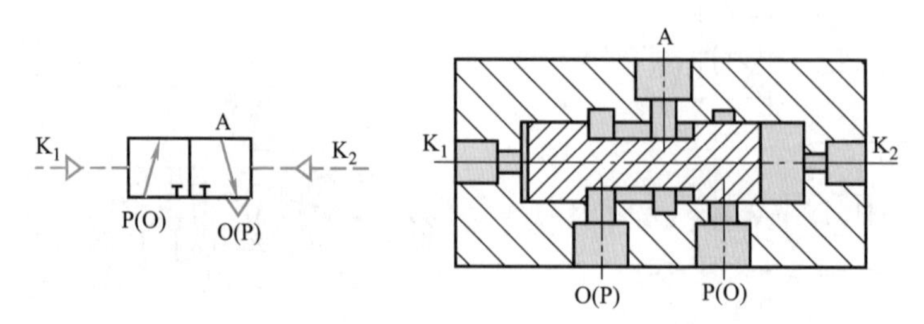

图 4-53 加压控制原理

（2）卸压控制 卸压控制是指加在阀芯控制端的压力信号的压力值是渐降的，当压力降至某一定值时，使阀芯迅速移动换向的控制，其也有单气控和双气控之分。卸压控制原理如图 4-54 所示，阀芯沿着降压方向移动换向。

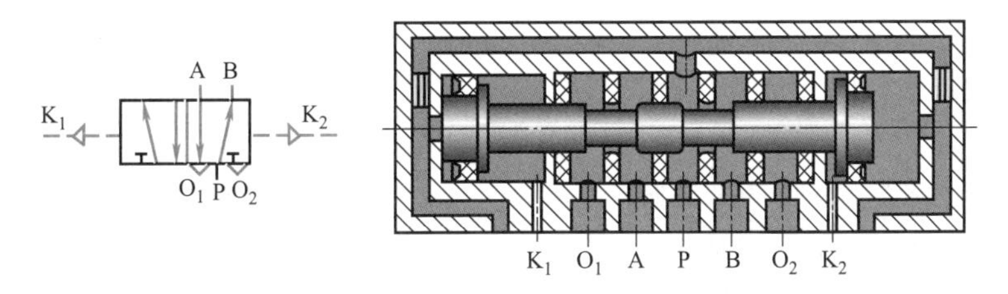

图 4-54　卸压控制原理

（3）差压控制　差压控制是利用阀芯两端受气压作用的有效面积不等，在气压作用下产生的作用力之差而使阀切换的。差压控制原理如图 4-55 所示。

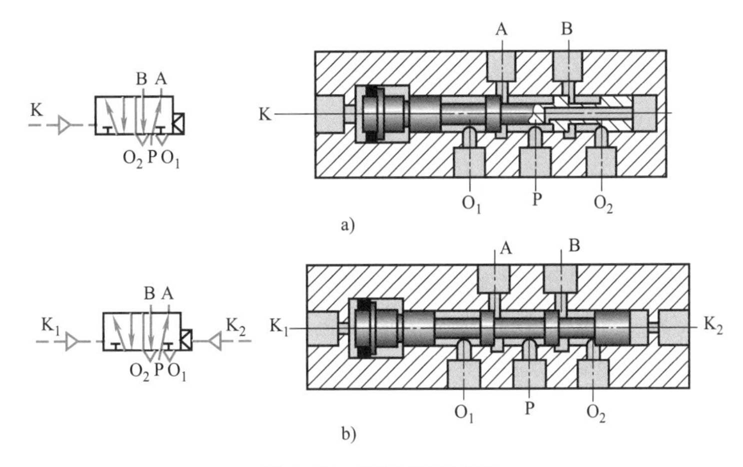

图 4-55　差压控制原理

（4）延时控制　延时控制是指利用气流经过小孔或缝隙后再向气容充气，经过一定的延时，当气容内压力升至一定值后再推动阀芯切换，从而达到信号延时的目的。延时控制分为固定式和可调式两种，可调式延时又分为固定气阻可调气容式和固定气容可调气阻式等。

图 4-56 所示为二位三通可调延时换向阀，它由延时部分和换向部分组成。当无控制信号 K 时，P 与 A 断开，A 腔排气；当有控制信号时，气体从 K 腔输入经可调节流阀后到气容 C 内，使气容不断充气，直到气容内的气压上升到某一值时，使阀芯右移，P 与 A 接通，A 有输出。当气控信号消失后，气容内气压经单向阀迅速排空，在弹簧力作用下阀芯复位，A 无输出。这种阀的延时时间可在 1～20s 内调节。如 P、O 换接，就成为常通延时断型阀。

图 4-57 所示为二位三通固定延时换向阀（常称脉冲阀），它是靠气流流经气阻、气容的延时作用，使压力输入长信号变为短暂的脉冲信号输出的阀类。当有气压从 P 口输入时，阀芯在气压作用下向上移动，A 口有气输出。同时，气流从阀芯中间小孔不断向气容充气，在充气压力达到动作压力时，阀芯迅速下移，使 P 与 A 断开，A 与 O 相通，输出消失，从而将通入 A 腔中的保持信号转化为脉冲信号输出。这种脉冲阀的工作气压范围为 0.15～0.8MPa，脉冲时间短于 2s。

显然，气压控制阀在易燃、易爆、潮湿等工作环境中比电磁阀安全，但远距离控制或遥控较困难。

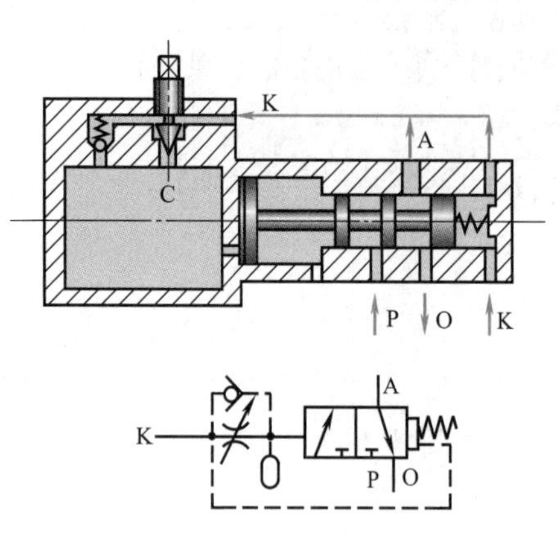

图 4-56 二位三通可调延时换向阀

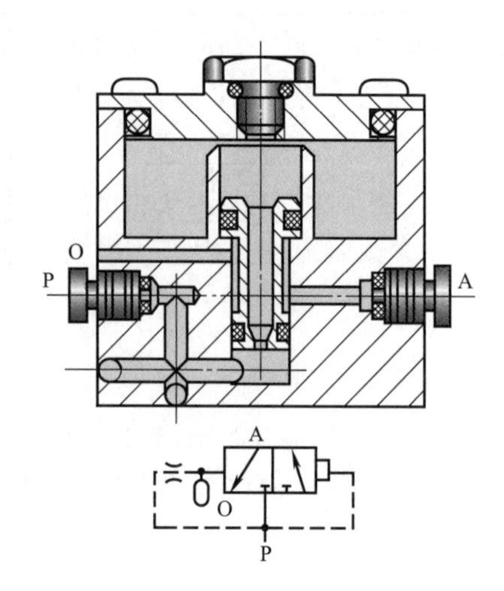

图 4-57 二位三通固定延时换向阀（脉冲阀）

2. 电磁控制换向阀

电磁控制换向阀是利用电磁力使阀芯迅速移动换向的，与液压传动中的电磁阀一样，也由电磁铁和主阀两部分组成。按电磁力作用于主阀阀芯方式不同分为直动式电磁阀和先导式电磁阀两种。它们的工作原理分别与液压阀中的电磁换向阀和电液换向阀相似。

（1）直动式电磁阀 用电磁铁产生的电磁力直接推动换向阀阀芯换向的阀称为直动式电磁阀。根据阀芯复位的控制方式可分为单电磁控制弹簧复位和双电磁控制两种。直动式单电磁控制换向阀的工作原理与图形符号如图 4-58 所示，图 4-58a 所示为断电时的状态，阀芯在弹簧的作用下隔断 P、A 通路，接通 A、O 通路，阀排气；图 4-58b 所示为通电时的状态，电磁铁将阀芯推向下位，接通 P、A 通路，隔断 A、O 通路，阀进气；图 4-59c 所示为该阀的图形符号。从图中可知，这种阀阀芯的移动靠电磁铁，而复位靠弹簧，因而换向冲击较大，故一般只制成小型的阀。若将阀中的复位弹簧改成电磁铁，就成为双电磁控制换向阀，如图 4-59 所示。图 4-59a 所示为电磁铁 1 通电、3 断电时的状态，阀芯右移，P、A 腔接通，A 腔进气；B、O_2 腔接通，B 腔排气。图 4-59b 所示为电磁铁 3 通电、电磁铁 1 断电时的状态，动作相反。图 4-59c 所示为其图形符号。由此可见，这种阀的两个电磁铁只能交替通电工作，不能同时通电，否则会产生误动作，但可同时断电。在两个电磁铁均断电的中间位

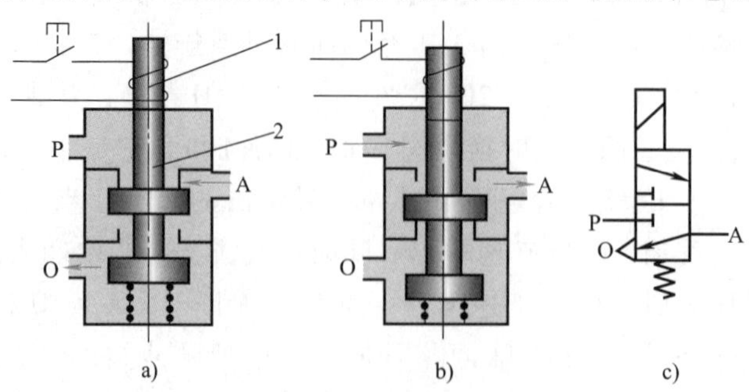

图 4-58 直动式单电磁控制换向阀的工作原理与图形符号

1—电磁铁 2—阀芯

置，通过改变阀芯的形状和尺寸，可形成三种气体流动状态（类似于液压阀的中位机能），即中间封闭（O 型）、中间加压（P 型）和中间卸压（Y 型），以满足气动系统的不同要求。

直动式电磁阀的特点是结构简单，与下述先导式电磁阀相比，控制相同通径的主阀时，所需的电磁铁较大。当主阀阀芯换向不灵或卡住时，交流电磁铁易烧毁线圈。

（2）先导式电磁阀　由微型直动式电磁铁控制输出的气压推动主阀阀芯实现阀通路切换的阀类，称为先导式电磁阀。它实际上是由电磁控制和气压控制（加压、卸压、差压等）组成的一种复合控制阀。其特点是起动功率小，主阀阀芯行程不受电磁控制部分影响，不会因主阀阀芯卡住而烧毁线圈。先导式电磁阀也分单电磁气控和双电磁气控两种，图 4-60 所示为单电磁气控的先导式换向阀的工作原理与图形符号，图 4-61 所示为双电磁气控的先导式换向阀的工作原理与图形符号。

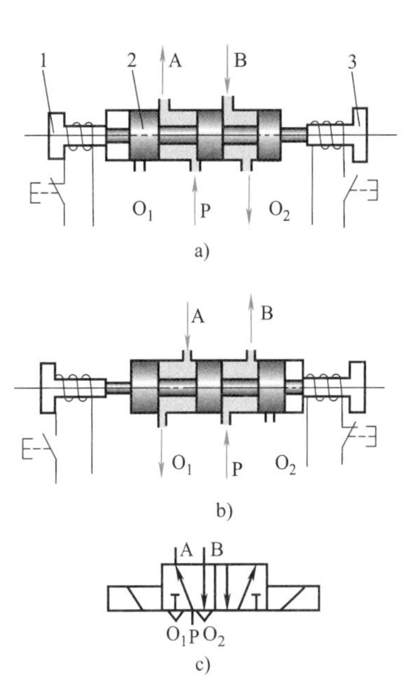

图 4-59　直动式双电磁控制换向阀工作原理与图形符号

1、3—电磁铁　2—阀芯

机械控制和人力控制换向阀是靠机动（行程挡块等）和人力（手动或脚踏等）来使阀产生切换动作的，其工作原理与液压阀中相类似的阀基本相同，这里不再重复。

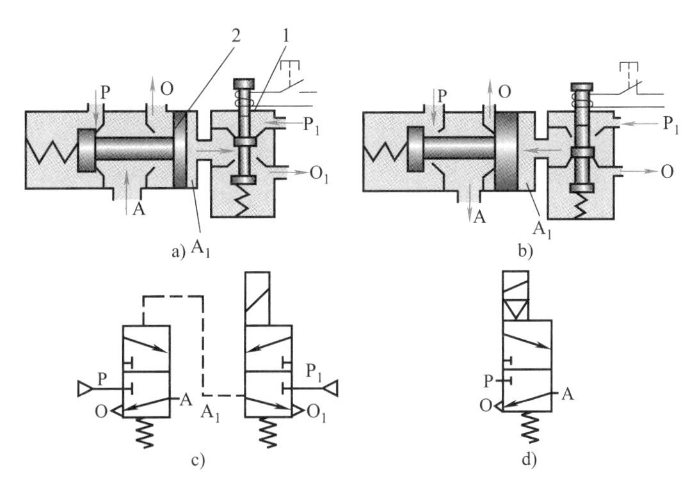

图 4-60　单电磁气控先导式换向阀的工作原理与图形符号

1—电磁先导阀　2—主阀

二、压力控制阀

（一）气动压力控制阀的分类

从阀的作用来看，气动压力控制阀可分为三大类。

（1）减压阀　调节或控制气压的变化，并保持降压后的压力值稳定在需要的值上，确保系统工作压力的稳定性，这类阀称为减压阀（又称调压阀）。对于低压控制系统（如气动

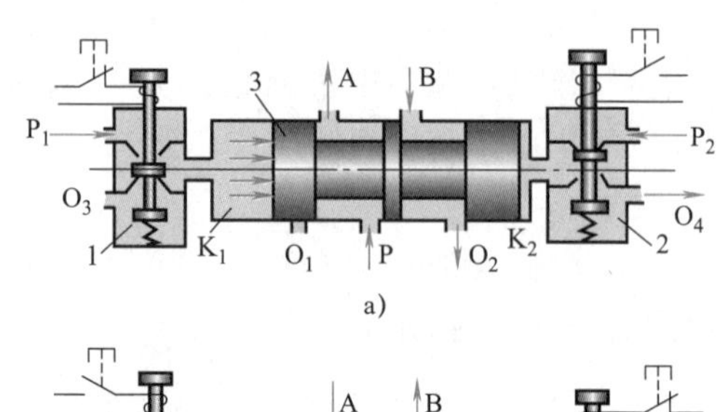

a)

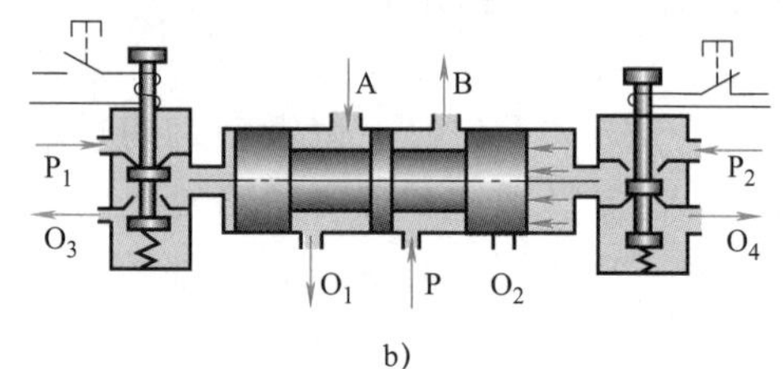

b)

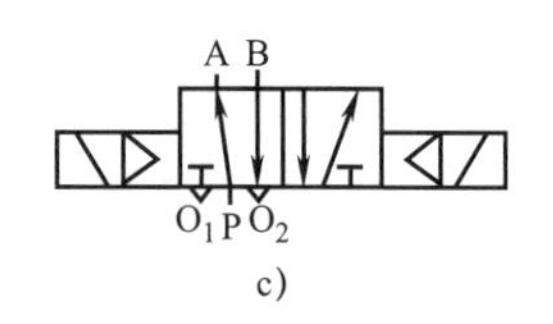

c)

图 4-61 双电磁气控先导式换向阀的工作原理与图形符号
1、2—电磁先导阀 3—主阀

测量），除用减压阀降压外，还需用精密减压阀（又称定值器）以获得更稳定的供气压力。

（2）安全阀 能保持一定的进口压力的阀，当管路中的压力超过规定值时，为保证系统工作安全，需将部分空气放掉，称为安全阀（又称溢流阀）。

（3）顺序阀 在有两个以上分支回路，而气动装置中又不便安装行程阀时，需要依据气压的大小，使执行元件按设计规定的程序进行顺序动作，具有此种功能的阀称为顺序阀。

图 4-62 所示为气动压力控制阀的分类，这里所有的压力控制阀都是利用空气压力和弹簧力相平衡的原理工作的。

（二）气动减压阀

减压阀的调压方式有直动式和先导式两种。一般先导式减压阀的流量特性比直动式好。

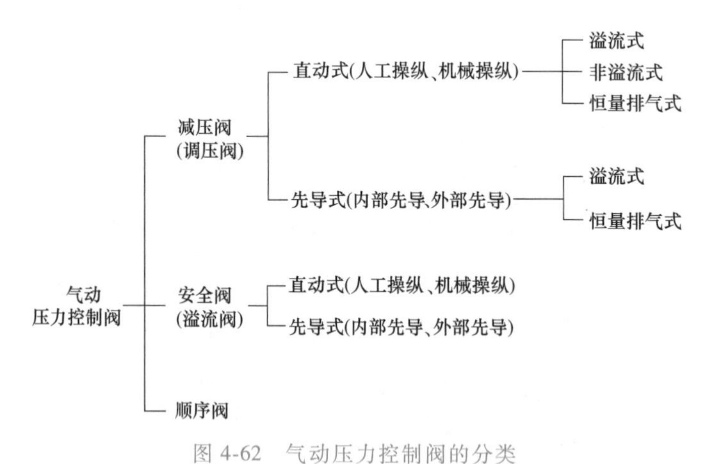

图 4-62 气动压力控制阀的分类

图 4-63 所示为直动式减压阀的工作原理及图形符号。当顺时针方向调整手柄 1 时，调压弹簧 2（实际上有两个弹簧）推动下弹簧座 3、膜片 4 和阀芯 5 向下移动，使阀口开启，气流通过阀口后压力降低，从右侧输出二次压力气。与此同时，有一部分气流由阻尼孔 7 进入膜片室，在膜片下产生一个向上的推力与弹簧力平衡，调压阀便有稳定的压力输出。当输入压力 p_1 增高时，输出压力 p_2 也随之增高，使膜片下的压力也增高，将膜片向上推，阀芯 5 在复位弹簧 9 的作用下上移，从而使阀口 8 的开度减小，节流作用增强，使输出压力降低到调定值为止；反之，若输入压力下降，则输出压力也随之下降，膜片下移，阀口开度增大，节流作用降低，使输出压力回升到调定压力，以维持压力稳定。

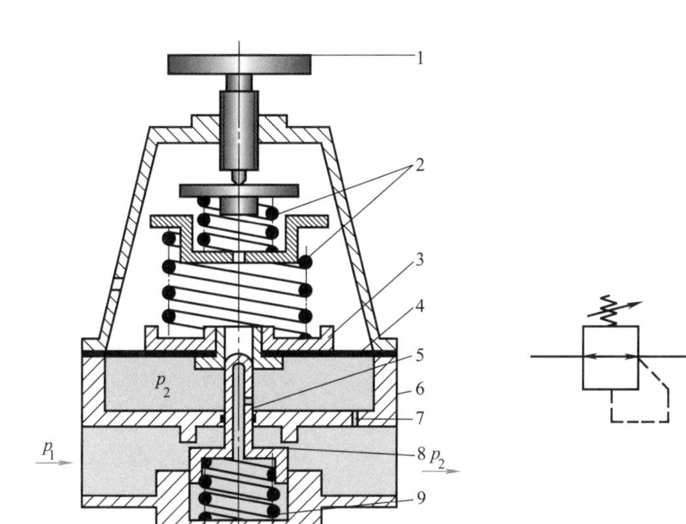

图 4-63 直动式减压阀的工作原理及图形符号

1—手柄 2—调压弹簧 3—下弹簧座 4—膜片 5—阀芯 6—阀套 7—阻尼孔 8—阀口 9—复位弹簧

调节手柄 1 以控制阀口开度的大小，即可控制输出压力的大小。目前常用的 QTY 型调压阀的最大输入压力为 1.0MPa，其输出流量随阀的通径大小而改变。

下面分析减压阀的特性。

为简化分析，假设工作介质空气是不可压缩的，在此条件下建立直动式减压阀阀芯受力的静态平衡方程，进而讨论阀的压力特性和流量特性。图 4-64 所示为减压阀受力分析原理图。如果输出流量不变，若处于平衡状态时输入压力 p_1 变动 Δp_1 引起输出压力 p_2 变动 Δp_2，则得阀的压力特性表达式为

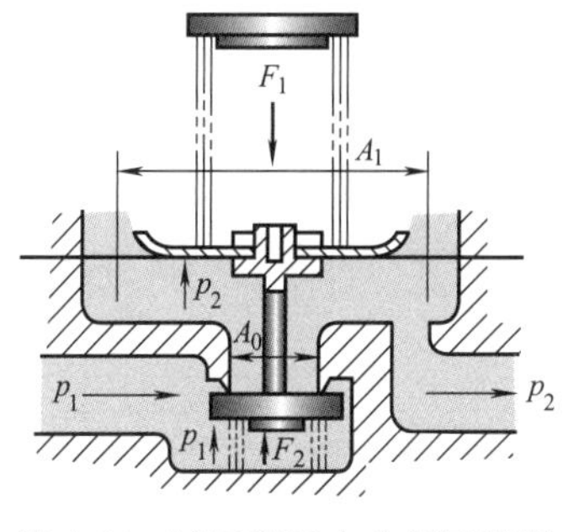

图 4-64 减压阀受力分析原理图

$$\frac{\Delta p_2}{\Delta p_1}=-\frac{1}{\dfrac{A_1}{A_0}-1} \tag{4-26}$$

式中 A_1——膜片有效作用面积；

A_0——阀芯有效作用面积。

式（4-26）表示了减压阀的压力特性，说明输出压力变动与输入压力变动相反，且当 $A_1 \gg A_0$ 时，输出压力变动较小。

如果阀的输入压力不变，输出流量变动 Δq，对应进气阀门开度波动 Δx，引起输出压力变动 Δp_2，则可得阀的流量特性表达式为

$$\frac{\Delta p_2}{\Delta q}=\frac{k_1+k_2}{c(A_1-A_0)} \tag{4-27}$$

式中 k_1——调压弹簧刚度；

k_2——复位弹簧刚度；

c——阀门开度和流量的比例系数，由进气阀门结构决定。

式（4-27）表示了减压阀的流量特性。改善阀的流量特性，提高稳压精度有两个途径：一是增大膜片的有效作用面积；二是减小弹簧刚度。

减压阀的主要性能有调压范围、压力特性、流量特性和溢流特性。

1. 调压范围

减压阀输出压力的调节范围，称为调压范围。减压阀的输出压力在调压范围内应能连续稳定地调整，无突跳现象。

2. 压力特性

压力特性是指减压阀的输出流量一定时，输入压力的波动对输出压力波动的影响，用特性曲线表示，如图4-65a所示。

3. 流量特性

流量特性是指减压阀的输入压力一定时，输出流量的变化对输出压力波动的影响，用特性曲线表示，如图4-65b所示。

减压阀的压力特性和流量特性表示了阀的稳压性能，是选用阀的重要依据。阀的输出压力只有低于输入压力一定值时，才能保证输出压力的稳定，输入压力至少要高于输出压力0.1MPa。阀的输出压力越低，受流量的影响越小，但在小流量时，输出压力波动较大，当使用流量超出规定的流量范围时，输出压力将急剧下降。

4. 溢流特性

溢流特性是指阀的输出压力增加到超过调定值时，溢流口打开，空气从溢流口流出的性能。减压阀的溢流特性表示通过溢流口的溢流流量 q_1 与输出口超压压力 Δp（$\Delta p=p_2'-p_2$）之间的关系，如图4-65c所示。图上，a 点为减压阀的输出压力调定值 p_2，b 点为溢流口即将打开时的输出压力 p_2'。

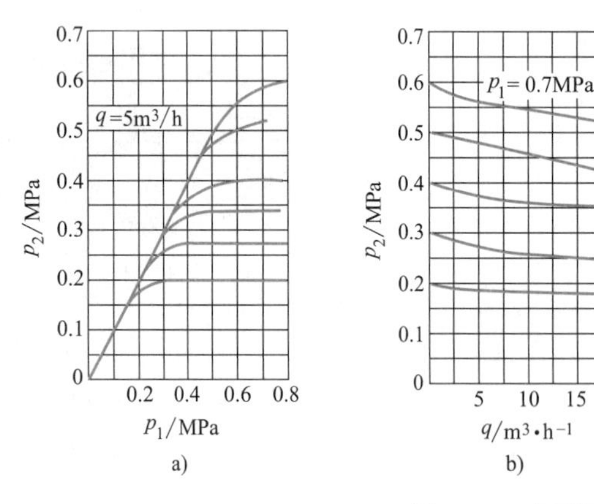

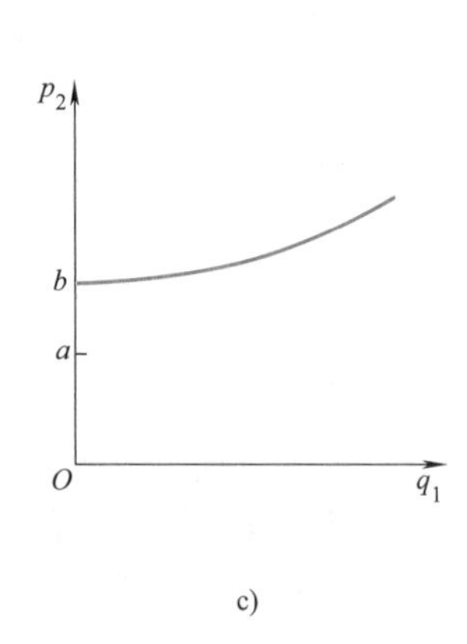

图4-65 减压阀特性

a）压力特性 b）流量特性 c）溢流特性

（三）精密减压阀

在气动测量、调节仪表及低压、微压装置中，需要供给精确的气源压力或信号压力，一般减压阀难以满足要求，这时必须使用精密减压阀。

图4-66所示为精密减压阀的工作原理。它是在普通直动式减压阀中增加了一个喷嘴-挡板放大器，即构成了精密减压阀。放大器包括恒气阻（固定节流）、喷嘴、膜片（挡板）和

背压腔室。

当减压阀的输出压力 p_2 变化时，如压力下降，则上膜片（挡板）5 在调压弹簧 4 的作用下靠近喷嘴 3，引起喷嘴-挡板放大器背压腔（腔室 2）中的压力 p_0 升高。p_0 作用在下膜片 7 上使阀芯开度增加，通流面积增大，输出压力 p_2 上升，直至达到规定的调定值。

由于在普通减压阀的调压弹簧和阀芯之间增加了一个具有高放大倍数的喷嘴-挡块放大器，因而精密减压阀的稳压精度高。

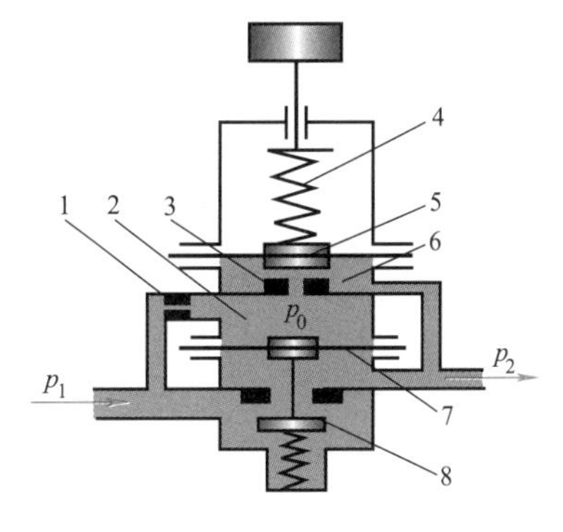

图 4-66 精密减压阀的工作原理

1—恒气阻 2、6—腔室 3—喷嘴 4—调压弹簧 5—上膜片 7—下膜片 8—阀芯

（四）过滤减压阀和气源处理装置

图 4-67a 所示为过滤减压阀，它是将分水过滤器与直动式减压阀集成，做在一个壳体内并配以压力表，兼备了过滤和调压两种功能，使用方便。

把过滤减压阀和油雾器组合在一起，形成无管化连接，称为气源处理装置，是气动系统中常用的气源辅件，如图 4-67b 所示。

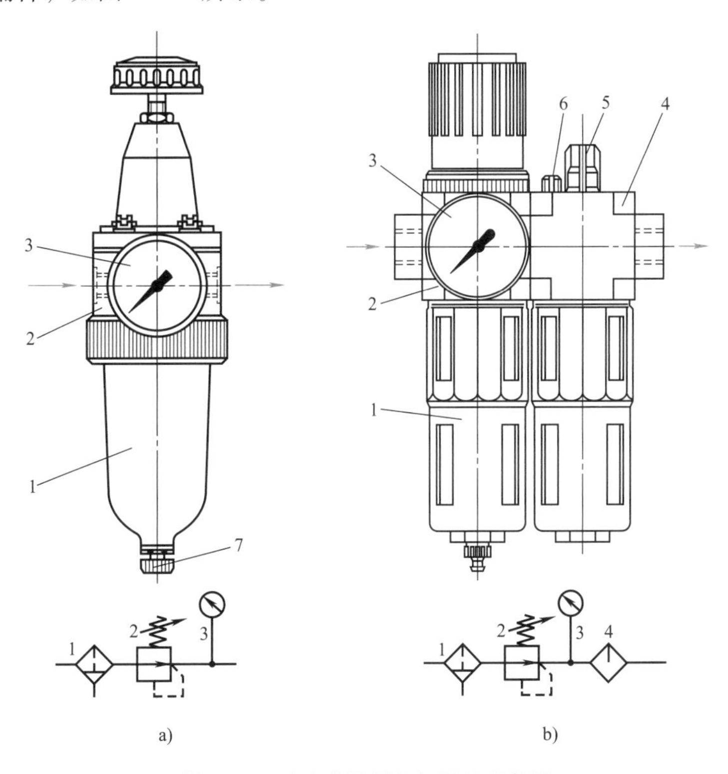

图 4-67 过滤减压阀和气源处理装置

a）过滤减压阀 b）气源处理装置

1—分水过滤器 2—减压阀 3—压力表 4—油雾器 5—滴油量调节螺钉 6—油杯放气螺塞 7—放水螺塞

现在气动元件的集成化程度越来越高，有些厂商将开关阀、过滤减压阀、分气块、压力继电器、油雾器、安全起动阀等元件按不同方式组成各种气源组合装置，供用户选用。气源

组合装置（部分）如图 4-68 所示。

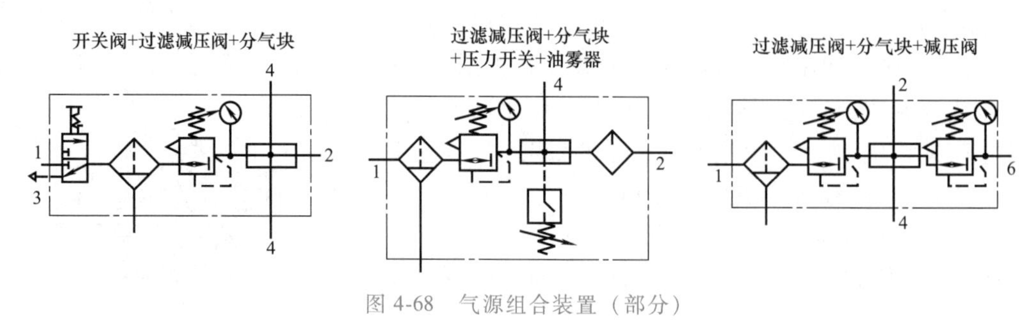

图 4-68 气源组合装置（部分）

三、流量控制阀

气压传动系统中，通过调节压缩空气的流量，实现对执行元件的运动速度、延时元件的延时时间等的控制方法称为流量控制。实现流量控制的装置很多，大致可分为两类：一类是不可调节的流量控制，如细长管、孔板等；另一类是可以调节的流量控制，如喷嘴-挡板机构、流量控制阀等。气动系统中，一般利用流量控制阀实现流量控制。

气动流量控制阀主要包括以下两种：一种设置在回路中，对回路所通过的空气流量进行控制，这类阀有节流阀、单向节流阀、柔性节流阀、行程节流阀；另一种连接在换向阀的排气口处，对换向阀的排气量进行控制，这类阀称为排气节流阀。由于节流阀、单向节流阀和行程节流阀的工作原理与液压阀中同类型阀相似，这里只介绍柔性节流阀和排气节流阀的工作原理。

（一）柔性节流阀

图 4-69 所示为柔性节流阀，其节流作用主要是依靠上下阀杆夹紧柔韧的橡胶管而产生的。当然，也可以利用气体压力来代替阀杆压缩橡胶管。柔性节流阀结构简单，压降小，动作可靠性高，对污染不敏感，通常工作压力范围为 0.3～0.63MPa。

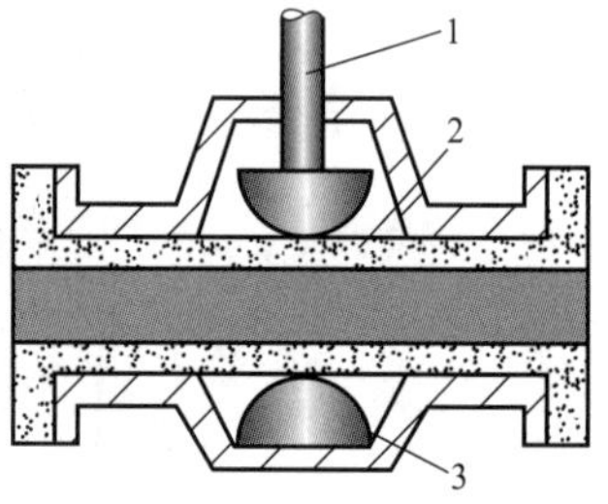

图 4-69 柔性节流阀

1—上阀杆 2—橡胶管 3—下阀杆

（二）排气节流阀

排气节流阀的工作原理与液压节流阀相同，只是安装在元件的排气口（如换向阀的排气口），通过改变排气流量来控制气缸的运动速度。

图 4-70 所示为一种排气消声节流阀。它由节流阀和消声器构成，直接拧在换向阀的排气口上。由于其结构简单，安装方便，能简化回路，故应用日益广泛。

应当指出，由于空气的可压缩性大，故用气动流量控制阀控制气动执行元件的运动速度，其精度远不如液压流量控制阀高。特别是在超低速控制中，要按照预定行程变化来控制速度，只用气动流量阀是很难实现的。故气缸的运动速度一般不得低于 30mm/s。在外部负载变化较大时，仅用气动流量阀也不会得到满意的调速效果。

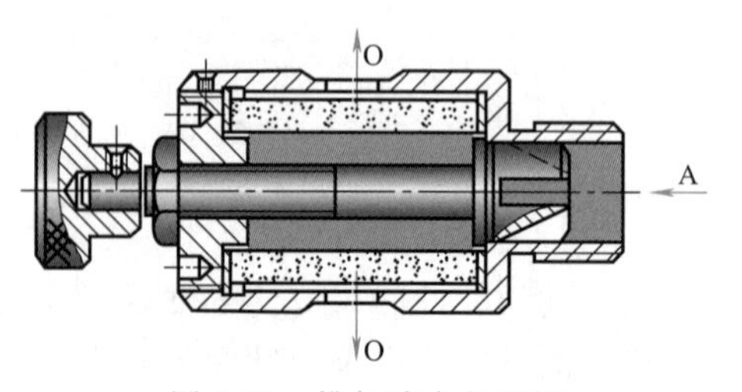

图 4-70 排气消声节流阀

在气缸速度控制中，若能充分注意以下各点，则在多数场合下可以达到比较满意的效果。

1）彻底防止管路中的气体泄漏，包括各元件接管处的泄漏。

2）要注意减小气缸运动的摩擦阻力，以保持气缸运动速度的平稳。为此，需注意气缸本身的质量，使用中要保持良好的润滑状态。要注意正确、合理地安装气缸，超长行程的气缸应安装导向支架。

3）加在气缸活塞杆上的载荷必须稳定。在载荷变化的情况下，可利用气液联合传动的方式以稳定气缸的运动速度。

第五节　液压叠加阀和插装阀

根据安装形式的不同，阀类元件曾制成各种结构形式。管式连接和法兰式连接的阀，占用的空间较大，装拆和维修保养都不太方便，现在已越来越少用。相反，板式连接和插装式连接的阀则日益占有优势。板式连接的普通液压阀可以安装到集成块上，利用集成块上的孔道实现油路间的连接。也有直接将阀做成叠装式的结构，这就是叠加阀。插装式结构的阀称为插装阀。

一、叠加阀

叠加阀是液压系统集成化的一种方式。由叠加阀组成的叠加阀系统如图 4-71 所示。

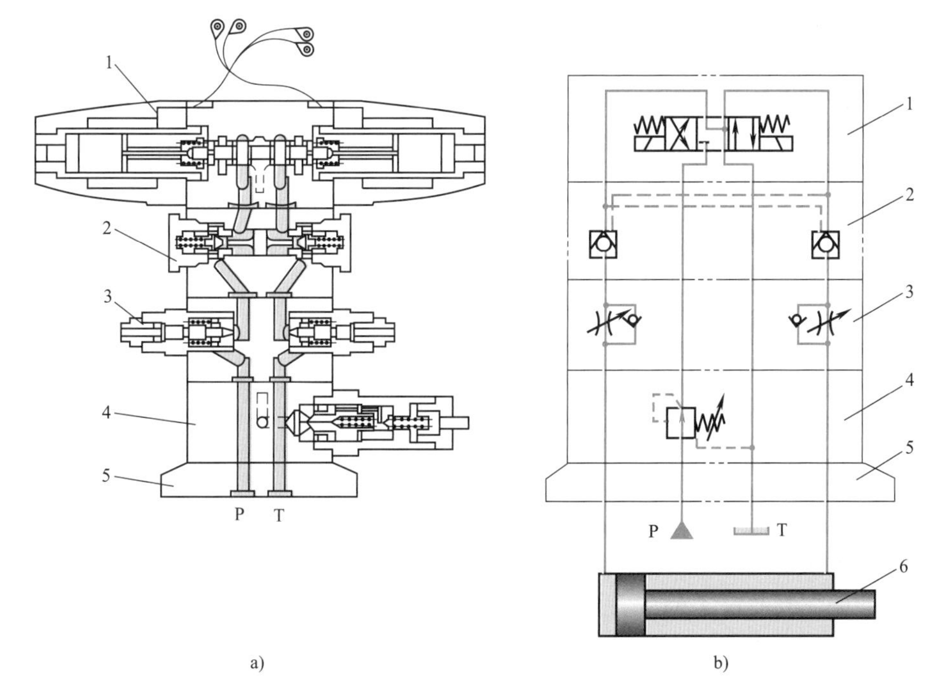

图 4-71　由叠加阀组成的叠加阀系统

1—电磁换向阀　2—液控单向阀　3—单向节流阀　4—减压阀　5—底板　6—液压缸

叠加阀系统最下面一般为底板，其上有进、回油口及与执行元件的接口。一个叠加阀组一般控制一个执行元件。如系统中有几个执行元件需要集中控制，可将几个叠加阀组竖立并排安装在多联底板块上。

叠加阀系统各单元叠加阀间不用管子和其他形式的连接体，因而结构紧凑，尤其是系统的更改较方便。叠加阀是标准化元件，设计中仅需按工艺要求绘制液压系统原理图，即可进行组装，因而设计工作量小，目前已广泛应用于冶金、机床、工程机械等领域。

二、插装阀

插装阀在高压大流量的液压系统中应用很广。由于插装元件已标准化、模块化，将几个插装式元件组合一下便可组成复合阀。和普通液压阀相比，它有如下优点：

1）采用锥阀结构，内阻小，响应快，密封好，泄漏少。

2）机能多，集成度高。配置不同的先导控制级，就能实现方向、压力、流量的多种控制。

3）通流能力大，特别适用于大流量的场合。它的最大通径可达 200~250mm，通过的流量可达 10000L/min。

4）结构简单，易于实现标准化、系列化。

插装阀按通口数量分为二通、三通和四通插装阀；按结构分为盖板式插装阀和螺纹式插装阀。而主流产品则是盖板式二通插装阀。

（一）盖板式二通插装阀的组成

盖板式二通插装阀（以下简称插装阀）主要由插装件和控制盖板两部分构成，如图 4-72 所示。其中插装件由阀套 1、阀芯 2 和弹簧 3 以及密封件等组成，它有多种面积比和弹簧刚度，主要功能是控制主油路中油流的方向、压力和流量。控制盖板 4 内加工有各种控制油道，与先导控制阀组合后可以控制插装件的工作状态。先导控制阀采用小通径电磁滑阀或球阀，通过电信号或其他信号控制插装阀的启闭，从而实现各种控制功能。

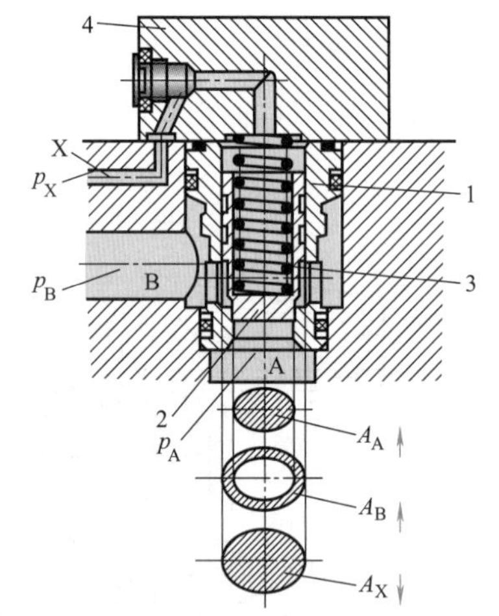

图 4-72 盖板式二通插装阀的结构原理图

1—阀套 2—阀芯 3—弹簧 4—控制盖板

（二）工作原理

从工作原理而言，插装阀是一个液控单向阀。图 4-72 中，A、B 为主油路通口，X 为控制油路通口。设 A、B、X 油口的压力及其作用面积分别为 p_A、p_B、p_X 和 A_A、A_B、A_X，$A_X=A_A+A_B$，F_s 为弹簧作用力。如不考虑阀芯的质量、液动力和摩擦力等的影响，则当 $p_AA_A+p_BA_B>p_XA_X+F_s$ 时，阀芯开启，油路 A、B 接通；当 $p_AA_A+p_BA_B<p_XA_X+F_s$ 时，阀芯关闭，A、B 不通。可见，只要改变控制油口 X 的压力 p_X 就可以控制油口 A、B 的通断。因此，插装阀通过不同的控制盖板和各种先导阀组合，便可构成方向控制阀、压力控制阀和流量控制阀。

1. 面积比

A_A、A_B 和 A_X 三个面积之间的比例关系对插装阀的性能和用途有很大影响。一般定义 $\alpha=A_X/A_A$ 为面积比，此外还有 $\alpha_A=A_A/A_X$、$\alpha_B=A_B/A_X$、$A_A:A_X$、$A_A:A_B$ 等不同表示方法。

目前国内外厂商生产的插装阀的面积比（$A_A : A_X$）根据不同的用途大致有：1∶1.0、1∶1.07、1∶1.1、1∶1.2、1∶1.5、1∶1.6、1∶2.0 等。

2. 图形符号

ISO 1219-2-2012 规定了插装阀的图形符号。但各厂商都仍沿用着各自的图形符号。表 4-6 所列为 TJ 型插装件的图形符号，以供参考。

表 4-6 TJ 型插装件的图形符号

插装件类型	面积比 $A_A : A_X$	图形符号	用途
基本型插装件	≤1∶1.5	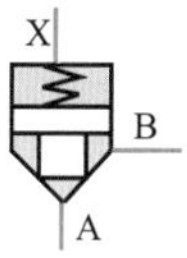	用于方向控制
阀芯带阻尼孔的插装件	≤1∶1.5	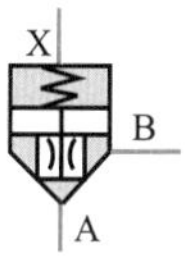	用于方向及压力控制；也可用作 B→A 单向阀
阀芯带 2 或 4 个三角形节流窗口尾部的插装件	≤1∶1.5	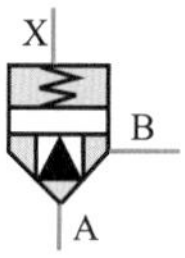	用于方向及流量控制
阀芯带缓冲尾部的插装件	≤1∶1.5	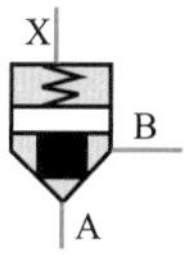	用于方向控制，具有启闭缓冲功能
阀芯侧向钻孔的插装件	≤1∶1.5	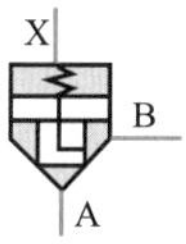	常用作 A→B 单向阀
阀芯带 O 形密封圈的插装件	≤1∶1.5	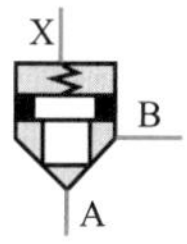	用于无泄漏方向控制，或使用低黏度介质的场合
基本型插装件	=1∶1.1	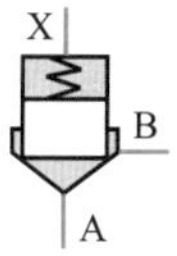	用于方向及压力控制
阀芯带底部阻尼孔的插装件	=1∶1.1	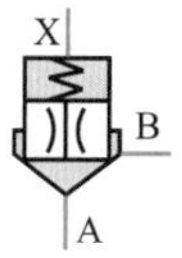	用于方向及压力控制

（续）

插装件类型	面积比 $A_A:A_X$	图形符号	用　途
阀芯带4个三角形节流窗口尾部的插装件	=1：1.1		用于方向及流量控制
基本型插装件	=1：1或=1：1.1		用于压力控制
阀芯带底部阻尼孔的插装件	=1：1或=1：1.1		用于压力控制
减压阀型插装件	=1：1或=1：1.1		用于减压控制

（三）应用举例

图4-73所示为二通插装阀组成方向控制阀的几个例子。图4-73a所示为用作单向阀。当$p_A>p_B$时，阀芯关闭，A、B不通；而当$p_B>p_A$时，阀芯开启，油液可从B流向A。图4-73b所示为用作二位三通阀。当电磁铁断电时，A、T接通；电磁铁通电时，A、P接通。图4-73c所示为用作二位二通阀。当二位三通电磁阀断电时，阀芯开启，A、B接通；电磁铁通电时，阀芯关闭，A→B不通，B→A可通，相当于一个单向阀。图4-73d所示为用作二位四通阀。电磁铁断电时，P和B接通，A和T接通；电磁铁通电时，P和A接通，B和T接通。

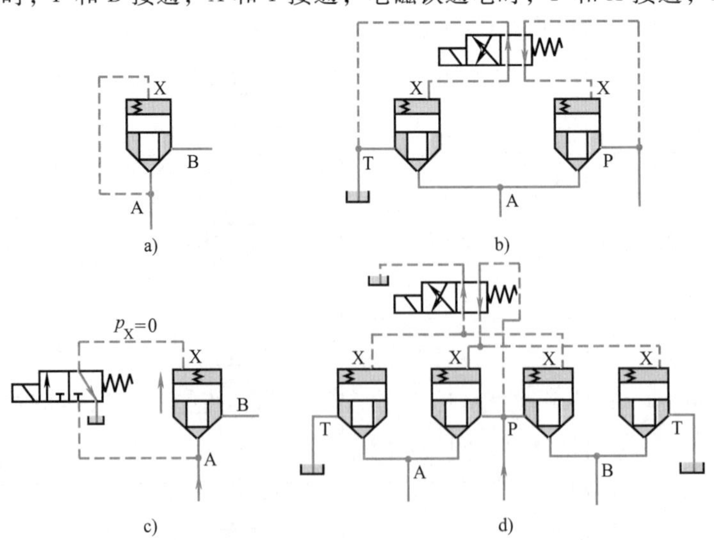

图4-73　二通插装阀组成方向控制阀的几个例子

a）单向阀　b）二位三通阀　c）二位二通阀　d）二位四通阀

对插装阀的控制腔 X 的压力进行控制，便可构成压力控制阀。图 4-74 所示为插装阀用作压力控制阀的示意图。图 4-74a 中，如 B 接油箱，则插装阀起溢流阀作用；B 接另一油口，则插装阀起顺序阀作用。图 4-74b 中，用常开式滑阀阀芯作减压阀，B 为一次压力油 p_1 进口，A 为出口。由于控制油取自 A 口，因而能得到恒定的二次压力 p_2，所以这里的插装阀用作减压阀。图 4-74c 中，插装阀的控制腔再接一个二位二通电磁阀，当电磁铁通电时，插装阀便用作卸荷阀。

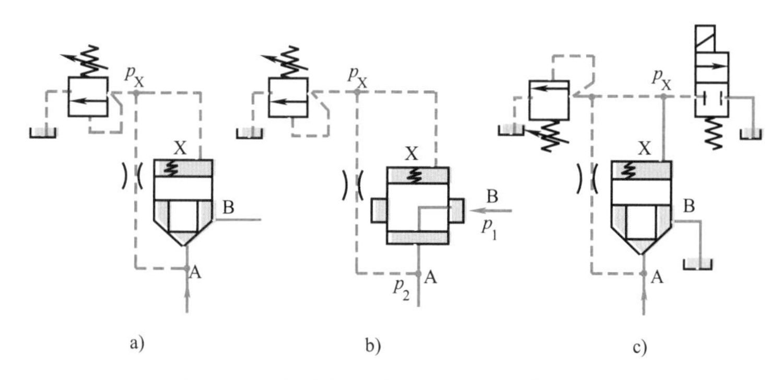

图 4-74　插装阀用作压力控制阀的示意图

a）溢流阀或顺序阀　b）减压阀　c）卸荷阀

图 4-75 所示的减压控制组件由滑阀式减压阀插装件 1、先导调压元件 2、控制盖板 3 及微流量调节器 4 组成。其中，先导调压元件调压；滑阀式减压阀插装件减压；微流量调节器的作用是控制流量，保持恒定。

图 4-76 所示为插装阀用作流量控制阀的示意图。图 4-76a 中插装阀用作节流阀，而图 4-76b 中则用作调速阀。

图 4-77 所示的节流式流量控制组件是用行程调节器来限制阀芯行程的，以控制阀口开度而达到控制流量的目的，其阀芯尾部带有节流口。

螺纹插装阀通过螺纹与阀块上的标准插孔相连接（图 4-78）。在阀块上钻孔将各种功能的螺纹插装阀连接成阀系统。螺纹插装阀已发展为具有压力、流量和方向控制阀以及手动、电磁、比例、数字等多种控制方式以及各种尺寸系列的阀类。

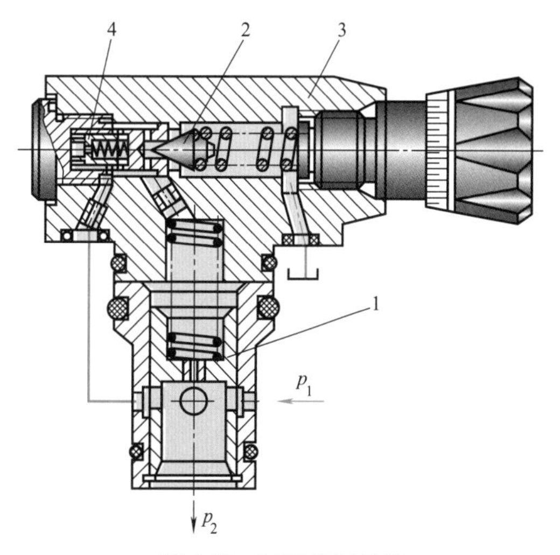

图 4-75　减压控制组件

1—减压阀插装件　2—先导调压元件
3—控制盖板　4—微流量调节器

螺纹插装阀的阀芯既有锥阀，也有滑阀，又有二、三、四通多种通口形式，而且不必另用螺钉固定，因而有结构紧凑、装卸方便、布置灵活。螺纹插装阀的尺寸、流量规格一般比二通插装阀要小。螺纹式插装阀的实例如图 4-78 所示。

螺纹插装阀在小型工程机械、农业机械、起重运输机械等领域有广泛应用，且有较好的发展前景。

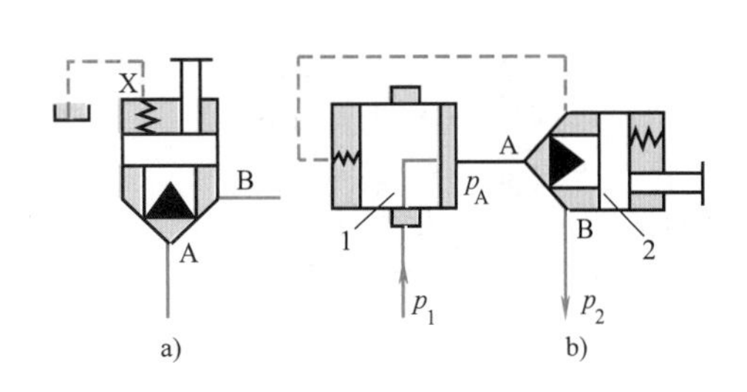

图 4-76 插装阀用作流量控制阀的示意图

a）节流阀 b）调速阀

1—定差减压阀 2—节流阀

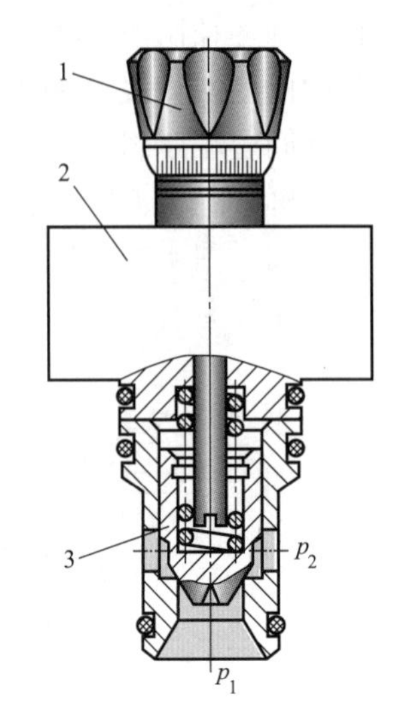

图 4-77 节流式流量控制组件

1—行程调节器 2—控制盖板

3—流量阀插装件

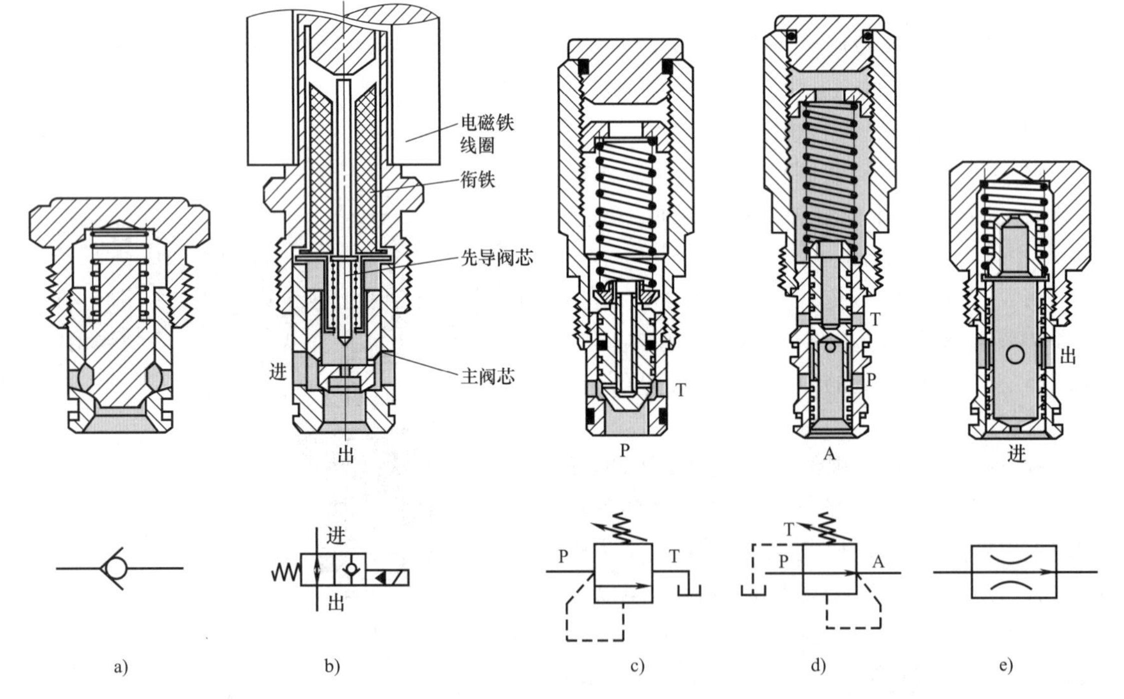

图 4-78 螺纹式插装阀实例

a）单向阀 b）锥阀型电液常开二通阀 c）直动式溢流阀 d）滑阀型直动式三通减压阀 e）压力补偿型定流量阀

第六节 电液伺服控制阀

电液伺服控制阀将电信号传递处理的灵活性和大功率液压控制相结合，可对大功率、快速响应的液压系统实现远距离控制、计算机控制和自动控制，在航空、航天、冶金、实验设备、雷达、船舰、兵器等领域具有重要而广泛的用途。

按输出和反馈的液压参数不同，电液伺服控制阀分为流量伺服阀和压力伺服阀两大类，前者应用远比后者广泛，本书只讨论流量伺服阀。

一、电液伺服控制阀的结构原理

电液伺服控制阀用伺服放大器进行控制。伺服放大器的输入电压信号来自电位器、信号发生器、同步机组和计算机的 D-A 数模转换器输出的电压信号等。其输出参数即电-机械转换器的电流与输入电压信号成正比。伺服放大器是具有深度电流负反馈的电子放大器，一般主要包括比较元件（即加法器或误差检测器）、电压放大和功率放大三部分。电液伺服控制阀在系统中一般不用作开环控制，系统的输出参数必须进行反馈，形成闭环控制，因而其比较元件至少要有控制和反馈两个输入端。有的电液伺服控制阀还有内部状态参数的反馈。

图 4-79 所示为典型的电液伺服控制阀，由电-机械转换器、液压控制阀和反馈机构三部分组成。

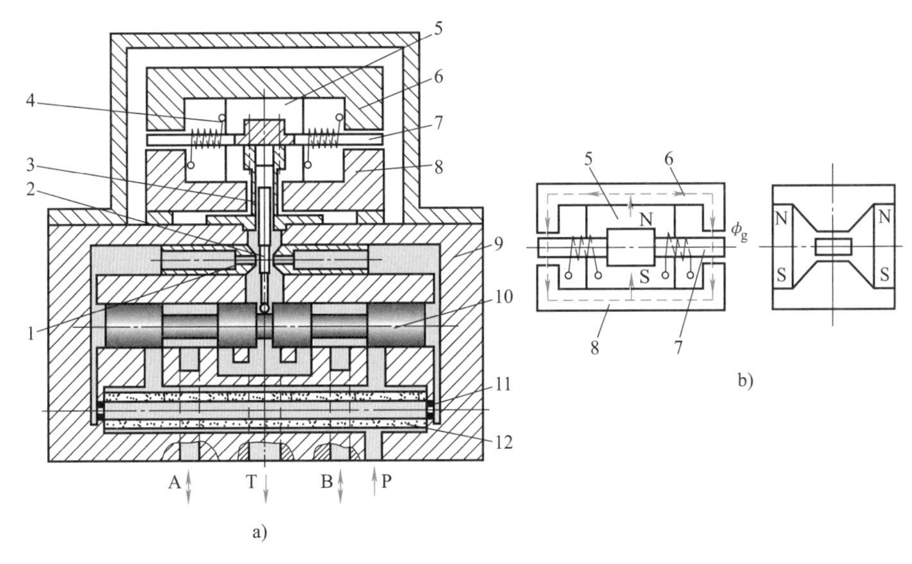

图 4-79　典型的电液伺服控制阀

a）电液伺服控制阀结构　b）电-机械转换器结构

1—喷嘴　2—挡板　3—弹簧管　4—线圈　5—永久磁铁　6、8—导磁体　7—衔铁　9—阀体　10—滑阀　11—节流孔　12—过滤器

电液伺服控制阀在系统中具有电液转换和功率放大的功能。

电液伺服控制阀的电-机械转换器的直接作用是将伺服放大器输入的电流转换为力矩或力（前者称为力矩马达，后者称为力马达），进而转化为在弹簧支承下阀的运动部件的角位移或直线位移以控制阀口的通流面积大小。

图 4-79a 的上部及图 4-79b 表示电-机械转换器的结构。衔铁 7 和挡板 2 连为一体，由固定在阀体 9 上的弹簧管 3 支承。挡板下端的球头插入滑阀 10 的凹槽中，前后两块永久磁铁 5

与导磁体6、8形成一固定磁场。当线圈4内无控制电流时，导磁体6、8和衔铁间四个间隙中的磁通相等，均为ϕ_g且方向相同，衔铁受力平衡处于中位。当线圈中有控制电流时，一组对角方向气隙中的磁通增加，另一组对角方向气隙中的磁通减小，于是衔铁在磁力作用下克服弹簧管的弹力，偏移一个角度。挡板随衔铁偏转而改变其与两个喷嘴1间的间隙，一个间隙减小，另一个间隙相应增大。

该电液伺服控制阀的液压阀部分为双喷嘴-挡板先导阀控制的功率级滑阀式主阀。压力油经P口直接为主阀供油，但进喷嘴-挡板的油则需经过滤器12进一步过滤。

当挡板偏转使其与两个喷嘴间隙不等时，间隙小的一侧的喷嘴腔压力升高，反之间隙大的一侧喷嘴腔压力降低。这两腔压差作用在滑阀的两端面上，使滑阀产生位移，阀口开启。这时压力油经P口和滑阀的一个阀口并经通口A或B流向液压缸，液压缸的排油则经通口B或A和另一阀口并经通口T与回油相通。

滑阀移动时带动挡板下端球头一起移动，从而在衔铁挡板组件上产生力矩，形成力反馈，因此这种阀又称力反馈伺服阀。稳态时衔铁挡板组件在驱动电磁力矩、弹簧管的弹性反力矩、喷嘴液动力产生的力矩、阀芯移动产生的反馈力矩作用下保持平衡。输入电流越大，电磁力矩也越大，阀芯位移即阀口通流面积也越大，在一定的阀口压差（如7MPa）下，通过阀的流量也越大，即在一定的阀口压差下，阀的流量近似与输入电流成正比。当输入电流极性反向时，输出流量也反向。

电液伺服控制阀的反馈方式除上述力反馈外还有阀芯位置直接反馈、阀芯位移电反馈、流量反馈、压力反馈（压力伺服阀）等多种形式。电液伺服控制阀内的某些反馈主要是改善其动态特性，如动压反馈等。

上述电液伺服控制阀液压部分为二级阀，伺服阀也有单级的和三级的，三级伺服阀主要用于大流量场合。图4-79所示由喷嘴、挡板阀和滑阀组成的力反馈型电液伺服阀是最典型、最普遍的结构形式。电液伺服阀的电-机械转换器除动铁式外，还有动圈式和压电陶瓷等形式。

二、常用的结构形式

液压伺服控制阀中常用的液压控制元件的结构有滑阀、射流管和喷嘴-挡板三种。

（一）滑阀

根据滑阀上控制边数（起控制作用的阀口数）的不同，有单边、双边和四边滑阀控制式三种类型（图4-80）。

图4-80a所示为单边滑阀控制式，它有一个控制边。控制边的开口量x_s控制了液压缸中的油液压力和流量，从而改变了液压缸运动的速度和方向。

图4-80b所示为双边滑阀控制式，它有两个控制边。压力油一路进入液压缸左腔，另一路经滑阀控制边x_{s1}的开口和液压缸右腔相通，并经控制边x_{s2}的开口流回油箱。当滑阀移动时，x_{s1}增大，x_{s2}减小，或相反，这样就控制了液压缸右腔的压力，因而改变了液压缸的运动速度和方向。

图4-80c所示为四边滑阀控制式，它有四个控制边。x_{s1}和x_{s2}是控制压力油进入液压缸左、右油腔的，x_{s3}和x_{s4}是控制左、右油腔通向油箱的。当滑阀移动时，x_{s1}和x_{s4}增大，x_{s2}和x_{s3}减小，或相反，这样就控制了进入液压缸左、右腔的油液压力和流量，从而控制了液压缸的运动速度和方向。

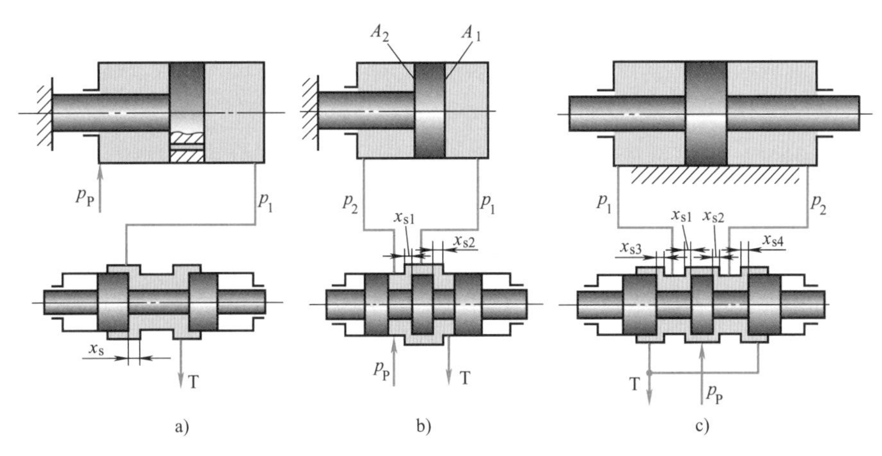

图 4-80 单边、双边和四边滑阀

a）单边 b）双边 c）四边

四边滑阀控制式伺服阀用于精度和稳定性要求较高的系统。

由上可见，单边、双边和四边滑阀的控制作用是相同的。单边和双边滑阀只用以控制单杆液压缸；四边滑阀用来控制双杆液压缸。控制边数多时控制质量好，但结构工艺性差。一般说来，四边控制用于精度和稳定性要求较高的系统；单边、双边控制则用于一般精度的系统。滑阀式伺服阀装配精度要求较高，价格也较贵，对油液的污染也较敏感。

四边滑阀根据在平衡位置时阀口初始开口量的不同，可以分为三种类型：负预开口（正遮盖）、零开口和正预开口。

伺服阀阀芯除了做直线移动的滑阀之外，还有一种阀芯做旋转运动的转阀，它的作用原理和上述滑阀相类似。

（二）射流管

图 4-81 所示为射流管装置的工作原理。它由射流管 3、接收板 2 和液压缸 1 组成。射流管 3 可绕垂直于图面的轴线左右摆动一个不大的角度。接收板 2 上有两个并列着的接收孔道 a 和 b，它们把射流管 3 端部锥形喷嘴中射出的压力油分别通向液压缸 1 左右两腔。当射流管 3 处于两个接收孔道的中间位置时，两个接收孔道内油液的压力相等，液压缸 1 不动；如有输入信号使射流管 3 向左偏转一个很小的角度时，两个接收孔道内的压力不相等，液压缸 1 左腔的压力大于右腔的，液压缸 1 便向左移动，直到跟着液压缸 1 移动的接收板 2 使射流孔又处于两接收孔道的中间位置时为止；反之亦然。可见，在这种伺服元件中，液压缸运动的方向取决于输入信号的方向，运动的速度取决于输入信号的大小。

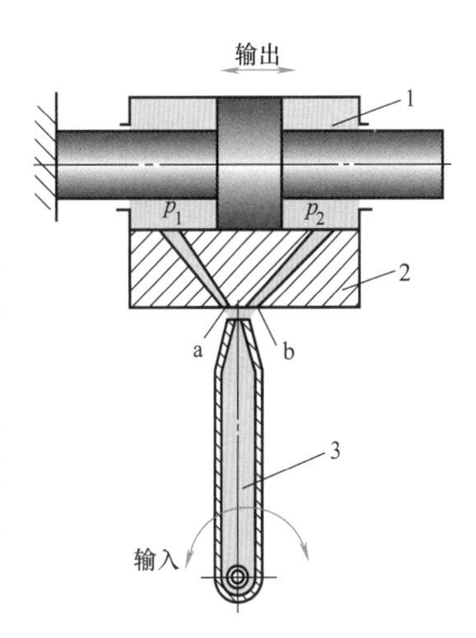

图 4-81 射流管装置的工作原理

1—液压缸 2—接收板 3—射流管

射流管装置的优点是：结构简单，元件加工精度要求低；射流管出口处面积大，抗污染能力强；射流管上没有不平衡的径向力，不会产生“卡住”现象。它的缺点是：射流管运

动部分惯量较大，工作性能较差；射流能量损失大，零位无功损耗也大，效率较低；供油压力高时容易引起振动，且沿射流管轴向有较大的轴向力。因此，这种伺服元件主要用于多级伺服阀的第一级的场合。

射流管式和喷嘴-挡板式伺服元件主要用作多级伺服阀的第一级。

（三）喷嘴-挡板

图 4-82 所示为喷嘴-挡板装置的工作原理。它由喷嘴 3、挡板 2 和液压缸 1 组成。液压泵来的压力油 p_p 一部分直接进入液压缸 1 有杆腔，另一部分经过固定节流孔 a 进入液压缸 1 的无杆腔，并有一部分经喷嘴-挡板间的间隙 δ 流回油箱。当输入信号使挡板 2 的位置（亦即 δ）改变时，喷嘴-挡板间的节流阻力发生变化，液压缸 1 无杆腔的压力 p_1 也发生变化，液压缸 1 就产生相应的运动。

上述结构是单喷嘴-挡板式的，还有双喷嘴-挡板式的（图 4-79），它的工作原理与单喷嘴-挡板式相似。

喷嘴-挡板式控制的优点是：结构简单，运动部分惯性小，位移小，反应快，精度和灵敏度高，加工要求不高，没有径向不平衡力，不会产生“卡住”现象，因而工作较可靠。它的缺点是：无功损耗大，喷嘴-挡板间距离很小时抗污染能力差，因此宜在多级放大式伺服元件中用作第一级（前置级）控制装置。

如果射流管或喷嘴-挡板装置作为伺服阀的第一级使用，则受其控制的不是液压缸，而是伺服阀的第二放大级。一般第二放大级是滑阀。

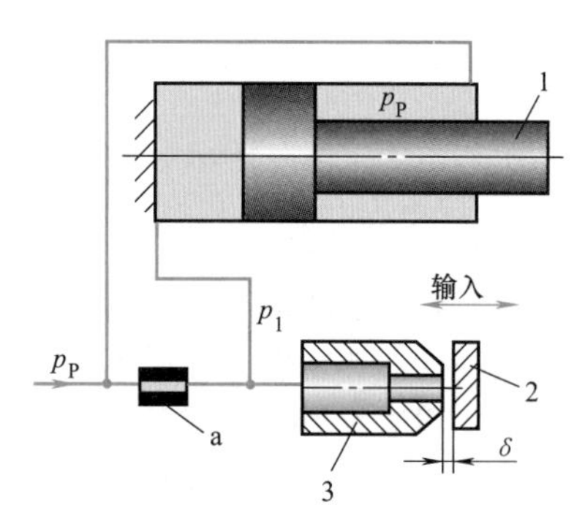

图 4-82　喷嘴-挡板装置的工作原理

1—液压缸　2—挡板　3—喷嘴

三、伺服阀的特性分析

（一）静态特性

1. 伺服阀的流量-压力特性

伺服阀的流量-压力特性是指它在负载下阀芯发生某一位移时通过阀口的流量 q_L 与负载压力 p_L 之间的关系。以图 4-83 所示的理想零开口阀为例，假定阀口棱边锋利，油源压力稳定，油液是理想液体，阀芯和阀套间的径向间隙忽略不计，执行元件是双杆液压缸。当阀芯向右移动时，阀口 1、3 打开，2、4 关闭，伺服阀在进油、回油路上各有一个节流开口，进油开口处压力从 p_P 降到 p_1，回油开口处从 p_2 降到零。油流的方程为

$$q_P = q_1 = q_L = q_3$$

式中　q_P、q_L——在负载下通过伺服阀和通向液压缸的流量；

q_1、q_3——通过阀口 1、3 的流量。

$$q_1 = C_d A_1 \sqrt{\frac{2}{\rho}(p_p - p_1)}$$

$$q_3 = C_d A_3 \sqrt{\frac{2}{\rho} p_2}$$

式中 A_1、A_3——阀口 1、3 处的通流面积，其他符号意义同前。

伺服阀的各个控制口大多是配作而且对称的，因此 $A_1=A_3$，且 $q_1=q_3$。由于 $p_P=p_1+p_2$（可由 $q_1=q_3$ 推得），且负载压力 $p_L=p_1-p_2$，故有 $p_1=(p_P+p_L)/2$，$p_2=(p_P-p_L)/2$，在这种情况下

$$q_L=C_dA_1\sqrt{\frac{2}{\rho}\frac{p_P-p_L}{2}}=C_dwx_s\sqrt{\frac{p_P-p_L}{\rho}} \tag{4-28}$$

图 4-83 零开口伺服阀计算简图

将式（4-28）两边同乘 x_{smax}，并平方后化成无量纲式，得

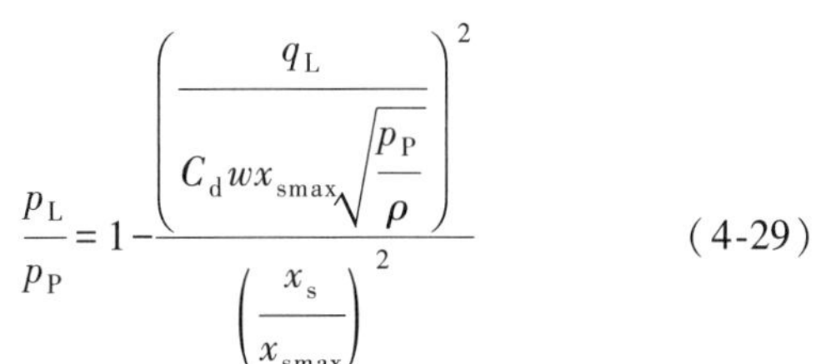

$$\frac{p_L}{p_P}=1-\frac{\left(\dfrac{q_L}{C_dwx_{smax}\sqrt{\dfrac{p_P}{\rho}}}\right)^2}{\left(\dfrac{x_s}{x_{smax}}\right)^2} \tag{4-29}$$

这是一组抛物线方程，其图形如图 4-84 所示。图中上半部是伺服阀右移时的情况，下半部是伺服阀左移时的情况。由图可见，伺服阀的“流量-压力”曲线对零点是对称的，亦即阀的控制性能在两个方向上是一样的。

其他开口形式伺服阀的“流量-压力”特性可以仿照上述方法进行分析。

由图 4-84 可得阀的流量-压力系数

$$K_C=-\frac{\partial q_L}{\partial p_L}\bigg|_{x_s=\text{const}}=\frac{C_dwx_s}{2\sqrt{\rho(p_P-p_L)}} \tag{4-30}$$

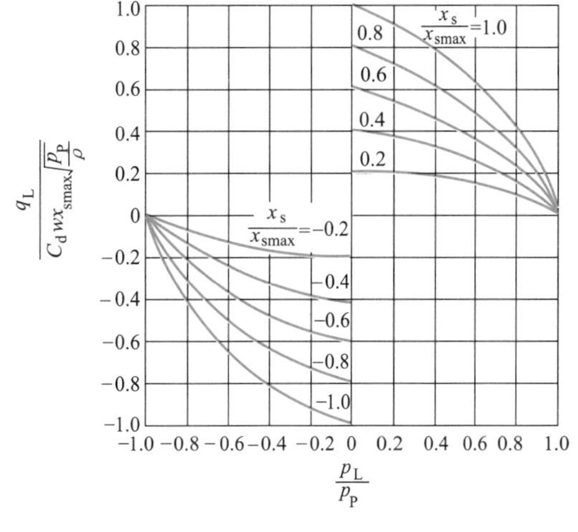

图 4-84 零开口伺服阀的“流量-压力”特性曲线

2. 流量特性

伺服阀的流量特性曲线如图 4-85 所示，其中图 4-85a 所示为零开口阀的理论流量曲线和实际流量曲线，图 4-85b 和图 4-85c 所示分别为负预开口阀和正预开口阀的流量曲线。

由图 4-85 可得阀的流量增益（流量放大系数），定义是

$$K_q=\frac{\partial q_L}{\partial x_s}\bigg|_{p_L=\text{const}}$$

对理想零开口阀而言，得

$$K_q=C_dw\sqrt{\frac{p_P-p_L}{\rho}} \tag{4-31}$$

3. 压力特性

图 4-86 所示为伺服阀的压力特性曲线。由图可得阀的压力增益（压力放大系数），其定

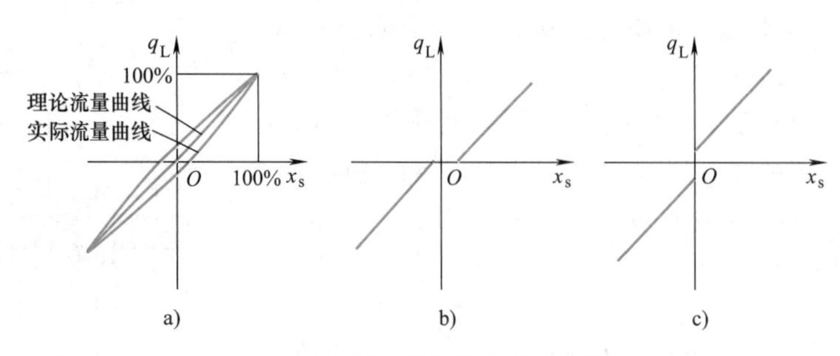

图 4-85 伺服阀的流量特性曲线

a）零开口阀 b）负预开口阀 c）正预开口阀

义为

$$K_p=\frac{\partial p_L}{\partial x_s}\bigg|_{q_L=\text{const}}$$

由于$\frac{\partial q_L}{\partial x_s}=-\frac{\partial q_L}{\partial p_L}\frac{\partial p_L}{\partial x_s}$,因此可推得

$$K_p=\frac{K_q}{K_C} \tag{4-32}$$

对理想零开口阀来说

$$K_p=\frac{2(p_P-p_L)}{x_s} \tag{4-33}$$

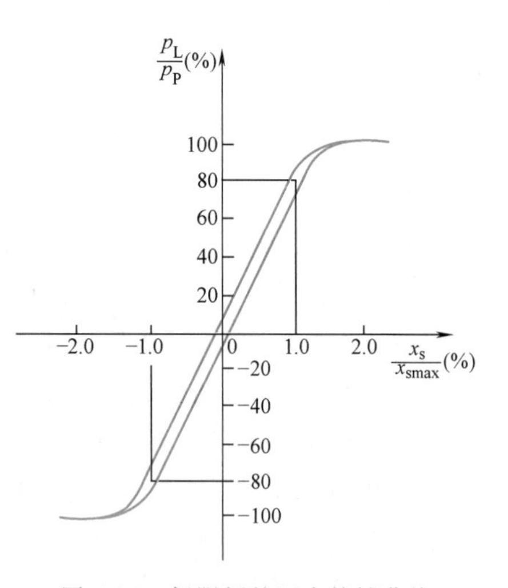

图 4-86 伺服阀的压力特性曲线

上述三个系数 K_q、K_C 和 K_p 称为液压伺服阀的特性系数。这些系数不仅表示了液压伺服系统的静特性，而且在分析伺服系统的动特性时也非常重要。流量增益对系统的稳定性有影响。流量-压力系数对系统的阻尼比和系统刚度有影响。阀的压力增益则表明阀芯在很小位移时，系统是否有起动较大负载的能力，故对灵敏度有影响。

液压伺服阀的 K_q、K_C、K_p 三个特性系数，对分析伺服系统的静、动态特性具有重要意义。

阀在原点附近的特性系数称为零位特性系数。几种常用伺服阀的零位特性系数见表 4-7。

表 4-7 几种常用伺服阀的零位特性系数

零位特性系数 \ 伺服阀种类	单边滑阀	双边滑阀	零开口四边滑阀	正开口四边滑阀
K_{q0}	$C_d w\sqrt{\frac{p_P}{\rho}}$	$2C_d w\sqrt{\frac{p_P}{\rho}}$	$C_d w\sqrt{\frac{p_P}{\rho}}$	$2C_d w\sqrt{\frac{p_P}{\rho}}$
K_{C0}	$\frac{2C_d w x_{s0}}{\sqrt{\rho p_P}}$	$\frac{2C_d w x_{s0}}{\sqrt{\rho p_P}}$	0	$\frac{C_d w x_{s0}}{\sqrt{\rho p_P}}$
K_{p0}	$\frac{p_P}{2x_{s0}}$	$\frac{p_P}{x_{s0}}$	∞	$\frac{2p_P}{x_{s0}}$

表 4-7 中单边滑阀和双边滑阀的零位特性系数表达式的适用条件是：由它们驱动的液压缸小腔有效工作面积和大腔有效工作面积之比为 0.5。而单边滑阀的 x_{s0} 是指在零负载和液压缸不动（$q_L=0$）这一平衡状态下的开口量。对正开口四边滑阀，x_{s0} 是它的预开口量。

4. 内泄漏特性

对于零开口滑阀，滑阀处于中间位置时，通过径向缝隙产生的泄漏为

$$q=\frac{\pi w C_r^3}{32\mu}p_P \tag{4-34}$$

式中　w——阀的面积梯度；

C_r——阀芯和阀孔间的半径向缝隙；

μ——油液的动力黏度；

p_P——供油压力。

若为正开口滑阀，阀在中间位置时的泄漏量为

$$q=2C_d w x_{s0}\sqrt{\frac{p_P}{\rho}} \tag{4-35}$$

式中　C_d——流量系数；

x_{s0}——阀中位时的预开口量；

ρ——油液的密度。

当零开口四边滑阀的阀口有 1~3μm 的遮盖量时，可部分补偿径向缝隙的影响。

因为阀有内泄漏，所以对实际的零开口四边滑阀来说，它的零位流量-压力系数不为零，经推导得

$$K_{C0}=\frac{\pi w C_r^2}{32\mu} \tag{4-36}$$

式（4-36）表明 K_{C0} 和阀的结构尺寸有关。

同理，可推得它的零位压力放大系数不是无穷大，而是

$$K_{p0}=\frac{32\mu C_d\sqrt{\frac{p_P}{\rho}}}{\pi C_r^2} \tag{4-37}$$

可见，K_{p0} 虽和阀的结构尺寸无关，但却和径向缝隙 C_r 有关。C_r 增大时，K_{p0} 急剧减小。

必须指出，前面所述的是液压伺服阀的特性，如果是电液伺服阀，因输入是电流，则只要用输入电流 I 代替阀的位移 x_s，便可得到电液伺服阀的特性。

由静态特性可以确定阀的一些指标，如线性度、对称度、滞环、分辨率、零漂和内漏等。

（二）动态特性（频率特性）曲线

阀的动态特性一般用频率特性表示，如图 4-87 所示。通常以幅值比为-3dB 和相位差为-90°时所对应的频率来度量，而分别名之以幅频宽和相频宽。频宽是衡量电液伺服阀动态特性的一个重要参数。为了使液压伺服系统有较好的性能，应有一定的频宽。但频带过宽，

可能使电噪声和高频干扰信号传给系统，对系统工作不利。

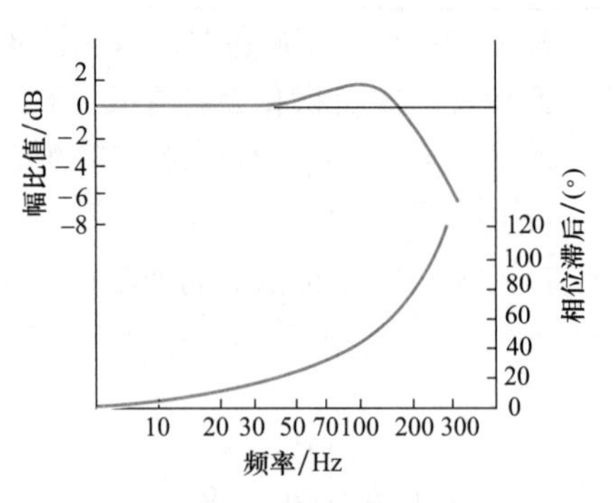

图 4-87 动态特性曲线

四、电液伺服阀的选用

由于电液伺服阀的控制精度高、响应速度快，所以在工业设备、航天航空以及军事装备中获得广泛的应用，它常用来实现电液位置、速度、加速度和力的控制。它的正确使用，直接影响到系统的性能、工作可靠性和寿命。图 4-88 所示为依传递功率大小和动态特性指标（以−90°时的相频宽表示）的要求而使用伺服阀的情况。

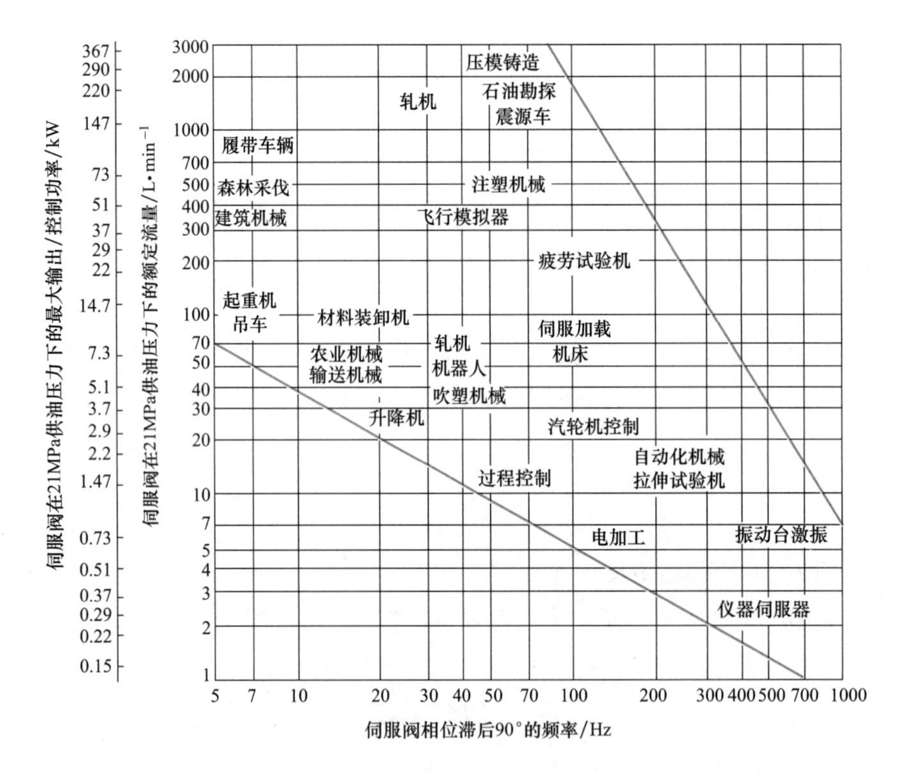

图 4-88 依传递功率大小和动态特性指标（以−90°时的相频宽表示）的要求而使用伺服阀的情况

例 4-4 零开口四边伺服阀的额定流量为 $2.5\times10^{-4}\text{m}^3/\text{s}$，供油压力 $p_\text{P}=14\text{MPa}$，阀的流量放大系数 $K_q=1\text{m}^2/\text{s}$，流量系数 $C_\text{d}=0.62$，油液密度 $\rho=900\text{kg/m}^3$，试求阀芯的直径和开口量。

解 伺服阀的额定流量定义为当 $p_\text{L}=\dfrac{2}{3}p_\text{P}$ 时通过阀的流量。$p_\text{P}=14\text{MPa}$，故 $p_\text{L}=\dfrac{2}{3}p_\text{P}=9.33\text{MPa}$。

依公式 $K_q=C_\text{d}w\sqrt{\dfrac{p_\text{P}-p_\text{L}}{\rho}}$ 代入数据得 $w=0.022\text{m}$，设阀为全周界通油，则

$$d=\frac{w}{\pi}=\frac{0.022}{\pi}\text{m}=0.007\text{m}=7\text{mm}$$

依公式 $q=C_{d}wx\sqrt{\frac{p_{P}-p_{L}}{\rho}}$ 可得阀的开口量

$$x=\frac{q}{C_{d}w\sqrt{\frac{p_{P}-p_{L}}{\rho}}}=\frac{2.5\times10^{-4}}{0.62\times0.022\times\sqrt{\frac{4.67\times10^{6}}{900}}}\text{m}=0.25\text{mm}$$

注：由此例可见伺服阀的开口量是相当小的，它和换向阀不同，换向阀的开口量是较大的，达几个毫米，为的是让油液流过时不产生过大的压力损失。而伺服阀不仅控制液流的方向，而且利用开口的大小控制液流的流量，所以开口量较小。阀开口的微小变化，就可使通过阀的流量发生较大的变化。单位的阀开口变化能产生的流量变化，就是流量放大系数 K_q 的物理意义。K_q 越大，则阀越灵敏。

这里也应当注意，流量放大系数 K_q 和零位流量放大系数 K_{q0} 之间的区别。K_{q0} 是阀在零位，$p_L=0$ 时的值，即 $K_{q0}=C_{d}w\sqrt{\frac{p_{P}}{\rho}}$。所以在题目中不注明零位时，$K_q$ 应用 $C_{d}w\sqrt{\frac{p_{P}-p_{L}}{\rho}}$ 来计算。

例 4-5　四通伺服阀控制液压缸活塞的运动，活塞速度为 v，活塞有效作用面积 $A=0.003\text{m}^2$，压力放大系数 $K_p=3\times10^{10}\text{N/m}^3$。若外负载 F_L 增加 4500N，并保持活塞等速运动，试问此时阀芯应有多大的位移？

解　伺服阀的压力放大系数 K_p 的定义为

$$K_p=\left.\frac{\partial p_L}{\partial x}\right|_{q_L=\text{const}}$$

外负载 F_L 增大 4500N 时，p_L 的变化量为

$$\Delta p_L=\frac{\Delta F_L}{A}=\frac{4500}{0.003}\text{Pa}=1.5\text{MPa}$$

题意要维持活塞速度不变，即通过阀的流量 q_L 不变，于是阀芯的附加位移为

$$\Delta x=\frac{\Delta p_L}{K_p}=\frac{1.5\times10^{6}}{3\times10^{10}}\text{m}=5\times10^{-5}\text{m}=0.05\text{mm}$$

注：由此例可见，即使作用在执行机构（活塞）上的负载有很大改变，可是阀芯做极微小的移动后，便可维持活塞的运动速度不变，可见液压伺服系统的灵敏度是极高的。它表明，为了起动较大的负载，或者能够顶住负载的较大变化，伺服阀只要做很小的移动就可以了。

第七节　电液比例控制阀

一、概述

电液比例控制阀是一种按输入的电气信号连续、按比例地对油液的压力、流量或方向进行控制的液压阀。与手动调节的普通液压阀相比，它能提高系统参数的控制水平。与电液伺服阀相比，虽在某些性能方面稍稍逊色些，但它的结构简单，成本较低，所以广泛应用于要求对液压参数进行连续控制或程序控制，但对控制精度和动态特性要求一般的液压系统中。

电液比例控制阀按控制功能可以分为：电液比例压力阀、电液比例流量阀、电液比例方向阀和电液比例复合阀（如比例压力流量阀）；按液压放大级的级数可以分为：直动式和先导式；按阀内级间参数是否有反馈可以分为：不带反馈型和带反馈型。带反馈型又分为流量反馈、位移反馈和力反馈。也可以把一些反馈量转换成电量后再进行级间反馈，又可构成多种形式的反馈型比例控制阀，如位移电反馈、流量电反馈等。

二、电液比例控制阀的结构

电液比例控制阀的结构主要有电-机械转换器（比例电磁铁）和阀两部分。电液比例控制阀有开环控制的，也有闭环控制的。

比例电磁铁是在传统湿式直流阀用开关电磁铁的基础上发展起来的。目前所应用的耐高压直流比例电磁铁具有图 4-89a 所示的盆式结构。

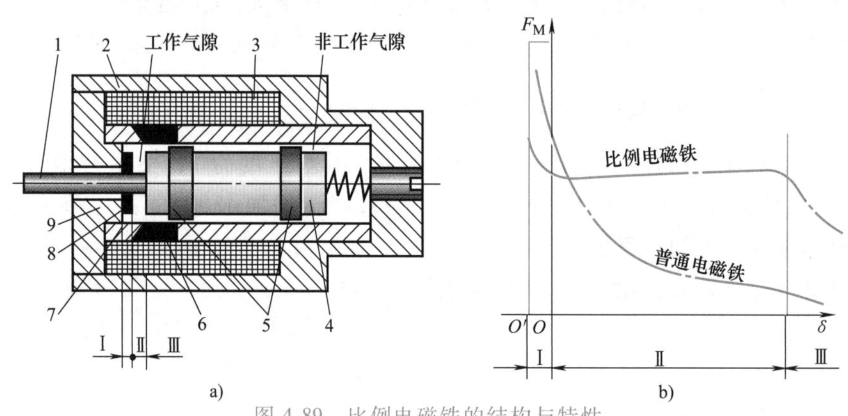

图 4-89　比例电磁铁的结构与特性

a）结构图　b）特性曲线

1—推杆　2—壳体　3—线圈　4—衔铁　5—轴承环　6—隔磁环　7—导套　8—限位片　9—极靴

Ⅰ—吸合区　Ⅱ—工作行程区　Ⅲ—空行程区

由于磁路结构的特点，使之具有图 4-89b 所示的几乎水平的电磁力-行程特性，这有助于阀的稳定性。图 4-89 所示的电磁铁的输出是电磁推力，故称为力输出型，还有一种带位移反馈的位置输出型比例电磁铁，如图 4-90 所示。后者由于有衔铁位移的电反馈闭环，因此当输入控制电信号一定时，不管与负载相匹配的比例电磁铁输出电磁力如何变化，其输出位移仍保持不变。所以它能抑制摩擦力等扰动影响，使之具有极为优良的稳态控制精度和抗干扰特性。

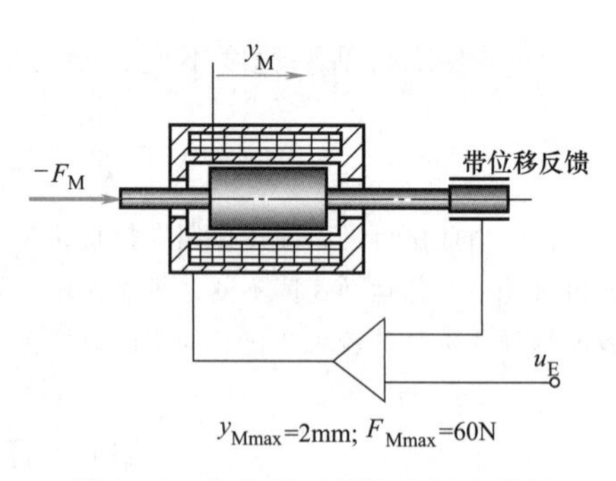

图 4-90　带位移反馈的比例电磁铁

与电液伺服控制阀相似，控制电液比例控制阀的比例放大器也是具有深度电流负反馈的电子控制放大器，其输出电流和输入电压成正比。比例放大器的构成与伺服放大器也相似，但一般要复杂一些，如比例放大器一般均带有颤振信号发生器，还有零区电流跳跃（比例方向阀）等功能。

（一）比例压力阀

1. 直动式比例压力阀

用比例电磁铁取代压力阀的手调弹簧力控制机构便可得到比例压力阀，如图 4-91 所示。

图 4-91a 所示的比例压力阀采用普通力输出型比例电磁铁 1，其衔铁可直接作用于锥阀 4。图 4-91b 所示的则为位移反馈型比例电磁铁，必须借助弹簧转换为力后才能作用于锥阀 4 进行压力控制。后者由于有位移反馈闭环控制，可抑制电磁铁内的摩擦等扰动，因而控制精度显著高于前者，当然复杂性和价格也随之增加。这两种比例压力阀，可用作小流量时的直动式溢流阀，也可取代先导式溢流阀和先导式减压阀中的先导阀，组成先导式比例溢流阀和先导式比例减压阀。

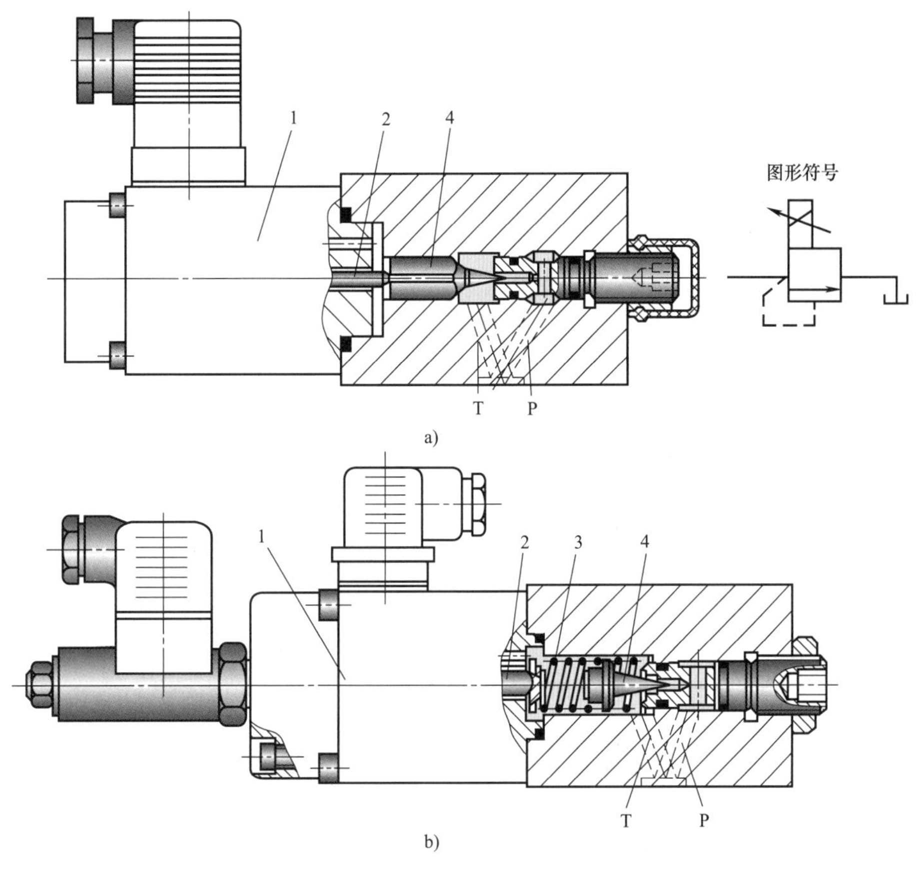

图 4-91 直动式比例压力阀

a）普通比例电磁铁控制 b）位移反馈型比例电磁铁控制

1—比例电磁铁 2—推杆 3—弹簧 4—锥阀

2. 先导式比例压力阀

图 4-92 所示为两个应用输出压力直接检测反馈和在先导级与主级级间动压反馈的比例压力阀。两种阀的先导阀阀芯 4 均为有直径差的两节同心滑阀，大、小端面积差与压力反馈推杆 5 面积相等，稳态时动态阻尼孔 R_2 两侧液压力相等，先导阀阀芯大端受压面积（大端面积减去反馈推杆面积）和小端受压面积相等，因而先导阀阀芯两端静压平衡。

图 4-92a、b 所示主阀结构与传统先导式溢流阀和减压阀相同，均有 A、B 两通口。

如前所述，传统先导式压力阀的先导阀控制的是主阀上腔压力，先导阀输入的弹簧力和主阀上腔压力相平衡，因而流量变化引起主阀液动力的变化以及减压阀进口压力 p_B 变化时

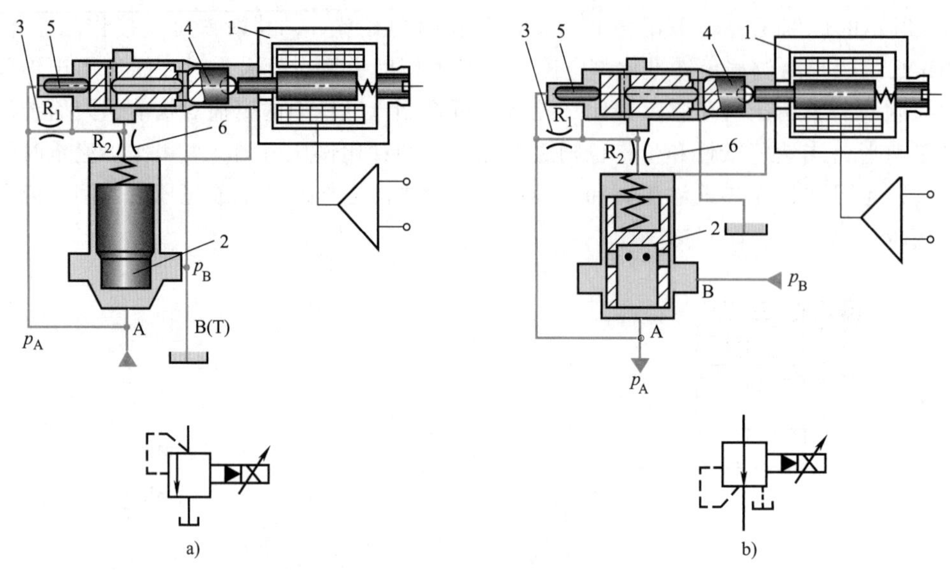

图 4-92 先导式比例压力阀

a）溢流阀 b）减压阀

1—比例电磁铁 2—主阀阀芯 3—固定节流孔 4—先导阀芯 5—压力反馈推杆 6—固定节流孔

会产生调压偏差。而图 4-92 所示的先导式压力阀，若忽略先导阀液动力、阀芯质量和摩擦力等影响，其输入电磁力主要与输出压力 p_A 作用在反馈推杆上的力相平衡，因而形成反馈闭环控制，当流量和减压阀的进口压力变化时控制输出压力 p_A 均能保持恒定。

所谓级间动压反馈原理是，主阀阀芯运动时在动态阻尼孔 R_2 两端产生的压差作用在先导阀阀芯两端面，经先导阀的控制对主阀阀芯的运动产生阻尼作用，应用此原理的比例压力阀动态稳定性显著提高，从未出现传统压力阀易产生的振荡和啸叫现象。同时，改变动态阻尼孔 R_2 的直径，可调节阀的快速性而对阀的稳态性能无任何影响。

（二）比例流量阀

比例流量阀包括比例节流阀和比例调速阀，也有直动式和先导式之分。它用电-机械转换器（如比例电磁铁）来调节阀口的通流面积，使输出流量与输入的电信号成比例。

图 4-93 所示为反馈型直动式比例流量阀的工作原理。图中实线表示利用弹簧来实现的位移-力反馈，虚线表示用位移传感器的直接位置反馈。采用两路反馈后，改善了比例阀的静、动态控制性能。

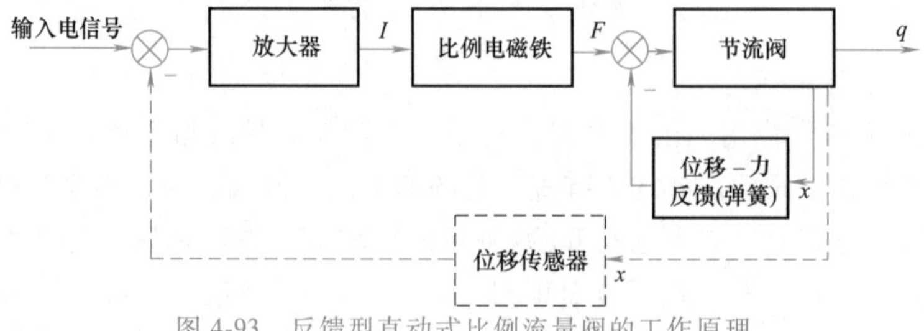

图 4-93 反馈型直动式比例流量阀的工作原理

位移-力反馈型比例节流阀的先导阀与主阀之间的定位是通过反馈弹簧来实现的。它的工作原理如图 4-94 所示。当输入控制电流时，比例电磁铁产生相应的推力，使先导阀克服弹簧力下移，打开可变节流口。由于固定节流孔 R_1 的作用，使主阀上腔的压力 p_x 下降。在压差 $\Delta p=p_A-p_x$ 的作用下，主阀阀芯上移，并打开或增大主节流口。同时，主阀阀芯的位移经反馈弹簧转化为反馈力作用在先导阀阀芯下部，与电磁力相比较，两者相等时达到平衡，R_2 的作用是产生动态压力反馈。

对照图 4-93 所示的原理框图及上述分析可知，主阀阀芯上的摩擦力、液动力等干扰都受到位移-力反馈闭环的抑制。但作用在先导阀上的摩控力和液动力等干扰仍然存在，未受抑制。可以通过合理选配材料、提高加工精度以及在控制电流上叠加颤振信号等措施减小摩擦力的影响。

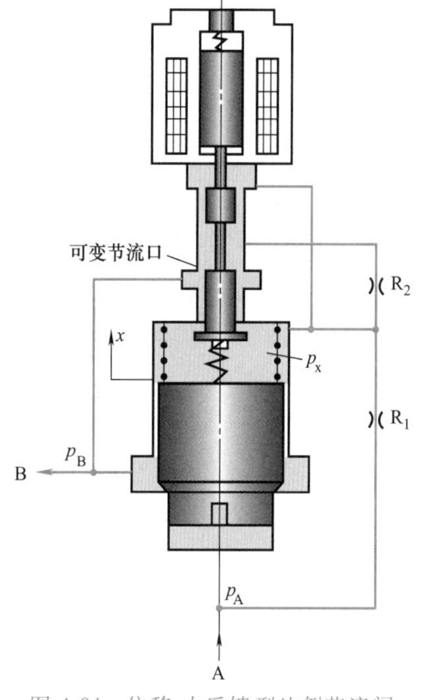

图 4-94 位移-力反馈型比例节流阀的工作原理

(三) 比例方向阀

比例方向阀也有直动式和先导式之分，并各有开环控制和阀芯位移反馈闭环控制两大类。有的比例方向阀还用定差减压阀或定差溢流阀对其阀口进行压差补偿，构成比例方向流量阀。

图 4-95 所示为先导式开环控制的比例方向（节流）阀，其先导阀及主阀均为四边滑阀。该阀的先导阀为双向控制的直动式比例减压阀，其外供油口为 X，回油口为 Y。比例电磁铁未通电时，先导阀芯 4 在左右两对中弹簧（图中未画出）作用下处于中位，四个阀口均关闭。当某一比例电磁铁如 A 通电时，先导阀芯左移，使其两个凸肩的右边的阀口开启，先导压力油从 X 口经先导阀芯的阀口和左固定阻尼孔 5 作用在主阀芯 8 左端面，压缩主阀对中弹簧 10 使主阀芯右移，主阀油口 P—B 及 A—T 开启，主阀芯的右端面的油则经右固定阻尼孔和先导阀芯的阀口进入先导阀回油口 Y；同时进入先导阀芯的压力油，又经阀芯的径向孔作用于阀芯的轴向孔，而其油压则形成对减压阀控制压力的反馈。若忽略先导阀和主阀的液动力、摩擦力、阀芯质量和弹簧力等的影响，先导式减压阀的控制压力与电磁力成正比，进而又与主阀阀芯位移成正比。同理也可分析比例电磁铁 B 通电时的情况。这样通过改变输入比例电磁铁的电流便可控制主阀阀芯的位移，这就是该比例方向阀的工作原理。图中两个固定阻尼孔仅起动态阻尼作用，目的是提高阀的稳定性。

三、电液比例控制阀的特点

电液比例控制阀是介于普通液压阀和电液伺服控制阀之间的一种控制阀，电液比例控制阀结构简单，制造精度要求和价格均比电液伺服控制阀低，抗污染性好，维护保养方便，虽动态快速性比电液伺服控制阀低，但在很多领域中已得到广泛的应用。电液比例控制阀和电液伺服控制阀的区别见表 4-8。

四、电液比例控制阀的选用

如系统的某液压参数（如压力）的设定值超过三个，使用电液比例控制阀对其进行控

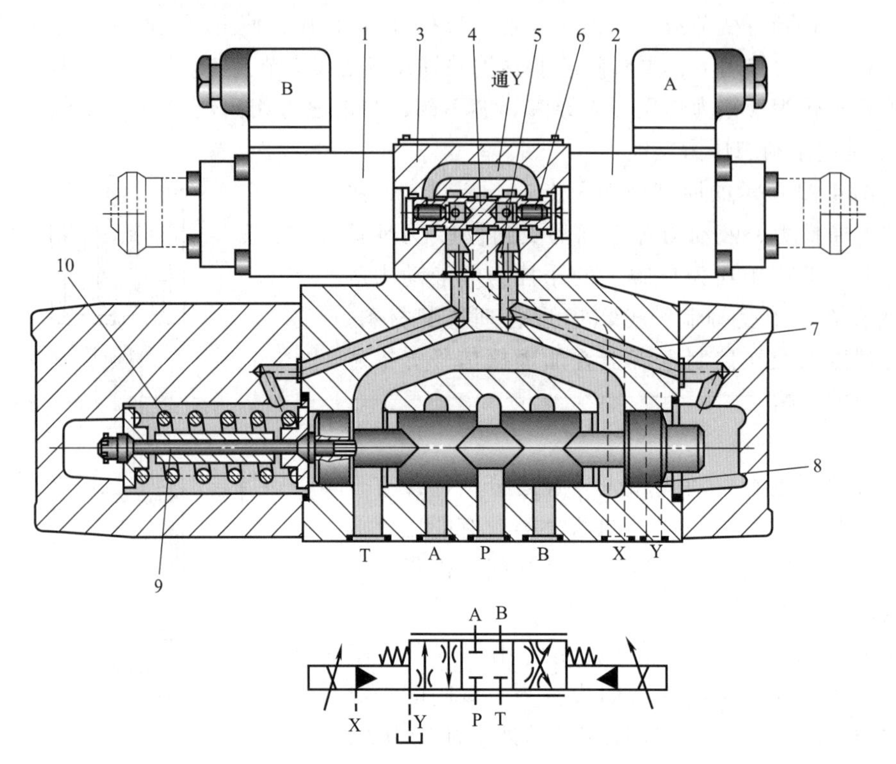

图 4-95 先导式开环控制的比例方向（节流）阀

1、2—比例电磁铁 3—先导阀阀体 4—先导阀阀芯 5—右/左固定阻尼孔 6—反馈活塞 7—主阀阀体 8—主阀阀芯 9—弹簧座 10—主阀对中弹簧

制是最恰当的。另外，利用斜坡信号作用在比例方向阀上，可以对机构的加速和减速实现有效的控制；利用比例方向阀和压力补偿器实现负载补偿，便可精确地控制机构的运动速度而不受负载的影响。

表 4-8 电液比例控制阀和电液伺服控制阀的比较

项目	电液比例控制阀	电液伺服控制阀
阀的功能	压力控制、流量控制、方向控制	多为四通阀，同时控制方向和流量
电-位移转换器	功率较大（约 50W）的比例电磁铁，用来直接驱动阀芯或压缩弹簧	功率较小（0.1~0.3W）的力矩马达，用来带动喷嘴-挡板或射流管放大器。其先导级的输出功率约为 100W
过滤精度（GB/T 14039—2002）	-/16/13~-/18/14 由于是由普通阀发展起来的，没有特殊要求	-/13/9~-/15/11 为了保护滑阀或喷嘴-挡板精密通流截面，要求进口过滤
线性度	在低压降（0.8MPa）下工作，通过较大流量时，阀体内部的阻力对线性度有影响（饱和）	在高压降（7MPa）下工作，阀体内部的阻力对线性度影响不大
滞环	1%~7%	0.1%~1%
遮盖	20% 一般精度，可以互换	0 极高精度，单件配作
响应时间	8~60ms	2~10ms

（续）

项　目	电液比例控制阀	电液伺服控制阀
频率响应	10～150Hz	100～500Hz
电子控制	电子控制板与阀一起供应，比较简单	电子电路针对应用场合专门设计，包括整个闭环电路
应用领域	执行元件开环或闭环控制	执行元件闭环控制
价格	普通阀的3～6倍	普通阀的10倍以上

第八节　气动比例/伺服控制阀

一、比例/伺服控制阀的组成与分类

比例/伺服控制阀的主要部件是可动部件驱动机构与气动放大器。其组成与分类如图4-96所示。其中驱动机构以电磁式应用最为普遍。

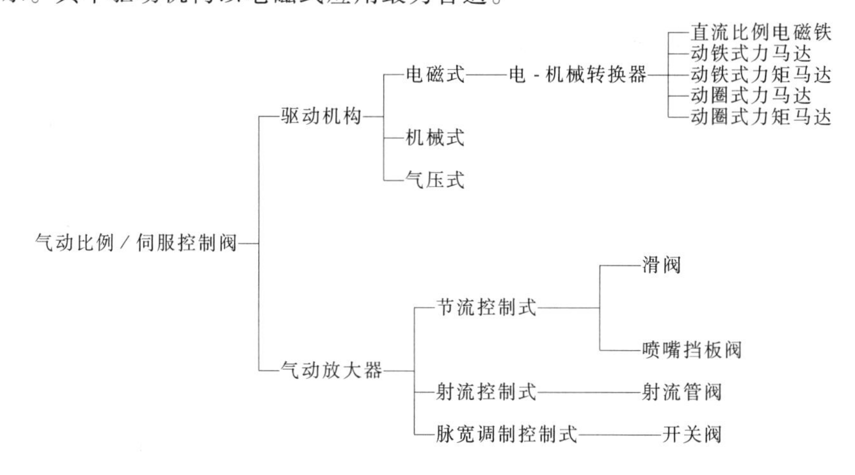

图4-96　比例/伺服控制阀的组成与分类

通常，将比例电磁铁和气动放大器组成的控制阀称为气动比例控制阀（简称比例阀），将由极化式力矩马达或极化式力马达和气动放大器组成的控制阀称为气动伺服控制阀（简称伺服阀）。两者都具有按输入信号控制气体压力和流量的作用。其中，压力式比例/伺服控制阀将输入的电信号线性地转换为气体压力，流量式比例/伺服控制阀将输入的电信号转换为气体流量。但比例/伺服控制阀在以下几方面有所区别：

1）比例阀能应用在伺服机构以外的开环回路中。

2）比例阀的加工精度低于伺服阀。

3）比例阀的控制精度和动态性能低于伺服阀。

4）操作比例阀的输入功率较大。

二、电磁铁驱动的电气比例控制阀

图4-97所示为比例电磁铁驱动的电气比例控制阀。其动作原理是，在比例电磁铁的线圈中通入与阀芯行程大小相应的电流信号，产生与电流信号大小成比例的吸力。该吸力和阀

的输出压力及弹簧力相平衡。调节电流大小，即可调节阀的输出压力或阀口的开度。

该阀既可作为压力阀，又可作为流量阀。作为比例压力阀时，A 口通过反馈管路（图中未画出）通至滑柱的右端。当 A 口有输出压力时，则有反馈力作用滑柱上，与电磁铁的推力平衡，起到稳定输出压力的作用。

作为比例流量阀时，既可二通，又可三通。用作二通阀时，O 口堵死；用作三通阀时，可控制 O 口的排气流量。图 4-98 所示为电磁铁驱动的电气比例控制阀的控制方式及特性曲线。

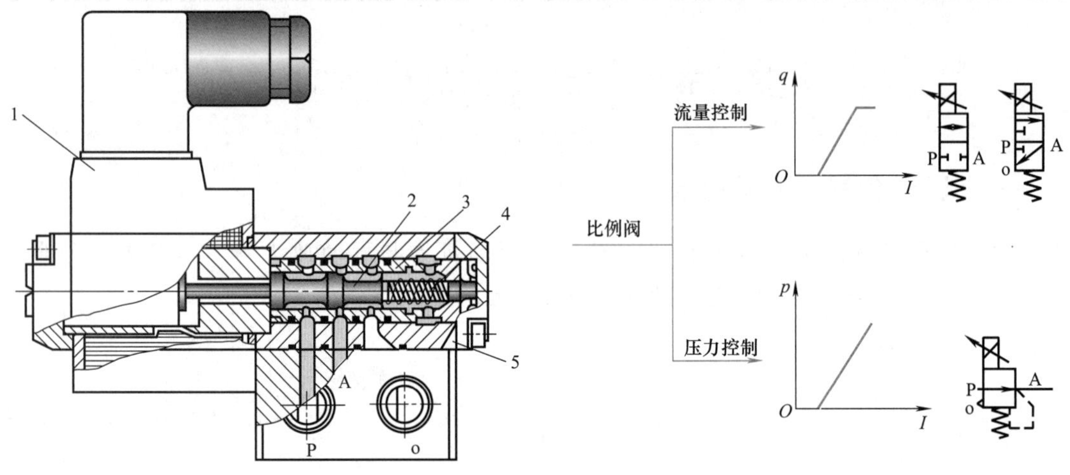

图 4-97　比例电磁铁驱动的电气比例控制阀

1—比例电磁铁　2—滑柱　3—阀套　4—弹簧　5—阀体

图 4-98　电磁铁驱动的电气比例控制阀控制方式及特性曲线

三、气动伺服控制阀

图 4-99 所示为带电反馈的气动伺服控制阀，主阀结构是一个二位五通滑阀，动铁式双向电磁铁与阀芯固定在一起。阀芯的位移经集成在阀内的位移传感器转换为电信号 U_f 输入控制放大器。

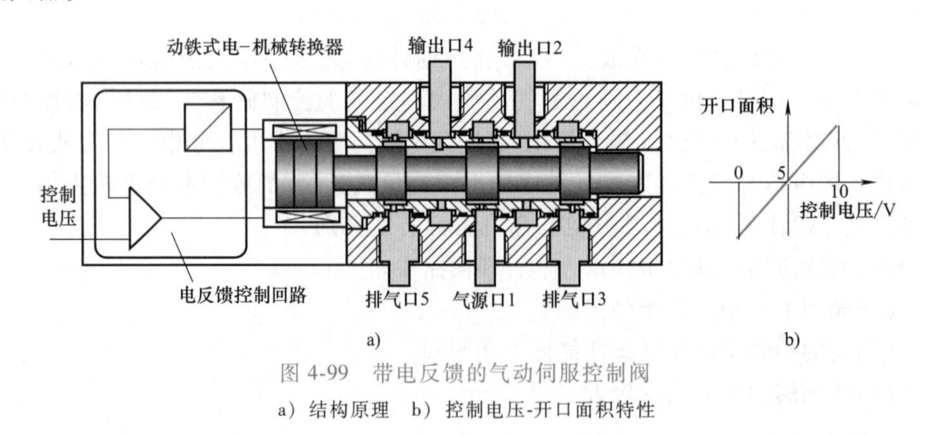

图 4-99　带电反馈的气动伺服控制阀

a）结构原理　b）控制电压-开口面积特性

阀的工作原理是，在初始状态时，给定信号 $U_e=0$，阀处于零位。此时，气源口与两个输出口 4、2 同时被关断，阀无输出。若给定信号 $U_e>0$，则偏差信号 ΔU 增大，使控制放大器的输出电流增大，比例电磁铁的输出推力也增大，推动阀芯右移，而阀芯的右移又引起反

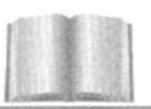

馈电压 U_f 增大，直至反馈电压 U_f 与给定电压 U_e 相等，阀处于力平衡位置。若给定信号 $U_e<0$，经上述类似的调节过程，使阀芯左移某个距离而处于平衡状态。

阀芯右移时，气源口 1 与输出口 4 相通，输出口 2 与排气口 3 相通；阀芯左移时，气源口 1 与输出口 2 相通，输出口 4 与排气口 5 相通。输出口的开口量随阀芯位移的增大而增大。上述工作原理说明，带电反馈的气动伺服控制阀节流口开口量及气流方向受输入电压 U_e 线性控制。

这种双向电磁铁具有优越的动态特性，阀的响应频率高。由于阀芯的复位靠双向电磁铁的磁路实现，无弹簧力负载，因此其功耗小。整套电控部分集成于阀上，使用时不再需要外加放大器。由于阀芯与阀套之间的摩擦力和气体流动力均处在阀的控制单元的大闭环之内，因此对阀的控制性能几乎不产生影响。图 4-100 所示为气动伺服控制阀的流量特性曲线。

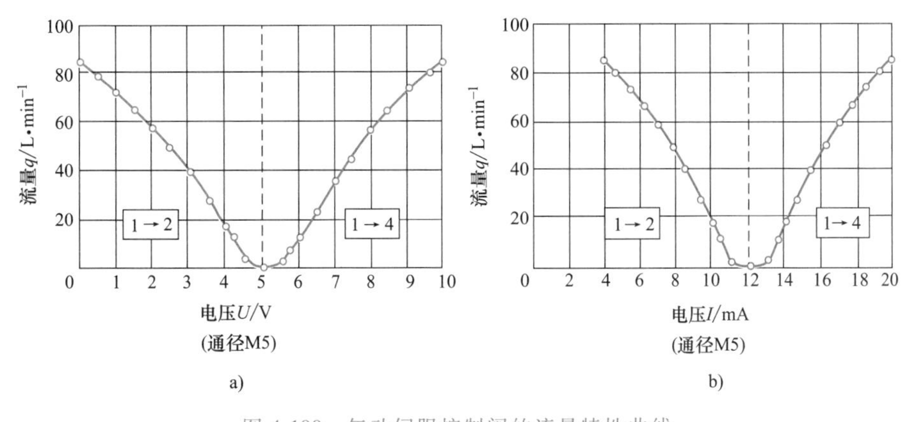

图 4-100　气动伺服控制阀的流量特性曲线

a）电压型　b）电流型

第九节　气动逻辑控制元件

一、逻辑控制

任何一个生产实际的控制问题，都可以用逻辑关系来进行描述。从逻辑角度看，事物都可以表示为两个对立的状态，并用两个数字符号“1”和“0”来表示。它们之间的逻辑关系遵循布尔代数运算法则。

同样地，任何一个气动控制系统及执行机构的动作和状态，也可设定为“1”和“0”。例如：将气缸的动作进设定为“1”，动作退设定为“0”；管道有压设定为“1”，无压设定为“0”；元件有输出信号设定为“1”，无输出信号设定为“0”等。这样，一个具体的气动系统可以用若干个逻辑函数式来表达。对这些逻辑函数式进行运算和求解，可使问题变得明了、易解，从而可获得最简单或最佳的系统。

总之，逻辑控制即是将具有不同逻辑功能的元件，按不同的逻辑关系组配，实现输入口、输出口状态的变换。现在，气动逻辑控制系统的设计方法已趋于成熟和规范化，然而元件的结构原理发展变化较大，自 20 世纪 60 年代以来已经历了三代的更新。第一代为滑阀式元件，可动部件是滑柱，在阀孔内移动，利用了空气轴承的原理，反应速度快，但要求很高的制造精度；第二代为注塑型元件，可动件为橡胶塑料膜片，结构简单，成本低，适于大批量生产；第三代为集成化组合式元件，综合利用了磁、电的功能，便于组成通用程序回路或者与可编程序控制器（PLC）匹配组成气-电控制系统。

二、逻辑单元

常用气动逻辑单元见表 4-9。

表 4-9 常用气动逻辑单元

逻辑门	逻辑符号	逻辑函数	逻 辑 阀
是门	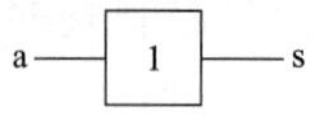 1	$s=a$	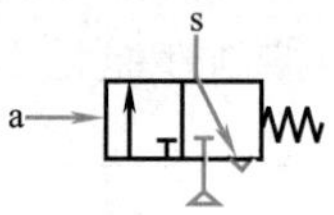
非门	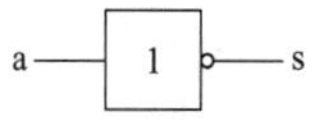 1	$s=\overline{a}$	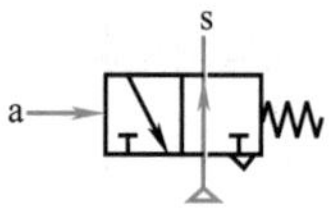
与门	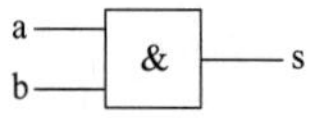 &	$s=a\cdot b$	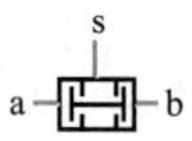
或门	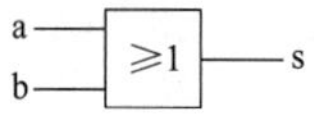 ≥1	$s=a+b$	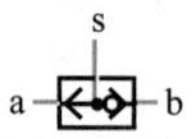
与非门	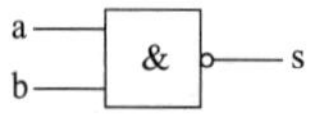 &	$s=\overline{a\cdot b}$	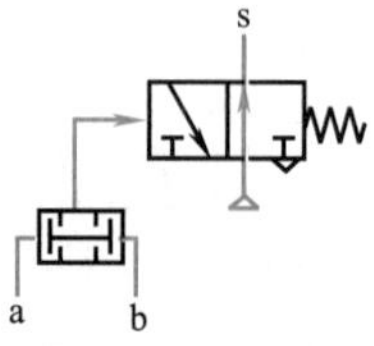
或非门	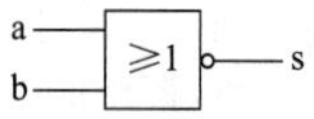 ≥1	$s=\overline{a+b}$	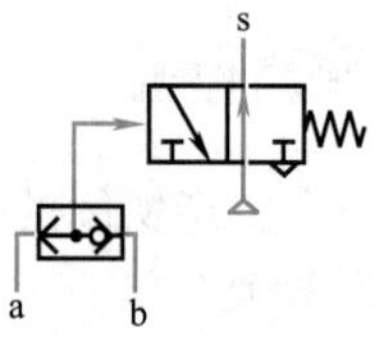
禁门	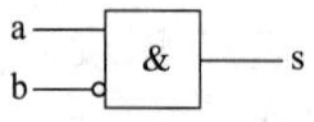 &	$s=a\cdot\overline{b}$	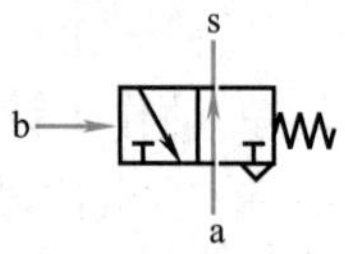
蕴含门	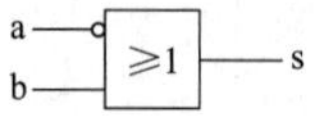 ≥1	$s=\overline{a}+b$	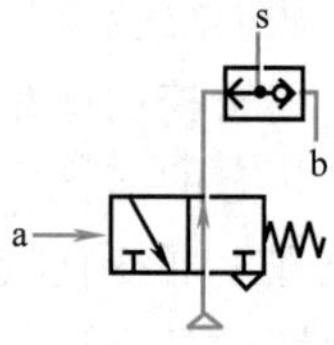

三、逻辑元件

气动逻辑元件是用压缩空气为介质，通过元件的可动部件（如膜片、阀芯）在气控信号作用下动作，改变气流方向以实现一定逻辑功能的气体控制元件。实际上气动方向控制阀也具有逻辑元件的各种功能，所不同的是它的输出功率较大，尺寸大。而气动逻辑元件的尺寸较小。

气动逻辑元件的种类很多，可根据不同要求来进行分类。

1. 按工作压力

（1）高压型　工作压力为0.2~0.8MPa。

（2）低压型　工作压力为0.05~0.2MPa。

（3）微压型　工作压力为0.005~0.05MPa。

2. 按结构形式

元件的结构总是由开关部分和控制部分所组成。开关部分是在控制气压信号作用下来回动作，改变气流通路，完成逻辑功能。根据组成原理，大致可分成以下三类：

（1）截止式　气路的通断依靠可动件的端面（平面或锥面）与气嘴构成的气口的开启或关闭来实现。

（2）滑柱式(滑块型)　气路的通断依靠滑柱（或滑块）的移动，实现气口的开启或关闭。

（3）膜片式　气路的通断依靠弹性膜片的变形来开启或关闭气口。

3. 按逻辑功能

（1）单功能元件　每个元件只具备一种逻辑功能，如或、非、与、双稳等。

（2）多功能元件　每个元件具有多种逻辑功能，各种逻辑功能由不同的连接方式获得，如三膜片多功能气动逻辑元件等。

*第十节　集成式多功能元件

一、概述

随着经济的发展，市场对液压与气动元件的功能和品质的要求越来越高，对品种的需求越来越多样化。传统的分离式单功能元件，从规格品种、结构形式、生产组织、方便用户等方面看，都难以满足市场不断增长和迅速更新的需要。现在，用户希望元件的体积和质量要小、式样要新、功能要多、精度要高、寿命要长、使用方便、更“傻瓜”化……因此，追随电子技术，研制高功能密度的集成化元器件是液压与气动元件发展的一种必然趋势。

元器件在出厂之前就应安装调试就绪，确保优良的性能，组成系统时所需的技术含量高的工作向前转移，由生产厂家来完成，尽量降低对用户的技术要求。这样，不仅最大限度地方便了用户，而且有利于提高应用水平和拓展应用领域。

科学技术的飞速发展，为满足用户的上述种种需求提供了可能；同时，也反过来推动着科技的不断进步。实际上，液压与气动元件走多功能集成化之路早已开始。用电磁铁代替手柄与换向阀组合成电磁换向阀就是电与机简单集成的例子。再如，电液（气）伺服阀便是

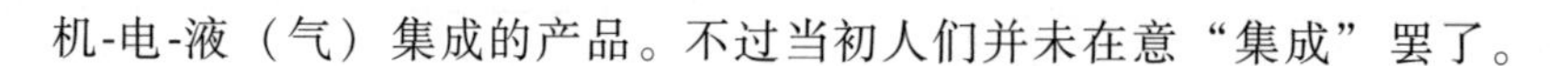

机-电-液（气）集成的产品。不过当初人们并未在意“集成”罢了。

二、发展层次

市场的需求、科技的进步，使液压与气动元件的多功能集成化由初级阶段逐步向高层次发展。

（一）单功能元件结构上的集成

仅改变分离式元件的外形或结构，按功能需要组合成的集成式多功能元器件是集成化的初级阶段。其工作原理并无变化。例如：液压泵与电动机组合成液压泵-电动机组件，省去了联轴器；叠加阀块省去了管路，使结构紧凑。但其集成程度受到原元件很大限制。

（二）单功能元件性能上的集成

利用单功能元件各自性能上的特点，进行互补，组合成性能更佳的元器件。例如：节流阀与定差减压阀组合成调速阀，提高了阀的流量稳定性；利用伺服阀的反馈控制性能，将伺服阀与变量液压泵组合成具有伺服变量、恒压变量、恒功率变量等不同特性的变量泵（表4-10）。

（三）单功能元件功能上的集成

将功能相关的单功能元件组合成多功能元件，它对功能的核心部分——阀芯进行改造，利用压力、压差、流量信号的变化，通过不同部分的相对运动来实现不同的功能。例如：电磁换向阀与先导式溢流阀组合成电磁溢流阀，同时具有溢流和卸荷两种功能；用于泵-马达闭式液压系统的多功能阀，能够实现单向补油、高压溢流、旁路和压力释放四种功能。

（四）单功能元件与电子器件的集成

利用电子器件体积小、响应快、功能多、调整方便等优点，将传感器、放大器、控制器等电子器件植入液压与气动元件之中形成具有控制或检测功能的元件，大大提高了元件的工作精度。例如：闭环控制比例阀的电磁铁带有位移传感器和放大器（图4-90）；内置位移传感器的伺服液压缸和长行程精密导向气缸等。

（五）多功能集成元件子系统化

将元件甚至包括能量转换元件泵和缸等组合成具有典型功能的集成化器件，使其具有一定的功能灵活性或较强的通用性，而成为一个模块化子系统。用户只需连上主机工作机构或动力源，就能组成性能优良的系统，极大地方便了用户。这种子系统化的集成器件使得系统和元件的界线日益模糊。

例如：由阀芯、阀套、弹簧构成的插装阀组件是高度简化、通用性极强的结构形式，配上适当的先导控制元件和阀体形成的插装阀集成控制块和功能扩展块就是具有各种功能的液压子系统。用户只要向制造厂提出功能要求，买来就能用。

又如：以泵为核心的动力源集成子系统，以马达或缸为核心的执行元件集成子系统，包括电动机、泵、缸在内的整体式液压装置等。

（六）集成元器件智能化

利用集成电路极高的功能密度，将A-D和D-A转换、整流、放大、检测、控制等电路，小型微处理器，甚至现场总线接口、控制网络接口等直接集成于液压或气动元件内，形成智能型一体化器件。例如：把传感器、放大器、小型微处理器集成于电反馈多功能复合控制液压泵中，使其能自动满足负载变化需要，保持最佳工作状态。

三、举例

目前市场上集成式多功能元件已逐渐增多，下面仅举三例加以说明。

（一）伺服阀与液压泵的集成——伺服/恒压/恒功率变量泵

液压泵的流量调节是变量泵应具备的一个重要功能。除了沿用直接手动变量（图 2-19）外，将伺服阀集成于液压泵中，可以形成具有不同变量特性的泵，见表 4-10。

表 4-10 液压泵变量控制方式及特性

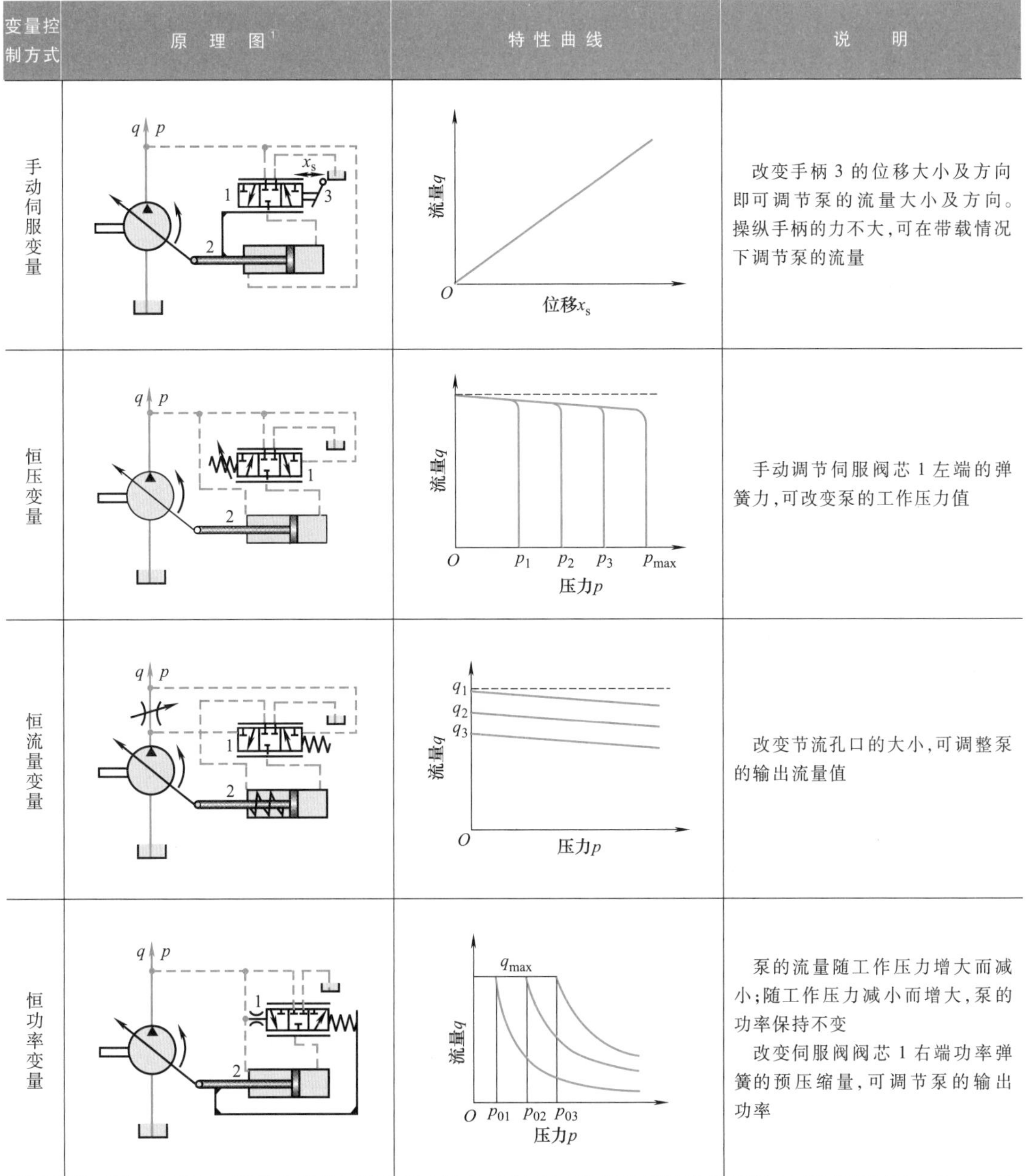

变量控制方式	原理图[1]	特性曲线	说明
手动伺服变量			改变手柄 3 的位移大小及方向即可调节泵的流量大小及方向。操纵手柄的力不大，可在带载情况下调节泵的流量
恒压变量			手动调节伺服阀芯 1 左端的弹簧力，可改变泵的工作压力值
恒流量变量			改变节流孔口的大小，可调整泵的输出流量值
恒功率变量			泵的流量随工作压力增大而减小；随工作压力减小而增大，泵的功率保持不变 改变伺服阀阀芯 1 右端功率弹簧的预压缩量，可调节泵的输出功率

① 原理图中液压泵上的箭头倾角代表轴向柱塞泵斜盘倾角 δ（图 2-18）。箭头顺时针方向转，δ 变小，流量减少；反之，δ 变大，流量增加。图中：1—伺服阀芯；2—变量活塞；3—手柄。

（二）电液伺服阀/比例阀与液压缸的集成——伺服液压缸

将电液伺服阀/比例阀、反馈传感器等集成于液压缸组成伺服液压缸，已成为一个独立的产品，接上油源就能使用。伺服液压缸具有摩擦小、动态响应快、位移精度高和便于计算机控制等突出优点，广泛应用在电液位置、电液速度、电液力以及电液压力控制系统中。

伺服液压缸可附带电阻式、感应式、磁致式（数字量或模拟量）传感器。传感器有内置和外置两种形式。

图 4-101 所示为由电液伺服阀与液压缸组成的伺服液压缸结构原理图。伺服阀 2 位于液压缸上方，直线位移传感器 1 刚性地连接在缸筒 7 的左端，并以全部行程长度伸入空心活塞 4 之中，传感器的活动端与活塞相连。当活塞沿行程运动时，该传感器能确定活塞的准确位置。通过传感器的测量和反馈控制，可使活塞的位移与输入电信号成精确比例。

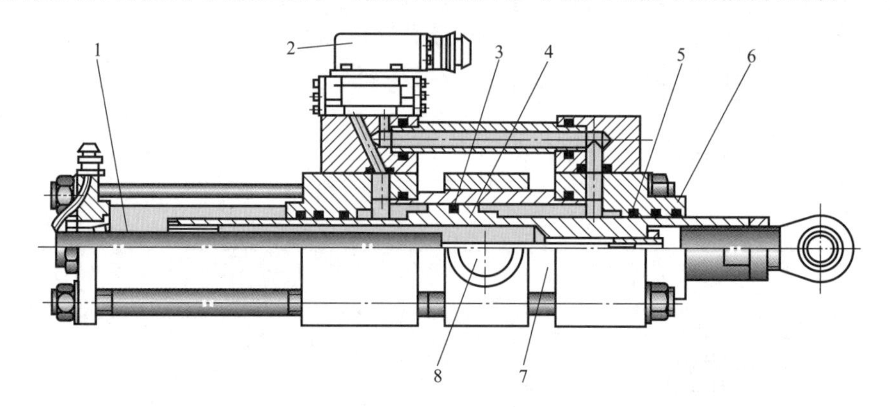

图 4-101 由电液伺服阀与液压缸组成的伺服液压缸结构原理图

1—直线位移传感器 2—伺服阀 3—活塞密封 4—空心活塞 5—活塞杆密封
6—活塞杆导向套 7—缸筒 8—销轴

图 4-102 所示为由电液比例阀与液压缸组成的伺服执行器结构原理图。比例阀 2 安装在液压缸左上方。集成式位置传感器 1 连接在左缸盖上，并伸入空心活塞 7 内全部行程长度。

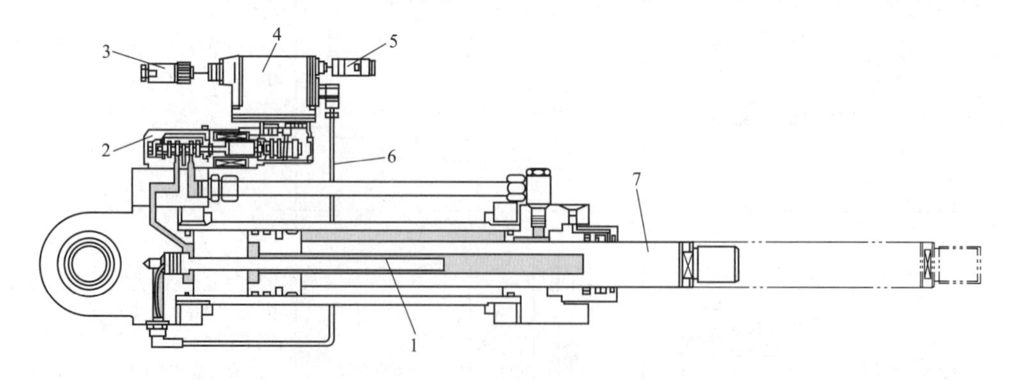

图 4-102 由电液比例阀与液压缸组成的伺服执行器结构原理图

1—集成式位置传感器 2—比例阀 3—电源、电信号接线 4—集成式数字控制器
5—局域网络接线 6—电子反馈信号线 7—空心活塞

伺服执行器配有电源、电信号接线 3，集成式数字控制器 4，局域网络接线 5 和电子反馈信号线 6，可以提供闭环控制和与局域网络直接连接的界面。

这种电液伺服执行器可以成为“智能”机器的一部分，它能实时执行控制单元传来的输入指令。集成式数字控制器可为液压缸提供位置、速度和/或力的控制。执行器的动作循环、功能参数和动静态特性均可通过软件编程方便地加以调整。

（三）气动阀岛

“阀岛”一词译自德语的“Ventilinsel”，英文译为“Valve Terminal”。该项技术是由德国 FESTO 公司最先发明并应用的。阀岛是一种集气动电磁阀、控制器（具有多种接口及符合多种总线协议）、电输入输出部件（具有传感器输入接口及电输出、模拟量输入输出接口、ASi 控制网络接口）的整套系统控制单元，犹如一个控制岛屿。

阀岛是新一代的气电一体化控制元器件，已从最初带多针接口的阀岛发展为带现场总线的阀岛，继而出现可编程序阀岛及模块式阀岛。阀岛技术和现场总线技术相结合，不仅确保了电控阀的布线容易，而且也大大地简化了复杂系统的调试、性能的检测和诊断及维护工作。借助现场总线高水平一体化的信息系统，使两者的优势得到充分的发挥，具有广泛的应用前景。

阀岛有多种类型，简述如下。

1. 带现场总线的阀岛

现场总线（Fieldbus）的实质是通过电信号传输方式，并以一定的数据格式实现控制系统中信号的双向传输。两个采用现场总线进行信息交换的对象之间只需一根两股或四股的电缆连接，以一对电缆之间的电位差方式进行电信号传输。

在由带现场总线的阀岛组成的系统中，每个阀岛都带有一个总线输入口和总线输出口。这样当系统中有多个带现场总线阀岛或其他带现场总线设备时，可以由近至远串联连接。现提供的现场总线阀岛装备了目前市场上所有开放式数据格式约定及主要可编程序控制器厂家自定的数据格式约定。这样，带现场总线阀岛就能与各种型号的可编程序控制器直接相连接，或者通过总线转换器进行间接连接。

带现场总线阀岛的出现标志着气电一体化技术的发展进入一个新的阶段，为气动电动化系统的网络化、模块化提供了有效的技术手段，因此近年来发展迅速。

2. 可编程序阀岛

鉴于模块式生产成为目前发展趋势，同时注意到单个模块以及许多简单的自动装置往往只有十个以下的执行机构，于是出现了一种集电控阀、可编程序控制器以及现场总线为一体的可编程序阀岛，即将可编程序控制器集成在阀岛上。

所谓模块式生产是将整台设备分为几个基本的功能模块，每一基本模块与前、后模块间按一定的规律有机地结合。模块化设备的优点是可以根据加工对象的特点，选用相应的基本模块组成整机。这不仅缩短了设备制造周期，而且可以实现一种模块多次使用，节省了设备投资。可编程序阀岛在这类设备中广泛应用，每一个基本模块装用一套可编程序阀岛。这样，使用时可以离线同时对多台模块进行可编程序控制器用户程序的设计和调试。这不仅缩短了整机调试时间，而且当设备出现故障时可以通过调试出故障的模块，使停机维修时间最短。

3. 模块式阀岛

在阀岛设计中引入了模块化的设计思想，这类阀岛的基本结构是：

1）控制模块位于阀岛中央。控制模块有三种基本方式：多针接口型、现场总线型和可编程序型。

2）各种尺寸、功能的电磁阀位于阀岛右侧，每两个或一个阀装在带有统一气路、电路接口的阀座上。阀座的次序可以自由确定，其个数也可以增减。

3）各种电信号的输入/输出模块位于阀岛左侧，提供完整的电信号输入/输出模块产品。

4. 紧凑型阀岛（CP 阀岛）

与模块式自动生产线发展相呼应的技术是分散控制。它在复杂、大型的自动化设备上得到了越来越广泛的应用。鉴于分散控制系统的要求，出现了由 CP 型紧凑阀组成的紧凑型阀岛（CP 阀岛）。紧凑型阀岛的外形很小，但输出流量非常大，如厚度为 18mm 的 CP 阀岛可提供 1600L/min 的大流量。

目前，阀岛技术仍在不断发展之中。

习　题

4-1　图 4-103 所示液压缸，$A_1=30\text{cm}^2$，$A_2=12\text{cm}^2$，$F=30000\text{N}$，液控单向阀用于闭锁以防止液压缸下滑，阀的控制活塞面积 A_k 是阀芯承压面积 A 的 3 倍。若摩擦力、弹簧力均忽略不计，试计算需要多大的控制压力才能开启液控单向阀？开启前液压缸中最高压力为多少？

4-2　弹簧对中型三位四通电液换向阀的先导阀及主阀的中位机能能否任意选定？

4-3　二位四通电磁换向阀用作二位三通或二位二通阀时应如何连接？

4-4　图 4-104 所示系统中溢流阀的调整压力分别为 $p_A=3\text{MPa}$、$p_B=1.4\text{MPa}$、$p_C=2\text{MPa}$。试求当系统外负载为无穷大时，液压泵的出口压力为多少？如将溢流阀 B 的遥控口堵住，液压泵的出口压力又为多少？

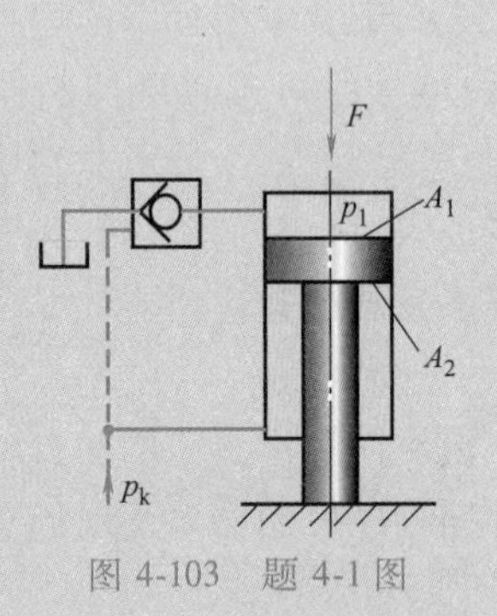

图 4-103　题 4-1 图

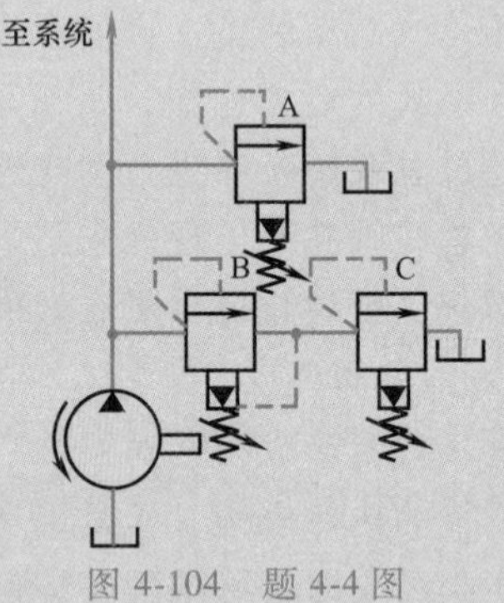

图 4-104　题 4-4 图

4-5　图 4-105 所示两系统中溢流阀的调整压力分别为 $p_A=4\text{MPa}$、$p_B=3\text{MPa}$、$p_C=2\text{MPa}$，当系统外负载为无穷大时，液压泵的出口压力各为多少？对图 4-105a 所示的系统，请说明溢流量是如何分配的。

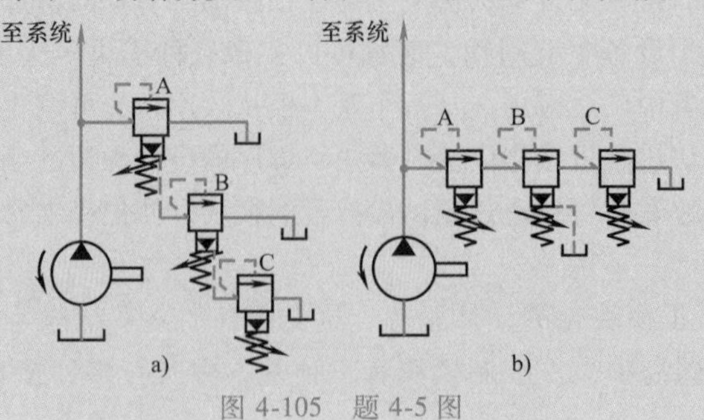

图 4-105　题 4-5 图

4-6　图 4-106 所示溢流阀的调定压力为 4MPa，若不计先导油流经主阀阀芯阻尼小孔时的压力损失，试判断下列情况下的压力表的读数：

1）YA 断电，且负载为无穷大时。

2）YA 断电，且负载压力为 2MPa 时。

3）YA 通电，且负载压力为 2MPa 时。

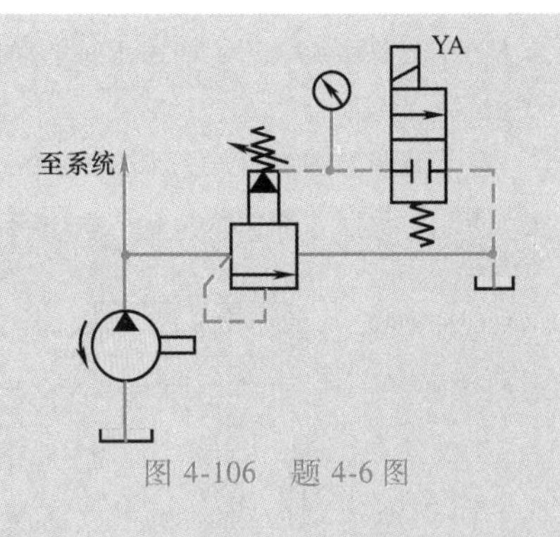

图 4-106　题 4-6 图

4-7　试确定图 4-107 所示回路在下列情况下液压泵的出口压力：

1）全部电磁铁断电。

2）电磁铁 2YA 通电，1YA 断电。

3）电磁铁 2YA 断电，1YA 通电。

4-8　图 4-108 所示系统溢流阀的调定压力为 5MPa，减压阀的调定压力为 2. 5MPa。试分析下列各工况，并说明减压阀阀口处于什么状态。

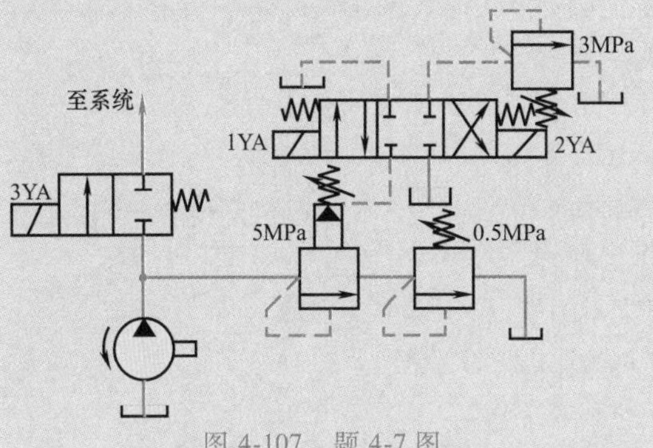

图 4-107　题 4-7 图

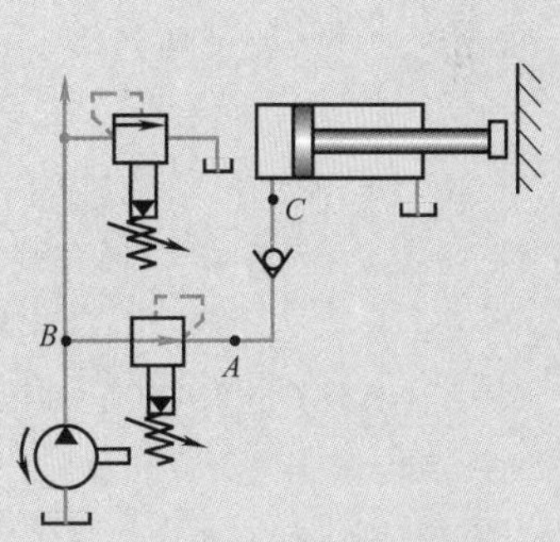

图 4-108　题 4-8 图

1）当液压泵出口压力等于溢流阀调定压力时，夹紧缸使工件夹紧后，A、C 点压力各为多少？

2）当液压泵出口压力由于工作缸快进，压力降到 1. 5MPa 时（工件仍处于夹紧状态），A、C 点压力各为多少？

3）夹紧缸在夹紧工件前做空载运动时，A、B、C 点压力各为多少？

4-9　图 4-109 所示回路中，溢流阀的调定压力为 5MPa，减压阀的调定压力为 1. 5MPa，活塞运动时负载压力为 1MPa，其他损失不计，试求：

1）活塞在运动期间和碰到固定挡铁后 A、B 处压力。

2）如果减压阀的外泄油口堵死，活塞碰到固定挡铁后 A、B 处压力。

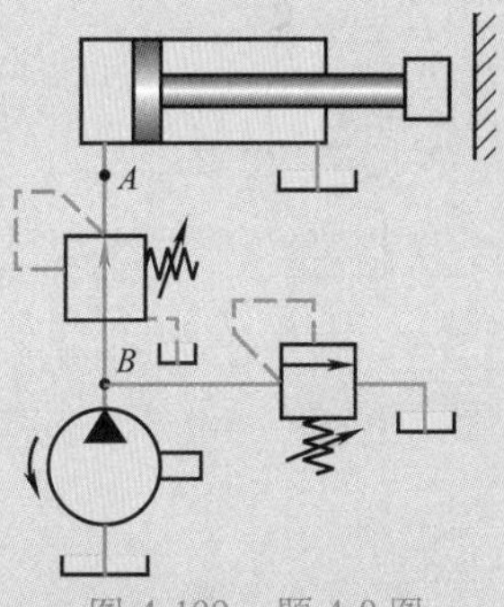

图 4-109　题 4-9 图

4-10　图 4-110 所示回路中，顺序阀的调整压力 $p_X = 3$MPa，溢流阀的调整压力 $p_Y = 5$MPa，试问在下列情况下 A、B 点的压力为多少？

1）液压缸运动，负载压力 $p_L = 4$MPa 时。

2）负载压力 p_L 变为 1MPa 时。

3）活塞运动到右端时。

4-11　图 4-111 所示系统中，液压缸Ⅰ、Ⅱ上的外负载力 $F_1 = 20000$N，$F_2 = 30000$N，有效工作面积都是 $A = 50\text{cm}^2$，要求液压缸Ⅱ先于液压缸Ⅰ动作，试问：

1）顺序阀和溢流阀的调定压力分别为多少？

2）不计管路阻力损失，液压缸Ⅰ动作时，顺序阀进、出口压力分别为多少？

4-12　图4-112所示回路中，顺序阀和溢流阀串联，调整压力分别为 p_X 和 p_Y，当系统外负载为无穷大时，试问：

1）液压泵的出口压力为多少？

2）若把两阀的位置互换，液压泵的出口压力又为多少？

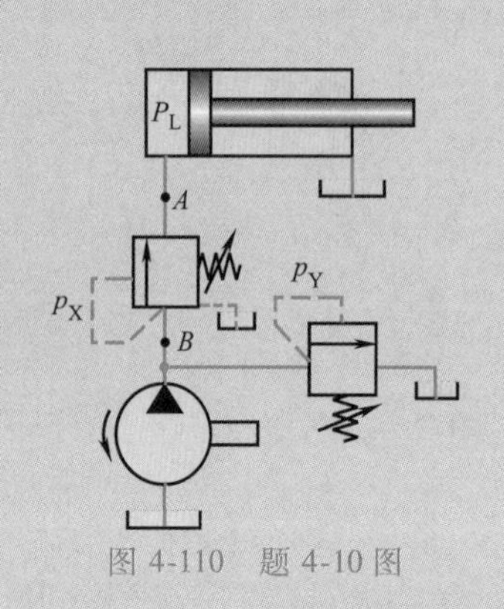

图4-110　题4-10图

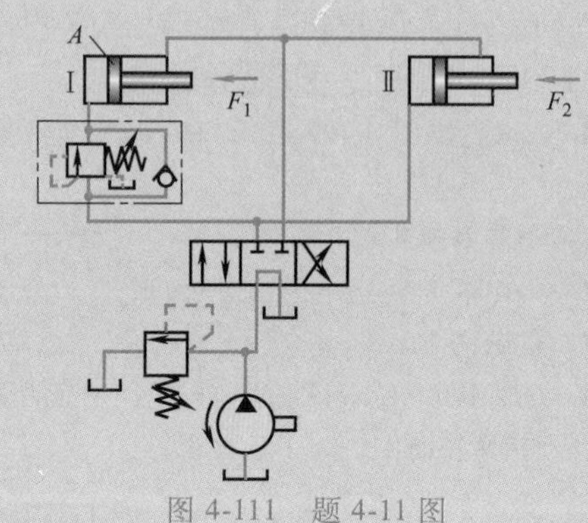

图4-111　题4-11图

4-13　图4-113a、b所示回路参数相同，液压缸无杆腔有效作用面积 $A=50\text{cm}^2$，负载 $F_L=10000\text{N}$，各液压阀的调定压力如图所示，试分别确定两回路在活塞运动时和活塞运动到终端停止时 A、B 两处的压力。

4-14　图4-114所示系统中，液压缸的有效作用面积 $A_1=A_2=100\text{cm}^2$，液压缸Ⅰ负载 $F_L=35000\text{N}$，液压缸Ⅱ运动时负载为零，不计摩擦阻力、惯性力和管路损失，溢流阀、顺序阀和减压阀的调定压力分别为4MPa、3MPa和2MPa，试求下列三种工况下 A、B 和 C 处的压力。

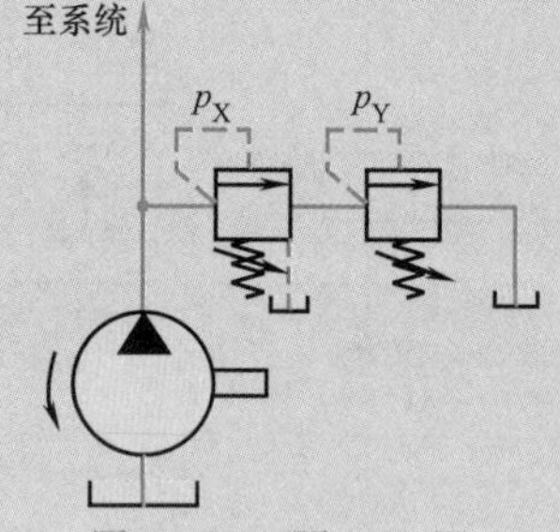

图4-112　题4-12图

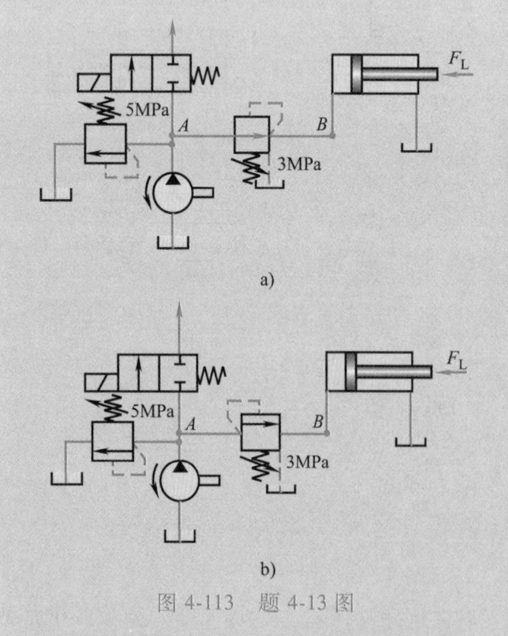

图4-113　题4-13图

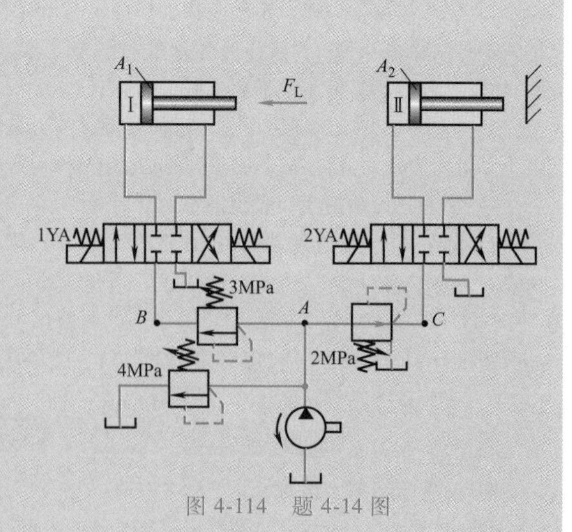

图4-114　题4-14图

1）液压泵起动后，两换向阀处于中位时。

2）1YA通电，液压缸Ⅰ运动时和到终端停止时。

3）1YA断电，2YA通电，液压缸Ⅱ运动时和碰到固定挡块停止运动时。

4-15 图 4-115 所示八种回路中，已知：液压泵流量 $q_P=10\text{L/min}$，液压缸无杆腔有效作用面积 $A_1=50\text{cm}^2$，有杆腔有效作用面积 $A_2=25\text{cm}^2$，溢流阀调定压力 $p_Y=2.4\text{MPa}$，负载 F_L 及节流阀通流面积 A_T 均已标在图上，试分别计算各回路中活塞的运动速度和液压泵的工作压力（设 $C_d=0.62$，$\rho=870\text{kg/m}^3$）。

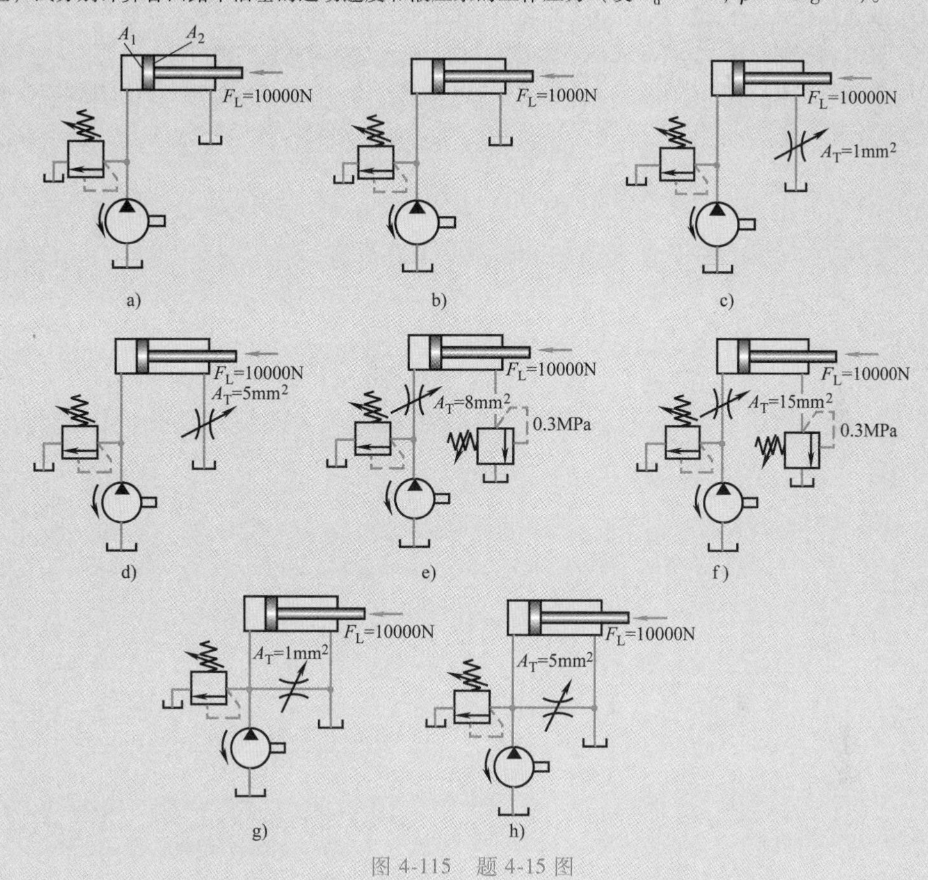

图 4-115 题 4-15 图

4-16 液压缸活塞面积 $A=100\text{cm}^2$，负载在 500～40000N 的范围内变化，为使负载变化时活塞运动速度恒定，在液压缸进口处使用一个调速阀。如将液压泵的工作压力调到其额定压力 6.3MPa，试问这是否合适？

4-17 图 4-116 所示为插装式锥阀组成换向阀的两个例子。如果阀关闭时 A、B 处有压差，试判断电磁铁通电和断电时，图 4-116a、b 中的压力油能否开启锥阀而流动，并分析各自是作何种换向阀使用的。

4-18 试用插装式锥阀组成图 4-117 所示两种形式的三位换向阀。

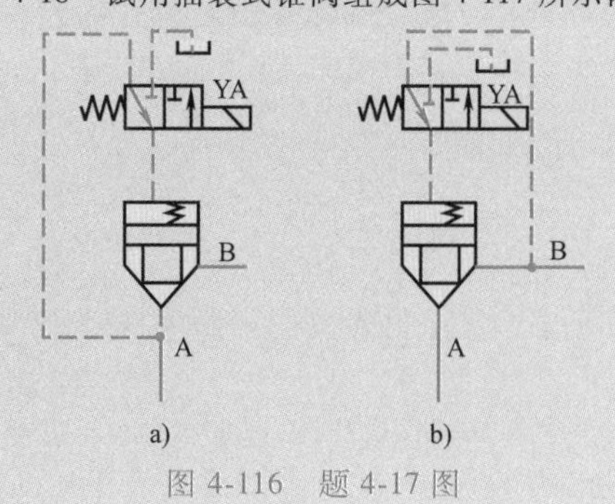

图 4-116 题 4-17 图

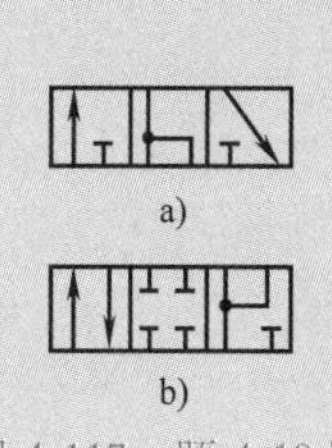

图 4-117 题 4-18 图

4-19 气压传动系统中的调压阀是如何工作的？其中弹簧起什么作用？为什么要采用双弹簧结构？两个弹簧串联和并联对阀的调压性能有何影响？

4-20 气动方向控制阀与液压方向控制阀有何相同与相异之处？

4-21 快速排气阀为什么能快速排气？在使用和安装快速排气阀时应注意哪些问题？

4-22 在气动控制元件中，哪些元件具有记忆功能？记忆功能是如何实现的？

4-23 双电磁铁直动式气动换向阀与双电磁铁先导式气动换向阀在工作原理和使用性能方面有什么区别？

第五章

密封件

第一节　密封的作用与分类

一、密封的作用及其意义

在液压与气压传动系统及其元件中，安装密封装置和密封元件的作用，在于防止工作介质的泄漏及外界灰尘和异物的侵入。设置于密封装置中、起密封作用的元件称为密封件。

泄漏分为内泄漏和外泄漏两类。内泄漏是指在系统或元件内部工作介质由高压腔向低压腔的泄漏；外泄漏则是由系统或元件内部向外界的泄漏。

对于液压传动系统，内泄漏会引起系统容积效率的急剧下降，达不到所需的工作压力，使设备无法正常运作；外泄漏则造成工作介质浪费和环境污染，甚至引发设备操作失灵和人身事故。

对于气压传动系统，由于其工作介质为压缩空气且工作压力不高，因此气体的泄漏问题往往得不到应有的重视。其实，气压传动系统中的泄漏同样会造成系统压力下降，能耗加大，动作紊乱，或造成真空系统中的负压建立不起来；气缸进气口的泄漏将造成气缸低速运行的爬行。

二、密封的分类

密封的作用是阻止泄漏。造成泄漏的原因主要有两个方面：一是密封面上有间隙；二是密封部位两侧存在较大压差。因此，密封的方法通常有：

1）封住接合面的间隙。

2）切断泄漏通道。

3）增加泄漏通道中的阻力。

4）设置做功元件，对泄漏介质造成压力，以抵消或平衡泄漏通道的压差。

工作介质越过容腔边界，由高压腔向低压腔或外界的“越界流出”现象称为泄漏。

密封的分类见表5-1。

表 5-1 密封的分类

分类			主要密封件
静密封	非金属静密封		O 形橡胶密封圈
			橡胶垫片
			聚四氟乙烯生料带
	橡胶-金属复合静密封		组合密封垫圈
	金属静密封		金属垫圈
			空心金属 O 形密封圈
	液态密封垫		密封胶
动密封	非接触式密封、间隙密封		利用间隙、迷宫、阻尼等
	接触式密封	自封式压紧型密封	O 形橡胶密封圈
			同轴密封圈
			异形密封圈
			其他
		自封式自紧型密封（唇形密封）	Y 形密封圈
			V 形密封圈
			组合式 U 形密封圈
			星形和复式唇密封圈
			带支承环组合双向密封圈
			其他
		活塞环	金属活塞环
		旋转轴油封	油封
		液压缸导向支承件	导向支承环
		液压缸防尘圈	防尘圈
		其他	其他

第二节 密封件的材料

一、常用橡胶密封材料

常用的橡胶密封材料主要是合成橡胶。常用橡胶密封材料所适应的介质和使用温度范围见表 5-2。

表 5-2 常用橡胶密封材料所适应的介质和使用温度范围

密封材料	石油基液压油和矿物基润滑酯	难燃性液压油			使用温度范围/℃	
		水-油乳化液	水-乙二醇基	磷酸酯基	静密封	动密封
丁腈橡胶	○	○	○	×	-40～+120	-40～+100
聚氨酯橡胶	○	△	×	×	-30～+80	一般不用
氟橡胶	○	○	○	○	-25～+250	-25～+180
硅橡胶	○	○	×	△	-50～+280	一般不用

（续）

密封材料	石油基液压油和矿物基润滑脂	难燃性液压油			使用温度范围/℃	
		水-油乳化液	水-乙二醇基	磷酸酯基	静密封	动密封
丙烯酸酯橡胶	○	○	○	×	-10~+180	-10~+130
丁基橡胶	×	×	○	△	-20~+130	-20~+80
乙丙橡胶	×	×	○	△	-30~+120	-30~+120

注：○—可以使用；△—有条件使用；×—不可使用。

二、常用合成树脂密封材料

常用合成树脂中，使用最多的是聚四氟乙烯树脂，可适用石油基液压油、水-油乳化液、水-乙二醇基液压液、磷酸酯基液压液等工作介质的密封。常用合成树脂密封材料的主要特点和应用范围见表5-3。

表5-3 常用合成树脂密封材料的主要特点和应用范围

名称	使用温度/℃	主要特点	应用范围
聚四氟乙烯及加充填物聚四氟乙烯	-100~+260	耐磨性极佳，耐热、耐寒性优良，能耐几乎全部化学药品及溶剂和油等液体。弹性差，热胀系数大	适用于制作挡圈、支承环、导向支承环及压环，与O形密封圈等组合成同轴密封圈。喷涂、黏贴在密封件工作面上，以降低摩擦因数，提高耐热性。制作生料带
聚酰胺尼龙	-40~+100	耐磨性能佳（优于铜和一般钢材），耐弱酸、弱碱和水、醇等溶剂。冲击性好，有一定的机械强度，抗强酸腐蚀性差，溶于浓硫酸、苯酚，有吸水性及冷流性	适用于制成挡圈、压环、导向支承环等。三元尼龙与丁腈并用制作往复动密封，可改善密封件性能
聚甲醛	-40~+100	动静摩擦因数较小，耐有机溶剂及化学腐蚀，具有良好的力学性能及抗蠕变性	适用于制作往复运动密封圈用的挡圈和导向支承环等

第三节 常用密封件

除间隙密封外，密封都是利用密封件使耦合面间的间隙控制在工作介质能通过的最小间隙之下。该最小间隙取决于工作介质的压力、黏度、相对分子质量等。

一、O形密封圈

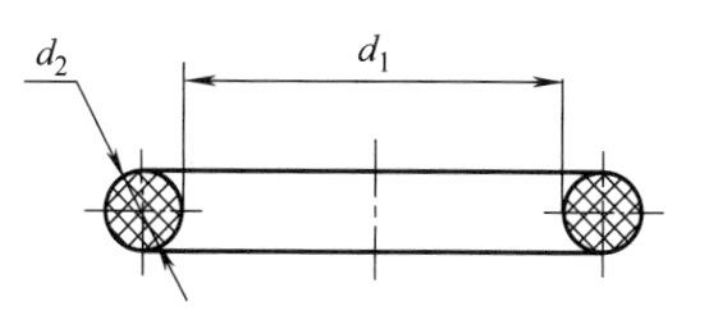

图5-1 O形密封圈

d_1—O形圈内径 d_2—O形圈截面直径

O形密封圈是一种截面为圆形的橡胶圈，如图5-1所示。其材料主要为丁腈橡胶或氟橡胶。O形密封圈是液压与气压传动系统中使用最广泛的一种密封件。它主要用于静密封和往复运动密封。其使用速度范围一般为0.005~0.3m/s。用于旋转运动密封时，仅限于低速回转密封装置，如液压挖掘机的中央回转接头的分配阀动密封机构。一般O形密封圈在旋转运动密封装置中使用较少。

O形密封圈一般安装在外圆或内圆上截面为矩形的沟槽内起密封作用，如图5-2所示。当被密封的介质工作压力较高时，O形密封圈会因产生弹性变形而被挤进密封耦合面间的缝隙，引起密封圈破坏。为了避免这种情况发生，通常当动密封工作压力超过7MPa或静密封工作压力大于32MPa时，应在O形密封圈低压侧安装挡圈；若双向交替受介质压力，则应于密封圈两侧各加一个挡圈，如图5-3所示。挡圈的材料一般为聚四氟乙烯树脂或尼龙1010和尼龙6等。

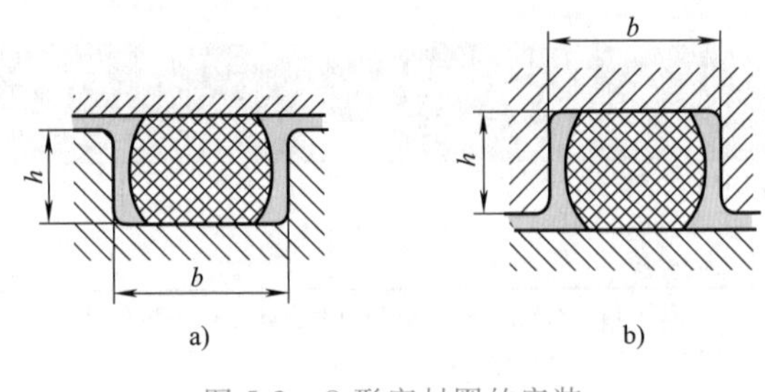

图5-2　O形密封圈的安装

a）在外圆的矩形槽内　b）在内圆的矩形槽内

二、Y形密封圈

Y形密封圈的截面呈Y形，是一种典型的唇形密封圈。按其截面的高、宽比例不同，可分为宽型、窄型、Y_x型等几类；若按两唇的高度是否相等，则可分为轴、孔通用型的等高唇Y形密封圈和不等高唇的轴用Y形密封圈和孔用Y形密封圈，如图5-4所示。

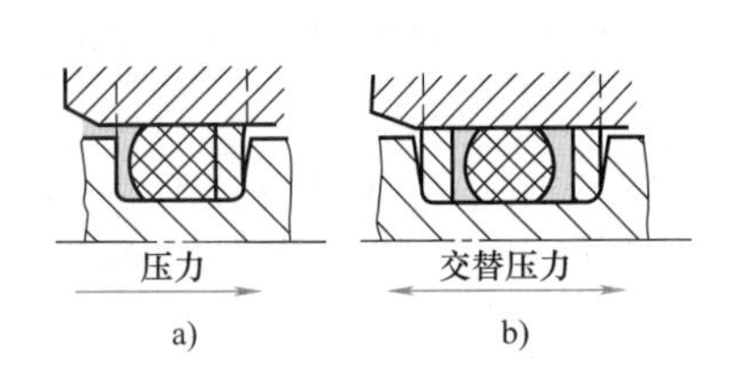

图5-3　O形密封圈挡圈的安装

a）单向受压　b）双向交替受压

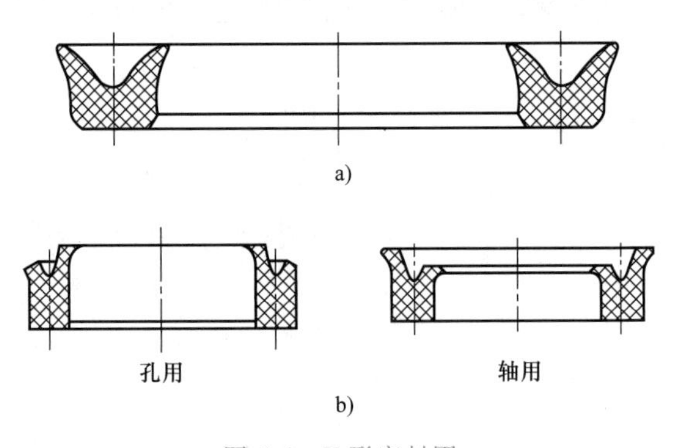

图5-4　Y形密封圈

a）等高唇　b）不等高唇（Y_x型）

Y形密封圈广泛应用于往复动密封装置中，其适用工作压力不大于40MPa，工作温度为-30～+80℃，工作速度范围：采用丁腈橡胶制作时为0.01～0.6m/s；采用氟橡胶制作时为0.05～0.3m/s；采用聚氨酯橡胶制作时则为0.01～1m/s。Y形密封圈的密封性能、使用寿命及不用挡圈时的工作压力极限，都以聚氨酯橡胶材质为佳。

为了防止Y形密封圈在往复运动过程中出现翻转、扭曲等现象，即保持其运动平稳性，可在Y形密封圈的唇口处设置支承环，如图5-5所示。支承环上开有均布的导流小孔，以利于压力介质通过小孔作用到密封圈唇边上，撑开双唇，保持Y形密封圈的正确动态姿势，保证其良好的密封性能。

三、V形密封圈

V形密封圈的截面呈V形，也是一种唇形密封圈。根据制作的材料不同，可分为纯橡胶V形密封圈和夹织物（夹布橡胶）V形密封圈等。V形密封圈的密封装置由压环、V形密封圈和支承环三部分组成，如图5-6所示。

V形密封圈主要用于液压缸活塞和活塞杆的往复动密封，其运动摩擦阻力较Y形密封

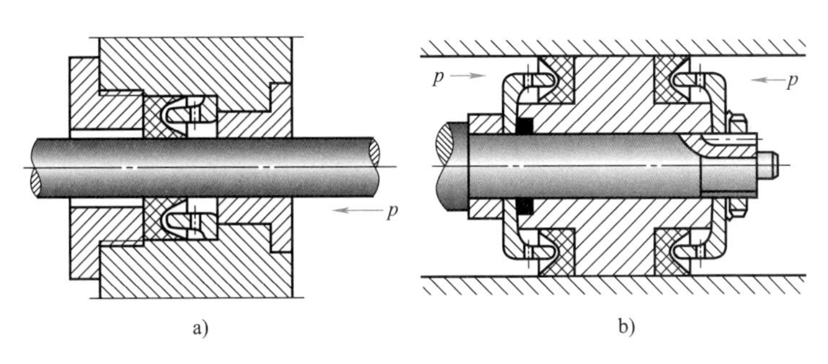

图 5-5 安装支承环的 Y 形密封圈

a）单向受压 b）双向受压

圈大，但密封性能可靠、使用寿命长。当发生泄漏时，可只调整压环或填片而无须更换密封圈。V 形密封圈的最高工作压力>60MPa，适用工作温度为-30～+80℃，工作速度范围：采用丁腈橡胶制作时为 0.02～0.3m/s；采用夹布橡胶制作时为 0.005～0.5m/s。

安装 V 形密封圈时，同样必须将密封圈的凹口面向工作介质的高压一侧，如图 5-7 所示。应根据工作压力合理选择 V 形密封圈组合个数及压环、支承环和调整垫片的材质，见表 5-4。

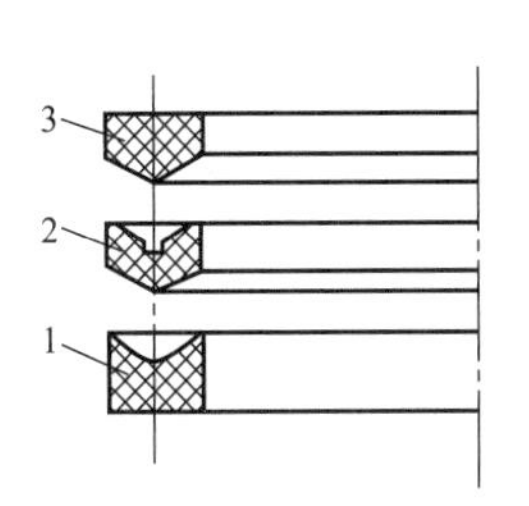

图 5-6 V 形密封装置

1—压环 2—V 形密封圈

3—支承环

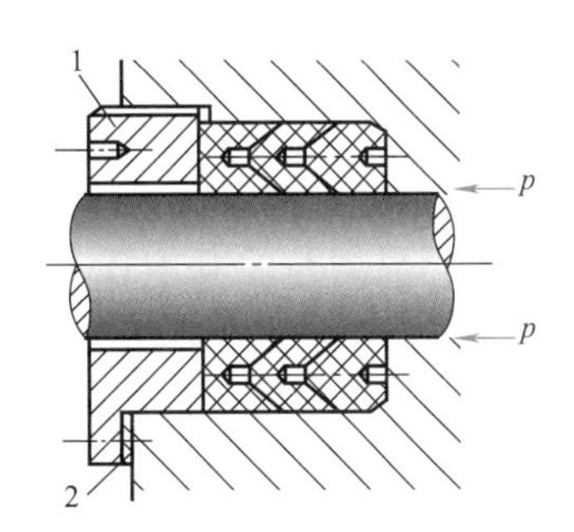

图 5-7 V 形密封圈的安装与调整

1—调节螺栓 2—调整垫片

表 5-4 V 形密封圈组合个数及压环、支承环和调整垫片的材质

压力/MPa	V 形密封圈个数及材质			压环、支承环材质					调整垫片材质		
	丁腈橡胶	夹织物丁腈橡胶	聚四氟乙烯	酚醛树脂	酚醛树脂夹织物	白铜	不锈钢	铝青铜	酚醛树脂	硬铅	白铜
<4	3	3	3	○	○	○	△	○	○	○	○
4～8	4	4	4	○	○	○	△	○	○	○	○
8～16	5	4	5	×	○	○	△	○	×	○	○
16～30	5	5	6	×	△	○	○	○	×	○	○
30～60	—	6	6	×	×	△	○	◎	×	△	○
>60	—	6		×	×	×	○	◎	×	△	○

注：○—可用；△—有条件使用；×—不可使用；◎—较佳。

第四节 新型密封件

20 世纪 80 年代以来开发了一批新型密封件，它们提高了密封可靠性、运动精度和综合性能。

一、星形密封圈

星形密封圈是有四个唇的密封圈。它是一种无接缝的圆形环，其截面近似正方形，如图 5-8 所示。星形密封圈比 O 形密封圈具有更显著、更有效的密封性能。星形密封圈的制作材料一般为各种合成橡胶。

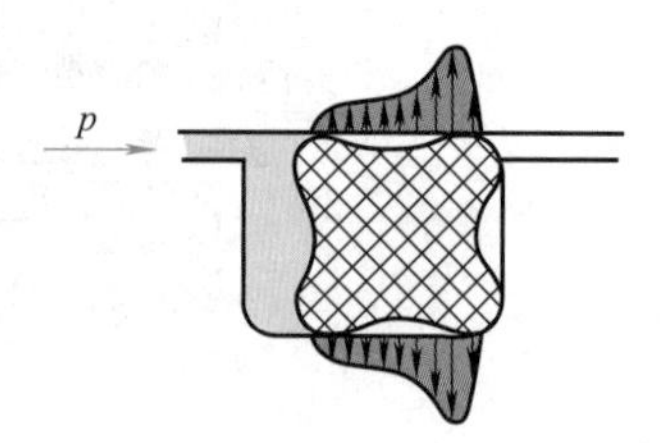

图 5-8 星形密封圈及其应力分布

星形密封圈主要应用在动密封场合，也可用于静密封，适用于双作用往复运动的活塞、活塞杆、柱塞等，并且也能在摆动、螺旋和旋转工况下适用于轴和心轴等。星形密封圈的工作压力不大于 40MPa，工作速度不大于 0.5m/s，工作温度-60～+200℃（取决于制作的材质）。对星形密封圈的表面进行特殊减摩处理，能具有更好的摩擦性能。

星形密封圈是一种由介质压力施力的双作用密封圈，依靠它在密封耦合面上的接触应力进行密封，如图 5-8b 所示，密封圈的径向和轴向力取决于系统工作压力。当压力升高时，密封圈的压缩量相应增加，接触应力也随之增大。

二、Zurcon-L 形密封圈（简称 Z-L 密封圈）

Z-L 密封圈的截面呈倒 L 形，如图 5-9 所示，主要用于活塞杆的动、静密封。其制作材料 Zurcon 是专门为密封和支承系统而研制的高性能聚氨酯。材料的复合物、添加剂和硬度范围很广，从而可使密封和支承元件对于品种不断增多的工业流体介质的相容性和性能达到最佳。特别有意义的是，按不同成分经过特殊复合的注射和模压的 Zurcon 聚氨酯系列，具有不同的硬度以及很高的机械强度、耐磨性和抗扯裂强度，同时能和密封耦合面很好地相适应，很少会产生擦伤和损坏，从而能满足液压与气压传动系统严酷的特殊要求。

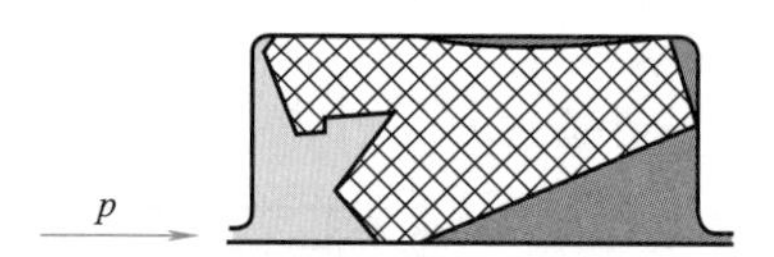

图 5-9 Z-L 密封圈的截面

Z-L 密封圈的密封唇经过修整，其接触应力分布在高压侧的角度较陡，而在低压侧的角度较平坦，从而保证了活塞杆伸出时黏附在杆上的极薄液体膜，在活塞杆缩回时返回到高压侧。而且，这种最佳的应力分布状态在整个工作压力范围内相当稳定。所以，流体动力回吸性能得到了很好保证。

密封的预压缩是由密封圈在外径处的尺寸过盈以及在安装时元件产生的旋转所形成的。独特的截面形状使有介质压力作用时，密封圈变形压向沟槽外壁，且远离密封耦合面间的间隙，避免了密封圈被挤入间隙的可能。

Z-L 密封圈的工作压力不大于 40MPa；工作速度不大于 0.5m/s；工作温度为-30～+80℃；工作介质为石油基液压油、合成液、难燃液。

三、M2 型 Turcon-Variseal 密封圈（简称 T-V 密封圈）

M2 型 T-V 密封圈是一种既可用于外圆密封，又可用于内圆密封的往复运动用单作用密封圈。它由一个 U 形外壳和一个 V 形不锈钢弹簧所组成，如图 5-10 所示。U 形外壳的制作材料为 Turcon，这是一种专门为密封系统研制的高性能工程热塑性复合物。

在低压或零压时，密封圈由不锈钢弹簧施力，提供初始密封力。当系统压力升高时，主要密封力由系统压力形成，从而保证由零压到高压都能可靠密封。M2 型 T-V 密封圈的轮廓形状是不对称的，其密封工作唇具有短而粗的特点，从而降低了摩擦，延长了寿命。

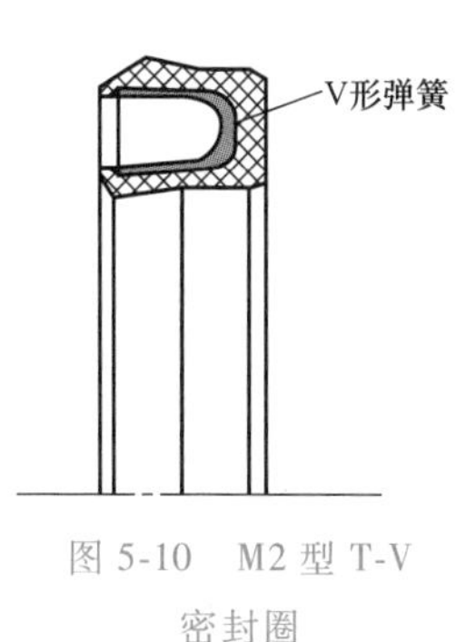

图 5-10　M2 型 T-V 密封圈

由于密封材料和弹簧对各种工作介质都有很好的适应能力，因此 M2 型 T-V 密封圈可在一般液压与气压传动系统，以及其他广泛的范围，如化学、医药及食品等工业中应用。如果在弹簧处的空腔内填满硅胶，则可对密封圈进行消毒处理，并防止污染物进入，从而实现“洁净型”密封。

M2 型 T-V 密封圈的工作压力：动负载时，$p \leqslant 45\text{MPa}$；静负载时，$p \leqslant 60\text{MPa}$。工作速度：往复运动时，$v \leqslant 1.5\text{m/s}$；旋转运动时，$v \leqslant 1\text{m/s}$。工作温度：-70℃～+260℃。

第五节　组合式密封件

组合式密封件由两个或两个以上元件组成。其中一部分是润滑性能好、摩擦因数小的元件；另一部分是充当弹性体的元件，从而大大改善了综合密封性能。

一、同轴密封圈

同轴密封圈是结构与材料全部实施组合形式的往复运动用密封元件。它由加了填充材料的改性聚四氟乙烯滑环和作为弹性体的橡胶环（如 O 形密封圈、矩形密封圈、星形密封圈等）组合而成。按其用途可分为活塞用同轴密封圈（格来圈加 O 形密封圈）和活塞杆用同轴密封圈（斯特圈加 O 形密封圈），其结构形式如图 5-11 所示。

格来圈和斯特圈都是以聚四氟乙烯树脂为基材，按不同使用条件、配以不同比例的充填材料（如铜粉、石墨、碳素纤维、玻璃纤维、石棉、二硫化钼、陶土等）制作而成的。由于聚四氟乙烯树脂具有自润滑性能，因此同轴密封圈在各类往复运动密封圈中，是动摩擦阻力较小的一种，如图 5-12 所示。

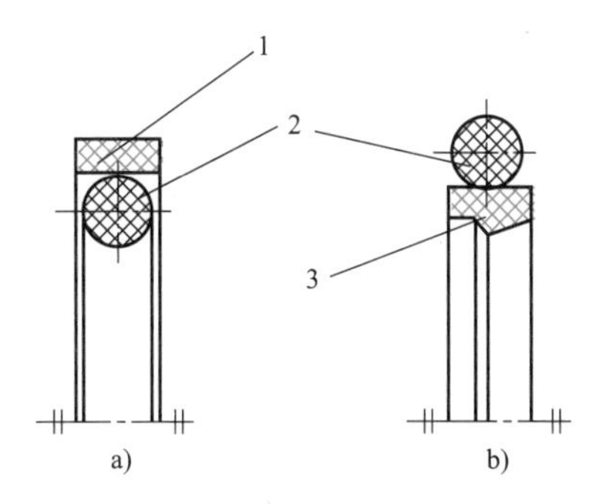

图 5-11　同轴密封圈的结构形式

a）活塞用　b）活塞杆用

1—格来圈　2—O 形密封圈　3—斯特圈

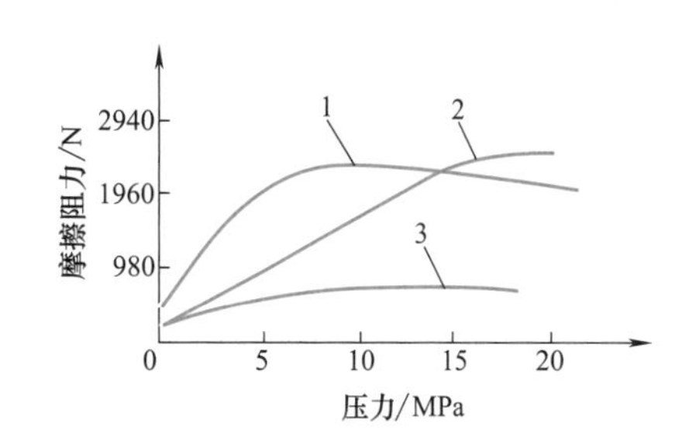

图 5-12　活塞密封装置动摩擦阻力比较

1—Y 形密封圈　2—V 形密封圈　3—同轴密封圈

同轴密封圈利用 O 形密封圈的良好弹性变形性能，通过其预压缩力将格来圈（或斯特圈）紧贴在密封耦合面上起密封作用。O 形密封圈不与密封耦合面直接接触，不存在密封圈翻转、扭曲及被挤入间隙等问题。

同轴密封圈已广泛应用于中、高压液压缸的往复运动密封装置。其适用范围为：工作压力不大于 50MPa；运动速度不大于 1m/s；工作温度为-30～+120℃。

二、新型格来圈

（一）T 形 Turcon 格来圈

T 形 Turcon 格来圈是在保留传统的弹性体施力密封的优良特性基础上，通过改进其几何形状，可以满足液压缸在负载下精确定位的要求。它的制作材料为 Turcon。这种新型密封圈的结构简单而紧凑，并且可使活塞与液压缸内壁之间保持较大的间隙。

T 形格来圈的截面形状及接触应力分布如图 5-13 所示。格来圈的两个侧面都有倒角，使密封圈的截面朝着密封耦合面逐渐变窄。截面形状仍然结实而紧凑，且不会减少因压力产生的最大压缩所需要的弹性。T 形格来圈特殊的截面形状所具有的侧边角度，使其具有一个附加的自由度，因而密封圈能轻微地倾侧转动。当压力建立后，密封圈压向沟槽一边。由于密封圈的侧面是斜的，导致密封圈有所“倾侧”。这样就可以把最大压力点移到高压侧密封圈边缘的位置（图 5-13）。相反，密封圈的低压侧，出现一个没有压缩或剪切负载的中间变形区，从而有效地减轻了密封圈被挤入间隙的危险。

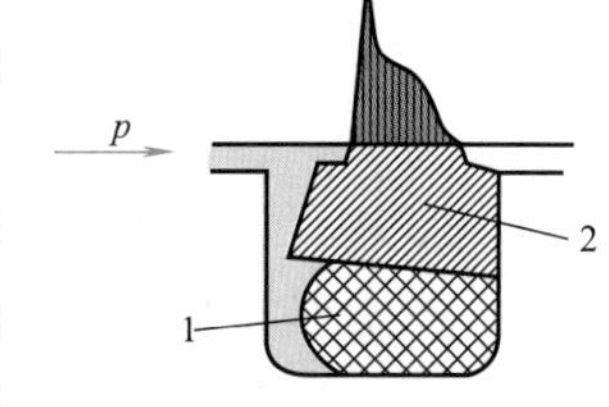

图 5-13 T 形格来圈的截面形状及应力分布

1—O 形密封圈 2—格来圈

T 形格来圈可用于整体式活塞密封。其工作压力不大于 80MPa；工作速度不大于 1.5m/s；工作温度为-54～+200℃。

（二）HPR 型 Turcon 格来圈

HPR 型 Turcon 格来圈密封装置以叠加的方式将丁腈橡胶弹性体、聚胺酯挡圈和 Turcon 格来圈组装在一起，使它在单一的沟槽中得到一种轻巧的密封结构，且具有极好的性能，如图 5-14 所示。

格来圈中丁腈橡胶弹性体 2 为一个形状匀称的释压环，它在径向对聚胺酯挡圈 3 和 Turcon 格来圈 1 施力。HPR 型 Turcon 格来圈密封装置作为主密封，具有释压能力，可防止密封元件间产生困压现象。当活塞杆伸出时，HPR 型 Turcon 格来圈对下游的支承元件和副密封提供充分的润滑液膜，格来圈的均匀几何形状可在活塞杆缩回时产生回吸作用，从而也控制了润滑的状况。

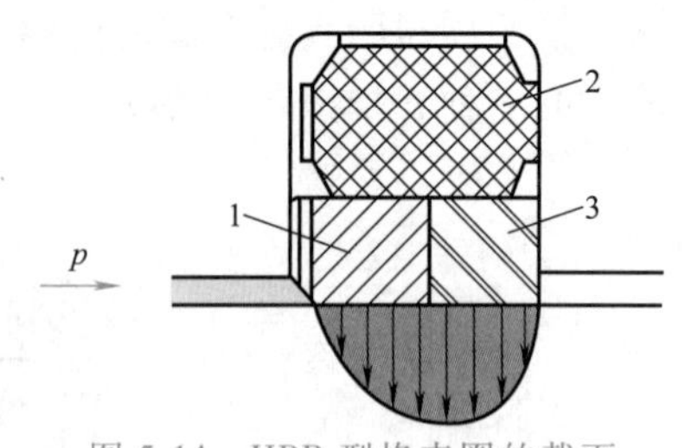

图 5-14 HPR 型格来圈的截面形状及应力分布

1—Turcon 格来圈 2—丁腈橡胶弹性体 3—聚胺酯挡圈

HPR 型 Turcon 格来圈适用于液压往复或螺旋运动的单向密封，采用整体式沟槽结构。其工作压力不大于 50MPa；工作速度不大于 1.5m/s；工作温度为-54～+135℃；工作介质为石油基液压油、水乙二醇。

（三）旋转格来圈

旋转格来圈密封装置由一个高级 Turcon 材料的密封环格来圈和一个弹性施力的 O 形密封圈组合而成，如图 5-15 所示。为适应高速和低速不同工况的需要，根据格来圈的截面大小不同，在密封面上加工了一个或两个环形沟槽（图 5-15）。该沟槽具有以下功能：提高了密封表面的比压，因此提高了密封效果；形成一个润滑油腔，从而降低了摩擦力。

为了保证介质压力能作用到O形密封圈上，在格来圈的侧面开有若干条径向沟槽，用以托住O形密封圈。格来圈的背面设计成内凹弧形，使之增加接触面，并防止格来圈随轴产生旋转。

旋转格来圈密封装置应用于有旋转或摆动运动的轴、杆、销、旋转接头等处的动密封。它可承受两侧压力或交变压力的作用。其工作压力不大于30MPa（1m/s时）或20MPa（2m/s）；工作温度为-54～+200℃（取决于O形密封圈的材质）；工作介质为石油基液压油、难燃液、环保安全液压液（生物油）、水、空气等。

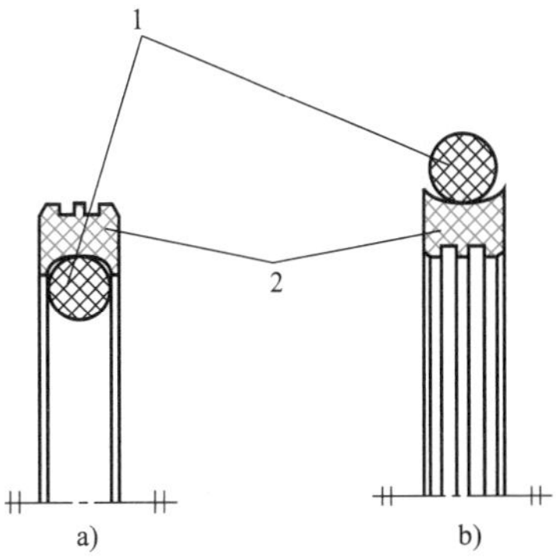

图5-15 旋转格来圈

a）外圆密封 b）内圆密封

1—O形密封圈 2—格来圈

三、组合密封垫圈

组合密封垫圈是由橡胶环和金属环整体粘合硫化而成的密封元件，如图5-16所示。垫圈的金属外环起支承作用，橡胶内环承受压缩变形后起密封作用。内环厚度 h 与外环厚度 s 之差为橡胶的压缩量。

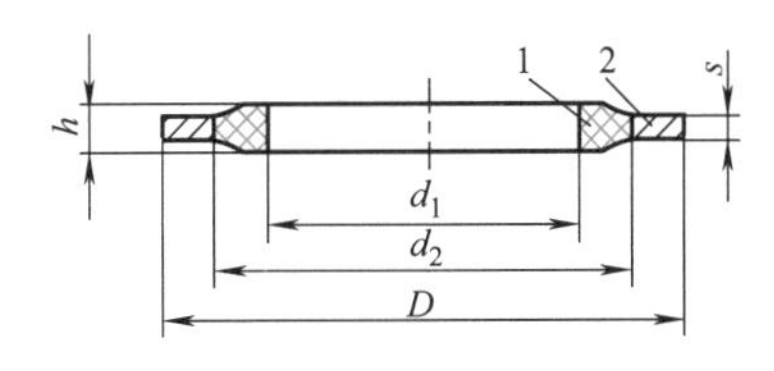

图5-16 组合密封垫圈

1—橡胶环 2—金属环

组合密封垫圈的优点是密封可靠，连接时的轴向压紧力小，承载的流体压力高，且无需加开密封安装沟槽，因此应用非常广泛。其适用于工作压力不大于100MPa、工作温度范围为-30～+200°C的静密封。

习 题

5-1 哪些材料可以作为O形密封圈的制作材料？它们应具备哪些性能？

5-2 若将 Y_x 型孔用密封圈当作轴用密封圈使用，将会出现什么问题？

5-3 O形密封圈在使用过程中为什么会出现翻转、扭曲现象？可采取哪些措施加以解决？

5-4 组合式密封件有哪些突出的优点？应如何合理地加以选用？

5-5 某液压缸的工作压力为31.5MPa，往复运动速度为1.2m/s，使用温度范围为+5～+60℃，工作介质为石油基液压油。试为液压缸的活塞和活塞杆选用合适的密封件。

第六章

基本回路

随着现代工业技术的迅速发展，各类液压或气动设备的控制功能变得越来越复杂。但是，不管多么复杂，任何一个液压或气动系统都是由一个或几个基本回路组成的。熟悉和掌握基本回路有助于更好地分析、设计和使用各种系统。

基本回路，是指那些为了实现某种特定功能而把一些液压或气动元件和管道按一定方式组合起来的通路结构。

学习本章时，应着重掌握各种基本回路所具有的功能，功能的实现方法，以及回路的元件组成。

第一节　液压基本回路

一、压力控制回路

压力控制回路是利用压力控制阀来控制系统整体或某一部分的压力，以满足液压执行元件对力或转矩要求的回路。这类回路包括调压、减压、增压、卸荷和平衡等多种回路。

（一）调压回路

调压回路的功用是使液压系统整体或部分的压力保持恒定或不超过某个数值。在定量泵系统中，液压泵的供油压力可以通过溢流阀来调节。在变量泵系统中，用安全阀来限定系统的最高压力，防止系统过载。若系统中需要两种以上的压力，则可采用多级调压回路。

在图 6-1a 中，先导式溢流阀 1 的远程控制口串接远程调压阀 4 和二位二通电磁阀 5。当两个压力阀的调定压力符合 $p_B<p_A$ 时，液压系统就可以通过换向阀的右位和左位分别得到 p_A 和 p_B 两种压力。

图 6-1b 所示为由溢流阀 1、2、3 分别控制系统的压力，从而组成了三级调压回路。在图 6-1c 中，调节先导式比例溢流阀 6 的输入电流，即可实现系统压力的无级调节，这样不但回路结构简单、压力切换平稳，而且便于实现远距离控制或程控。

例 6-1　图 6-2 所示为二级调压回路，在液压系统循环运动中，当电磁阀 4 通电右位工作时，液压系统突然产生较大的液压冲击。试分析其产生原因，并提出改进措施。

解　1）产生原因：当电磁阀 4 断电时，系统压力取决于溢液阀 2 的调整压力 p_{Y1}；电磁阀 4 通电后，系统压力由溢流阀 3 的调整压力 p_{Y2}决定。由于电磁阀 4 与溢流阀 3 之间的油

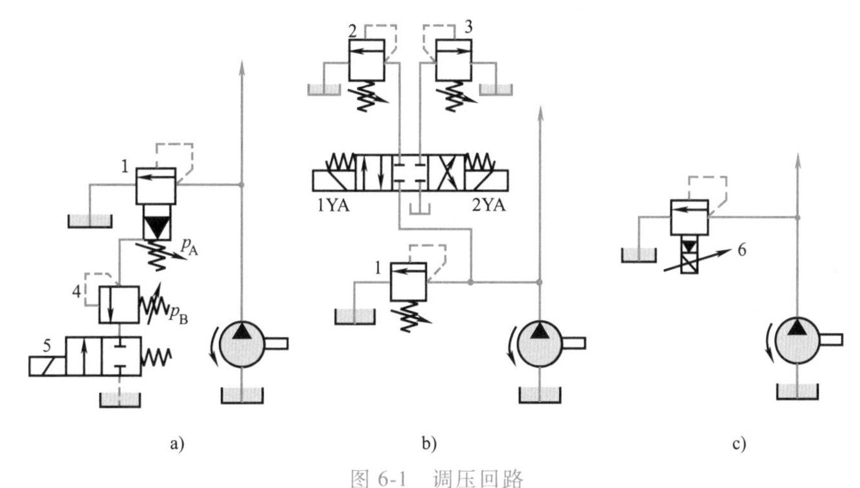

图 6-1 调压回路

a）单级、二级 b）多级 c）比例

1、2、3—先导式溢流阀 4—远程调压阀 5—二位二通电磁阀 6—先导式比例溢流阀

路内没有压力（压力为零），电磁阀 4 右位工作时，溢流阀 2 的遥控口处的压力由 p_{Y1} 几乎下降到零后才又恢复到 p_{Y2}，这样系统必然产生较大的压力冲击。

2）改进措施：把电磁阀 4 接到溢流阀 3 的出油口，并与油箱接通，这样从溢流阀 2 遥控口到电磁阀 4 的油路中充满压力接近 p_{Y1} 的压力油，电磁阀 4 通电切换后，系统压力从 p_{Y1} 直接降到 p_{Y2}，不会产生较大的压力冲击，如图 6-3 所示。

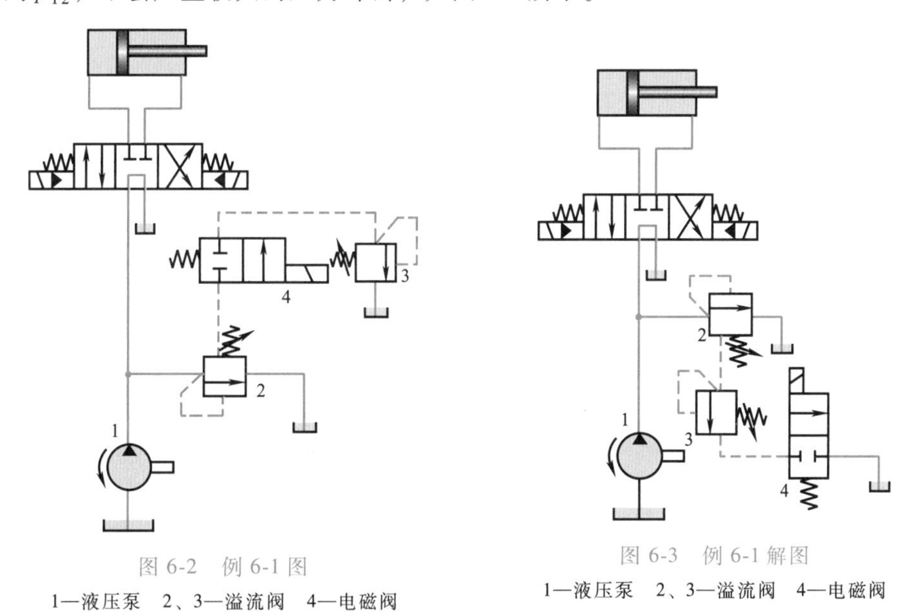

图 6-2 例 6-1 图

1—液压泵 2、3—溢流阀 4—电磁阀

图 6-3 例 6-1 解图

1—液压泵 2、3—溢流阀 4—电磁阀

（二）减压回路

减压回路的功用是使系统中的某一部分油路具有较低的稳定压力。最常见的减压回路通过定值减压阀与主油路相连，如图 6-4 所示。回路中的单向阀 3 供主油路压力降低（低于定值减压阀 2 的调整压力）时防止油液倒流，起短时保压作用。减压回路中也可以采用比例减压阀来实现无级减压。

为使减压回路工作可靠，减压阀的最低调整压力应不小于 0.5MPa，最高调整压力至少应比系统压力小 0.5MPa。当减压回路中的执行元件需要调速时，调速元件应放在减压阀的后面，这样才可以避免减压阀泄漏（指由减压阀泄油口流回油箱的油液）对执行元件的速度产生影响。

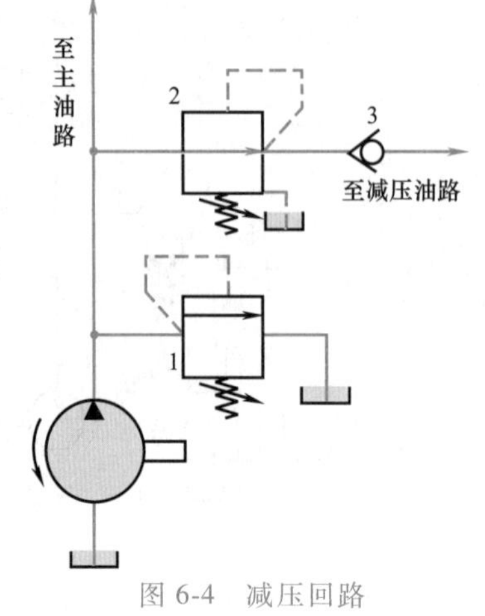

图 6-4 减压回路

1—溢流阀 2—定值减压阀 3—单向阀

例 6-2 在图 6-5 所示回路中，已知活塞在运动时所需克服的摩擦阻力 $F=1500\text{N}$，活塞有效作用面积 $A=15\times10^{-4}\text{m}^2$，溢流阀调整压力 $p_Y=4.5\text{MPa}$，两个减压阀的调整压力分别为 $p_{J1}=2\text{MPa}$、$p_{J2}=3.5\text{MPa}$，如管道和换向阀处的压力损失均可不计，试问：

1）YA 吸合和不吸合时对夹紧压力有无影响？

2）如减压阀的调整压力改为 $p_{J1}=3.5\text{MPa}$、$p_{J2}=2\text{MPa}$，YA 吸合和不吸合时对夹紧压力有何影响？

解 1）摩擦阻力在液压缸中引起的负载压力 $p=\frac{F}{A}=\frac{1500}{15\times10^{-4}}\text{Pa}=1\text{MPa}$，可见不管 YA 吸合与否，夹紧过程都能正常进行。

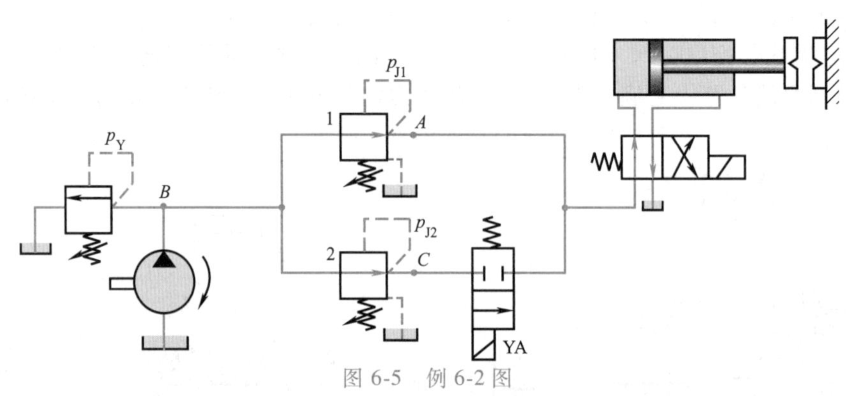

图 6-5 例 6-2 图

当 YA 不吸合时（图 6-5），减压阀 1 起作用，夹紧压力上升到 2MPa 为止。当 YA 吸合时，减压阀 1 和 2 同时起作用，夹紧压力上升到 2MPa 时，减压阀 1 的阀口关小，减压阀 2 阀口仍处于全开位置，为此夹紧压力继续上升，到 3.5MPa 才终止。所以 YA 吸合或不吸合所造成的夹紧压力是不同的。这是一个二级减压回路，用二位二通阀来变换夹紧压力。

2）当 $p_{J1}=3.5\text{MPa}$、$p_{J2}=2\text{MPa}$ 时，YA 吸合和不吸合都会产生 3.5MPa 的夹紧压力，二位二通阀失去了变换夹紧压力的功用。

注：多级减压阀并联时，起作用的是那个最大的出口压力调整值。减压阀进口压力小于其出口压力调整值时，阀口全开，相当于一个过油通道。

（三）增压回路

当液压系统中的某一支路需要压力较高而流量不大的压力油，但用高压泵又不经济，或者根本就没有这样高压力的液压泵时，可以采用增压回路。增压回路可节省能耗，而且工作可靠、噪声小。

图 6-6a 所示为单作用增压回路。在图示位置工作时，系统的供油压力 p_1 进入增压缸的大活塞左腔，此时在小活塞右腔即可得到所需的较高压力 p_2。当二位四通电磁换向阀右位接入系统时，增压缸返回，辅助油箱中的油液经单向阀补入小活塞右腔。因该回路只能间断

增压，所以称之为单作用增压回路。

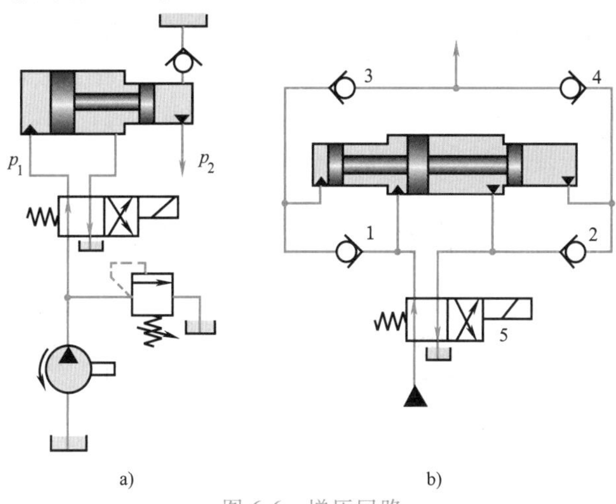

图 6-6　增压回路

a）单作用增压缸　b）双作用增压缸

1、2、3、4—单向阀　5—电磁换向阀

图 6-6 所示为采用双作用增压缸的增压回路，能连续输出高压油。在图示位置时，液压泵输出的压力油经电磁换向阀 5 和单向阀 1 进入增压缸左端大、小活塞的左腔，大活塞右腔的回油通油箱，右端小活塞右腔增压后的高压油经单向阀 4 输出，此时单向阀 2、3 被关闭。当增压缸活塞移到右端时，电磁换向阀通电换向，增压缸活塞向左移动，左端小活塞左腔输出的高压油经单向阀 3 输出。这样，增压缸的活塞不断往复运动，两端便交替输出高压油，从而实现连续增压。

例 6-3　图 6-7 所示为一增压缸驱动单杆活塞缸的增压回路。已知增压缸的两活塞直径 D_1 和 D_2，输入压力 p_1，输入流量 q；单杆活塞缸的活塞直径 D_3。试问单杆活塞缸的活塞能产生多大的速度以及克服多大的负载？

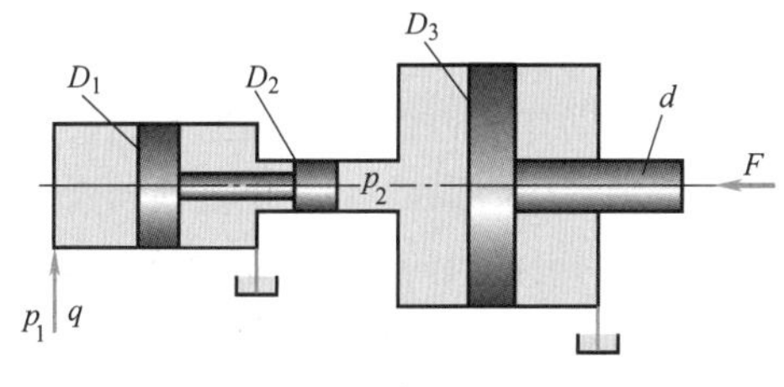

图 6-7　例 6-3 图

解　增压缸的输出压力

$$p_2=p_1\frac{A_1}{A_2}=p_1\frac{D_1^2}{D_2^2}$$

式中　A_1、A_2——增压缸左、右两活塞的有效作用面积。

单杆活塞缸活塞的推力

$$F=p_2\frac{\pi}{4}D_3^2=p_1\frac{\pi}{4}\frac{D_1^2D_3^2}{D_2^2}=p_1\frac{\pi}{4}\left(\frac{D_1D_3}{D_2}\right)^2$$

单杆活塞缸活塞的移动速度

$$v=\frac{qA_2}{A_1A_3}=q\frac{4D_2^2}{\pi D_1^2D_3^2}=q\frac{4}{\pi}\left(\frac{D_2}{D_1D_3}\right)^2$$

式中　A_3——单杆活塞缸活塞的有效作用面积。

（四）卸荷回路

卸荷回路的功用是在液压泵不停止转动时，使其输出的流量在压力很低的情况下流回油

箱，以减少功率损耗，降低系统发热，延长泵和电动机的寿命。

M、H 和 K 型中位机能的三位换向阀处于中位时，液压泵即卸荷。图 6-8 所示为采用 M 型中位机能的电液换向阀的卸荷回路。这种回路切换时压力冲击小，但回路中必须设置单向阀，以使系统能保持 0.3MPa 左右的压力，供控制油路之用。

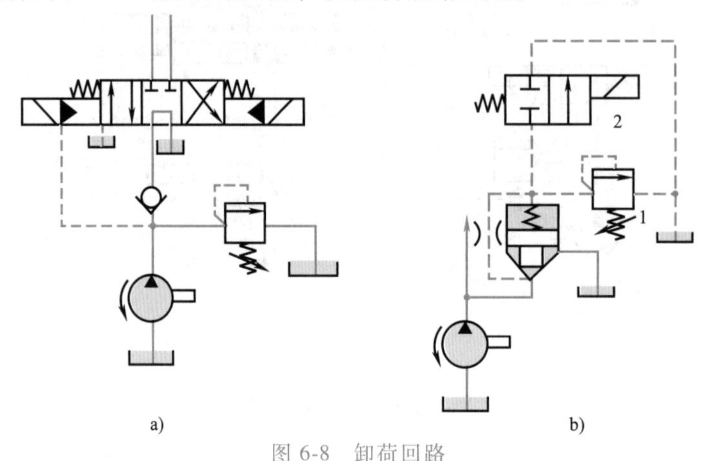

图 6-8 卸荷回路

a）换向阀 b）插装阀

1—溢流阀 2—二位二通电磁阀

图 6-1a 中，若去掉远程调压阀 4，使先导式溢流阀的远程控制口通过二位二通电磁阀 5 直接与油箱相连，便构成一种用先导式溢流阀的卸荷回路，这种卸荷回路切换时冲击小。

图 6-8b 所示为插装阀的卸荷回路。由于插装阀通流能力大，因而这种卸荷回路适用于大流量的液压系统。正常工作时，液压泵压力由阀 1 调定。当二位二通电磁阀 2 通电后，主阀上腔接通油箱，主阀口全部打开，泵即卸荷。

例 6-4 图 6-9 所示为利用电液换向阀 M 型中位机能的卸荷回路，但当电磁铁通电后，换向阀并不动作，因此液压缸也不运动。试分析产生原因，并提出解决方案。

解 1）产生原因：由于电液换向阀中位机能为 M 型，液压泵打出来的油全部回油箱，泵的压力为零，而电液换向阀的控制油路接在泵的出油口，故控制油压力也为零，即使电磁铁通电，控制油也无力推动换向阀主阀阀芯移动，所以换向阀主油路不切换，液压缸不动作。

2）解决方案：在泵出口处加一单向阀，把换向阀的控制油路从单向阀前引出，如图 6-10 所示。这样，即使换向阀处于中位，泵的出口压力也不会等于零，就足以推动换向阀主阀换向。

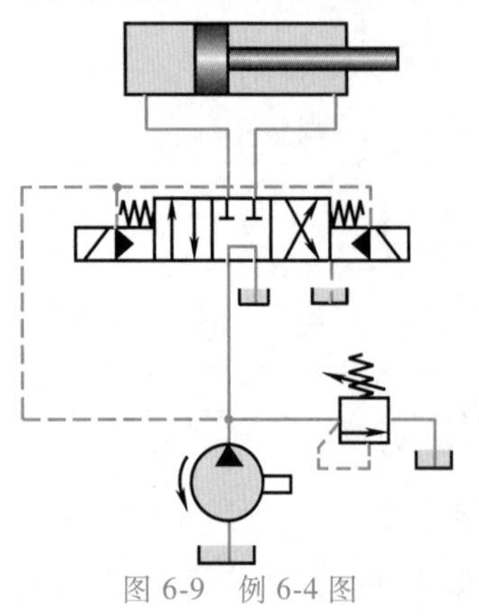

图 6-9 例 6-4 图

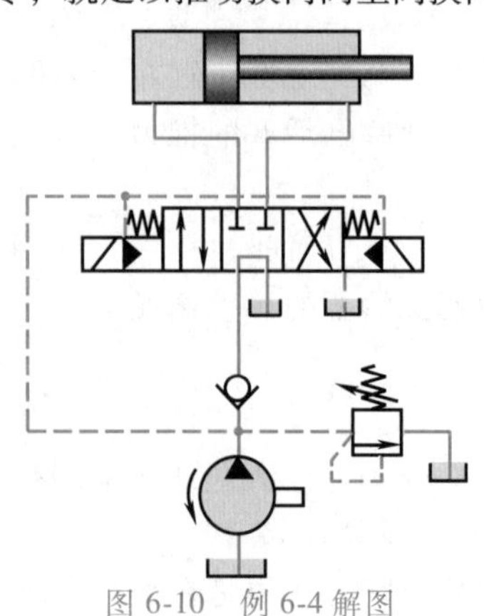

图 6-10 例 6-4 解图

（五）平衡回路

平衡回路的功用在于防止垂直放置的液压缸和与之相连的工作部件因自重而自行下落。图 6-11 所示为一种使用单向顺序阀的平衡回路。由图可见，当换向阀 2 左位接入回路使活塞下行时，回油路上存在着一定的背压；只要调节单向顺序阀 3 使液压缸内的背压能支承得住活塞和与之相连的工作部件，活塞就可以平稳地下落。当换向阀处于中位时，活塞就停止运动，不再继续下移。这种回路在活塞向下快速运动时功率损失较大，锁住时活塞和与之相连的工作部件会因单向顺序阀 3 和换向阀 2 的泄漏而缓慢下落，因此它只适用于工作部件自重不大、活塞锁住时定位要求不高的场合。

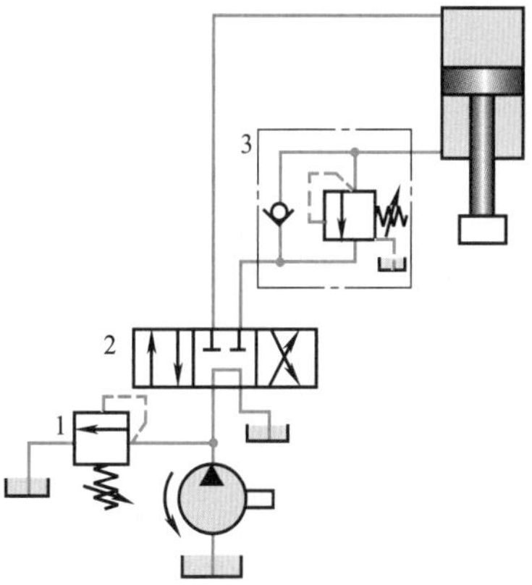

图 6-11　平衡回路
1—溢流阀　2—换向阀　3—单向顺序阀

在工程机械中常用平衡阀直接形成平衡回路。

（六）保压回路

保压回路的功用是使系统在液压缸不动或仅有极微小位移的情况下稳定地维持住压力。最简单的保压回路是使用密封性能较好的液控单向阀的回路，但是阀类元件处的泄漏使这种回路的保压时间不能维持很久。

1. 自动补油保压回路

图 6-12 所示为一种采用液控单向阀和电接点压力表的自动补油式保压回路，其工作原理如下：当换向阀 2 右位接入回路时，液压缸上腔成为压力腔，在压力达到预定上限值时电接点压力表 4 发出信号，使换向阀切换成中位；这时液压泵卸荷，液压缸由液控单向阀 3 保压。当液压缸上腔压力下降到预定下限值时，电接点压力表又发出信号，使换向阀右位再次接入回路，这时液压泵给液压缸上腔补油，使其压力回升。换向阀左位接入回路时，活塞快速向上退回。这种回路保压时间长，压力稳定性高，适用于保压性能要求较高的高压系统，如液压机等。

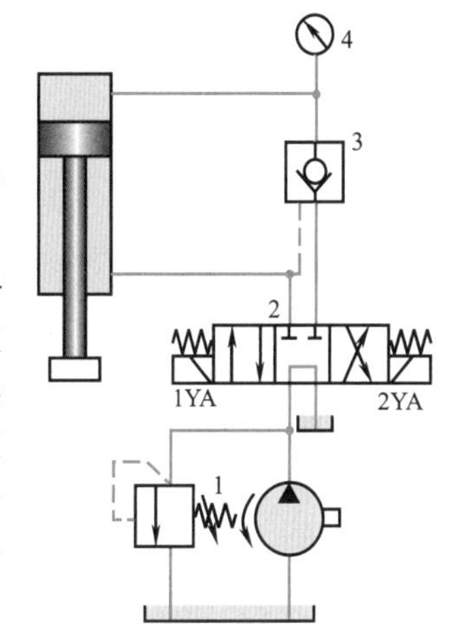

图 6-12　自动补油的保压回路
1—溢流阀　2—换向阀　3—液控单向阀　4—电接点压力表

2. 利用蓄能器的保压回路

如图 6-13a 所示，当三位四通电磁换向阀 5 左位接入工作时，液压缸 6 向右运动，压紧工件后，进油路压力升高至调定值，压力继电器 3 发出信号使二位二通电磁阀 7 通电，液压泵 1 即卸荷，单向阀 2 自动关闭，液压缸则由蓄能器 4 保压。缸压不足时，压力继电器复位使泵重新工作。保压时间的长短取决于蓄能器容量和压力继电器的通断调节区间，而压力继电器的通断调节区间决定了缸中压力的最高和最低值。图 6-13b 所示为多个执行元件系统中的保压回路。这种回路的支路需保压。液压泵 1 通过单向阀 2 向支路输油，当支路压力升高达到压力继电器 3 的调定值时，单向阀关闭，支路由蓄能器 4 保压并补偿泄漏，与此同时，压力继电器发出信号，控制换向阀（图中未示出），使泵向主油路输油，另一个执行元件开始动作。

例 6-5　图 6-14 所示为车床液压夹紧系统原理图，当驱动液压泵的电动机突然断电时，夹不紧工件而产生安全事故。试分析其原因，并提出解决方案。

解　1）产生原因：该液压夹紧系统油路没有自锁装置，当电动机突然断电时，夹紧液

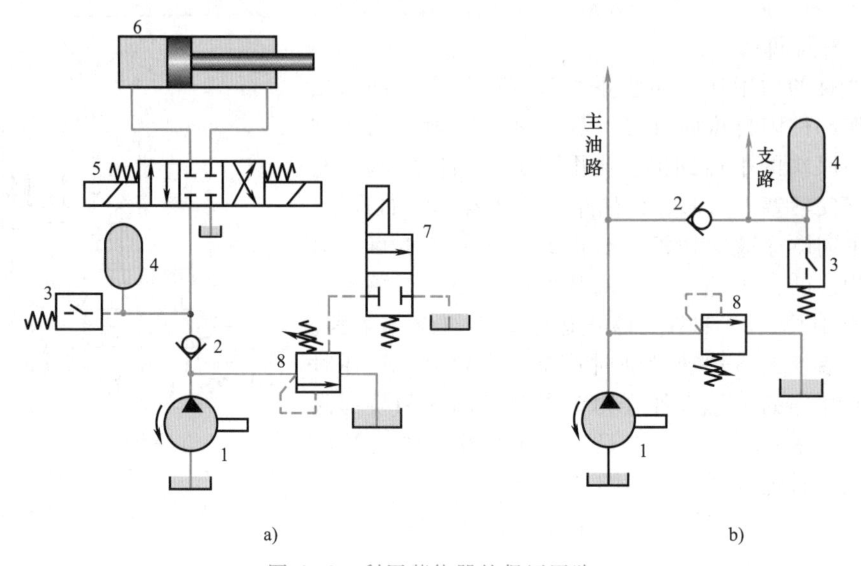

图 6-13 利用蓄能器的保压回路

a）利用蓄能器 b）多个执行元件

1—液压泵 2—单向阀 3—压力继电器 4—蓄能器 5—三位四通电磁换向阀 6—液压缸 7—二位二通电磁阀 8—溢流阀

压缸失去支承压力后，反向冲击液压泵，使油液通过液压泵倒流回油箱。车床主轴由于惯性作用仍在旋转，因而工件飞出，造成安全事故。

2）解决方案：在液压泵至减压阀的油路之间增设一个单向阀。

（七）卸压回路

卸压回路的功用在于使高压大容量液压缸中储存的能量缓缓释放，以免它突然释放时产生很大的液压冲击。一般液压缸直径大于 250mm、压力高于 7MPa 时，其油腔在排油前须先卸压。图 6-15 所示为一种使用节流阀的卸压回路。由图可见，液压缸上腔的高压油在换向阀 5 处于中位（液压泵卸荷）时通过节流阀 6、单向阀 7 和换向阀 5 卸压，卸压快慢由节流阀调节。当此腔压力降至压力继电器 4 的调定压力时，换向阀切换至左位，液控单向阀 2

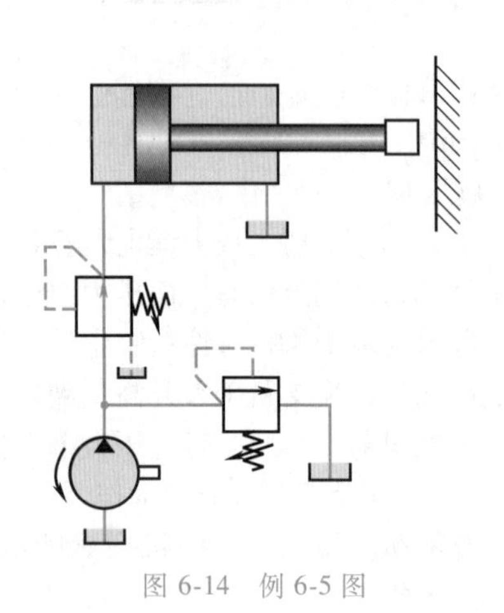

图 6-14 例 6-5 图

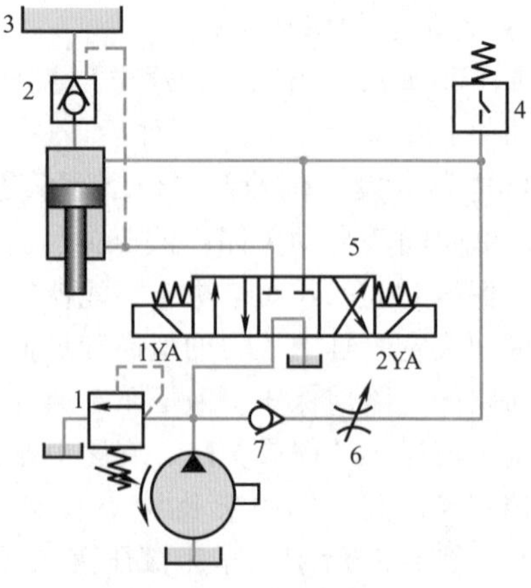

图 6-15 使用节流阀的卸压回路

1—溢流阀 2—液控单向阀 3—副油箱 4—压力继电器 5—换向阀 6—节流阀 7—单向阀

打开，使液压缸上腔的油通过该阀排到液压缸顶部的副油箱 3 中去。使用这种卸压回路无法在卸压前保压；对于卸压前有保压要求的，换向阀中位机能也可用 M 型，但需另配相应的元件。

二、速度控制回路

液压传动系统中的速度控制回路包括调节液压执行元件速度的调速回路、使之获得快速运动的快速运动回路，以及切换几种工作进给速度的速度换接回路等。

调速是为了满足液压执行元件对工作速度的要求，在不考虑液压油的可压缩性和泄漏的情况下，液压缸的运动速度为

$$v=\frac{q}{A} \tag{6-1}$$

液压马达的转速为

$$n=\frac{q}{V_m} \tag{6-2}$$

式中 q——输入液压执行元件的流量；

A——液压缸的有效作用面积；

V_m——液压马达的排量。

由式（6-1）与式（6-2）可知，改变输入液压执行元件的流量 q 或改变液压缸的有效作用面积 A（或液压马达的排量 V_m）均可以达到改变速度的目的。但改变液压缸的有效作用面积在实际中是很困难的，因此，只能用改变进入液压执行元件的流量或改变变量液压马达排量的方法来调速。为了改变进入液压执行元件的流量，可采用定量泵和流量控制阀并改变通过流量阀流量的方法，也可采用改变变量泵或变量马达排量的方法。前者称为节流调速，后者称为容积调速；而同时用变量泵和流量阀来达到调速目的时，则称为容积节流调速。

（一）节流调速回路

节流调速回路的工作原理是通过改变回路中流量控制元件（节流阀或调速阀）通流截面面积的大小来控制流入执行元件或自执行元件流出的流量，以调节其运动速度。根据流量阀在回路中的位置不同，分为进油节流调速、回油节流调速和旁路节流调速三种回路。前两者为定压式，后者则为变压式。

有多余油液经溢流阀流回油箱，是进油节流和回油节流调速回路能够正常工作的必要条件。

1. 进油节流调速回路

如图 6-16a 所示，节流阀串联在液压泵和液压缸之间。液压泵输出的油液一部分经节流阀进入液压缸工作腔，推动活塞运动，多余的油液经溢流阀流回油箱。有溢流是这种调速回路能够正常工作的必要条件。由于溢流阀有溢流，泵的出口压力 p_P 就是溢流阀的调整压力并基本保持恒定。调节节流阀的通流截面面积，即可调节通过节流阀的流量，从而调节液压缸的运动速度。

（1）速度-负载特性 液压缸在稳定工作时，其受力平衡方程式为

$$p_1A_1=F+p_2A_2$$

式中 p_1、p_2——液压缸进油腔和回油腔的压力，由于回油腔通油箱，$p_2 \approx 0$；

F——液压缸的负载；

A_1、A_2——液压缸无杆腔和有杆腔的有效作用面积。

所以

$$p_1 = \frac{F}{A_1}$$

因为液压泵的供油压力 p_P 为定值，故节流阀两端的压差为

$$\Delta p = p_P - p_1 = p_P - \frac{F}{A_1}$$

经节流阀进入液压缸的流量为

$$q_1 = KA_T \Delta p^m = KA_T \left(p_P - \frac{F}{A_1} \right)^m$$

式中 K——常数；

A_T——节流阀的通流截面面积；

m——指数，$0.5 \leqslant m \leqslant 1$。

故液压缸的运动速度为

$$v = \frac{q}{A_1} = \frac{KA_T}{A_1}\left(p_P - \frac{F}{A_1} \right)^m \tag{6-3}$$

式（6-3）即为进油节流调速回路的速度-负载特性方程。由该式可知，液压缸的运动速度 v 和节流阀通流截面面积 A_T 成正比。调节 A_T 可实现无级调速，这种回路的调速范围较大（速比最高可达 100）。当 A_T 调定后，速度随负载的增大而减小，故这种调速回路的速度-负载特性较软。

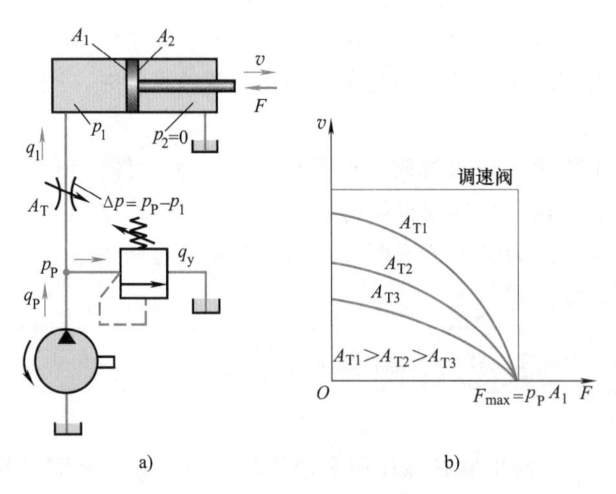

图 6-16 进油节流调速回路

a）回路图 b）速度-负载特性曲线

若按式（6-3）选用不同的 A_T 值作 v-F 坐标曲线图，可得一组曲线，即为该回路的速度-负载特性曲线，如图 6-16b 所示。这组曲线表示液压缸运动速度随负载变化的规律，曲线越陡，说明负载变化对速度的影响越大，即速度刚性越差。由式（6-3）和图 6-16b 还可看出，当 A_T 一定时，重载区域比轻载区域的速度刚性差；在相同负载条件下，A_T 大时，亦

即速度高时速度刚性差。所以这种调速回路适用于低速轻载的场合。

（2）最大承载能力　由式（6-3）可知，无论 A_T 为何值，当 $F=p_PA_1$ 时，节流阀两端压差 Δp 为零，活塞运动也就停止，此时液压泵输出的流量全部经溢流阀回油箱。所以此 F 值即为该回路的最大承载值，即 $F_{max}=p_PA_1$。

（3）功率和效率　在节流阀进油节流调速回路中，液压泵的输出功率 $P_P=p_Pq_P=$ 常量；而液压缸的输出功率 $P_1=Fv=F\dfrac{q_1}{A_1}=p_1q_1$，所以该回路的功率损失为

$$\Delta P=P_P-P_1=p_Pq_P-p_1q_1=p_P(q_1+q_Y)-(p_P-\Delta p)q_1=p_Pq_Y+\Delta pq_1$$

式中　q_Y——通过溢流阀的溢流量，$q_Y=q_P-q_1$。

由上式可知，这种调速回路的功率损失由两部分组成，即溢流损失 $\Delta P_Y=p_Pq_Y$ 和节流损失 $\Delta P_T=\Delta pq_1$。

回路的效率为

$$\eta_c=\frac{P_1}{P_P}=\frac{Fv}{p_Pq_P}=\frac{p_1q_1}{p_Pq_P} \tag{6-4}$$

由于存在两部分功率损失，故这种调速回路的效率较低。

2. 回油节流调速回路

图 6-17 所示为把节流阀串联在液压缸的回油路上，利用节流阀控制液压缸的排油量 q_2 来实现速度调节。由于进入液压缸的流量 q_1 受到回油路上 q_2 的限制。因此调节 q_2，也就调节了进油量 q_1，定量泵输出的多余油液仍经溢流阀流回油箱，溢流阀调整压力（p_P）基本保持稳定。

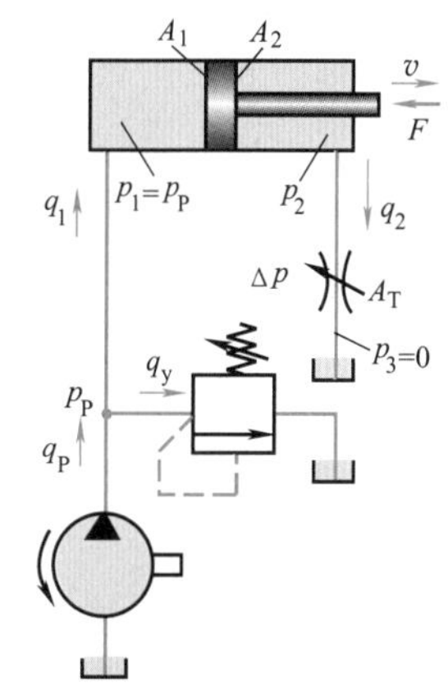

图 6-17　回油节流调速回路

（1）速度-负载特性　类似于式（6-3）的推导过程，由液压缸的力平衡方程（$p_2\neq0$）和流量阀的流量方程（$\Delta p=p_2$），进而可得液压缸的速度-负载特性方程为

$$v=\frac{q_2}{A_2}=\frac{KA_T\left(p_P\dfrac{A_1}{A_2}-\dfrac{F}{A_2}\right)^m}{A_2} \tag{6-5}$$

式中符号意义同上。

比较式（6-5）和式（6-3）可以发现，回油节流调速和进油节流调速的速度-负载特性以及速度刚性基本相同，若液压缸两腔有效作用面积相同（双出杆液压缸），那么两种节流调速回路的速度-负载特性和速度刚度就完全一样。因此对进油节流调速回路的一些分析完全适用于回油节流调速回路。

（2）最大承载能力　回油节流调速回路的最大承载能力与进油节流调速回路相同，即 $F_{max}=p_PA_1$。

（3）功率和效率　液压泵的输出功率与进油节流调速相同，即 $P_P=p_Pq_P$，且等于常数；液压缸的输出功率 $P_1=Fv=(p_PA_1-p_2A_2)v=p_Pq_1-p_2q_2$；该回路的功率损失为

$$\Delta P=P_P-P_1=p_Pq_P-p_Pq_1+p_2q_2=p_P(q_P-q_1)+p_2q_2=p_Pq_Y+\Delta pq_2$$

式中，p_Pq_Y 为溢流损失功率，而 Δpq_2 为节流损失功率，所以它与进油节流调速回路的功率

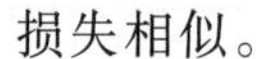

损失相似。

回路的效率为

$$\eta_c=\frac{Fv}{p_Pq_P}=\frac{p_Pq_1-p_2q_2}{p_Pq_P}=\frac{\left(p_P-p_2\frac{A_2}{A_1}\right)q_1}{p_Pq_P} \tag{6-6}$$

当使用同一个液压缸和同一个节流阀，且负载 F 和活塞运动速度 v 相同时，式（6-6）和式（6-4）是相同的，因此可以认为进、回油节流调速回路的效率是相同的。但是，应当指出，在回油节流调速回路中，液压缸工作腔和回油腔的压力都比进油节流调速回路的高，特别是在负载变化大，尤其是当 F 接近于零时，回油腔的背压有可能比液压泵的供油压力还要高，这样会使节流功率损失大大提高，且加大泄漏，因而其效率实际上比进油节流调速回路的要低。

从以上分析可知，进、回油节流调速回路之间有许多相同之处，但是，它们也有如下不同：

1）承受负值负载的能力。回油节流调速回路的节流阀使液压缸回油腔形成一定的背压，在负值负载时，背压能阻止工作部件的前冲，即能在负值负载下工作，而进油节流调速由于回油腔没有背压，因而不能在负值负载下工作。

2）停车后的起动性能。长期停车后液压缸油腔内的油液会流回油箱，当液压泵重新向液压缸供油时，在回油节流调速回路中，由于进油路上没有节流阀控制流量，即使回油路上节流阀关得很小，也会使活塞前冲；而在进油节流调速回路中，由于进油路上有节流阀控制流量，故活塞前冲很小，甚至没有前冲。

3）实现压力控制的方便性。进油节流调速回路中，进油腔的压力将随负载而变化，当工作部件碰到固定挡块而停止后，其压力将升到溢流阀的调定压力，利用这一压力变化来实现压力控制是很方便的；但在回油节流调速回路中，只有回油腔的压力才会随负载变化，当工作部件碰到固定挡块后，其压力将降至零，利用这一压力变化来实现压力控制比较麻烦，故一般较少采用。

4）发热及泄漏的影响。在进油节流调速回路中，经过节流阀发热后的液压油直接进入液压缸的进油腔；而在回油节流调速回路中，经过节流阀发热后的液压油流回油箱冷却。因此，发热和泄漏对进油节流调速的影响均大于回油节流调速。

5）运动平稳性。在回油节流调速回路中，由于回油路上节流阀小孔对液压缸的运动有阻尼作用，同时空气也不易渗入，可获得更为稳定的运动；而在进油节流调速回路中，回油路的油液没有节流阀的阻尼作用，因此，运动平稳性稍差。但是，在使用单杆液压缸的场合，无杆腔的进油量大于有杆腔的回油量，故在缸径、缸速均相同的情况下，若节流阀的最小稳定流量相同，则进油节流调速回路能获得更低的稳定速度。

为了提高回路的综合性能，一般常采用进油节流调速，并在回油路上加背压阀的回路，使其兼备两者的优点。

在旁路节流调速回路中没有多余油经溢流阀流回油箱，这点与进油和回油节流调速回路明显不同。

3. 旁路节流调速回路

图 6-18a 所示为采用节流阀的旁路节流调速回路图。节流阀调节液压泵溢回油箱的流量，从而控制了进入液压缸的流量。改变节流阀的通流截面面积，即可实现调速。由于溢流

已由节流阀承担，故溢流阀实际上是安全阀，常态时关闭，过载时打开，其调定压力为最大工作压力的 1.1~1.2 倍。

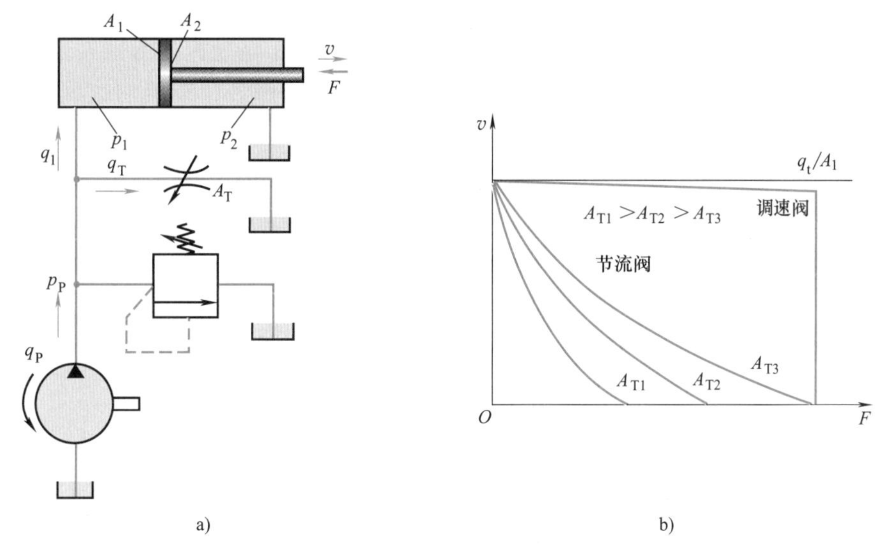

图 6-18 采用节流阀的旁路节流调速回路

a）回路图 b）速度-负载特性曲线

（1）速度-负载特性 按照式（6-3）的推导过程，可得到旁路节流调速的速度-负载特性方程。与前述不同之处主要是进入液压缸的流量 q_1 为泵的流量 q_P 与节流阀溢走的流量 q_T 之差。由于在回路中泵的工作压力随负载而变化，正比于压力的泄漏量也是变量（前两回路中为常量），对速度产生了附加影响，因而泵的流量中要计入泵的泄漏流量 Δq_P，所以有

$$q_1=q_P-q_T=(q_t-\Delta q_P)-KA_T\Delta p^m=q_t-k_1\left(\frac{F}{A_1}\right)-KA_T\left(\frac{F}{A_1}\right)^m$$

式中 q_t——液压泵的理论流量；

k_1——液压泵的泄漏系数。

其他符号意义同前。

所以，液压缸的速度-负载特性方程为

$$v=\frac{q_1}{A_1}=\frac{q_t-k_1\left(\frac{F}{A_1}\right)-KA_T\left(\frac{F}{A_1}\right)^m}{A_1} \tag{6-7}$$

根据式（6-7），选取不同的 A_T 值可作出一组速度-负载特性曲线，如图 6-18b 所示，由曲线可见，当 A_T 一定而负载增加时，速度显著下降，即特性很软；当 A_T 一定时，负载越大，速度刚度越大；当负载一定时，A_T 越小（即活塞运动速度越高），速度刚度越大。

（2）最大承载能力 由图 6-16b 可知，速度-负载特性曲线在横坐标上并不汇交，其最大承载能力随 A_T 的增大而减小，即旁路节流调速回路的低速承载能力很差，调速范围也小。

（3）功率与效率 旁路节流调速回路只有节流损失而无溢流损失，液压泵的输出压力随负载而变化，即节流损失和输入功率随负载而变化，所以比前两种调速回路效率高。

由于旁路节流调速回路负载特性很软，低速承载能力又差，故其应用比前两种回路少，

只用于高速、负载变化较小、对速度平稳性要求不高而要求功率损失较小的系统中。

4. 采用调速阀的节流调速回路

使用节流阀的节流调速回路，速度-负载特性比较软，变载荷下的运动平稳性比较差。为了克服这个缺点，回路中的节流阀可用调速阀来代替。由于调速阀本身能在负载变化的条件下保证节流阀进出油口间的压差基本不变，因而使用调速阀后，节流调速回路的速度-负载特性将得到改善，如图 6-16b 和图 6-18b 所示。旁路节流调速回路的承载能力也不因活塞速度降低而减小，在负载增加时，液压泵的泄漏使活塞速度有小量的降低。但所有性能上的改进都是以加大流量控制阀的工作压差，也即增加液压泵的压力为代价的，调速阀的工作压差一般最小需 0.5MPa，高压调速阀则需 1.0MPa 左右。

5. 采用比例流量阀的节流调速回路

使用比例节流阀或比例调速阀的节流调速回路，可以实现输入电信号对于输出流量的比例控制。同样它也可分为进油、回油、旁路节流调速几种，各基本回路的特性与上述相应回路相似。

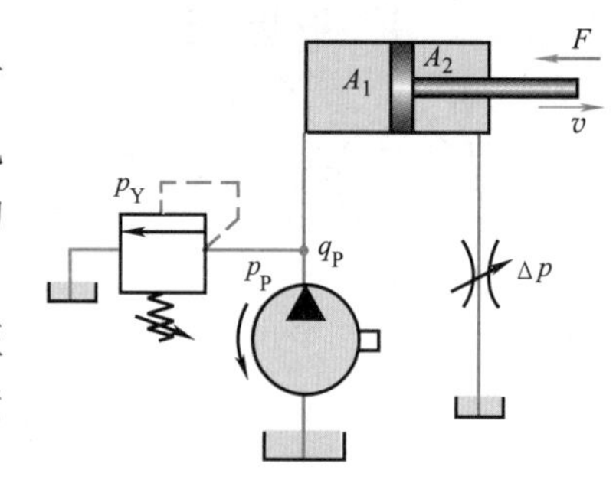

图 6-19 例 6-6 图

例 6-6 试求回油节流调速回路（图 6-19）的液压缸活塞在负载消失时的前冲速度。影响这个速度的因素有哪些？

解 液压缸在负载下的受力平衡方程为

$$p_P A_1 = p_2 A_2 + F$$

故得溢流阀的理论调定值为 $p_P = p_2 \dfrac{A_2}{A_1} + \dfrac{F}{A_1}$

这时通过节流阀的流量为 $q_2 = K A_{T2} p_2^m$

活塞移动速度 $v = \dfrac{q_2}{A_2} = \dfrac{K A_{T2} p_2^m}{A_2}$

进入液压缸大腔的流量 $q_1 = A_1 v = \dfrac{A_1}{A_2} K A_{T2} p_2^m$

当负载消失时，大腔压力全部作用在节流阀上，于是受力方程变为 $p_P A_1 = p'_2 A_2$，$p'_2 = \dfrac{A_1}{A_2} p_P$。

这时通过节流阀的流量变为

$$q'_2 = K A_{T2} (p'_2)^m = K A_{T2} \left(\frac{A_1}{A_2} p_P \right)^m = K A_{T2} \left(p_2 + \frac{F}{A_2} \right)^m$$

故得活塞前冲速度为

$$v' = \frac{q'_2}{A_2} = \frac{K A_{T2}}{A_2} \left(p_2 + \frac{F}{A_2} \right)^m$$

而进入液压缸大腔的流量成为

$$q'_1 = A_1 v' = \frac{A_1}{A_2} K A_{T2} \left(p_2 + \frac{F}{A_2} \right)^m$$

以上各式只在 $q_P > \dfrac{A_1}{A_2} K A_{T2} \left(p_2 + \dfrac{F}{A_2} \right)^m$ 时成立。

由上述表达式可以看出，原来的负载 F 越大，或溢流阀压力调定值 p_P 越高，或液压缸两腔面积比 $\frac{A_1}{A_2}$ 越大，负载消失时造成的前冲速度就越大。

注：在这里，液压缸小腔中的背压 p_2，即节流阀压差 Δp_T，对前冲速度也有影响，但由于 Δp_T 一般不能取得太大，以免造成过大的回路节流损失，也不能取得太小，以免造成过低的回路速度刚性，通常取 0.2~0.3MPa，所以这里的 p_2 可以当作定值。

（二）容积调速回路

容积调速回路是通过改变液压泵或液压马达的排量来实现调速的。其主要优点是没有节流损失和溢流损失，因而效率高，油液温升小，适用于高速、大功率调速系统。

容积调速回路没有节流和溢流损失，效率高。

根据油路的循环方式，容积调速回路可以分为开式回路和闭式回路。在开式回路中，液压泵从油箱吸油，执行元件的回油直接回油箱。这种回路结构简单，油液在油箱中能得到充分冷却，但油箱体积较大，空气和脏物易进入回路。在闭式回路中，执行元件的回油直接与液压泵的吸油腔相连，结构紧凑，只需很小的补油箱，空气和脏物不易进入回路，但油液的冷却条件差，需附设辅助泵补油、冷却和换油等。补油泵的流量一般为主泵流量的 10%~15%，压力通常为 0.3~1.0MPa。

容积调速回路按所用执行元件的不同有泵-缸式和泵-马达式两类。

1. 泵-缸式容积调速回路

图 6-20 所示为泵-缸式开式容积调速回路。这里的活塞运动速度通过改变变量泵 1 的排量来调节，回路中的最大压力则由安全阀 2 限定。

当不考虑液压泵以外的元件和管道的泄漏时，这种回路的活塞运动速度为

$$v=\frac{q_P}{A_1}=\frac{q_t-k_1\dfrac{F}{A_1}}{A_1} \tag{6-8}$$

式中 q_t——变量泵的理论流量；

k_1——变量泵的泄漏系数。

其他符号意义同前。

将式（6-8）按不同的 q_t 值作图，可得一组平行直线，如图 6-21 所示。由图可见，由于变量泵有泄漏，活塞运动速度会随着负载的加大而减小。负载增大至某值时，在低速下会出现活塞停止运动的现象（图 6-21 中 F' 点）。可见这种回路在低速下的承载能力是很差的。

泵-缸式容积调速回路适用于负载功率大、运动速度高的场合，如大型机床的主体运动系统或进给运动系统。

2. 泵-马达式容积调速回路

这类调速回路有变量泵和定量马达、定量泵和变量马达及变量泵和变量马达三种组合形式。它们普遍用于工程机械、行走机械以及无级变速装置中。

（1）变量泵-定量马达式调速回路　在这种回路中，液压泵转速 n_P 和液压马达排量 V_M 都是恒量，改变液压泵排量 V_P 可使马达转速 n_M 和输出功率 P_M 随之成比例地变化，如图 6-22所示。马达的输出转矩 T_M 和回路的工作压力 p 都由负载转矩决定，不因调速而发生

变化，所以这种回路常被称为恒转矩调速回路。另一方面，由于泵和马达处的泄漏不容忽视，这种回路的速度会受到负载变化的影响，在全载下马达的输出转速下降量可达 10%～25%，而在邻近 $V_P=0$ 处实际的 n_M、T_M 和 P_M 也都等于零。

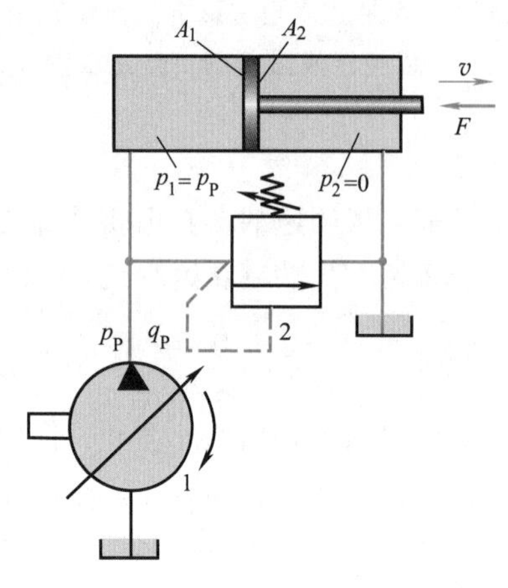

图 6-20 泵-缸式的开式容积调速回路

1—变量泵 2—安全阀

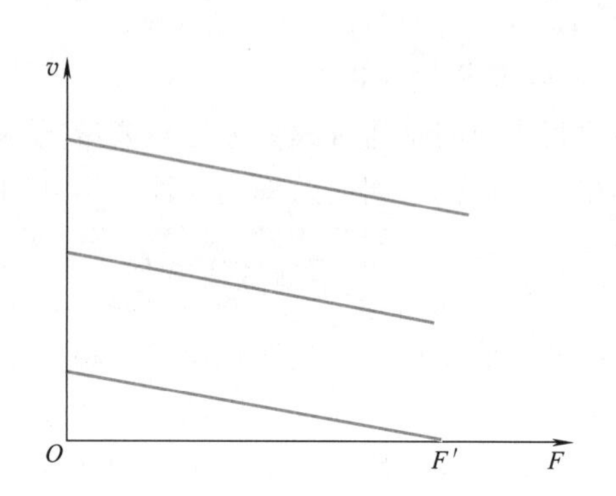

图 6-21 泵-缸式容积调速回路的机械特性

液压马达的理论转速为

$$n_M=\frac{q_t}{V_M}$$

考虑泄漏损失后，有

$$n_M=\frac{q_t-k_1\Delta p}{V_M}=\frac{V_P n_P-k_1\Delta p}{V_M} \tag{6-9}$$

式中 q_t——回路的理论流量，$q_t=V_P n_P$；

Δp——回路的工作压差；

k_1——回路的总泄漏系数。

液压马达的理论转矩为

$$T_M=\frac{\Delta p V_M}{2\pi}$$

考虑摩擦损失后，有

$$T_M=\frac{\Delta p V_M}{2\pi}-k_T n_M \tag{6-10}$$

式中 k_T——转矩损失系数。

这种回路的调速范围是很大的，一般可达 $R_C\approx40$。当回路中泵和马达都能双向作用时，马达可以实现平稳的反向。这种回路在小型内燃机车、液压起重机、船用绞车等处的有关装置上都得到了应用。

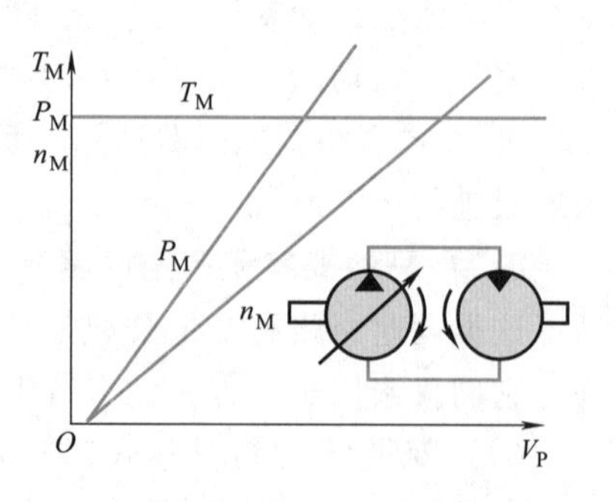

图 6-22 变量泵-定量马达式容积调速回路的工作特性

例 6-7 图 6-23 所示为变量液压泵和定量液压马达系统，低压辅助液压泵输出压力 $p_Y=0.4\text{MPa}$，变量泵最

大排量 $V_{Pmax}=100\text{mL/r}$，转速 $n_P=1000\text{r/min}$，容积效率 $\eta_{PV}=0.9$，机械效率 $\eta_{Pm}=0.85$。马达的相应参数为 $V_M=50\text{mL/r}$，$\eta_{MV}=0.95$，$\eta_{Mm}=0.9$。不计管道损失，试求当马达的输出转矩为 $T_M=40\text{N}\cdot\text{m}$、转速为 $n_M=160\text{r/min}$ 时，变量泵的排量、工作压力和输入功率。

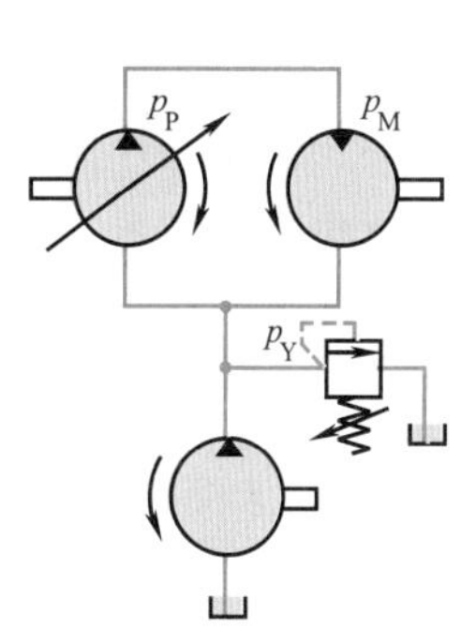

图 6-23　例 6-7 图

解　变量泵排量

$$V_P=\frac{q_P}{n_P\eta_{PV}}=\frac{q_M}{n_P\eta_{PV}}=\frac{n_MV_M}{n_P\eta_{PV}\eta_{MV}}=\frac{160\times50}{1000\times0.9\times0.95}\text{mL/r}$$
$$=9.36\text{mL/r}$$

变量泵工作压力等于马达进口压力，即

$$p_P=p_{Mi}=p_Y+\frac{2\pi T_M}{V_M\eta_{Mm}}=\left(0.4\times10^6+\frac{2\times\pi\times40}{50\times10^{-6}\times0.9}\right)\text{Pa}$$
$$=5.98\text{MPa}$$

变量泵输入功率

$$P_{Pi}=\frac{p_Pq_P}{\eta_P}=\frac{p_PV_Pn_P\eta_{PV}}{\eta_P}=\frac{p_PV_Pn_P}{\eta_{Pm}}=\frac{5.98\times10^6\times9.36\times10^{-6}\times1000/60}{0.85}\text{W}$$
$$=1.098\text{kW}$$

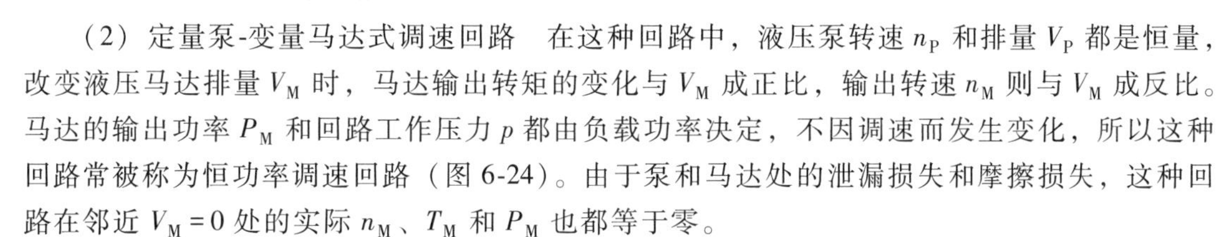

(2) 定量泵-变量马达式调速回路　在这种回路中，液压泵转速 n_P 和排量 V_P 都是恒量，改变液压马达排量 V_M 时，马达输出转矩的变化与 V_M 成正比，输出转速 n_M 则与 V_M 成反比。马达的输出功率 P_M 和回路工作压力 p 都由负载功率决定，不因调速而发生变化，所以这种回路常被称为恒功率调速回路（图 6-24）。由于泵和马达处的泄漏损失和摩擦损失，这种回路在邻近 $V_M=0$ 处的实际 n_M、T_M 和 P_M 也都等于零。

这种回路的调速范围很小，一般只有 $R_C\leqslant3$。它不能用来使马达实现平稳的反向，所以这种回路已很少单独使用。

(3) 变量泵-变量马达式调速回路　这种回路的工作特性是上述两种回路工作特性的综合，如图 6-25 所示。这种回路的调速范围很大，等于泵的调速范围 R_P 和马达调速范围 R_M 的乘积，即 $R_C=R_PR_M$。这种回路适用于大功率的液压系统，特别适用于系统中有两个或多个液压马达要求共用一个液压泵又能各自独立进行调速的场合，如港口起重运输机械、矿山采掘机械、工程机械等处。

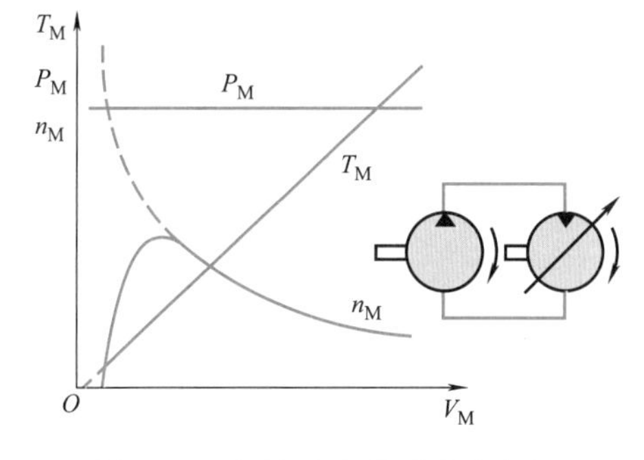

图 6-24　定量泵-变量马达式容积调速回路的工作特性

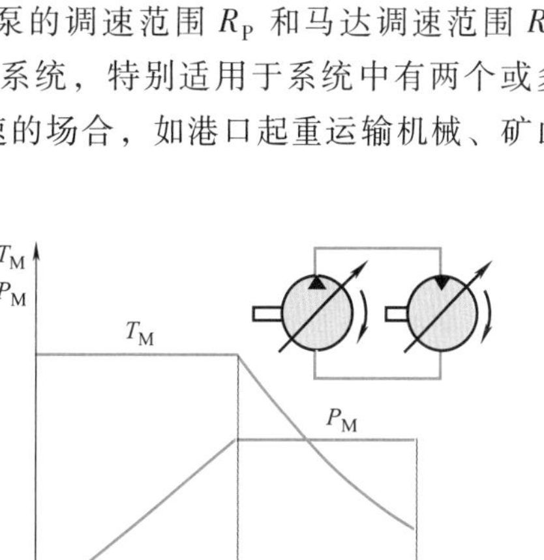

图 6-25　变量泵-变量马达式容积调速回路的工作特性

（三）容积节流调速回路

容积节流调速回路的工作原理是用压力补偿型变量泵供油，用流量控制元件确定进入液压缸或由液压缸流出的流量来调节活塞的运动速度，并使变量泵的输油量自动地与液压缸所需流量相适应。这种调速回路没有溢流损失，效率较高，速度稳定性也比单纯的容积调速回路好。常见的容积节流调速回路也有定压式和变压式两种。

> 容积节流调速回路没有溢流损失，效率较高，速度稳定性好。

1. 定压式容积节流调速回路

图 6-26 所示为定压式容积节流调速回路。这种回路使用了限压式变量叶片泵 1 和调速阀 2，变量泵输出的压力油经调速阀进入液压缸 3 的工作腔，回油则经背压阀 4 返回油箱。活塞运动速度由调速阀中节流阀的通流截面面积 A_T 来控制，变量泵输出的流量 q_P 则和进入液压缸的流量 q_1 自动适应：当 $q_P>q_1$ 时，泵的供油压力上升，使限压式叶片泵的流量自动减小到 $q_P\approx q_1$；反之，当 $q_P<q_1$ 时，泵的供油压力下降，该泵又会自动使 $q_P\approx q_1$。可见调速阀在这里的作用不仅是使进入液压缸的流量保持恒定，而且还使泵的供油量（因而也使泵的供油压力）基本上恒定不变，从而使泵和缸的流量匹配。这种回路中的调速阀也可以装在回油路上。

图 6-27 所示为这种调速回路的调速特性。由图可见，这种回路虽无溢流损失，但仍有节流损失，其大小与液压缸工作腔压力 p_1 有关。当进入液压缸的工作流量为 q_1 时，泵的供油流量应为 $q_P=q_1$，供油压力为 p_P。很明显，液压缸工作腔压力的正常工作范围是

$$p_2\frac{A_2}{A_1}\leqslant p_1\leqslant (p_P-\Delta p) \tag{6-11}$$

式中 Δp——保持调速阀正常工作所需的压差，一般在 0.5MPa 以上。

其他符号意义同前。

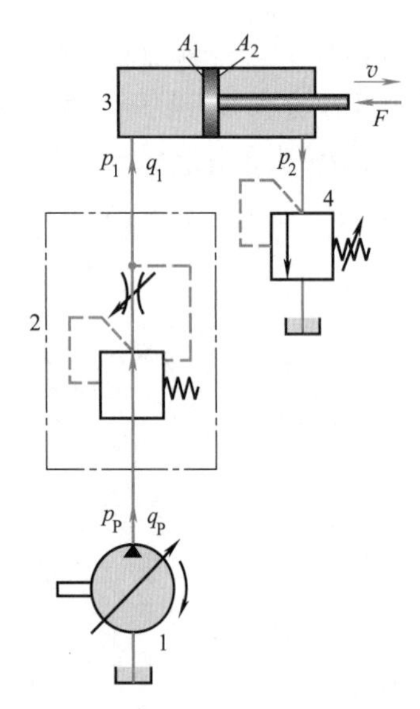

图 6-26 定压式容积节流调速回路

1—限压式变量叶片泵 2—调速阀 3—液压缸 4—背压阀

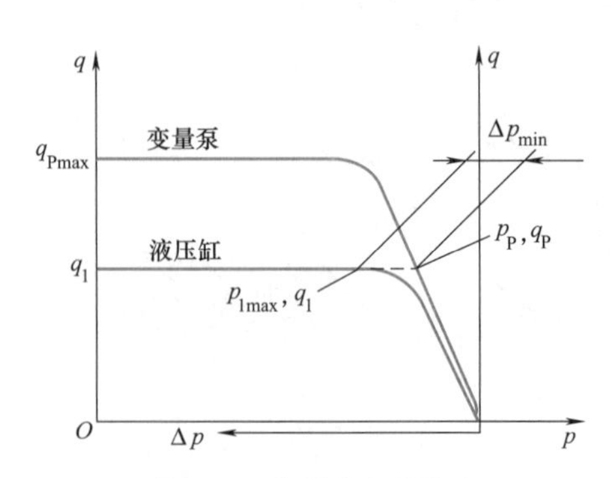

图 6-27 定压式容积节流调速回路的调速特性

当 $p_1=p_{1\max}$ 时，回路中的节流损失最小（图 6-27）。p_1 越小，节流损失越大。这种调速回路的效率为

$$\eta_c=\frac{\left(p_1-p_2\dfrac{A_2}{A_1}\right)q_1}{p_P q_P}=\frac{p_1-p_2\dfrac{A_2}{A_1}}{p_P} \tag{6-12}$$

式（6-12）没有考虑泵的泄漏损失。当限压式变量叶片泵达到最高压力时，其泄漏量可达最大输出流量的 8%。泵的输出流量 q_P 越小，泵的压力 p_P 越高；负载越小，则式（6-12）中的 p_1 便越小，在调速阀中的压力损失相应增大。因此，在速度小（即 q_P 小）、负载小的场合下，这种调速回路的效率就较低。这种回路最宜用在负载变化不大的中、小功率场合，如组合机床的进给系统等处。

例 6-8　图 6-28 所示为采用限压式变量泵和调速阀的容积节流调速回路，若变量泵的拐点坐标为（2MPa，10L/min），且在 $p_P=2.8\text{MPa}$ 时 $q_P=0$，液压缸无杆腔有效作用面积 $A_1=50\times10^{-4}\text{m}^2$，有杆腔有效作用面积 $A_2=25\times10^{-4}\text{m}^2$，调速阀的最小工作压差为 0.5MPa，背压阀 4 调压值为 0.4MPa，试求：

1）在调速阀通过 $q_1=5\text{L/min}$ 的流量时，回路的效率为多少？

2）若 q_1 不变，负载减小 4/5 时，回路效率为多少？

3）如何才能使负载减小后的回路效率得以提高？能提高多少？

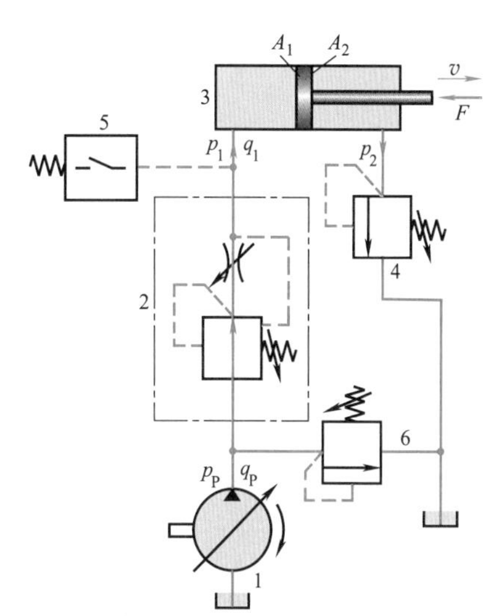

图 6-28　例 6-8 图

1—变量泵　2—调速阀　3—液压缸　4—背压阀　5—压力继电器　6—安全阀

解　1）在 $q_P=q_1=5\text{L/min}$ 时，在限压式变量泵特性曲线的变量段上求出泵的出口压力 p_P

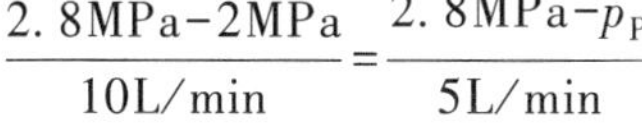

$$\frac{2.8\text{MPa}-2\text{MPa}}{10\text{L/min}}=\frac{2.8\text{MPa}-p_P}{5\text{L/min}}$$

解得

$$p_P=2.4\text{MPa}$$

液压缸进口压力

$$p_1=p_P-\Delta p_{\min}=(2.4-0.5)\text{MPa}=1.9\text{MPa}$$

此时回路效率

$$\eta_c=\frac{p_1q_1-p_2q_2}{p_Pq_P}=\frac{1.9\times5-0.4\times\dfrac{25\times10^{-4}}{50\times10^{-4}}\times5}{2.4\times5}\times100\%=70.8\%$$

2）当 $p_1=1.9\text{MPa}$ 时，负载 F 为

$$F=p_1A_1-p_2A_2=(1.9\times10^6\times50\times10^{-4}-0.4\times10^6\times25\times10^{-4})\text{N}=8500\text{N}$$

当负载 F 减小 4/5 时，$F'=\dfrac{1}{5}F=\dfrac{1}{5}\times8500\text{N}=1700\text{N}$

此时 $$p'_1=\frac{F'}{A_1}+\frac{A_2}{A_1}p_2=\left(\frac{1700}{50\times10^{-4}}\times10^{-6}+\frac{25\times10^{-4}}{50\times10^{-4}}\times0.4\right)\text{MPa}=0.54\text{MPa}$$

故回路效率 $$\eta_c=\frac{p'_1q_1-p_2q_2}{p_Pq_P}=\frac{0.54\times5-0.4\times\frac{25\times10^{-4}}{50\times10^{-4}}\times5}{2.4\times5}\times100\%=14.2\%$$

3）对于这种负载变化大、低速、小流量的场合，可采用差压式变量泵和节流阀组成的容积节流调速回路（见图 6-29），回路效率可有较大提高。当 $p_1=1.9\text{MPa}$、$\Delta p_T=0.3\text{MPa}$ 时，回路效率

$$\eta_c=\frac{p_1-0.5p_2}{p_1+\Delta p_T}=\frac{1.9-0.5\times0.4}{1.9+0.3}\times100\%=77.3\%$$

注：从本题可清楚地看到，限压式变量泵的工作压力要根据最大负载值和调速阀的最小工作压差来调定，以便获得尽可能高的回路效率，工作中负载下降时，回路效率会发生显著的变化。

2. 变压式容积节流调速回路

图 6-29 所示为变压式容积节流调速回路。这种回路使用稳流量泵 1 和节流阀 2，它的工作原理与上节所述回路很相似。节流阀控制着进入液压缸 3 的流量 q_1，并使变量泵输出流量 q_P 自动和 q_1 相适应。当 $q_P>q_1$ 时，泵的供油压力上升，泵内左、右两个控制柱塞便进一步压缩弹簧，推定子向右，减小泵的偏心距，使泵的供油量下降到 $q_P\approx q_1$；反之，当 $q_P<q_1$ 时，泵的供油压力下降，弹簧推定子和左、右柱塞向左，加大泵的偏心距，使泵的供油量增大到 $q_P\approx q_1$。

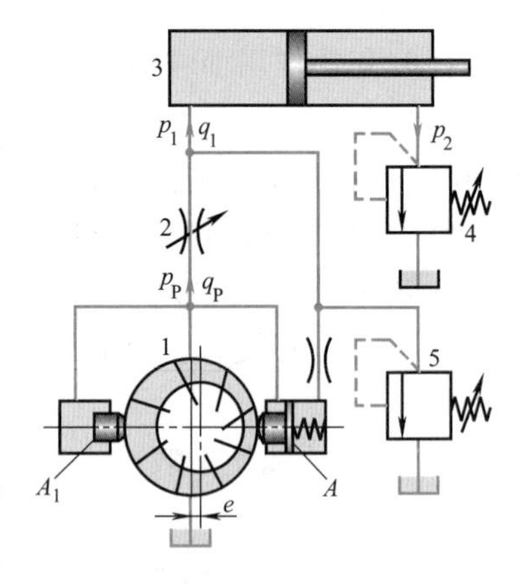

图 6-29 变压式容积节流调速回路

1—稳流量泵 2—节流阀 3—液压缸 4—背压阀 5—安全阀

在这种容积节流调速回路中，输入液压缸的流量基本上不受负载变化的影响，因为节流阀两端的压差 $\Delta p_T=p_P-p_1$ 基本上是由作用在稳流量泵控制柱塞上的弹簧力确定的，这和调速阀的原理相似。因此，这种回路的速度刚性、运动平稳性和承载能力都和采用限压式变量泵的回路不相上下。它的调速范围也只受节流阀调节范围限制。此外，这种回路因能补偿由负载变化引起的泵的泄漏变化，因此它在低速小流量的场合下使用显得特别优越。

变压式容积节流调速回路不但没有溢流损失，而且泵的供油压力随负载而变化，回路中的功率损失只有节流阀处压降 Δp_T 所造成的节流损失一项，它比定压式容积节流调速回路调速阀处的节流损失还要小，因此发热少，效率高。这种回路当 $p_2=0$ 时的效率表达式为

$$\eta_c=\frac{p_1q_1}{p_Pq_P}=\frac{p_1}{p_1+\Delta p_T} \tag{6-13}$$

这种回路宜用在负载变化大、速度较低的中、小功率场合，如某些组合机床的进给系统中。

（四）调速回路的比较

液压系统中的调速回路应能满足如下要求，这些要求是评比调速回路的依据。

1）能在规定的调速范围内调节执行元件的工作速度。

2）在负载变化时，已调好的速度变化越小越好，并应在允许的范围内变化。

3）具有驱动执行元件所需的力或转矩。

4）使功率损失尽可能小，效率尽可能高，发热尽可能小（对保证运动平稳性也有利）。

表 6-1 所列为前面所述三类调速回路主要性能的比较。

表 6-1 三类调速回路主要性能的比较

调速回路类型 / 主要性能		节流调速回路				容积调速回路	容积节流调速回路	
		用节流阀调节		用调速阀或溢流节流阀调节		（变量泵-液压缸式）	定压式	变压式
		定压式	变压式	定压式	变压式			
机械特性	速度刚性①	差	很差	好		较好	好	
	承载能力	好	较差	好		较好	好	
调速特性（调速范围）		大	小	大		较大	大	
功率特性	效率	低	较高	低	较高	最高	较高	高
	发热	大	较小	大	较小	最小	较小	小
适用范围		小功率、轻载或低速的中、低压系统				大功率、重载高速的中高压系统	中小功率的中压系统	

① 速度刚性是指回路对负载变化的抗衡能力。

（五）快速运动回路

快速运动回路又称增速回路，其功用在于使液压执行元件获得所需的高速，缩短机械空程运动时间，以提高系统的工作效率。实现快速运动随方法不同可有多种结构方案。下面介绍几种常用的快速运动回路。

1. 液压缸差动连接回路

图 6-30 所示的回路是利用二位三通电磁换向阀实现液压缸差动连接的回路。当三位四通电磁换向阀 3 和二位三通电磁换向阀 5 左位接入时，液压缸差动连接做快进运动。当二位三通电磁换向阀 5 电磁铁通电时，差动连接即被切断，液压缸回油经过单向调速阀 6，实现工进。三位四通电磁换向阀 3 右位接入后，液压缸快退。这种连接方式，可在不增加泵流量的情况下提高执行元件的运动速度。

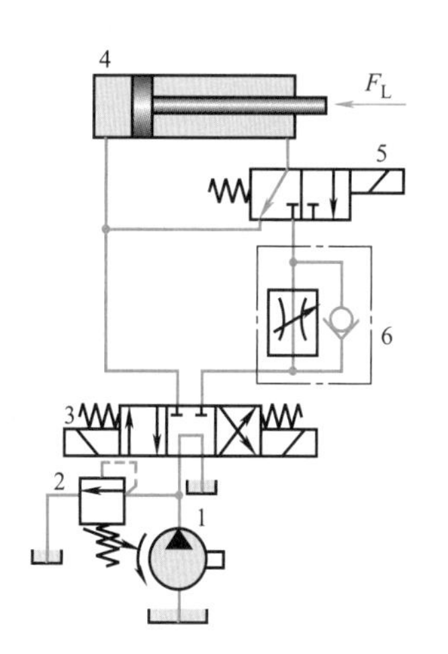

图 6-30 液压缸差动连接回路

1—液压泵 2—溢流阀 3—三位四通电磁换向阀 4—液压缸 5—二位三通电磁换向阀 6—单向调速阀

例 6-9 在图 6-31 所示的双向差动回路中，A_A、A_B、A_C 分别代表液压缸左、右腔及柱塞缸的有效工作面积，q_P 为液压泵输出流量。如 $A_A>A_B$，$A_B+A_C>A_A$，试求活塞向左和向右移动时的速度表达式。

解 1）电磁铁 YA 断电，由于 $A_B+A_C>A_A$，故活塞向左移动。

$$v_{左}=\frac{q_P}{A_B+A_C-A_A}$$

2）电磁铁 YA 通电，柱塞缸内油液回油箱，由于 $A_A>A_B$，故活塞向右移动。

$$v_{右}=\frac{q_P}{A_A-A_B}$$

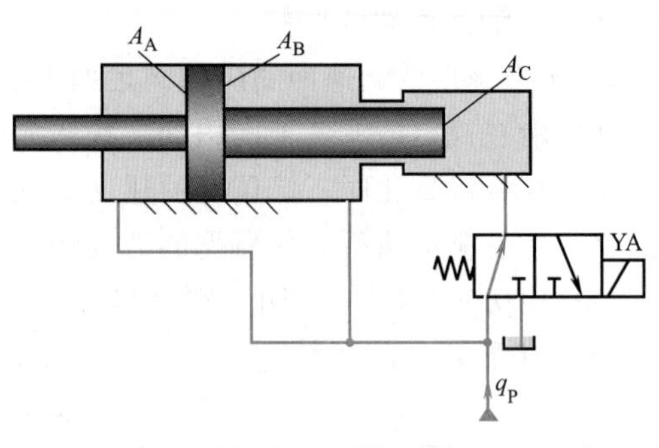

图 6-31 例 6-9 图

2. 采用蓄能器的快速运动回路

图 6-32 所示是一种使用蓄能器来实现快速运动的回路，其工作原理如下：当换向阀 5 处于中位时，液压缸 6 不动，液压泵 1 经单向阀 3 向蓄能器 4 充油，使蓄能器储存能量。当蓄能器压力升高到它的调定值时，卸荷阀 2 打开，液压泵卸荷，由单向阀保持住蓄能器压力。当换向阀的左位或右位接入回路时，泵和蓄能器同时向液压缸供油，使它得到快速运动。在这里，卸荷阀的调整压力应高于系统工作压力，以保证泵的流量全部进入系统。

3. 双液压泵供油回路

图 6-33 所示为双液压泵供油快速运动回路，图中 1 为大流量泵，2 为小流量泵，在快速运动时，大流量泵 1 输出的油液经单向阀 4 与小流量泵 2 输出的油液共同向系统供油；工作行程时，系统压力升高，打开液控顺序阀 3 使大流量泵 1 卸荷，由小流量泵 2 单独向系统供油。系统的工作压力由溢流阀 5 调定。单向阀 4 在系统工进时关闭。这种双泵供油回路的优点是功率损耗小，系统效率高，因而应用较为普遍。

双泵供油回路功耗小、效率高，故应用较广。

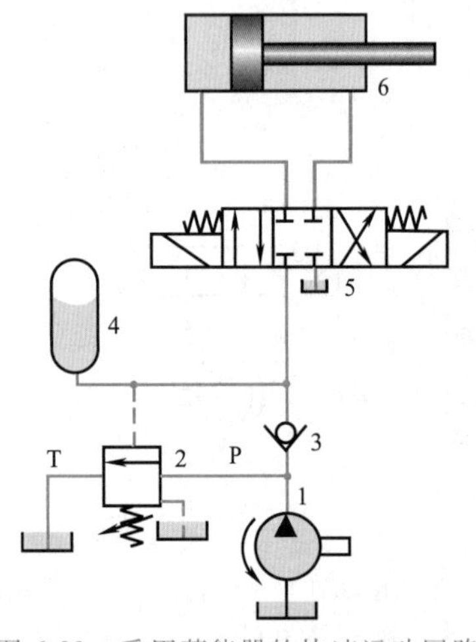

图 6-32 采用蓄能器的快速运动回路

1—液压泵 2—卸荷阀 3—单向阀 4—蓄能器 5—换向阀 6—液压缸

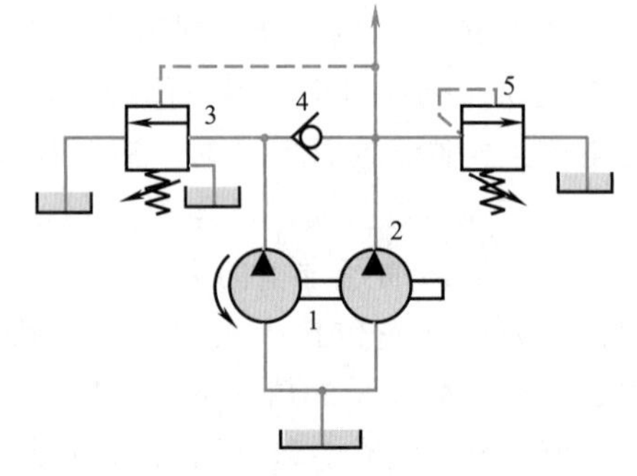

图 6-33 双液压泵供油快速运动回路

1—大流量泵 2—小流量泵 3—顺序阀 4—单向阀 5—溢流阀

例 6-10 有一液压传动系统，快进时需达到最大流量 15L/min，工进时液压缸工作压力 p_1 = 5.5MPa，流量为 2L/min。若可采用流量为 25L/min 的单泵或流量分别为 4L/min 及 25L/min 的双联泵对系统供油，设泵的总效率 $\eta=0.8$，溢流阀调定压力 $p_Y=6.0\text{MPa}$，双联泵中低压泵卸荷压力 $p_{P2}=0.12\text{MPa}$，不计其他损失，试分别计算采用这两种泵供油时系统的效率（液压缸效率为100%）。

解 1）对于单泵供油系统：

快进时：负载 $F_L=0$，系统效率 $\eta=0$。

工进时：$\eta=\dfrac{p_1q_1}{p_Pq_P}=\dfrac{5.5\times2}{6\times25}\times100\%=7.3\%$。

2）对于双泵供油系统：

快进时：$F_L=0$，$\eta=0$。

工进时：大流量泵卸荷 $p_{P2}=0.12\text{MPa}$，$\eta=\dfrac{p_1q_1}{p_{P1}q_{P1}+p_{P2}q_{P2}}=\dfrac{5.5\times2}{6\times4+0.12\times25}\times100\%=41\%$。

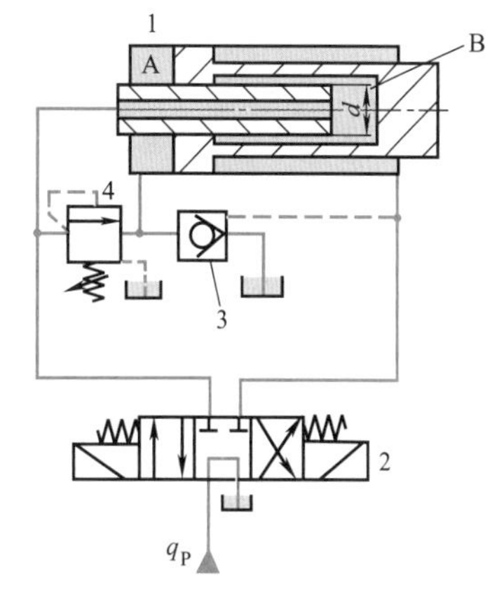

图6-34 采用增速缸的快速运动回路

1—增速缸 2—三位四通换向阀 3—液控单向阀 4—顺序阀

4. 采用增速缸的快速运动回路

图6-34所示为采用增速缸的快速运动回路。当三位四通换向阀左位接入系统时，压力油经增速缸中的柱塞的通孔进入B腔，使活塞快速伸出，速度 $v=4q_P/\pi d^2$（d 为柱塞外径），A腔中所需油液经液控单向阀3从辅助油箱吸入。活塞杆伸出到工作位置时，由于负载加大，压力升高，打开顺序阀4，高压油进入A腔，同时关闭单向阀3。此时活塞杆在压力油作用下继续外伸，但因有效作用面积加大，速度变慢而推力加大，这种回路常用于液压机的系统中。

例6-11 图6-35所示为液压机上的一种增速缸式回路，小活塞与缸体一起固定在机座上，大活塞与活动横梁相连可以上下移动。如 $D=320\text{mm}$，$D_1=100\text{mm}$，$D_2=125\text{mm}$，$D_3=300\text{mm}$，液压机发出的最大压下力为 $2\times10^6\text{N}$，移动部件自重为 $2\times10^4\text{N}$，摩擦阻力可以忽略不计，液压泵的输出流量为63L/min，试求：

1）活塞快速上、下行速度。

2）顺序阀B和溢流阀的调整压力值 p_{X1} 和 p_Y。

3）通过液控单向阀的流量。

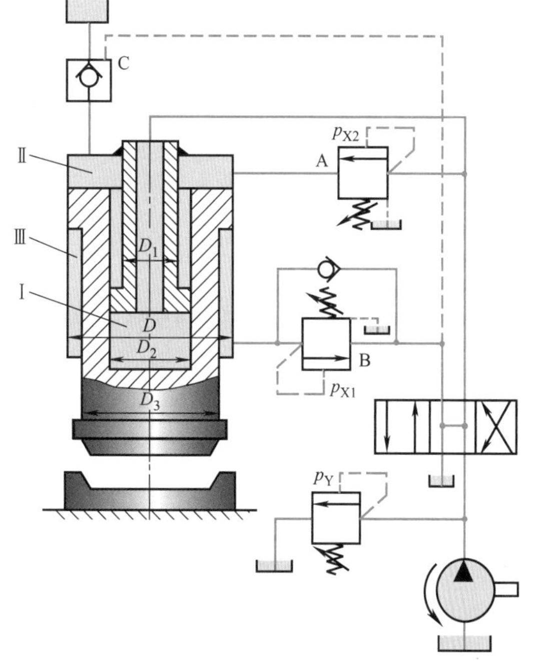

图6-35 例6-11图

解 增速缸各腔有效作用面积：

Ⅰ腔

$$A_1=\frac{\pi}{4}D_2^2=\frac{\pi}{4}\times0.125^2\text{m}^2=122.7\times10^{-4}\text{m}^2$$

Ⅱ腔

$$A_2=\frac{\pi}{4}(D^2-D_2^2)=\frac{\pi}{4}\times(0.32^2-0.125^2)\text{m}^2=681.5\times10^{-4}\text{m}^2$$

Ⅲ腔 $A_3=\frac{\pi}{4}(D^2-D_3^2)=\frac{\pi}{4}\times(0.32^2-0.3^2)\text{m}^2=97.3\times10^{-4}\text{m}^2$

1）活塞快速下行速度

$$v_1=\frac{q}{A_1}=\frac{63\times10^{-3}}{122.7\times10^{-4}}\text{m/min}=5.13\text{m/min}$$

活塞快速上行（回程）速度

$$v_3=\frac{q}{A_3}=\frac{63\times10^{-3}}{97.3\times10^{-4}}\text{m/min}=6.47\text{m/min}$$

2）顺序阀 B 调整压力

$$p_{X1}=\frac{G}{A_3}=\frac{2\times10^4}{97.3\times10^{-4}}\text{Pa}=2.06\text{MPa}$$

根据活塞受力平衡方程

$$F=p(A_1+A_2)+G-p_{X1}A_3$$

有 $$p_Y\geqslant p=\frac{F+p_{X1}A_3-G}{A_1+A_2}=\frac{2\times10^6+2.06\times10^6\times97.3\times10^{-4}-2\times10^4}{804.2\times10^{-4}}\text{Pa}=24.9\text{MPa}$$

3）通过液控单向阀的流量

$$q_V=A_2v_1=681.5\times10^{-4}\times5.13\text{m}^3/\text{min}=349.61\times10^{-3}\text{m}^3/\text{min}=349.61\text{L/min}$$

（六）速度换接回路

速度换接回路的功用是使液压执行元件在一个工作循环中从一种运动速度换接到另一种运动速度，因而这个转换不仅包括快速转慢速的换接，而且也包括两个慢速之间的换接。实现这些功能的回路应该具有较高的速度换接平稳性。

1. 快速转慢速的换接回路

能够实现快速转慢速换接的方法很多，图 6-30和图 6-34 所示的快速运动回路都可以使液压缸的运动由快速换接为慢速。下面再介绍一种在组合机床液压系统中常用的采用行程阀的快慢速换接回路（图 6-36）。

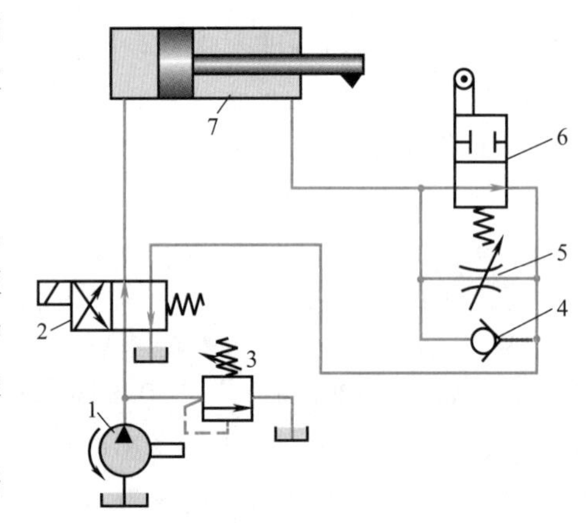

图 6-36 采用行程阀的快慢速换接回路

1—液压泵 2—换向阀 3—溢流阀 4—单向阀 5—节流阀 6—行程阀 7—液压缸

在图 6-36 所示状态下，液压缸 7 快进。当活塞所连接的挡块压下行程阀 6 时，行程阀关闭，液压缸右腔的油液必须通过节流阀 5 才能流回油箱，活塞运动速度转变为慢速工进。当换向阀 2 左位接入回路时，压力油同时经单向阀 4 和节流阀进入液压缸右腔，活塞快速向左返回。这种回路的快慢速换接过程比较平稳，换接点的位置比较准确，缺点是行程阀的安装位置不能任意布置，管路连接较为复杂，若将行程阀改为电磁阀，则安装连接比较方便，但速度换接的平稳性、可靠性以及换向精度都较差。

换接平稳性是速度换接回路的关键。

例 6-12 图 6-37 所示为实现“快进—工进—快退”动作的回路（活塞右行为“进”，左行为“退”），如设置压力继电器的目的是控制活塞换向，试问：图中有哪些错误？为什么是错的？应如何改正？

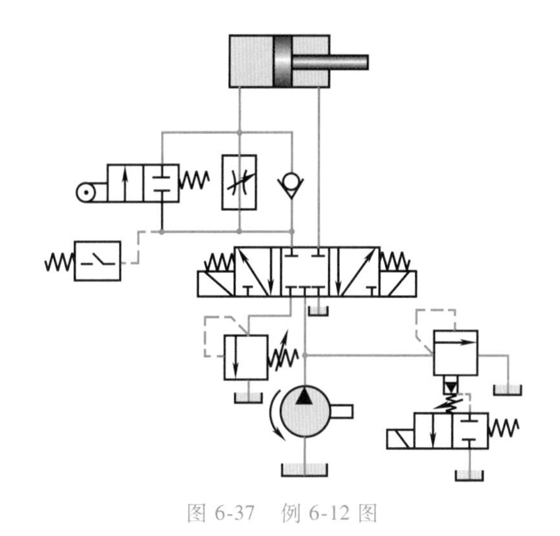

图 6-37　例 6-12 图

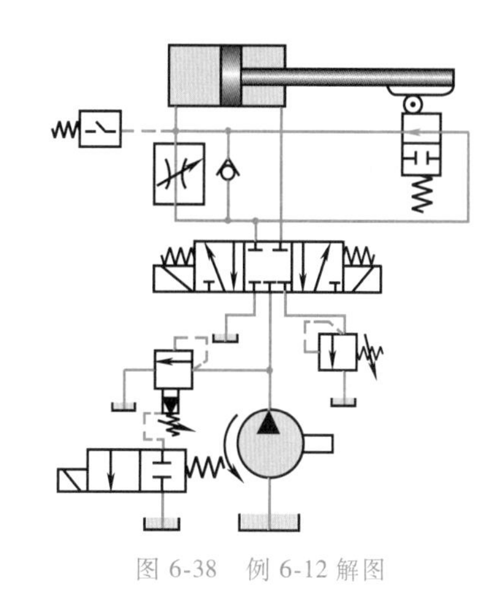

图 6-38　例 6-12 解图

解　“常断型”行程阀除非在快进时与长挡块配合使用，否则切换后就会使工进无法进行；单向阀画反了，工进时使调速阀“短路”，快退时使液压缸大腔无法回油；背压阀位置接错，工进时不能提供背压，快退时造成背压损失；压力继电器位置接错，无法起到原定的作用。改正后的一种回路方案如图 6-38 所示。

2. 两种慢速的换接回路

图 6-39 所示为采用两个调速阀的速度换接回路。图 6-39a 中的两个调速阀并联，由二位三通电磁换向阀 3 实现换接。图示位置输入液压缸 4 的流量由调速阀 1 调节；二位三通电磁换向阀 3 右位接入时，则由调速阀 2 调节，两个调速阀的调节互不影响。但是，一个调速阀工作时另一个调速阀内无油通过，它的减压阀处于最大开口位置，速度换接时大量油液通过该处，将使工作部件产生突然前冲现象。因此它不宜用于在工作过程中的速度换接，只可用在速度预选的场合。

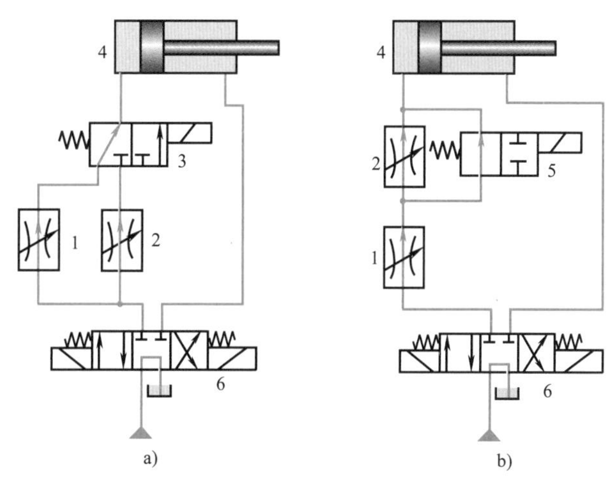

图 6-39　采用两个调速阀的速度换接回路

a）调速阀并联　b）调速阀串联

1、2—调速阀　3—二位三通电磁换向阀　4—液压缸　5—二位二通电磁换向阀　6—三位四通电磁换向阀

图 6-39b 所示为两调速阀串联的速度换接回路。当三位四通电磁换向阀 6 左位接入回路时，因调速阀 2 被二位二通电磁换向阀 5 短接，输入液压缸 4 的流量由调速阀 1 控制。当二位二通电磁换向阀 5 右位接入回路时，由于通过调速阀 2 的流量调得比调速阀 1 的小，所以输入液压缸的流量由调速阀 2 控制。在这种回路中调速阀 1 一直处于工作状态，它在速度换接时限制了进入调速阀 2 的流量，因此它的速度换接平稳性较好。但由于油液经过两个调速阀，所以能量损失较大。

三、方向控制回路

方向控制回路用来控制液压系统各油路中液流的接通、切断或变向，从而使各执行元件按需要相应地实现起动、停止或换向等一系列动作。这类控制回路有换向回路、锁紧回路等。

（一）换向回路

对换向回路的基本要求是：换向可靠、灵敏而又平稳，换向精度合适。换向过程一般可分为三个阶段：执行元件减速制动、短暂停留和反向起动。这一过程是通过换向阀的阀芯与阀体之间位置变换来实现的，因此选用不同中位机能的换向阀组成的换向回路，其换向性能也不同。

（二）锁紧回路

锁紧回路的功用是使液压缸能在任意位置上停留，且停留后不会因外力作用而移动位置。图 6-40 所示为使用液控单向阀的锁紧回路。当换向阀左位接入时，压力油经左边液控单向阀进入液压缸左腔，同时通过控制口打开右边液控单向阀，使液压缸右腔的回油可经右边液控单向阀及换向阀流回油箱，活塞向右运动。反之，活塞向左运动。到了需要停留的位置，只要使换向阀处于中位，因换向阀的中位为 H 型（Y 型也可），所以两个液控单向阀均关闭，使活塞双向锁紧。回路中由于液控单向阀的密封性好，泄漏极少，锁紧的精度主要取决于液压缸的泄漏。这种回路广泛用于工程机械、起重运输机械等有锁紧要求的场合。

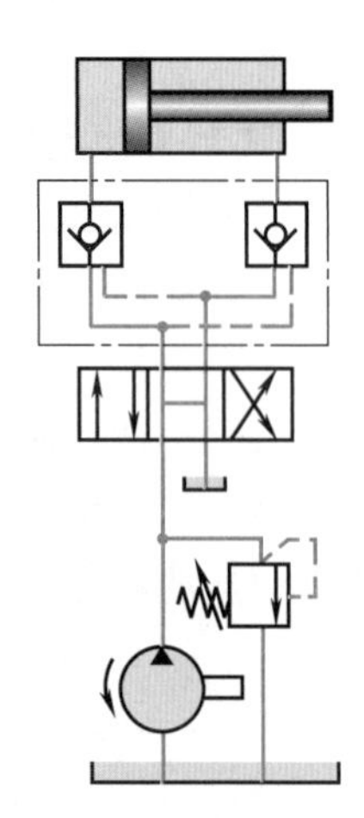

图 6-40　使用液控单向阀的锁紧回路

四、多执行元件控制回路

在液压系统中，如果由一个油源给多个液压执行元件输送压力油，这些执行元件会因压力和流量的彼此影响而在动作上相互牵制，必须使用一些特殊的回路才能实现预定的动作要求。常见的这类回路主要有以下三种。

（一）顺序动作回路

顺序动作回路的功用是使多缸液压系统中的各个液压缸严格地按规定的顺序动作。图 6-41所示为一种使用顺序阀的顺序动作回路。当换向阀 2 左位接入回路且顺序阀 6 的调定压力大于液压缸 4 的最大前进工作压力时，压力油先进入液压缸 4 的左腔，实现动作①。当这项动作完成后，系统中压力升高，压力油打开顺序阀 6 进入液压缸 5 的左腔，实现动作②。同样地，当换向阀 2 右位接入回路且顺序阀 3 的调定压力大于液压缸 5 的最大返回工作压力时，两液压缸按③和④的顺序向左返回。很明显，这种回路顺序动作的可靠性取决于顺序阀

的性能及其压力调定值；后一个动作的压力必须比前一个动作压力高出0.8~1MPa。顺序阀打开和关闭的压力差值不能过大，否则顺序阀会在系统压力波动时出现误动作，引起事故。由此可见，这种回路只适用于系统中液压缸数目不多、负载变化不大的场合。

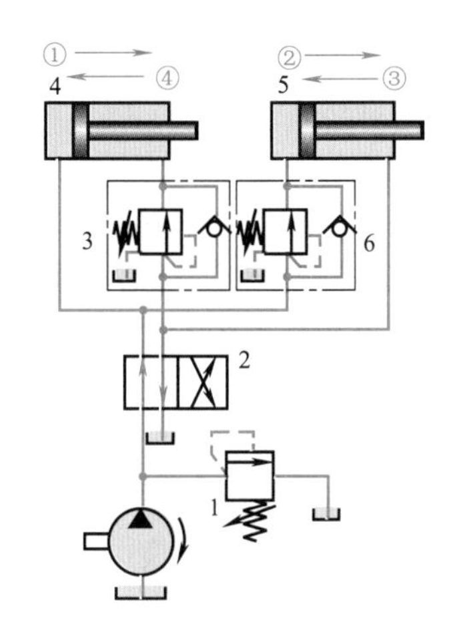

图6-41 使用顺序阀的顺序动作回路

1—溢流阀 2—换向阀
3、6—顺序阀 4、5—液压缸

图6-42所示为一种使用电磁阀的顺序动作回路。这种回路以液压缸2和5的行程位置为依据来实现相应的顺序动作。其动作循环见表6-2。这种回路的可靠性取决于行程开关和电磁阀的质量，对变更液压缸的动作行程和顺序来说都比较方便，特别适合采用PLC控制，因此得到了广泛的应用。

（二）同步回路

同步回路的功用是保证系统中的两个或多个液压缸在运动中的位移量相同或以相同的速度运动。在多缸液压系统中，影响同步精度的因素是很多的，如液压缸外负载、泄漏、摩擦阻力、制造精度、结构弹性变形以及油液中含气量，都会使运动不同步。同步回路要尽量克服或减小这些因素的影响，有时要采取补偿措施，消除累积误差。

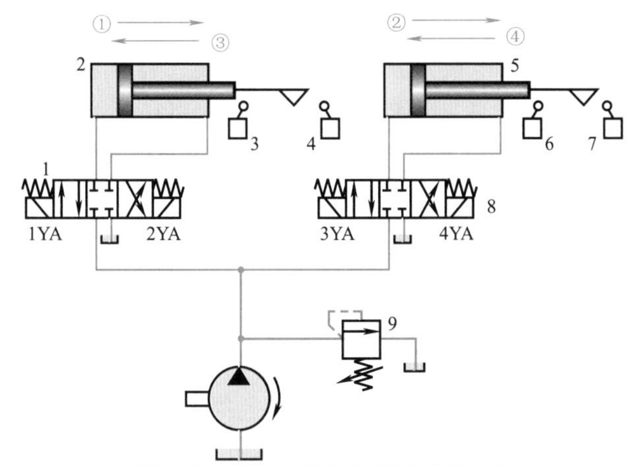

图6-42 使用电磁阀的顺序动作回路

1、8—换向阀 2、5—液压缸 3、4、6、7—行程开关 9—溢流阀

表6-2 使用电磁换向阀的顺序动作回路动作循环表

信号来源	电磁铁状态				换向阀位置		液压缸状态	
	1YA	2YA	3YA	4YA	阀1	阀8	缸2	缸5
按下起动按钮	+	−	−	−	左位	中位	前进①	停止
液压缸2挡块压下行程开关4	−	−	+	−	中位	左位	停止	前进②
液压缸5挡块压下行程开关7	−	+	−	−	右位	中位	返回③	停止
液压缸2挡块压下行程开关3	−	−	−	+	中位	右位	停止	返回④
液压缸5挡块压下行程开关6	−	−	−	−	中位	中位	停止	停止

图 6-43 所示为带补偿措施的串联液压缸同步回路。在这个回路中，液压缸 1 的有杆腔 A 的有效作用面积与液压缸 2 的无杆腔 B 的有效作用面积相等，因而从 A 腔排出的油液进入 B 腔后，两液压缸的下降便得到同步。回路中有补偿措施使同步误差在每一次下行运动中都得到消除，以避免误差的积累。其补偿原理为：当三位四通电磁换向阀 6 右位接入时，两液压缸活塞同时下行，若液压缸 1 的活塞先运动到底，它就触动行程开关 a 使二位三通电磁换向阀 5 通电，压力油经二位三通电磁换向阀 5 和液控单向阀 3 向液压缸 2 的 B 腔补油，推动活塞继续运动到底，误差即被消除。若液压缸 2 先到底，则触动行程开关 b 使二位三通电磁换向阀 4 通电，控制压力油使液控单向阀反向通道打开，使液压缸 1 的 A 腔通过液控单向阀回油，其活塞即可继续运动到底。这种串联式同步回路只适用于负载较小的液压系统。

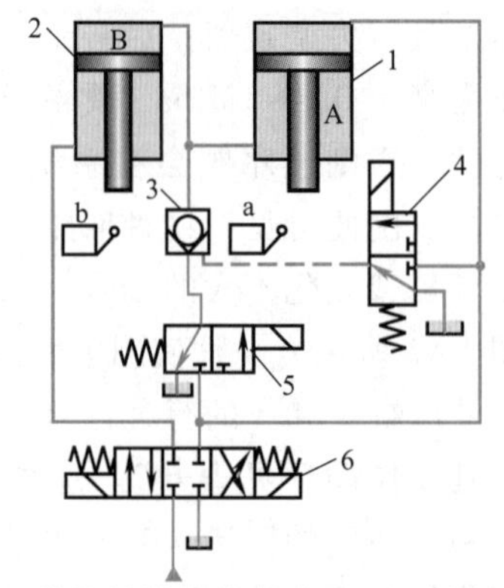

图 6-43 带补偿措施的串联液压缸同步回路
1、2—液压缸 3—液控单向阀 4、5—二位三通电磁换向阀 6—三位四通电磁换向阀
a、b—行程开关

图 6-44a 所示同步回路利用电液伺服阀 2 接收位移传感器 3 和 4 的反馈信号来保持输出流量与换向阀 1 相同，从而实现两液压缸同步运动。图 6-44b 所示回路则来用电液伺服阀直接控制两个液压缸的同步动作。用电液伺服阀的回路同步精度高，但价格昂贵。也可用比例阀代替电液伺服阀，可使价格降低，但同步精度也相应降低。

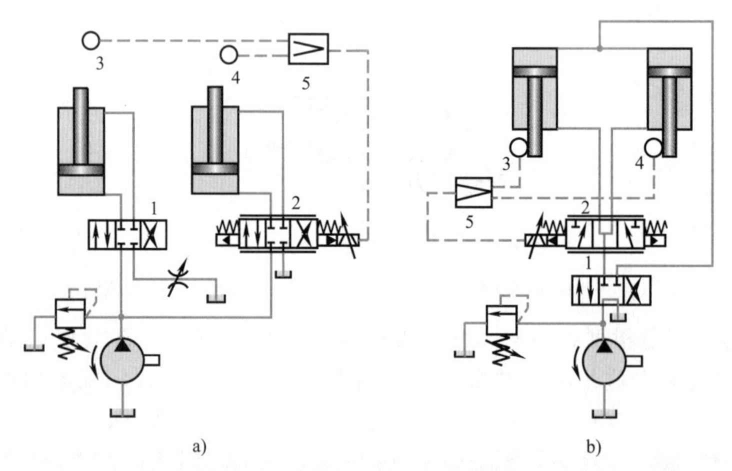

图 6-44 采用电液伺服阀的同步回路
1—换向阀 2—电液伺服阀 3、4—位移传感器 5—伺服放大器

（三）多缸快慢速互不干扰回路

多缸快慢速互不干扰回路的功用是防止液压系统中的几个液压缸因速度快慢的不同而在动作上发生相互干扰。

图 6-45 所示为采用叠加阀的互不干扰回路。该回路采用双联泵供油，其中液压泵 C 为低压大流量泵，其供油压力由溢流阀 1 调定，液压泵 D 为高压小流量泵，其工作压力由溢

流阀 5 调定，液压泵 C 和 D 分别接叠加阀的 P 口和 P_1 口。当换向阀 4 和 8 左位接入时，液压缸 A 和 B 快速向左运动，此时外控式顺序节流阀 3 和 7 由于控制压力较低而关闭，因而液压泵 D 的压力油经溢流阀 5 回油箱。当其中一个液压缸，如液压缸 A 先完成快进动作，则液压缸 A 的无杆腔压力升高，于是外控式顺序节流阀 3 的阀口被打开，液压泵 D 的压力

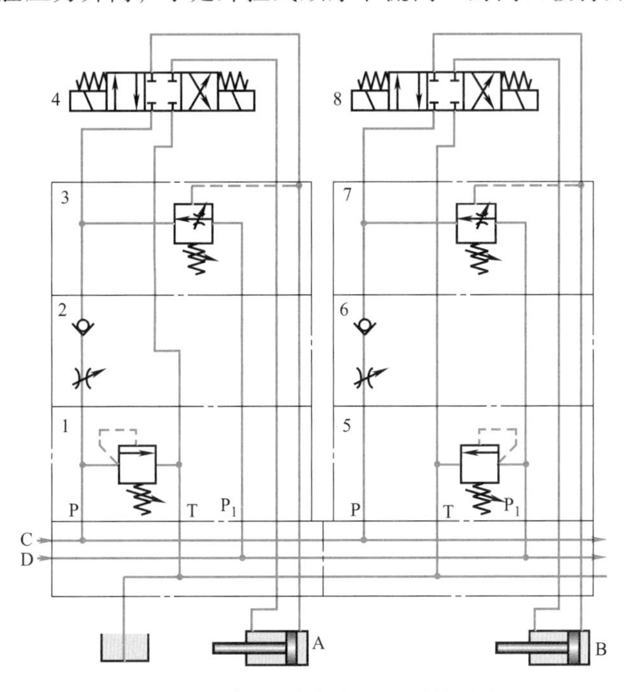

图 6-45　采用叠加阀的互不干扰回路

1、5—溢流阀　2、6—单向阀和节流阀　3、7—外控式顺序节流阀　4、8—换向阀

A、B—液压缸　C、D—液压泵

油经外控式顺序节流阀 3 中的节流口而进入液压缸 A 的无杆腔，高压油同时使单向阀和节流阀 2 中的单向阀关闭，液压缸 A 的运动速度由外控式顺序节流阀 3 中的节流口的开度所决定（节流口大小按工进速度进行调整）。此时液压缸 B 仍由液压泵 C 供油进行快进，两液压缸动作互不干扰。此后，当液压缸 A 率先完成工进动作，换向阀 4 的右位接入，由液压泵 C 的油液使液压缸 A 退回。若换向阀 4 和 8 的电磁铁均断电，则液压缸停止运动。可见，该回路之所以能够使多缸的快慢运动互不干扰，是由于快速和慢速各由一个液压泵来分别供油以及外控式顺序节流阀的开启取决于液压缸工作腔的压力。这种回路广泛应用于组合机床的液压系统中。

（四）多缸卸荷回路

多缸卸荷回路的功用在于使液压泵在各个执行元件都处于停止位置时自动卸荷，而当任一执行元件要求工作时又立即由卸荷状态转换成工作状态。图 6-46 所示为这种回路的一种串联式结构。由图可见，液压泵的卸荷回路只有在各换向阀都处于中位时才能接通油箱，任一

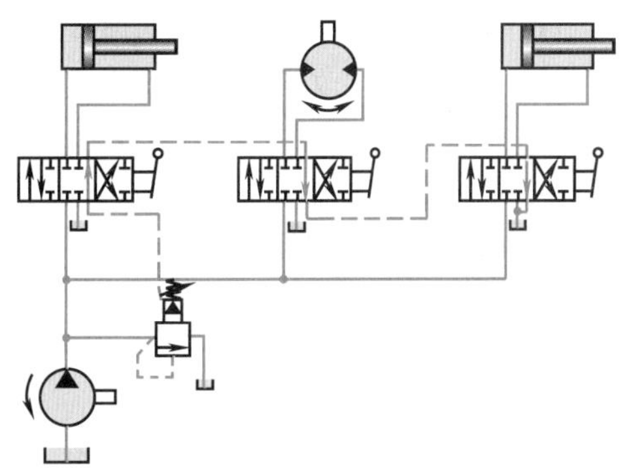

图 6-46　多缸卸荷回路

换向阀不在中位时液压泵都会立即恢复压力油的供应。

这种回路对液压泵卸荷的控制十分可靠。但当执行元件数目较多时，卸荷油路较长，使泵的卸荷压力增大，影响卸荷效果。这种回路常用于工程机械上。

第二节 气动基本回路

一、压力与力控制回路

（一）压力控制回路

压力控制回路应用很广，凡是需要用到具有一定压力的压缩空气的场合，都采用这类回路。图 6-47 所示为两级压力控制回路。图 6-47a 所示的压力控制回路是最基本的压力控制回路，由气动三大件——过滤器、减压阀和油雾器组成。如果气动系统有几个气缸动作，且工作压力相同，则可在油雾器后面通过气源分配器将压缩空气送到每个气缸所对应的主控阀气源口。

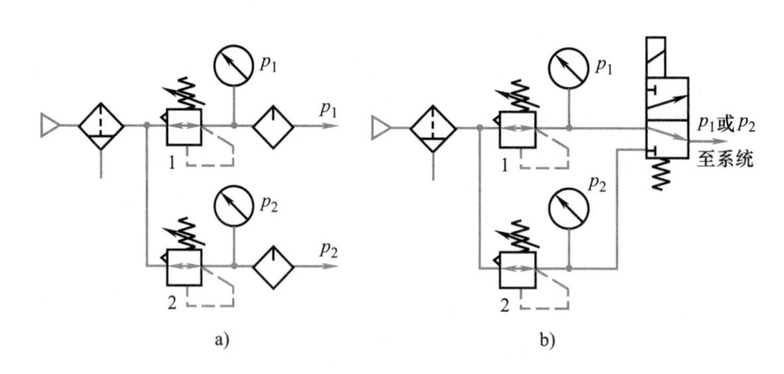

图 6-47 两级压力控制回路

a）用气动三大件 b）用两个减压阀

1、2—减压阀 3—二位三通电磁阀

图 6-47b 中，两个减压阀 1、2 提供两种不同压力，经二位三通电磁阀 3 能实现自动选择压力。

（二）力控制回路

力控制回路可利用压力控制回路提供不同压力，改变气缸活塞两侧压差，实现对输出力的控制。也可以通过改变作用面积来实现对输出力的控制。图 6-48 所示为三活塞串联气缸的增力回路，换向阀 3 用于串联气缸的换向，换向阀 1、2 用于串联气缸的增力控制。

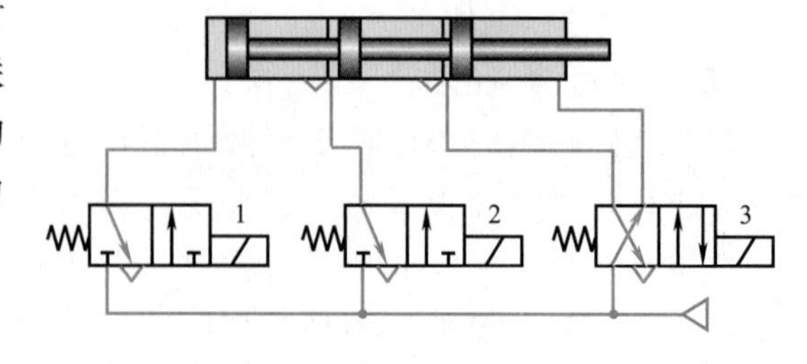

图 6-48 串联气缸增力回路

1、2、3—换向阀

二、速度控制回路

（一）单作用气缸的速度控制回路

图 6-49 所示为单作用气缸的速度控制

回路。图 6-49a 所示回路利用两个单向节流阀控制活塞杆的伸出和退回速度。两个单向节流阀串联时，要注意单向阀的连接方向。图 6-49b 所示回路利用一个节流阀和一个快速排气阀串联来控制活塞杆的伸出速度和快速退回。

（二）排气节流调速回路

图 6-50 所示为排气节流调速回路。图 6-50a 所示回路是利用两个单向节流阀来实现气缸活塞杆伸出和退回两个方向的速度控制，气流经单向阀进气，通过节流阀节流排气。图 6-50b 所示回路是由带有消声器的排气节流阀实现排气节流的速度控制，排气节流阀安装在主控阀的排气口处。

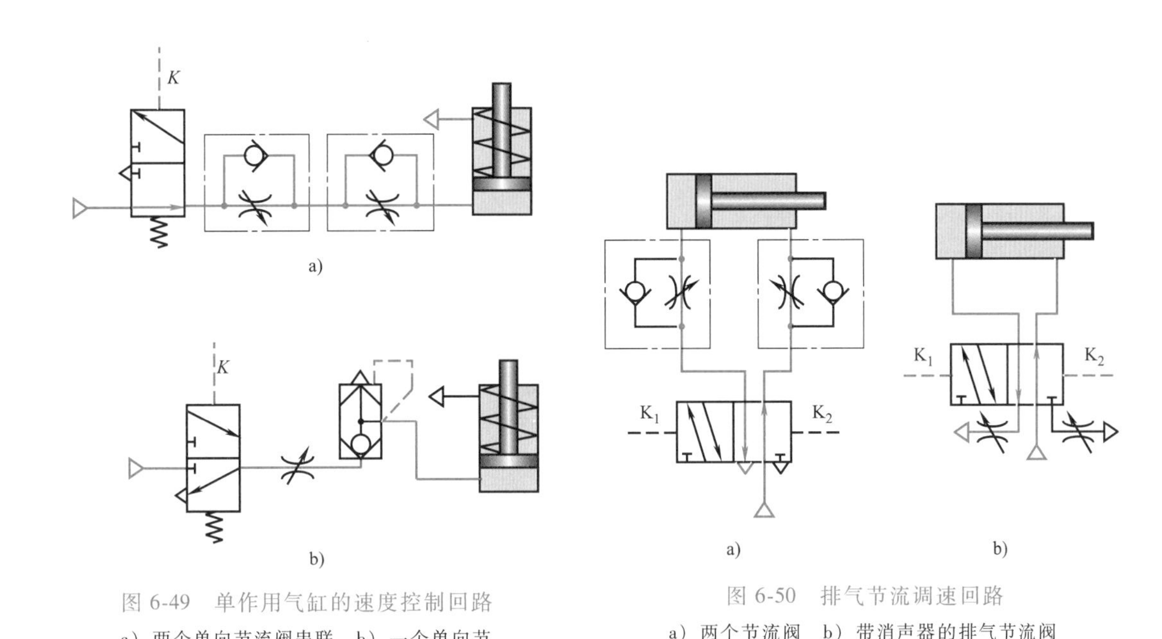

图 6-49　单作用气缸的速度控制回路

a）两个单向节流阀串联　b）一个单向节流阀和一个快速排气阀串联

图 6-50　排气节流调速回路

a）两个节流阀　b）带消声器的排气节流阀

（三）气液联动调速回路

气液联动调速回路在气压传动中得到了广泛的应用。它是以气压为动力，利用气液转换器或气液阻尼缸把气压传动变为液压传动，控制执行机构的速度。

图 6-51 所示为利用气液转换器的调速回路，回路中的执行元件是低压液压缸，其活塞杆伸出或退回的速度是以调节通过节流阀的流量来控制的。

图 6-52 所示为利用气液阻尼缸的调速回路，其动作原理可参见第三章第一节的有关内容。

三、方向控制回路

（一）换向回路

图 6-53 所示为采用无记忆作用的单控换向阀的换向回路，其中图 6-53a 所示为气控换向；图 6-53b 所示为电控换向；图 6-53c 所示为手控换向。当加了控制信号后，气缸活塞杆伸出；控制信号一旦消失，不论活塞杆运动到何处都可立即退回。在实际使用中必须保证信

号有足够的延续时间，否则会发生事故。

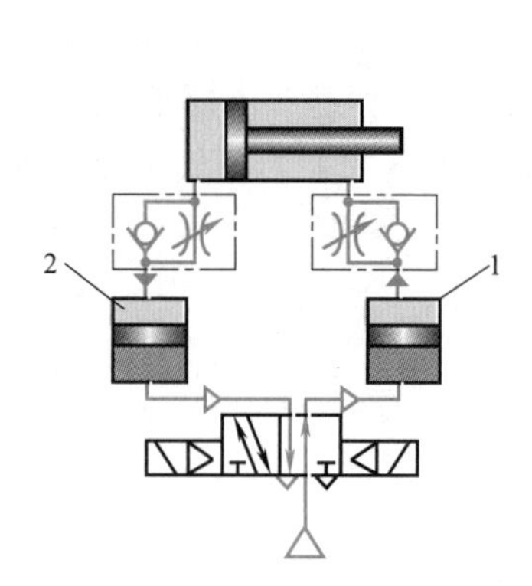

图 6-51 利用气液转换器的调速回路
1、2—气液转换器

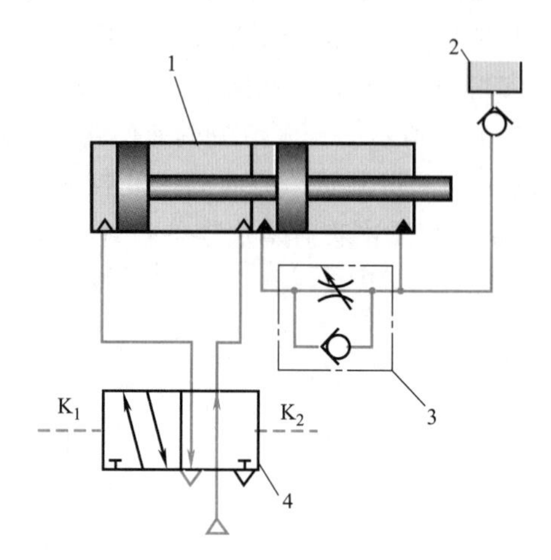

图 6-52 利用气液阻尼缸的调速回路
1—气液阻尼缸 2—油杯 3—单向节流阀 4—换向阀

图 6-54 所示为采用有记忆作用的双控换向阀的换向回路，其中图 6-54a 所示为双气控换向；图 6-54b 所示为双电控换向。回路中所用的主控换向阀具有记忆功能，故可以使用脉冲控制信号（但脉冲宽度应能保证主控换向阀换向），只有加了相反的控制信号后，主控换向阀才会换向。

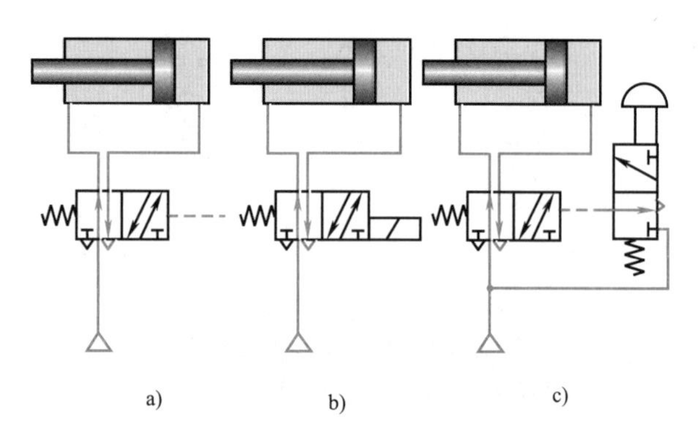

图 6-53 采用无记忆作用的单控换向阀的换向回路
a）气控换向 b）电控换向 c）手控换向

图 6-55 所示为自锁式换向回路，主控换向阀采用无记忆作用的单控换向阀，这是一个手控换向回路。当按下手动阀 1 的按钮后，主控换向阀右位接入，气缸活塞杆向左伸出，这时即使手动阀 1 的按钮松开，主控换向阀也不会换向。只有当手动阀 2 的按钮被压下后，控制信号消失，主控换向阀才换向复位，左位接入，气缸活塞杆向右退回。这种回路要求控制管路和手动阀不能有漏气现象。

（二）单往复运动回路

图 6-56 所示为利用双控阀的记忆功能，控制气缸单往复运动的回路。回路的复位信号是由机控阀发出的。

（三）多往复运动回路

图 6-57 所示为多往复运动回路，它是一种用机控阀发信号的位置控制式多往复动作回路。

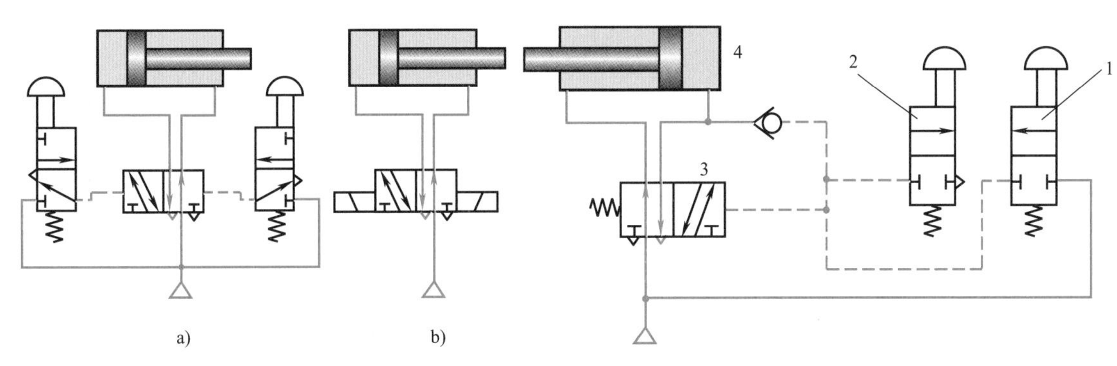

图 6-54 采用有记忆作用的双控换向阀的换向回路

a）双气控换向 b）双电控换向

图 6-55 自锁式换向回路

1、2—手动阀 3—主控换向阀 4—气缸

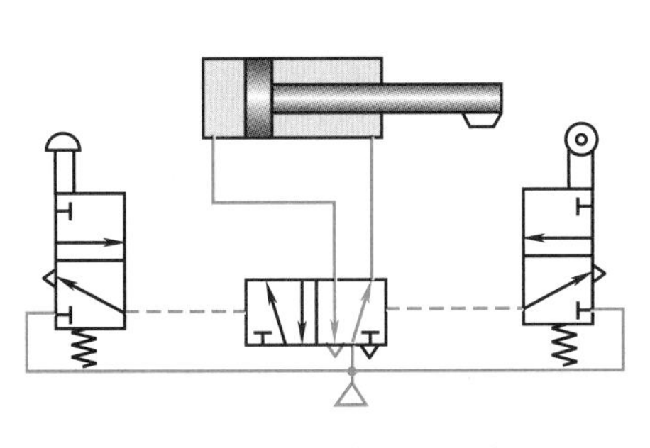

图 6-56 单往复运动回路

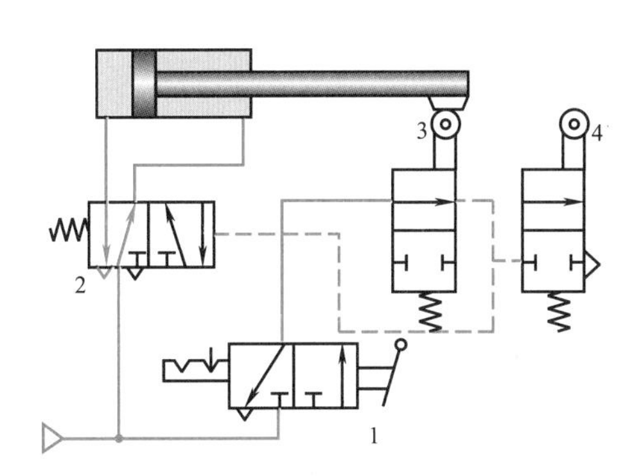

图 6-57 多往复运动回路

四、其他回路

（一）缓冲回路

图 6-58 所示为利用快速排气阀、顺序阀和节流阀组成的缓冲回路，来实现气缸在退回到终端时的缓冲。主控阀 1 处于图示位置时，气缸活塞向左退回，一开始排气腔（左腔）压力较高，通过快速排气阀 3 的气体打开顺序阀 4，经节流阀 5 流入大气，排气腔压力快速下降。当接近行程终端时，因排气腔压力下降，顺序阀关闭，排气腔的气体只能经节流阀 2 和主控阀 1 排入大气，实现了气缸外部缓冲。

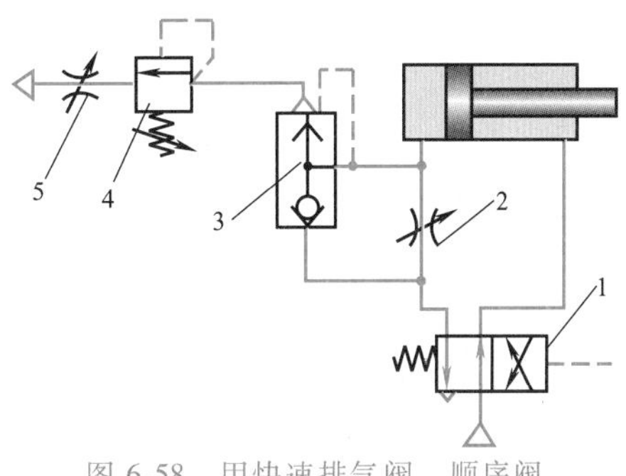

图 6-58 用快速排气阀、顺序阀和节流阀的缓冲回路

1—主控阀 2、5—节流阀 3—快速排气阀 4—顺序阀

（二）安全保护回路

为了保护操作者的人身安全和保障设备的正常运转，常采用安全保护回路。

图 6-59 所示为双手操作回路。图 6-59a 中，只有两手同时按下主控阀 1 和 2，主控阀 3 才换向。但是当手控阀 1 或 2 的弹簧折断而不能复位，则单手操作另一个阀时，主控阀同样

会换向，可能造成事故。因此这种安全保护回路的可靠性稍差。图 6-59b 所示回路利用了气容充放气的特点，在操作中只要手控阀 1 和 2 不同时被按下都会使气容 4 与大气接通而排气，使主控阀的控制口无信号。只有双手同时按下手控阀 1 和 2，气容与主控阀控制口接通，才能换向。

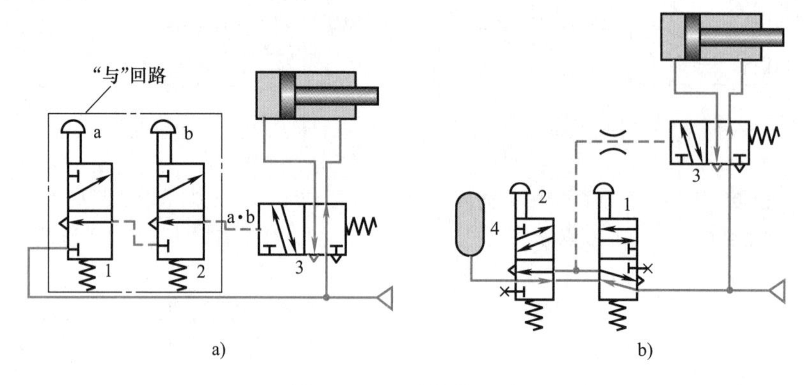

图 6-59 双手操作回路

a）手控阀 b）手控阀+气容

1、2—手控阀 3—主控阀 4—气容

图 6-60 所示为典型的过载保护回路。当气缸活塞杆在伸出途中遇到障碍时，无杆腔压力升高，顺序阀 2 打开，压缩空气经梭阀 3 使主控阀 1 右位接入而复位，从而气体输入气缸右腔而使气缸退回，保护设备的安全。

图 6-61 所示为联锁回路，该回路可保证只能有一个气缸动作，防止其他缸同时动作。回路中利用了梭阀 1、2、3 及主控阀 4、5、6 进行联锁。如二位三通阀 7 被切换至左位接通，则主控阀 4 换向至左位接通（阀的 A_1 口有输出，A_0 口排气），气缸 A 活塞伸出。与此同时，主控阀 4 的 A_1 口输出使梭阀 1、2 动作，锁住主控阀 5、6。所以此时即使二位三通阀 8、9 有输入信号，液压缸 B、C 也不会动作。如果要更改缸的动作，必须提前使缸的气控阀复位。

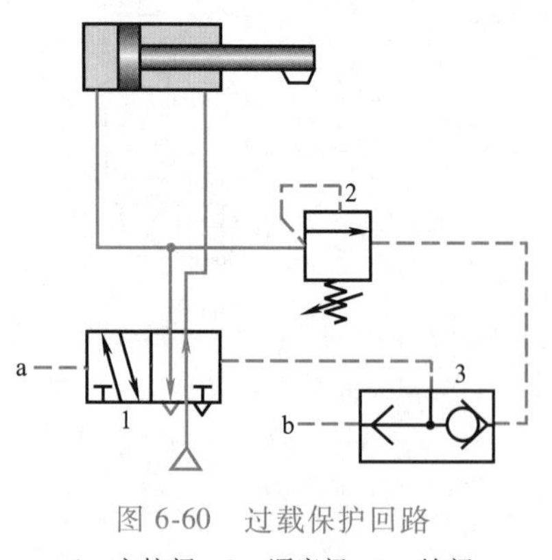

图 6-60 过载保护回路

1—主控阀 2—顺序阀 3—梭阀

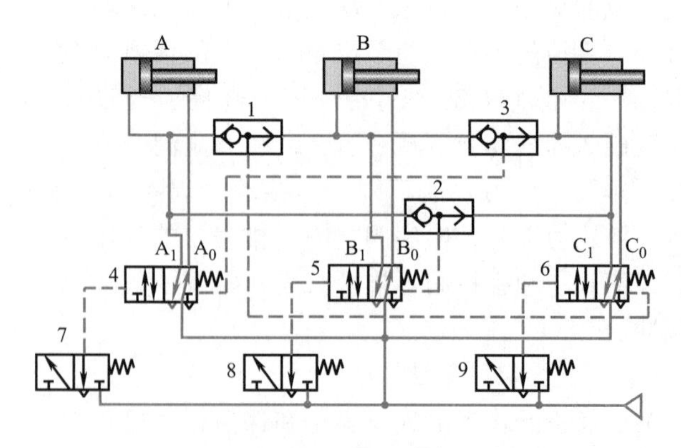

图 6-61 联锁回路

1、2、3—梭阀 4、5、6—主控阀

7、8、9—二位三通阀

习　题

6-1 在图 6-62 所示回路中，若溢流阀的调整压力分别为 $p_{Y1}=6\text{MPa}$，$p_{Y2}=4.5\text{MPa}$。液压泵出口处的负载阻力为无限大，试问在不计管道损失和调压偏差情况下：

1）换向阀下位接入回路时，液压泵的工作压力为多少？B 点和 C 点的压力各为多少？

2）换向阀上位接入回路时，液压泵的工作压力为多少？B 点和 C 点的压力又是多少？

6-2 在图 6-63 所示回路中，已知活塞运动时的负载 $F=1200\text{N}$，活塞有效作用面积 $A=15\times10^{-4}\text{m}^2$，溢流阀调整值 $p_Y=4.5\text{MPa}$，两个减压阀的调整值分别为 $p_{J1}=3.5\text{MPa}$ 和 $p_{J2}=2\text{MPa}$，如油液流过减压阀及管路时的损失可略去不计，试确定活塞在运动时和停在终端位置处时，A、B、C 三点压力值。

图 6-62　题 6-1 图　　图 6-63　题 6-2 图

6-3 图 6-11 所示的平衡回路中，若液压缸无杆腔有效作用面积 $A_1=80\times10^{-4}\text{m}^2$，有杆腔有效作用面积 $A_2=40\times10^{-4}\text{m}^2$，活塞与运动部件自重 $G=6000\text{N}$，运动时活塞上的摩擦力 $F_f=2000\text{N}$，向下运动时要克服负载阻力 $F_L=24000\text{N}$，试问顺序阀和溢流阀的最小调整压力应各为多少？

6-4 图 6-16a 所示的进油节流调速回路中，已知液压泵的供油流量 $q_P=6\text{L/min}$，溢流阀调定压力 $p_P=3.0\text{MPa}$，液压缸无杆腔有效作用面积 $A_1=20\times10^{-4}\text{m}^2$，负载 $F=4000\text{N}$，节流阀为薄壁孔口，开口面积 $A_T=0.01\times10^{-4}\text{m}^2$，$C_d=0.62$，$\rho=900\text{kg/m}^3$，试求：

1）活塞的运动速度 v。

2）溢流阀的溢流量和回路的效率。

3）当节流阀开口面积增大到 $A_{T1}=0.03\times10^{-4}\text{m}^2$ 和 $A_{T2}=0.05\times10^{-4}\text{m}^2$ 时，分别计算液压缸的运动速度和溢流阀的溢流量。

6-5 如图 6-17 所示的回油节流调速回路，已知液压泵的供油流量 $q_P=20\text{L/min}$，负载 $F=40000\text{N}$，溢流阀调定压力 $p_P=5.4\text{MPa}$，液压缸无杆腔有效作用面积 $A_1=80\times10^{-4}\text{m}^2$，有杆腔有效作用面积 $A_2=40\times10^{-4}\text{m}^2$，液压缸工进速度 $v=0.18\text{m/min}$，不考虑管路损失和液压缸的摩擦损失，试计算：

1）液压缸工进时液压系统的效率。

2）当负载 $F=0$ 时，活塞的运动速度和回油腔的压力。

6-6 在图 6-64 所示的调速阀节流调速回路中，已知 $q_P=25\text{L/min}$，$A_1=100\times10^{-4}\text{m}^2$，$A_2=50\times10^{-4}\text{m}^2$，$F$ 由零增至 30000N 时活塞向右移动速度基本无变化，$v=0.2\text{m/min}$，若调速阀要求的最小压差 $\Delta p_{min}=0.5\text{MPa}$，试求：

1）不计调压偏差时溢流阀调整压力 p_Y 是多少？液压泵的工作压力是多少？

2）液压缸可能达到的最高工作压力是多少？

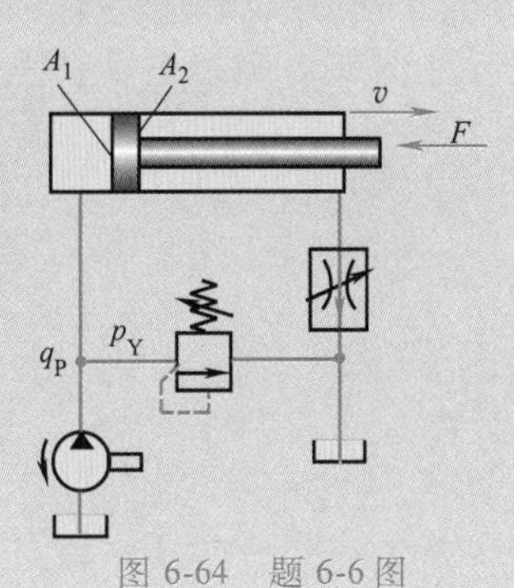

图 6-64　题 6-6 图

3）回路的最高效率为多少？

6-7 在图 6-26 所示的限压式变量泵和调速阀的容积节流调速回路中，若变量泵的拐点坐标为（2MPa，10L/min），且在 $p_P=2.8\text{MPa}$ 时 $q_P=0$，液压缸无杆腔有效作用面积 $A_1=50\times10^{-4}\text{m}^2$，有杆腔有效作用面积 $A_2=25\times10^{-4}\text{m}^2$，调速阀的最小工作压差为 0.5MPa，背压阀调压值为 0.4MPa，试求：

1）在调速阀通过 $q_1=5\text{L/min}$ 的流量时，回路的效率为多少？

2）若 q_1 不变，负载减小 4/5，回路效率为多少？

3）如何才能使负载减小后的回路效率得以提高？能提高多少？

6-8 有一液压传动系统，快进时需达到最大流量 15L/min，工进时液压缸工作压力 $p_1=5.5\text{MPa}$，流量为 2L/min，若可采用单泵流量为 25L/min 和双联泵流量为 4L/min 及 25L/min 两种液压泵分别对系统供油，设泵的总效率 $\eta=0.8$，溢流阀调定压力 $p_Y=6.0\text{MPa}$，双联泵中低压泵卸荷压力 $p_{P2}=0.12\text{MPa}$，不计其他损失，试计算分别采用这两种泵供油时系统的效率（液压缸效率为 100%）。

6-9 如图 6-65 所示，已知两液压缸活塞的有效作用面积相同，液压缸无杆腔有效作用面积 $A_1=20\times10^{-4}\text{m}^2$，但负载分别为 $F_1=8000\text{N}$、$F_2=4000\text{N}$，如溢流阀的调定压 $p_Y=4.5\text{MPa}$，试分析减压阀压力调整值分别为 1MPa、2MPa、4MPa 时，两液压缸的动作情况。

6-10 试分析图 6-66 所示的气动回路的工作过程，并指出各元件的名称。

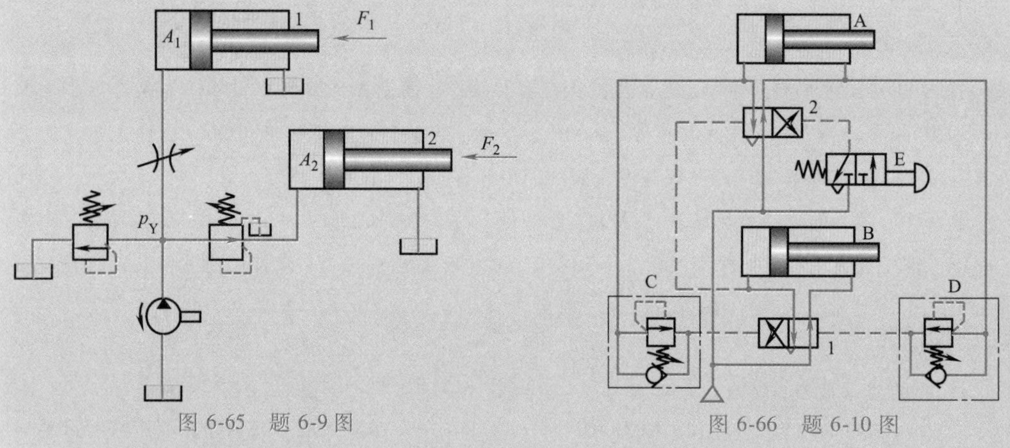

图 6-65 题 6-9 图　　图 6-66 题 6-10 图

6-11 试利用两个双作用气缸、一个气动顺序阀、一个二位四通单电控换向阀组成顺序动作回路。

6-12 试设计一个双作用气缸动作之后单作用气缸才能动作的联锁回路。

第七章

系统应用与分析

在学习了流体力学的基本理论，掌握了液压与气动元件的工作原理和性能特点，了解了作为系统基本组成单元的基本回路的作用与功能，已具备了一定的基础后，还应能分析和设计系统。要设计好系统，必须先了解和掌握现有的系统，以借鉴前人的经验。为此，本章通过介绍一些液压与气压传动系统的应用实例，来分解系统的构成，剖析各种元件在系统中的作用，分析系统的性能，从而为设计系统打下坚实的基础。

第一节　液压系统应用与分析

液压传动因其独特的优点，在国民经济各个部门和各行各业中获得了广泛的应用。但是，不同专业的液压机械，其工作要求、工况特点、动作循环都不一样。因而，作为液压主机主要组成部分的液压系统，为了满足主机的各项要求，其系统的组成结构、采用的元件和作用特点等当然也不尽相同。

本节介绍几个液压系统的应用实例，分析它们的工作原理和性能特点，从而透过这些实例，使读者掌握分析液压系统的一般步骤和方法。

一、组合机床液压系统

（一）概述

组合机床是一种工序集中、效率较高的专用机床，一般由通用部件（如动力头、动力滑台等）和部分专用部件（如主轴箱、夹具等）组成（图7-1），具有加工能力强、自动化程度高、经济性好等优点，因而广泛应用于产品批量较大的生产流水线中。

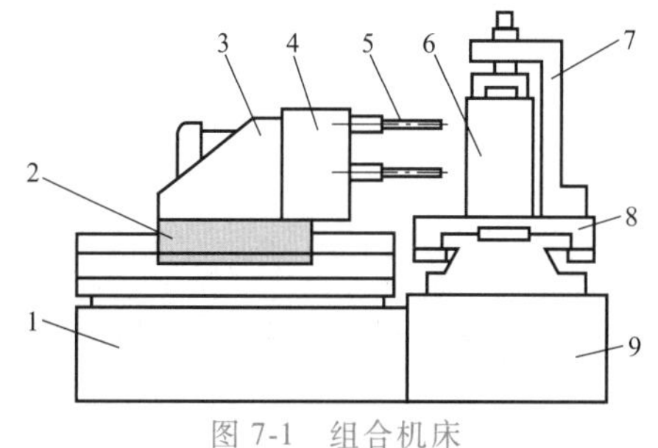

图 7-1　组合机床

1—床身　2—动力滑台　3—动力头

4—主轴箱　5—刀具　6—工件

7—夹具　8—工作台　9—底座

动力滑台是组合机床上实现进给运动的一种通用部件，配上动力头和主轴箱后可以对工件完成钻、扩、铰、镗、铣、攻螺纹等孔和端面的加工工序。

YT4543 型液压动力滑台由液压缸驱动，它在电气和机械装置的配合下可以实现各种自动工作循环。该动力滑台的台面尺寸为 0.45m×0.8m，进给速度范围为 0.006~0.66m/min，最大快进

速度为 7.3m/min，最大进给推力为 45kN，液压系统最高工作压力为 6.3MPa。

图 7-2 和表 7-1 分别为 YT4543 型动力滑台的液压系统图和液压系统的动作循环表。可见，这个系统能够实现“快进→工进→停留→快退→停止”的半自动工作循环，其工作情况如下。

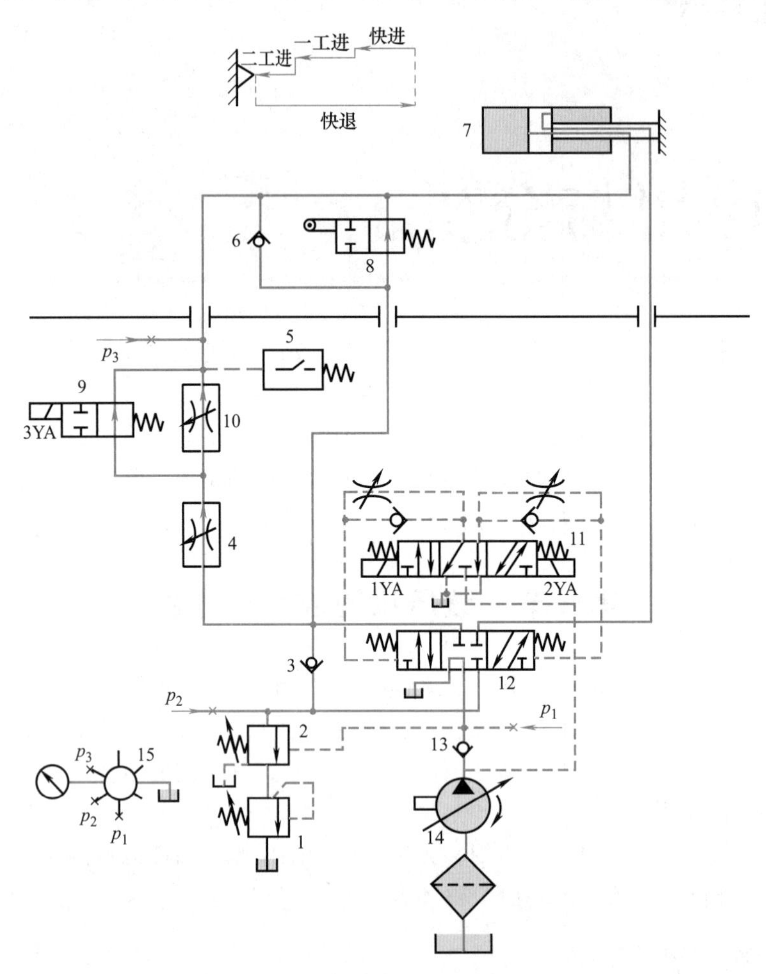

图 7-2 YT4543 型动力滑台的液压系统图

1—背压阀 2—顺序阀 3、6、13—单向阀 4—一工进调速阀 5—压力继电器 7—液压缸 8—行程阀 9—电磁阀 10—二工进调速阀 11—先导阀 12—换向阀 14—变量泵 15—压力表开关 p_1、p_2、p_3—压力表接点

表 7-1 YT4543 型动力滑台液压系统的动作循环表

<table>
<tr><th rowspan="2">动作名称</th><th rowspan="2">信号来源</th><th colspan="3">电磁铁工作状态</th><th colspan="5">液压元件工作状态</th></tr>
<tr><th>1YA</th><th>2YA</th><th>3YA</th><th>顺序阀 2</th><th>先导阀 11</th><th>换向阀 12</th><th>电磁阀 9</th><th>行程阀 8</th></tr>
<tr><td>快进</td><td>起动按钮</td><td>+</td><td>−</td><td>−</td><td>关闭</td><td rowspan="4">左位</td><td rowspan="4">左位</td><td rowspan="2">右位</td><td>右位</td></tr>
<tr><td>一工进</td><td>挡块压下行程阀 8</td><td>+</td><td>−</td><td>−</td><td rowspan="3">打开</td><td rowspan="3">左位</td></tr>
<tr><td>二工进</td><td>挡块压下行程开关</td><td>+</td><td>−</td><td>+</td><td rowspan="3">左位</td></tr>
<tr><td>停留</td><td>滑台靠压在固定挡块处</td><td>+</td><td>−</td><td>+</td></tr>
<tr><td>快退</td><td>时间继电器发出信号</td><td>−</td><td>+</td><td>+</td><td rowspan="2">关闭</td><td>右位</td><td>右位</td><td rowspan="2">右位</td></tr>
<tr><td>停止</td><td>挡块压下终点开关</td><td>−</td><td>−</td><td>−</td><td>中位</td><td>中位</td><td>右位</td></tr>
</table>

（1）快速前进　电磁铁 1YA 通电，换向阀 12 左位接入系统，顺序阀 2 因系统压力不高仍处于关闭状态。这时液压缸 7 做差动连接，变量泵 14 输出最大流量。系统中油液的流动情况为：

进油路：变量泵 14→单向阀 13→换向阀 12（左位）→行程阀 8（右位）→液压缸 7 左腔。

回油路：液压缸 7 右腔→换向阀 12（左位）→单向阀 3→行程阀 8（右位）→液压缸 7 左腔。

（2）一次工作进给　在滑台前进到预定位置，挡块压下行程阀 8 时开始。这时系统压力升高，顺序阀 2 打开；变量泵 14 自动减小其输出流量，以便与调速阀 4 的开口相适应。系统中油液的流动情况为：

进油路：变量泵 14→单向阀 13→换向阀 12（左位）→调速阀 4→电磁阀 9（右位）→液压缸 7 左腔。

回油路：液压缸 7 右腔→换向阀 12（左位）→顺序阀 2→背压阀 1→油箱。

（3）二次工作进给　在一次工作进给结束，挡块压下行程开关，电磁铁 3YA 通电时开始。顺序阀 2 仍打开，变量泵 14 输出流量与调速阀 10 的开口相适应。系统中油液的流动情况为：

进油路：变量泵 14→单向阀 13→换向阀 12（左位）→调速阀 4→调速阀 10→液压缸 7 左腔。

回油路：液压缸 7 右腔→换向阀 12（左位）→顺序阀 2→背压阀 1→油箱。

（4）停留　在滑台以二工进速度行进到碰上固定挡块不再前进时开始，并在系统压力进一步升高、压力继电器 5 经时间继电器（图中未示出）按预定停留时间发出信号后终止。

（5）快退　在时间继电器发出信号，电磁铁 1YA 断电、2YA 通电时开始。这时系统压力下降，变量泵 14 流量又自动增大。系统中油液的流动情况为：

进油路：变量泵 14→单向阀 13→换向阀 12（右位）→液压缸 7 右腔。

回油路：液压缸 7 左腔→单向阀 6→换向阀 12（右位）→油箱。

（6）停止　在滑台快速退回到原位，挡块压下终点开关，电磁铁 2YA 和 3YA 都断电时出现。这时换向阀 12 处于中位，液压缸 7 两腔封闭，滑台停止运动。系统中油液的流动情况为：

卸荷油路：变量泵 14→单向阀 13→换向阀 12（中位）→油箱。

从以上的叙述中可以看到，这个液压系统有以下一些特点：

1）系统采用了“限压式变量叶片泵-调速阀-背压阀”式调速回路，能保证稳定的低速运动（进给速度最小可达 6.6mm/min）、较好的速度刚性和较大的调速范围（$R\approx100$）。

2）系统采用了限压式变量泵和差动连接式液压缸来实现快进，能量利用比较合理。滑台停止运动时，换向阀使液压泵在低压下卸荷，减少能量损耗。

3）系统采用了行程阀和顺序阀实现快进与工进的换接，不仅简化了电路，而且使动作可靠，换接精度也比电气控制式高。至于两个工进之间的换接则由于两者速度都较低，采用电磁阀完全能保证换接精度。

二、液压机液压系统

（一）概述

液压机是一种用静压来加工金属、塑料、橡胶、粉末制品的机械，在许多工业部门得到了广泛的应用。液压机的类型很多，其中四柱式液压机最为典型，应用也最广泛。这种液压机在它的四个立柱之间安置着主、辅两个液压缸。主液压缸驱动上滑块，实现“快速下行→慢速下行、加压→保压→卸压换向→快速返回→原位停止”的动作循环；辅助液压缸驱动下滑块，实现“向上顶出→向下退回→原位停止”的动作循环（图 7-3）。在这种液压机上，可以进行冲剪、弯曲、翻边、拉深、装配、冷挤、成形等多种加工工艺。

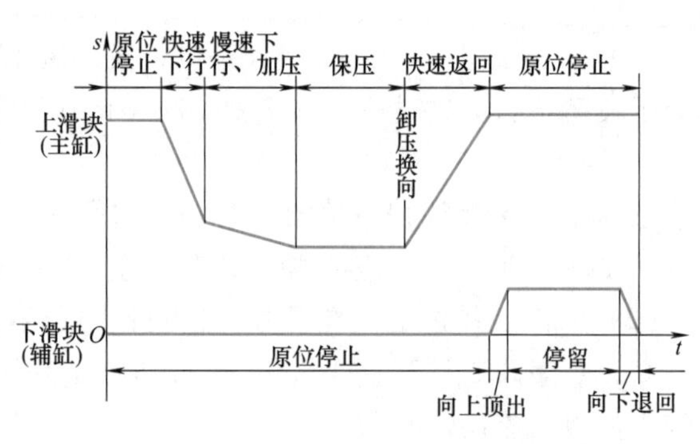

图 7-3 3150kN 插装阀式液压机动作循环图

（二）工作原理

图 7-4 和表 7-2 分别为 3150kN 插装阀式液压机的液压系统图和液压系统电磁铁动作顺

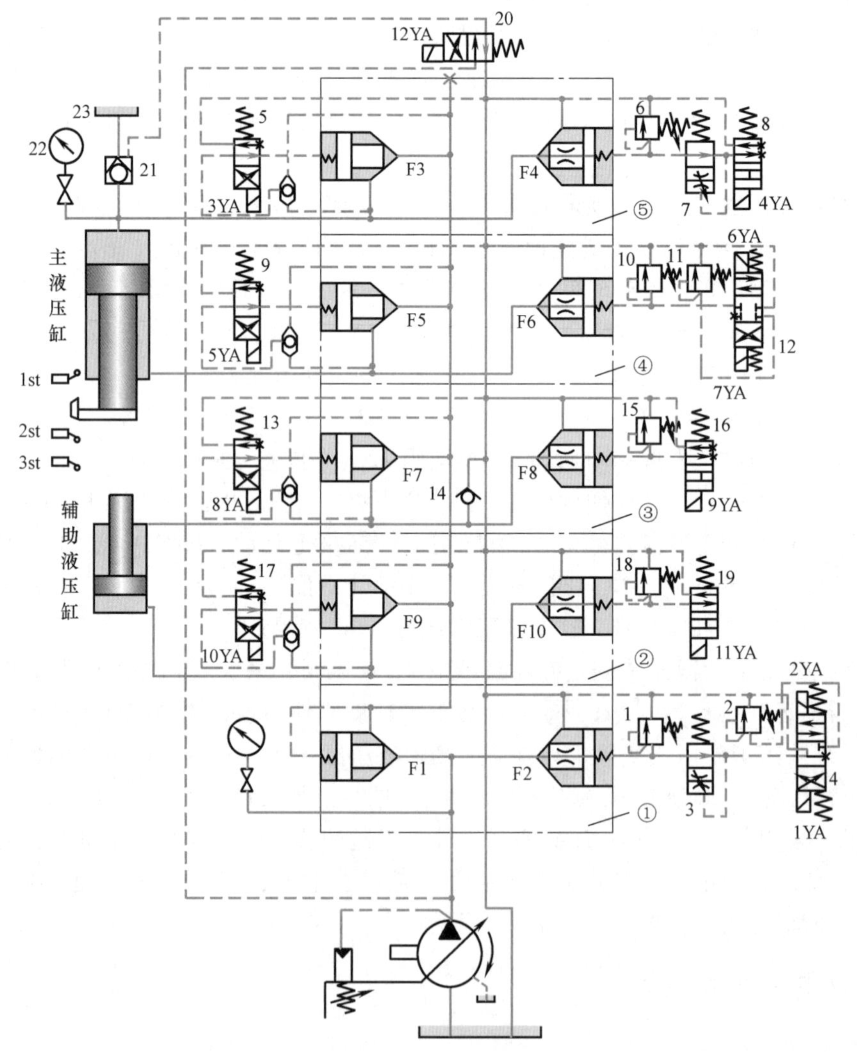

图 7-4 3150kN 插装阀式液压机的液压系统图

1、2、6、10、11、15、18—调压阀 3、7—缓冲阀 5、8、9、13、16、17、19、20—二位四通电磁阀 4、12—三位四通电磁阀 14—单向阀 21—充液阀（液控单向阀） 22—电接点压力表 23—副油箱

序表。可见，这台液压机的主液压缸（上缸）能实现“快速下行→慢速下行、加压→保压→卸压→快速返回→原位停止”的动作循环；辅助液压缸（下缸）能实现“向上顶出→向下退回→原位停止”的动作循环。

表 7-2 3150kN 插装阀式液压机液压系统电磁铁动作顺序表

动作程序		1YA	2YA	3YA	4YA	5YA	6YA	7YA	8YA	9YA	10YA	11YA	12YA
主液压缸	快速下行	+		+			+						
	慢速下行,加压	+		+				+					
	保压												
	卸压				+								
	快速返回		+		+	+							+
	原位停止												
辅助液压缸	向上顶出		+							+	+		
	向下退回		+						+			+	
	原位停止												

该液压机采用二通插装阀集成液压系统，由五个集成块组成，各集成块组成元件及其在系统中的作用见表 7-3。

表 7-3 3150kN 液压机液压系统各集成块组成元件及其在系统中的作用

集成块序号和名称	组成元件		在系统中的作用
①进油调压集成块	插装阀 F1 为单向阀		防止系统油流向泵倒流
	插装阀 F2	和调压阀 1 组成安全阀	限制系统最高压力
		和调压阀 2、电磁阀 4 组成电磁溢流阀	调整系统工作压力
		和缓冲阀 3、电磁阀 4	减小泵卸荷和升压时的冲击
②辅助液压缸下腔集成块	插装阀 F9 和电磁阀 17 构成一个二位二通电磁阀		控制辅助液压缸下腔的进油
	插装阀 F10	和电磁阀 19 构成一个二位二通电磁阀	控制辅助液压缸下腔的回油
		和调压阀 18 组成一个安全阀	限制辅助液压缸下腔的最高压力
③辅助液压缸上腔集成块	插装阀 F7 和电磁阀 13 构成一个二位二通电磁阀		控制辅助液压缸上腔的进油
	插装阀 F8	和电磁阀 16 构成一个二位二通电磁阀	控制辅助液压缸上腔的回油
		和调压阀 15 组成一个安全阀	限制辅助液压缸上腔的最高压力
	单向阀 14		辅助液压缸用作液压垫,活塞浮动下行时,上腔补油
④主液压缸下腔集成块	插装阀 F5 和电磁阀 9 组成一个二位二通电磁阀		控制主液压缸下腔的进油
	插装阀 F6	和电磁阀 12	控制主液压缸下腔的回油
		和调压阀 11	调整主液压缸下腔的平衡压力
		和调压阀 10 组成一个安全阀	限制主液压缸下腔的最高压力
⑤主液压缸上腔集成块	插装阀 F3 和电磁阀 5 组成一个二位二通电磁阀		控制主液压缸上腔的进油
	插装阀 F4	和电磁阀 8	控制主液压缸上腔的回油
		和缓冲阀 7、电磁阀 8	主液压缸上腔释压缓冲
		和调压阀 6 组成安全阀	限制主液压缸上腔的最高压力

液压机的液压系统实现空载起动：按下起动按钮后，液压泵起动，此时所有电磁阀的电磁铁都处于断电状态，于是，三位四通电磁阀 4 处在中位。插装阀 F2 的控制腔经缓冲阀 3、三位四通电磁阀 4 与油箱相通，插装阀 F2 在很低的压力下被打开，液压泵输出的油液经插装阀 F2 直接回油箱。

液压系统在连续实现上述自动工作循环时，主液压缸的工作情况如下：

（1）快速下行　液压泵起动后，按下工作按钮，电磁铁 1YA、3YA、6YA 通电，使三位四通电磁阀 4 和三位四通电磁阀 5 下位接入系统，三位四通电磁阀 12 上位接入系统。因而插装阀 F2 控制腔与调压阀 2 相连，插装阀 F3 和插装阀 F6 的控制腔则与油箱相通，所以插装阀 F2 关闭，插装阀 F3 和 F6 打开，液压泵向系统输油。这时系统中油液的流动情况为：

进油路：液压泵→插装阀 F1→插装阀 F3→主液压缸上腔。

回油路：主液压缸下腔→插装阀 F6→油箱。

液压机上滑块在自重作用下迅速下降。由于液压泵的流量较小，主液压缸上腔产生负压，这时液压机顶部的副油箱 23 通过充液阀 21 向主液压缸上腔补油。

（2）慢速下行　当滑块以快速下行至一定位置，滑块上的挡块压下行程开关 2st 时，电磁铁 6YA 断电，7YA 通电，使三位四通电磁阀 12 下位接入系统，插装阀 F6 的控制腔与调压阀 11 相连，主液压缸下腔的油液经过插装阀 F6 在调压阀 11 的调定压力下溢流，因而下腔产生一定背压，上腔压力随之增高，使充液阀 21 关闭。进入主液压缸上腔的油液仅为液压泵的流量，滑块慢速下行。这时系统中油液的流动情况为：

进油路：液压泵→插装阀 F1→插装阀 F3→主液压缸上腔。

回油路：主液压缸下腔→插装阀 F6→油箱。

（3）加压　当滑块慢速下行碰上工件时，主液压缸上腔压力升高，恒功率变量液压泵输出的流量自动减小，对工件进行加压。当压力升至调压阀 2 调定压力时，液压泵输出的流量全部经插装阀 F2 溢流回油箱，没有油液进入主液压缸上腔，滑块便停止运动。

（4）保压　当主液压缸上腔压力达到所要求的工作压力时，电接点压力表 22 发出信号，使电磁铁 1YA、3YA、7YA 全部断电，因而三位四通电磁阀 4 和 12 处于中位，三位四通电磁阀 5 上位接入系统；插装阀 F3 控制腔通压力油，插装阀 F6 控制腔被封闭，插装阀 F2 控制腔通油箱。所以，插装阀 F3、F6 关闭，插装阀 F2 打开，这样，主液压缸上腔闭锁，对工件实施保压，液压泵输出的油液经插装阀 F2 直接回油箱，液压泵卸荷。

（5）卸压　主液压缸上腔保压一段所需时间后，时间继电器发出信号，使电磁铁 4YA 通电，二位四通电磁阀 8 下位接入系统，于是，插装阀 F4 的控制腔通过缓冲阀 7 及二位四通电磁阀 8 与油箱相通。由于缓冲阀 7 节流口的作用，插装阀 F4 缓慢打开，从而使主液压缸上腔的压力慢慢释放，系统实现无冲击卸压。

（6）快速返回　主液压缸上腔压力降低到一定值后，电接点压力表 22 发出信号，使电磁铁 2YA、4YA、5YA、12YA 都通电，于是，三位四通电磁阀 4 上位接入系统，二位四通电磁阀 8 和 9 下位接入系统，二位四通电磁阀 20 左位接入系统；插装阀 F2 的控制腔被封闭，插装阀 F4 和 F5 的控制腔都通油箱，充液阀 21 的控制腔通压力油。因而插装阀 F2 关闭，插装阀 F4、F5 和充液阀 21 打开。液压泵输出的油液全部进入主液压缸下腔，由于下腔有效作用面积较小，主液压缸快速返回。这时系统中油液的流动情况为：

进油路：液压泵→插装阀 F1→插装阀 F5→主液压缸下腔。

回油路：主液压缸上腔→插装阀 F4→油箱。
　　　　　　　　　　→充液阀 21→副油箱。

（7）原位停止　当主液压缸快速返回到达终点时，滑块上的挡块压下行程开关 1st 让其发出信号，使所有电磁铁都断电，于是全部电磁阀都处于原位；插装阀 F2 的控制腔依靠三位四通电磁阀 4 的 d 型中位机能与油箱相通，插装阀 F5 的控制腔与压力油相通。因而，插装阀 F2 打开，液压泵输出的油液全部经插装阀 F2 回油箱，液压泵处于卸荷状态；插装阀 F5 关闭，封住压力油流向主液压缸下腔的通道，主液压缸停止运动。

液压机辅助液压缸的工作情况如下：

（1）向上顶出　工件压制完毕后，按下顶出按钮，使电磁铁 2YA、9YA 和 10YA 都通电，于是三位四通电磁阀 4 上位接入系统，二位四通电磁阀 16、17 下位接入系统；插装阀 F2 的控制腔被封死，插装阀 F8 和 F9 的控制腔通油箱。因而插装阀 F2 关闭，插装阀 F8、F9 打开，液压泵输出的油液进入辅助液压缸下腔，实现向上顶出。此时系统中油液的流动情况为：

进油路：液压泵→插装阀 F1→插装阀 F9→辅助液压缸下腔。

回油路：辅助液压缸上腔→插装阀 F8→油箱。

（2）向下退回　把工件顶出模子后，按下退回按钮，使 9YA、10YA 断电，8YA、11YA 通电，于是二位四通电磁阀 13、19 下位接入系统，二位四通电磁阀 16、17 上位接入系统；插装阀 F7、F10 的控制腔与油箱相通，插装阀 F8 的控制腔被封死，插装阀 F9 的控制腔通压力油。因而，插装阀 F7、F10 打开，插装阀 F8、F9 关闭。液压泵输出的油液进入辅助液压缸上腔，其下腔油液回油箱，实现向下退回。这时系统中油液的流动情况为：

进油路：液压泵→插装阀 F1→插装阀 F7→辅助液压缸上腔。

回油路：辅助液压缸下腔→插装阀 F10→油箱。

（3）原位停止　辅助液压缸到达下终点后，使所有电磁铁都断电，各电磁阀均处于原位；插装阀 F8、F9 关闭，插装阀 F2 打开。因而辅助液压缸上、下腔油路被闭锁，实现原位停止，液压泵经插装阀 F2 卸荷。

（三）性能分析

从上述可知，该液压机液压系统主要由压力控制回路、换向回路、快慢速转换回路和卸压回路等组成，并采用二通插装阀集成化结构。因此，可以归纳出这台液压机液压系统的以下一些性能特点：

1）系统采用高压大流量恒功率（压力补偿）变量液压泵供油，并配以由调压阀和电磁阀构成的电磁溢流阀，使液压泵空载起动，主、辅液压缸原位停止时液压泵均卸荷，这样既符合液压机的工艺要求，又节省能量。

2）系统采用密封性能好、通流能力大、压力损失小的插装阀组成液压系统，具有油路简单、结构紧凑、动作灵敏等优点。

3）系统利用滑块的自重实现主液压缸快速下行，并用充液阀补油，使快动回路结构简单，使用元件少。

4）系统采用由缓冲阀 7（可调）和二位四通电磁阀 4 组成的卸压回路，来减小由“保压”转为“快退”时的液压冲击，使液压机工作平稳。

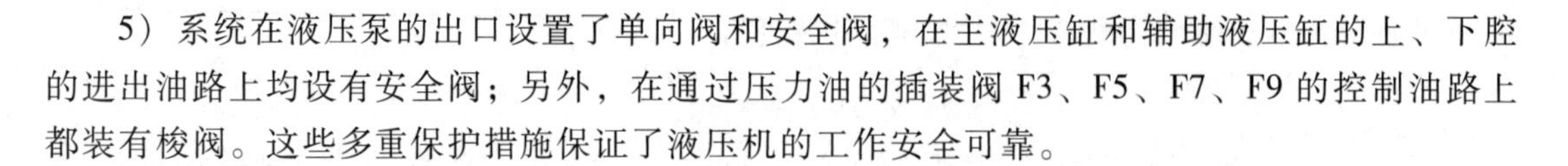

5）系统在液压泵的出口设置了单向阀和安全阀，在主液压缸和辅助液压缸的上、下腔的进出油路上均设有安全阀；另外，在通过压力油的插装阀 F3、F5、F7、F9 的控制油路上都装有梭阀。这些多重保护措施保证了液压机的工作安全可靠。

三、汽车起重机液压系统

（一）概述

汽车起重机机动性好，能以较快速度行走，采用液压起重机，承载能力大，可在有冲击、振动和环境较差的条件下工作。其执行元件需要完成的动作较为简单，位置精度较低，大部分采用手动操纵，液压系统工作压力较高。因为是起重机械，所以保证安全是至关重要的问题。

图 7-5 所示为汽车起重机的工作机构，它由如下五个部分构成：

（1）支腿　起重作业时使汽车轮胎离开地面，架起整车，不使载荷压在轮胎上，并可调节整车的水平。

（2）回转机构　使吊臂回转。

（3）伸缩机构　改变吊臂的长度。

（4）变幅机构　改变吊臂的倾角。

（5）起降机构　使重物升降。

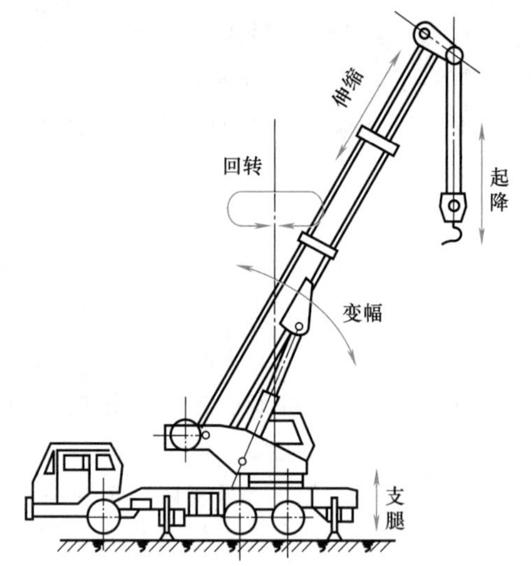

图 7-5　汽车起重机的工作机构

（二）工作原理

Q2-8 型汽车起重机是一种中小型起重机，其液压系统如图 7-6 所示。这是一种通过手动操纵来实现多缸各自动作的系统。为简化结构，系统用一个液压泵给各执行元件串联供油。在轻载情况下，各串联的执行元件可任意组合，使几个执行元件同时动作，如伸缩和回转，或伸缩和变幅同时进行等。

该系统液压泵的动力由汽车发动机通过装在底盘变速箱上的取力箱提供。液压泵的额定压力为 21MPa，排量为 40mL/r，转速为 1500r/min，液压泵通过中心回转接头 9、开关 10 和过滤器 11 从油箱吸油；输出的压力油经多路阀 1 和 2 串联地输送到各执行元件。系统工作情况与手动换向阀位置的关系见表 7-4。

下面对各个回路动作进行叙述。

（1）支腿回路　汽车起重机的底盘前后各有两条支腿，每一条支腿由一个液压缸驱动。两条前支腿和两条后支腿分别由三位四通手动换向阀 A 和 B 控制其伸出或缩回。换向阀均采用 M 型中位机能，且油路是串联的。每个液压缸的油路上均设有双向锁紧回路，以保证支腿被可靠地锁住，防止在起重作业时产生“软腿”现象或行车过程中支腿自行滑落。

（2）回转回路　回转机构采用液压马达作为执行元件。液压马达通过蜗轮蜗杆减速箱和一对内啮合的齿轮来驱动转盘。转盘转速较低，仅为 1~3r/min，故液压马达的转速也不高，就没有必要设置液压马达的制动回路。因此，系统中只采用一个三位四通手动换向阀 C 来控制转盘的正转、反转和不动三种工况。

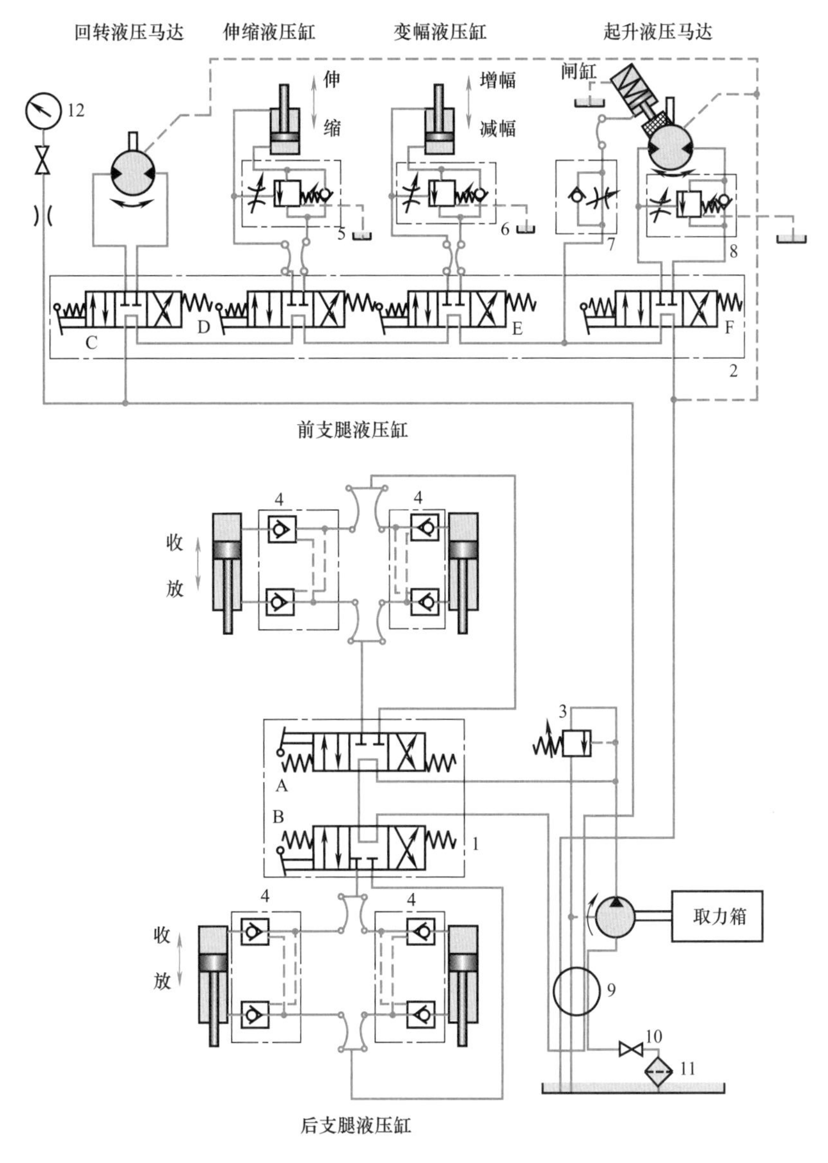

图 7-6　Q2-8 型汽车起重机液压系统图

1、2—多路阀　3—安全阀　4—双向液压锁　5、6、8—平衡阀　7—单向节流阀

9—中心回转接头　10—开关　11—过滤器　12—压力表

A、B、C、D、E、F—手动换向阀

（3）伸缩回路　起重机的吊臂由基本臂和伸缩臂组成，伸缩臂套在基本臂之中，用一个由三位四通手动换向阀 D 控制的伸缩液压缸来驱动吊臂的伸出和缩回。为防止因自重而使吊臂下落，油路中设有平衡回路。

（4）变幅回路　吊臂变幅就是用一个液压缸来改变起重臂的角度。变幅液压缸由三位四通手动换向阀 E 控制。同样，为防止在变幅作业时因自重而使吊臂下落，在油路中设有平衡回路。

（5）起降回路　起降机构是汽车起动机的主要工作机构，它是一个由大转矩液压马达

带动的卷扬机。液压马达的正、反转由三位四通手动换向阀 F 控制。起重机起升速度的调节是通过改变汽车发动机的转速从而改变液压泵的输出流量和液压马达的输入流量来实现的。在液压马达的回油路上设有平衡回路，以防止重物自由落下；此外，在液压马达上还设有由单向节流阀和单作用闸缸组成的制动回路，使制动器张开延时而紧闭迅速，以避免卷扬机起停时产生溜车下滑现象。

表 7-4　Q2-8 型汽车起重机液压系统的工作情况

<table>
<tr><th colspan="6">手动换向阀位置</th><th colspan="7">系统工作情况</th></tr>
<tr><th>阀 A</th><th>阀 B</th><th>阀 C</th><th>阀 D</th><th>阀 E</th><th>阀 F</th><th>前支腿液压缸</th><th>后支腿液压缸</th><th>回转液压马达</th><th>伸缩液压缸</th><th>变幅液压缸</th><th>起升液压马达</th><th>制动液压缸</th></tr>
<tr><td>左位</td><td rowspan="2">中位</td><td rowspan="4">中位</td><td rowspan="6">中位</td><td rowspan="8">中位</td><td rowspan="10">中位</td><td>伸出</td><td rowspan="2">不动</td><td rowspan="4">不动</td><td rowspan="6">不动</td><td rowspan="8">不动</td><td rowspan="10">不动</td><td rowspan="10">制动</td></tr>
<tr><td>右位</td><td>缩回</td></tr>
<tr><td rowspan="10">中位</td><td>左位</td><td rowspan="10">不动</td><td>伸出</td></tr>
<tr><td>右位</td><td>缩回</td></tr>
<tr><td rowspan="8">中位</td><td>左位</td><td rowspan="8">不动</td><td>正转</td></tr>
<tr><td>右位</td><td>反转</td></tr>
<tr><td rowspan="6">中位</td><td>左位</td><td rowspan="6">不动</td><td>缩回</td></tr>
<tr><td>右位</td><td>伸出</td></tr>
<tr><td rowspan="4">中位</td><td>左位</td><td rowspan="4">不动</td><td>减幅</td></tr>
<tr><td>右位</td><td>增幅</td></tr>
<tr><td rowspan="2">中位</td><td>左位</td><td rowspan="2">不动</td><td>正转</td><td rowspan="2">松开</td></tr>
<tr><td>右位</td><td>反转</td></tr>
</table>

（三）性能分析

从图 7-6 可以看出，该液压系统由调压、调速、换向、锁紧、平衡、制动、多缸卸荷等回路组成，其性能特点是：

1）在调压回路中，用安全阀限制系统最高压力。

2）在调速回路中，用手动调节换向阀的开度大小来调整工作机构（起降机构除外）的速度，方便灵活，但劳动强度较大。

3）在锁紧回路中，采用由液控单向阀构成的双向液压锁将前后支腿锁定在一定位置上，工作可靠，且有效时间长。

4）在平衡回路中，采用经过改进的单向液控顺序阀作平衡阀，以防止在起升、吊臂伸缩和变幅作业过程中因重物自重而下降，工作可靠；但在一个方向有背压，造成一定的功率损耗。

5）在多缸卸荷回路中，采用三位换向阀 M 型中位机能并将油路串联起来，使任何一个工作机构既可单独动作，也可在轻载下任意组合地同时动作；但六个换向阀串接，也使液压泵的卸荷压力加大。

6）在制动回路中，采用由单向节流阀和单作用闸缸构成的制动器，工作可靠，且制动动作快，松开动作慢，确保安全。

四、注塑机电液比例控制系统

（一）概述

注塑机是塑料注射成型机的简称，是热塑性塑料制品的成型加工设备。它将颗粒塑料加热熔化后，高压快速注入模腔，经一定时间的保压，冷却后成型为塑料制品。由于注塑机具有复杂制品一次成型的能力，因此在塑料机械中，它的应用最广。

注塑机一般由合模部件、注射部件、液压传动与控制系统及电气控制部分等组成。注塑机的一般工艺过程如图 7-7 所示。

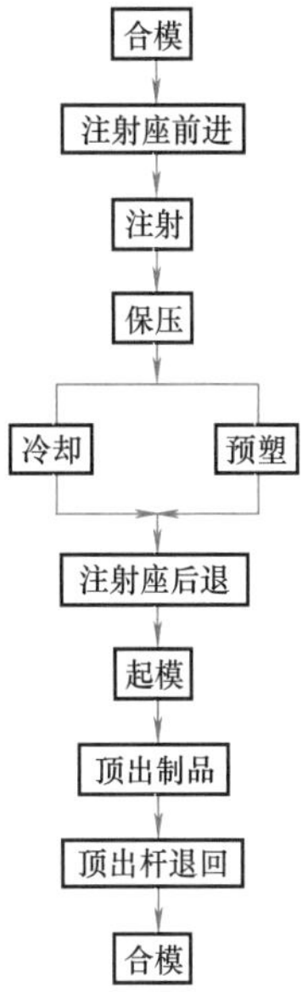

图 7-7　注塑机的一般工艺过程

注塑机对液压系统的要求是：

（1）足够的合模力　熔化塑料以 60～140MPa 的高压注入模腔，所以合模液压缸必须产生足够的合模力，否则在注射时模具会离缝而使塑料制品产生溢边。

（2）开、合模速度可调　空程时要求快速，以提高生产率；合模时要求慢速，以免撞坏模具和制品，并减小振动和噪声。

（3）注射座整体进、退　注射座移动液压缸应有足够的推力，以保证注射时喷嘴和模具浇口紧密接触。

（4）注射压力和速度可调　这是为了适应不同塑料品种、制品形状及模具浇注系统的不同要求而提出来的。

（5）保压及其压力可调　塑料注射完毕后，需要保压一段时间，以保证塑料紧贴模腔而获得精确的形状，另外在制品冷却凝固而收缩过程中，熔化塑料可不断充入模腔，防止产生充料不足的废品。保压的压力也要求根据不同情况可以调整。

（6）制品顶出速度要平稳　顶出速度平稳，以保证制品不受损坏。

（二）工作原理

图 7-8 所示为 XS-ZY-250A 型注塑机液压系统图。该系统采用电液比例阀对多级压力（开模、合模、注射座前进、注射、顶出、螺杆后退时的压力）和多种速度（开模、合模、注射时的速度）进行控制，油路简单，使用的阀少，效率高，压力及速度变换时冲击小，噪声低，能实现远程控制或程控，也为实现计算机控制创造了条件。

注塑机各执行元件的动作循环主要依靠行程开关切换电磁换向阀来实现。表 7-5 所列为电磁铁在各阶段的通断情况。

（1）合模　合模过程是动模板向定模板靠拢，动模板由合模缸 15 驱动。

1）快速合模。电磁铁 7YA 通电，换向阀 6 左位接入系统，液压泵 1 的压力油经换向阀 7、单向阀 5 与液压泵 2 和 3 输出的经单向阀 4 的压力油汇合后，经换向阀 6 进入合模缸 15 左腔，右腔油液经换向阀 6 回油箱。合模缸活塞推动连杆及动模板 17 实现快速合模。其中液压泵 1～3 的压力分别由电液比例压力阀 E_2 和 E_1 调节。

2）低压合膜。电磁铁 7YA 通电。电液比例压力阀 E_1 压力为零，液压泵 2、3 卸荷。电液比例压力阀 E_2 使液压泵 1 压力降低，实现低压合模。这时合模缸推力较小，即使在两模板间有硬质异物，继续进行合模动作也不致损坏模具，起低压保护作用。

3）高压锁紧。电磁铁 7YA 通电。液压泵 2、3 继续卸荷。电液比例压力阀 E_2 使液压泵 1 压力升高，进行高压合模，并使连杆产生弹性变形，将模具牢牢锁紧。

（2）注射座前进　电磁铁 3YA 通电电液换向阀 8 右位接入系统。液压泵 2、3 卸荷。液压泵 1 的压力油经换向阀 7、单向阀 5、电液比例调速阀 E_3、单向阀 8 进入注射座移动缸 12 右腔，缸左腔的油经换向阀 8 回油箱。注射座左移，使喷嘴 19 与模具贴紧。

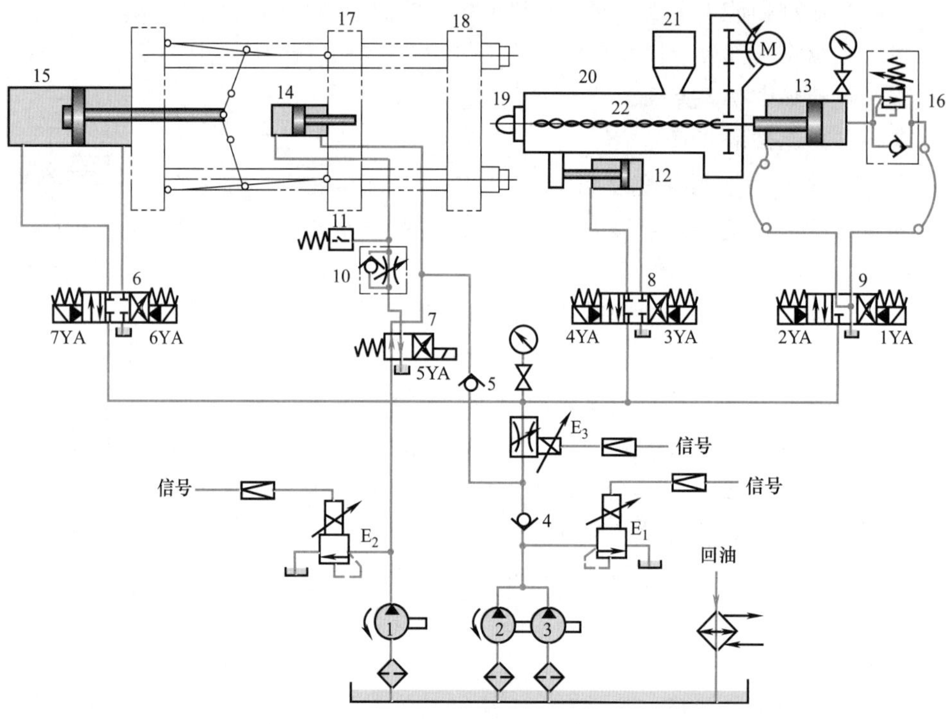

图 7-8　XS-ZY-250A 型注塑机液压系统图

1、2、3—液压泵　4、5—单向阀　6、7、8、9—换向阀　10—单向节流阀　11—压力继电器
12—注射座移动缸　13—注射缸　14—顶出缸　15—合模缸　16—单向顺序阀
17—动模板　18—定模板　19—喷嘴　20—料筒　21—料斗　22—螺杆
E_1、E_2—电液比例压力阀　E_3—电液比例调速阀

表 7-5　电磁铁工作情况表

动作 \ 电磁铁		1YA	2YA	3YA	4YA	5YA	6YA	7YA	E_1	E_2	E_3
合模	快速合模							+	+	+	+
	低压保护							+	+	+	+
	高压锁紧							+		+	+
注射座前进				+/−						+	+
注射		+							+	+	+
保压		+								+	+
预塑				+						+	+
注射座后退					+/−					+	+
开模							+		+	+	+
顶出						+				+	
螺杆后退			+							+	+

（3）注射 电磁铁1YA通电，换向阀9右位接入系统。三个液压泵的压力油汇合后经电液比例调速阀E_3、换向阀9、单向顺序阀16进入注射缸13右腔，缸左腔油经换向阀9回油箱。注射缸活塞带动螺杆22将料筒20前端的熔料经喷嘴19快速注入模腔。注射速度由电液比例调速阀E_3调节。

（4）保压 电磁铁1YA继续通电，由于注射缸对模腔内的熔料实施保压补塑时，其活塞位移量较小，只需少量油液即可。所以，液压泵2、3卸荷，液压泵1单独供油，实现保压，压力由电液比例压力阀E_2调节，并将多余油液溢回油箱。

（5）预塑 保压完毕，从料斗21加入的物料随着螺杆22的旋转被带至料筒20前端，进行加热熔化，并在螺杆头部逐渐建立起一定压力。当此压力足以克服注射缸活塞退回的背压阻力时，螺杆开始后退。后退到预定位置，即螺杆头部熔料达到所需注射量时，螺杆停止后退和转动，准备下一次注射。与此同时，模腔内的制品冷却成型。

螺杆转动由电动机M通过减速齿轮驱动。螺杆后退时，换向阀9处于中位，注射缸右腔油液经单向顺序阀16和换向阀9回油箱，其背压力由单向顺序阀16调节。同时注射液压缸左腔形成真空，依靠换向阀9的Y型中位机能补油。

（6）注射座后退。电磁铁4YA通电，换向阀8左位接入系统。液压泵2、3卸荷。液压泵1的压力油经换向阀7、单向阀5、电液比例调速阀E_3、换向阀8进入注射座移动缸12左腔，缸右腔油经换向阀8回油箱，使注射座慢速后退。

（7）开模

1）慢速开模。电磁铁6YA通电，换向阀6右位接入系统。液压泵2、3卸荷。液压泵1的压力油经换向阀7、单向阀5、电液比例调速阀E_3、换向阀6进入合模缸15右腔，缸左腔油经换向阀6回油箱，使其活塞通过连杆带着动模板慢速后退。

2）快速开模。此时液压泵1、2、3的压力油汇合后都经电液比例调速阀E_3、换向阀6进入合模缸15，使动模板快速后退。

（8）顶出

1）顶出制品。电磁铁5YA通电，换向阀7右位接入系统。液压泵2、3卸荷。液压泵1的压力油经换向阀7、单向节流阀10进入顶出缸14左腔，缸右腔油经换向阀7回油箱，顶出杆前进，将成品顶出。速度由单向节流阀10调节。

2）顶出杆退回。电磁铁5YA断电，换向阀7左位接入系统，液压泵1压力油经换向阀7进入顶出缸14右腔，缸左腔油经单向节流阀10中单向阀回油箱，使顶出杆退回。

（9）螺杆后退 若需螺杆后退，以便拆卸或清洗螺杆，此时只要电磁铁2YA通电、1YA断电即可实现。

（三）系统分析

1）系统执行元件数量多，压力和速度的变化又较多，利用电液比例阀进行控制，系统简单。由于注塑机对压力和速度的控制精度要求不高，所以采用电液比例开环控制可以满足要求。

2）自动工作循环主要靠行程开关来实现。如用上PLC和微机就可成为微机控制注塑机。

3）在系统保压阶段，多余的油液要经过溢流阀流回油箱，所以有部分能量损耗。若采用节能型油源，使系统的输出与负载功率和压力完全匹配，则系统效率就很高。

五、折弯机电液比例同步控制系统

在折弯机中，完成压梁 9 的提升和下压动作的两个液压缸 7 必须同步运动且应具有较高的位置精度，通常要求定位精度为±0.01mm，稳态位置同步控制精度为±0.02mm。

图 7-9 所示为折弯机电液比例同步控制系统。该系统利用装在压梁上的位置传感器 8 得到控制信号，由两只比例换向阀 6 实现闭环控制，来完成高精度的同步控制。

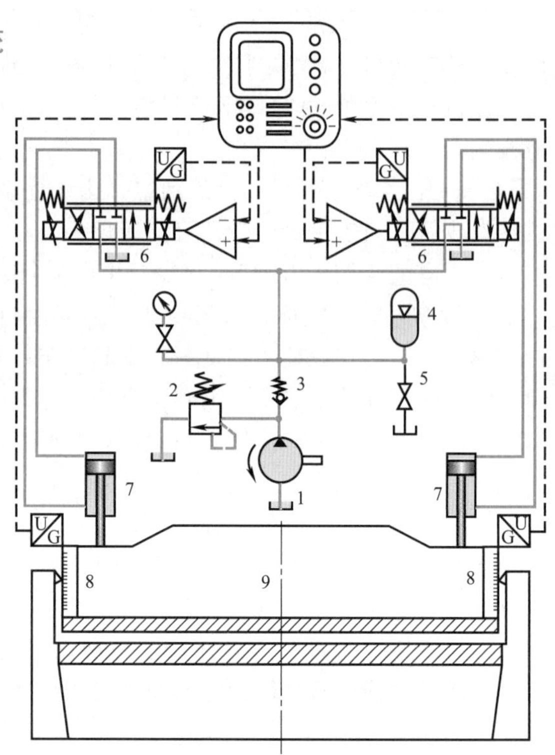

图 7-9 折弯机电液比例同步控制系统

1—液压泵 2—溢流阀 3—单向阀 4—蓄能器 5—蓄能器卸压截止阀 6—比例换向阀 7—液压缸 8—位置传感器 9—压梁

六、带钢张力电液伺服控制系统

图 7-10a 所示为带钢张力电液伺服控制系统原理图。牵引辊 2 牵引钢带移动，加载装置 6 使钢带产生一定张力。当张力由于某种原因发生波动时，通过设置在转向辊 4 轴承上的力传感器 5 检测钢带的张力，并和给定值进行比较，得到偏差值，通过伺服放大器 7 放大后，控制电液伺服阀 9，进而控制输入张力调整液压缸 1 的流量，驱动浮动辊 8 来调节张力，使之恢复到其原来给定的值。图 7-10b 所示为带钢张力电液伺服控制系统框图。

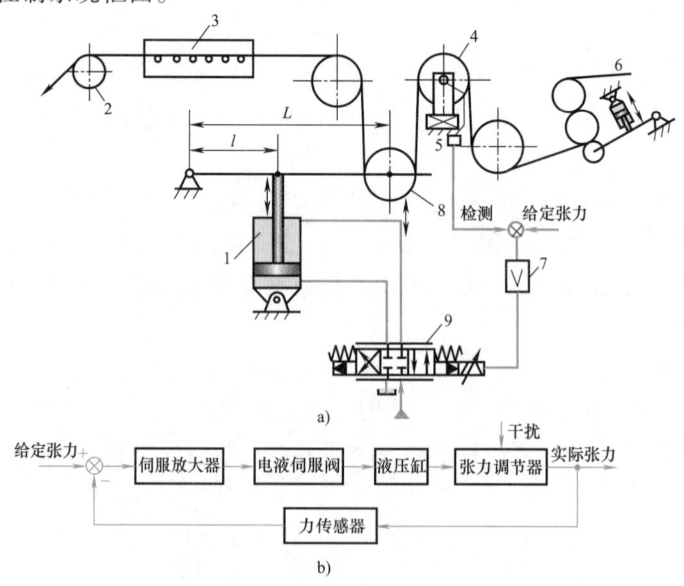

图 7-10 带钢张力电液伺服控制系统

a）原理图 b）框图

1—张力调整液压缸 2—牵引辊 3—热处理炉 4—转向辊 5—力传感器 6—加载装置 7—伺服放大器 8—浮动辊 9—电液伺服阀

第二节 气动系统应用与分析

随着机械装备自动化的发展，气动技术应用越来越广泛。气动系统在气动技术中是关键的一环，它直接面向用户，根据用户的要求将各类气动元件进行组合，开发了一个个新的应用领域。

一、气动机械手

气压传动在工业机械手特别是高速机械手中应用较多。它的压力一般在0.4~0.6MPa，个别达0.8~1.0MPa，臂力压力一般在3.0MPa以下。下例是气压传动机械手在160t冷挤压机上的应用情况介绍。

1. 气动系统的工作原理

160t冷挤压机用于生产活塞销，采用冷挤压的方法直接将毛坯挤压成形。挤压机两侧分别安装有上料和下料两台机械手。

机械手采用行程开关式固定程序控制，控制系统与机器系统相配合，由上料机械手控制机器滑块的下压和原料补充，下料机械手则由机器滑块的回升来控制。

图7-11所示是160t冷挤压机上料机械手工作原理图。气缸1推动齿条2，带动齿轮3和锥齿轮12，同时带动立柱11旋转。这样，固定在立柱上的压料气缸10及手臂随之旋转。而锥齿轮12则经锥齿轮4带动手臂使其绕手臂轴5自转，从而使工件轴心线由水平位置转成垂直位置。然后手臂伸缩气缸6推动手臂伸出，使工件轴心线对正机器轴心线。压料气缸10随之推动压臂，将工件压入模孔，完成上料任务。最后各气缸反向动作复原，手臂伸缩气缸伸出手爪抓料并退回，至此完成一个循环动作。

上料机械手气动系统原理图如图7-12所示。

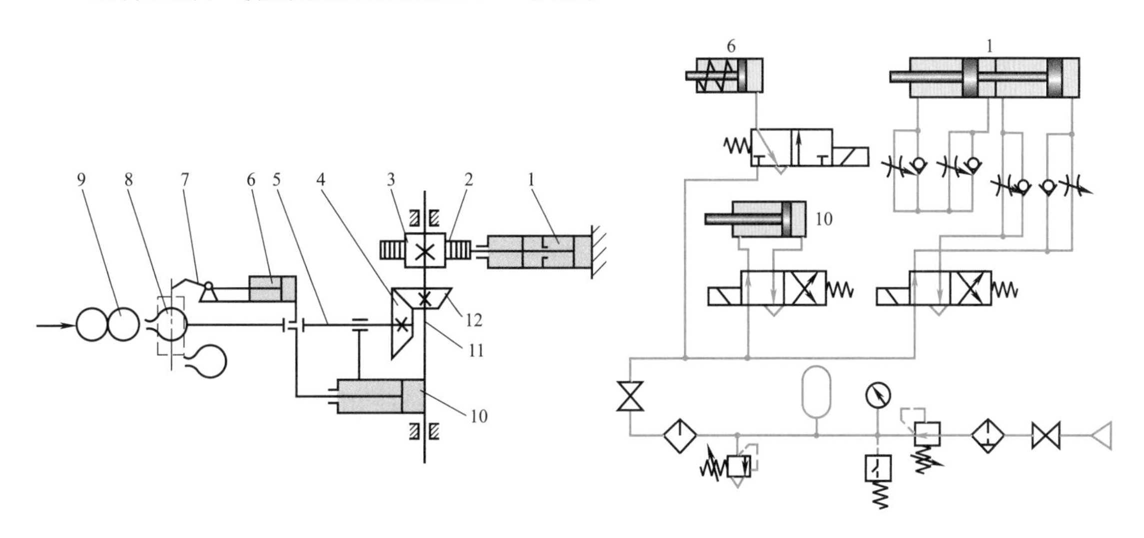

图7-11 160t冷挤压机上料机械手工作原理

1—气缸 2—齿条 3—齿轮 4、12—锥齿轮 5—手臂轴 6—手臂伸缩气缸 7—手爪 8—模具 9—工件 10—压料气缸 11—立柱

图7-12 上料机械手气动系统原理图

1—气缸 6—手臂伸缩气缸 10—压料气缸

下料机械手共有两个伸缩气缸，一个使手臂伸缩，另一个夹放料，放料时工件从料槽滑入料箱。此过程较简单，不再用图示说明。

2. 气动系统的特点

本系统具有如下特点：

1）不用增速机构即能获得较高的运动速度，使其能快速自动地完成上料、下料动作。

2）结构简单，刚性好，成本低。

3）空气泄漏基本无害，对管路要求低。

4）为保证机械手速度均匀、动作协调，系统中需增设一定的气动辅助元件，如蓄压器、压力继电器等。

二、香皂装箱机气动系统

1. 气动系统工作原理

该装箱机的作用是将每480块香皂装入一个纸箱内，如图7-13a所示。装箱的全部动作，由托箱气缸A、装箱气缸B、托皂气缸C和计数气缸D这四只气缸完成，如图7-13b所示。前三只气缸都是普通型双作用气缸，但计数气缸是单作用气缸，且它的气源由托皂气缸直接供给，气压推动活塞返回，活塞的伸出靠弹簧作用来实现。

操作时，首先人工把纸箱套在装箱框上，触动行程开关7，使运输带的电路接通，运输带将香皂运送过来。这样，香皂排列在托皂板上，每排满12块，就碰到行程开关1使运输带停止运转，同时电磁铁1YA通电，托皂气缸将托皂板托起，使香皂通过搁皂板后就搁在搁皂板上（搁皂板只能向上翻，不能向下翻）。这时行程开关1已被松开，运输带就继续运送香皂，如此每满12块，托皂缸就上下一次，并通过计数气缸将棘轮转过一齿。棘轮圆周上共有40个齿，在棘轮同一轴上还有两个凸轮11和12，凸轮11有四个缺口，凸轮12有两个缺口，凸轮的圆周各压住一个行程开关。

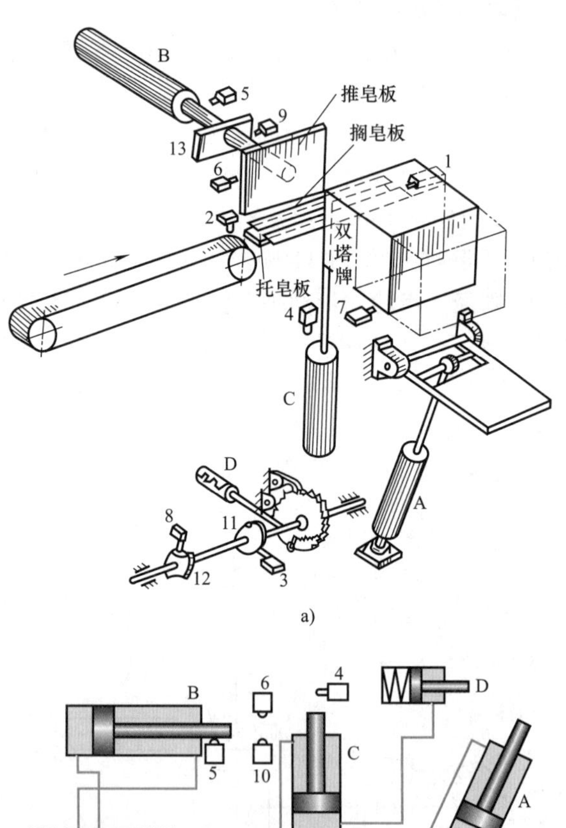

a)

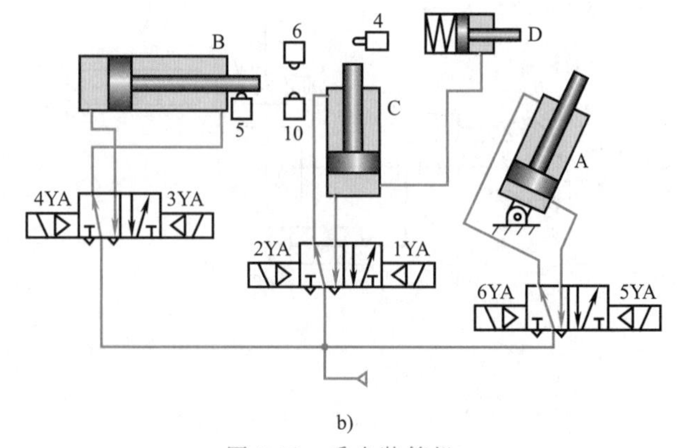

b)

图7-13 香皂装箱机

a）设备示意图 b）气动系统

1～10—行程开关 11、12—凸轮 13—挡板

A—托箱气缸 B—装箱气缸 C—托皂气缸 D—计数气缸

托皂板每升起 10 次，棘轮就转过 10 个齿，这时行程开关 3 刚好落入凸轮 11 的缺口而松开。由此发出的信号使电磁铁 3YA 通电，装箱气缸推动装箱板，将叠成 10 层的一摞 120 块香皂推到装箱台上，推动的距离由行程开关 9 位置决定。当装箱气缸活塞杆上的挡板 13 碰到行程开关 9 时，气缸就退回。

当托皂缸上下 20 次之后，装皂台上存有两摞 240 块香皂，这时凸轮 12 上的缺口正好对正行程开关 8，它发出信号，一方面使行程开关 9 断开，同时又将电磁铁 3YA 再次接通，因此装箱气缸再次前进，直到其活塞杆上的挡板碰到行程开关 6 才退回。此时，电磁铁 5YA 接通，托箱缸活塞杆伸出，使托板托住箱底。此后，又重复前述过程，直到将四摞 480 块香皂都通过装箱框装进纸箱内，这时托板又起来托住箱底，将装有香皂的纸箱送到运输带上，再由人工贴上封箱条，至此完成一次循环操作。

2. 气动系统的特点

本系统具有如下特点：

1）系统采用凸轮与行程开关相结合的机-电控制，来实现气缸的顺序动作，既可任意调整气缸的行程，动作又可靠。

2）三只动作气缸均采用二位五通电磁阀作为主控阀，各行程信号由行程开关取得，使系统结构简单，调整方便。

3）计数气缸由托皂气缸供气，使两气缸联锁，且采用棘轮和凸轮联合计数，计数准确，可靠性好。

三、气动比例伺服定位系统

气动比例伺服定位系统可以根据输入的电信号使气缸活塞在任意位置定位。目前，德国费斯托（FESTO）公司所研制的气动比例伺服定位系统定位精度达±0.2mm，活塞最高速度可达3m/s。

1. 系统的工作原理

图 7-14 为气动比例伺服定位系统工作原理图。该系统由电-气方向比例阀 1、气缸 2、位

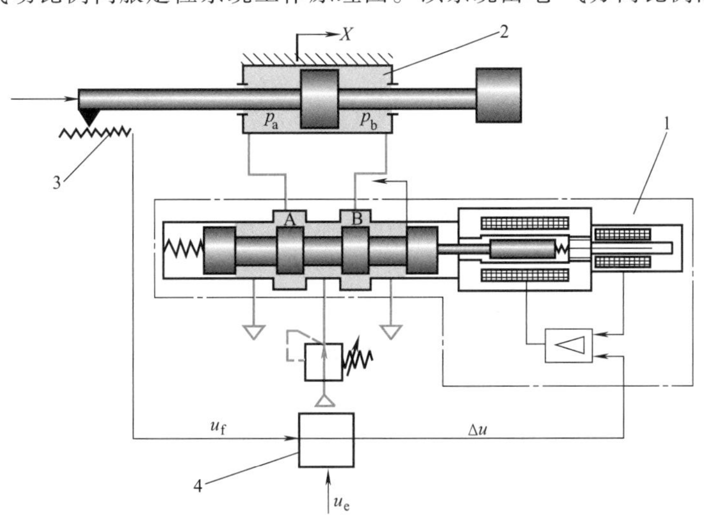

图 7-14 气动比例伺服定位系统工作原理图

1—电-气方向比例阀 2—气缸 3—位移传感器 4—控制放大器

移传感器 3、控制放大器 4 等组成。该系统的基本原理是通过控制放大器、电-气方向比例阀、气缸的调节作用，使输入电压信号 u_e 与气缸位移反馈信号 u_f（u_f 与气缸位移之间是线性关系）之差 Δu 减小并趋于零，从而实现气缸位移对输入信号的跟踪。

具体调节过程如下：当给定的输入信号 u_e 大于反馈信号 u_f，即 $\Delta u>0$ 时，控制放大器输出电流 I 增大，电-气方向比例阀的阀芯左移，气源口与 A 口之间的节流面积增大，从而使气缸左腔的压力 p_a 升高，推动气缸 2 的活塞右移。气缸活塞的右移使反馈电压信号 u_f 增大，电压偏差 Δu 随之减小，如此反复，直至 Δu 几乎为零。反之，当给定的输入信号 u_e 小于反馈信号 u_f，即 $\Delta u<0$ 时，通过与上述相反的调节过程使偏差趋向零。在达到稳定时，$\Delta u=0$，即 $u_e=u_f=kx$，式中 k 为比例系数，x 为气缸活塞位移。如此实现输入信号 u_e 对气缸活塞位移 x 的定位控制。

2. 气动系统的特点

气动比例伺服定位系统可在很短的时间内实现跟踪定位，活塞行程短，动作快，成本低廉，且能保证一定的定位精度。

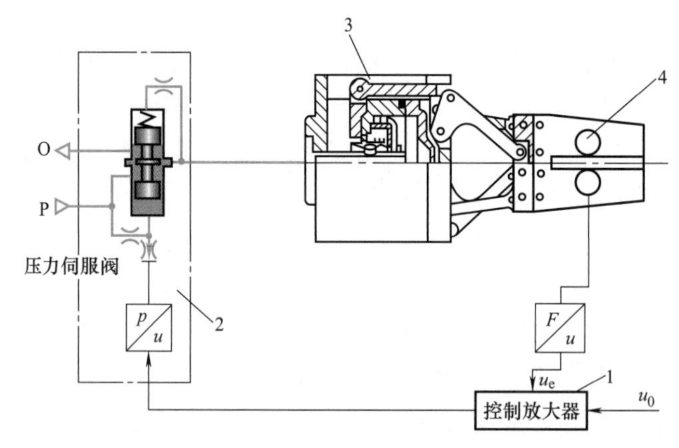

图 7-15 气动伺服柔性抓取系统的工作原理图

1—控制放大器 2—电-气压力伺服阀 3—抓取机构 4—滑移传感器

四、气动伺服柔性抓取系统

1. 系统的工作原理

图 7-15 是气动伺服柔性抓取系统的工作原理图。该系统由控制放大器 1、电-气压力伺服阀 2、抓取机构 3、滑移传感器 4 等组成。滑移传感器的作用是当滑轮转动时，产生一输出电压信号 u_e。控制放大器的作用则是将滑移传感器输给的信号 u_e 与设定的初始电压信号 u_0 相加，并将两者之和 u_e+u_0 线性放大，再转换为电流信号输出。

系统工作过程如下：当抓取机构接近工件时，抓取系统开始工作。由于此时滑移传感器尚未动作，故 $u_e=0$，控制放大器仅输入初始电压信号 u_0，电-气压力伺服阀输出相应的初始气压 p_0，驱动抓取机构抓取工件。由于初始电压信号是根据工件质量范围的下限设定的，因此开始抓取时由于抓取力不够使工件在抓取机构上滑动，从而带动滑移传感器的滑轮转动而产生电压信号 u_e，u_e 的加入使控制放大器的电流增大，电-气压力伺服阀输出气压随之增高，最终使抓紧力增大。这个过程一直持续到抓紧力增大到刚好能抓起工件为止。

2. 气动系统的特点

本系统能自动地根据被抓取对象的质量实时调节抓取力，工作可靠，且能保护工件表面不受破坏，利用这种气动伺服柔性抓取系统，还可以使一台机械手完成多种任务，提高设备利用率。

习　题

7-1　图 7-16 所示的液压系统是怎样工作的？按其动作循环表中的说明进行阅读，将该表填写完整，并做出系统的工作原理说明。

7-2　分析评述图 7-16 所示液压系统的特点。

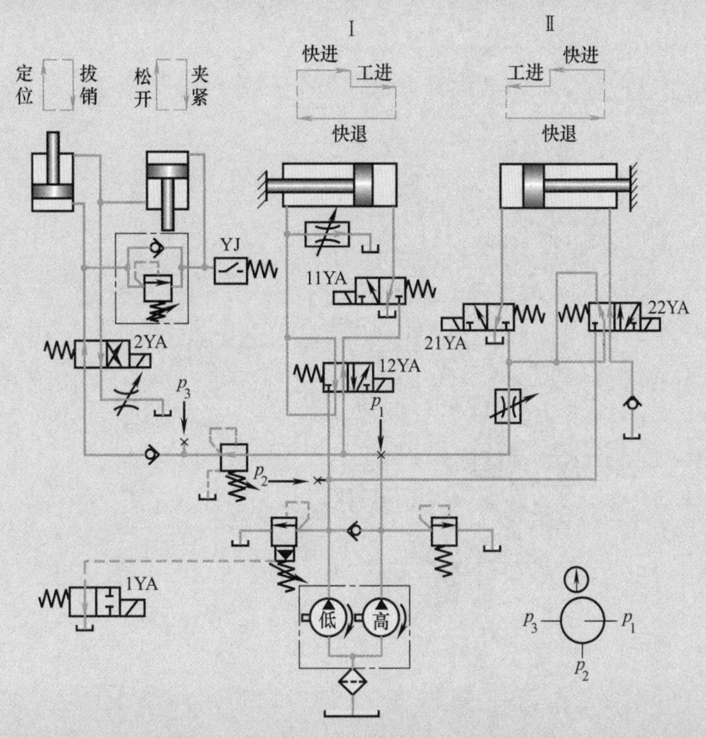

动作名称	电气元件状态							说明
	1YA	2YA	11YA	12YA	21YA	22YA	YJ	
定位、夹紧								1）Ⅰ、Ⅱ两个回路各自进行独立循环动作，互不约束 2）12YA、22YA 中任一个通电时，1YA 便通电；12YA、22YA 均断电时，1YA 才断电
快进								
工进、卸荷(低)								
快退								
松开、拔销								
原位、卸荷(低)								

图 7-16　题 7-1 图

7-3　试写出图 7-17 所示液压系统的动作循环表，并评述这个液压系统的特点。

7-4　读懂图 7-18 所示液压系统，并说明：①快进时油液流动路线；②这个系统的特点。

7-5　试将图 7-19 所示液压系统图中的动作循环表填写完整，并分析讨论系统的特点。

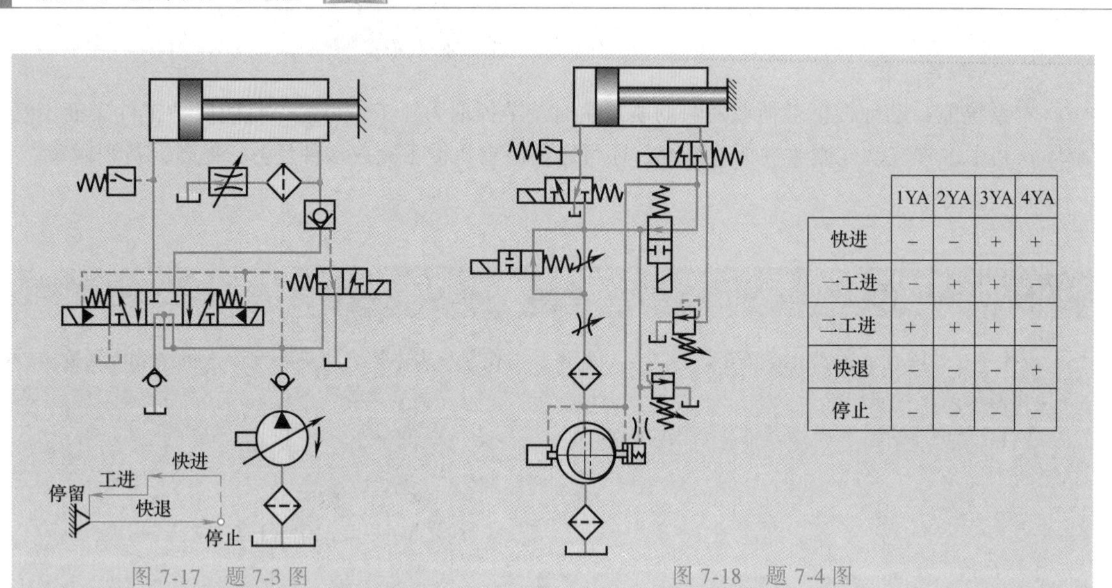

	1YA	2YA	3YA	4YA
快进	−	−	+	+
一工进	−	+	+	−
二工进	+	+	+	−
快退	−	−	−	+
停止	−	−	−	−

图 7-17 题 7-3 图

图 7-18 题 7-4 图

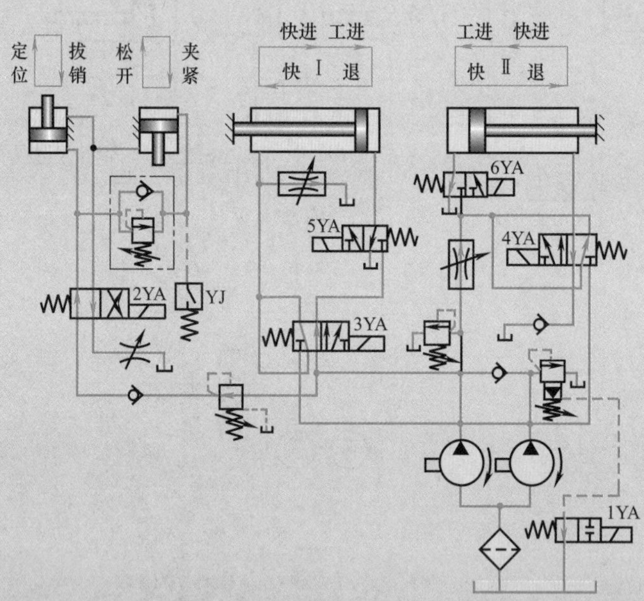

动作名称	电气元件状态							说　明
	1YA	2YA	3YA	4YA	5YA	6YA	YJ	
定位夹紧								1）Ⅰ、Ⅱ各自独立，互不约束 2）3YA、4YA 有一个通电时，1YA 便通电
快进								
工进（卸荷）								
快退								
松开拔销								
原位（卸荷）								

图 7-19 题 7-5 图

7-6 图 7-20 所示的压力机液压系统能实现“快进→慢进→保压→快退→停止”的动作循环。试读懂此系统图，并写出：①包括油液流动情况的动作循环表；②标号元件的名称和功用。

7-7 图 7-21 所示为全自动内圆磨床液压系统中实现工件横向进给那一部分的油路，它按图中排列的动作顺序进行工作。试读懂这部分油路图，并写出相应的完整循环表。

7-8　图 7-22 所示的双液压缸系统按所规定的顺序接收电气信号，试列表说明各液压阀和两液压缸的工作状态。

7-9　试分析图 7-23 所示的自动定尺切断机气动系统的工作原理与特点。

7-10　试分析图 7-24 所示的尺寸自动分选机气动系统的工作原理与特点。

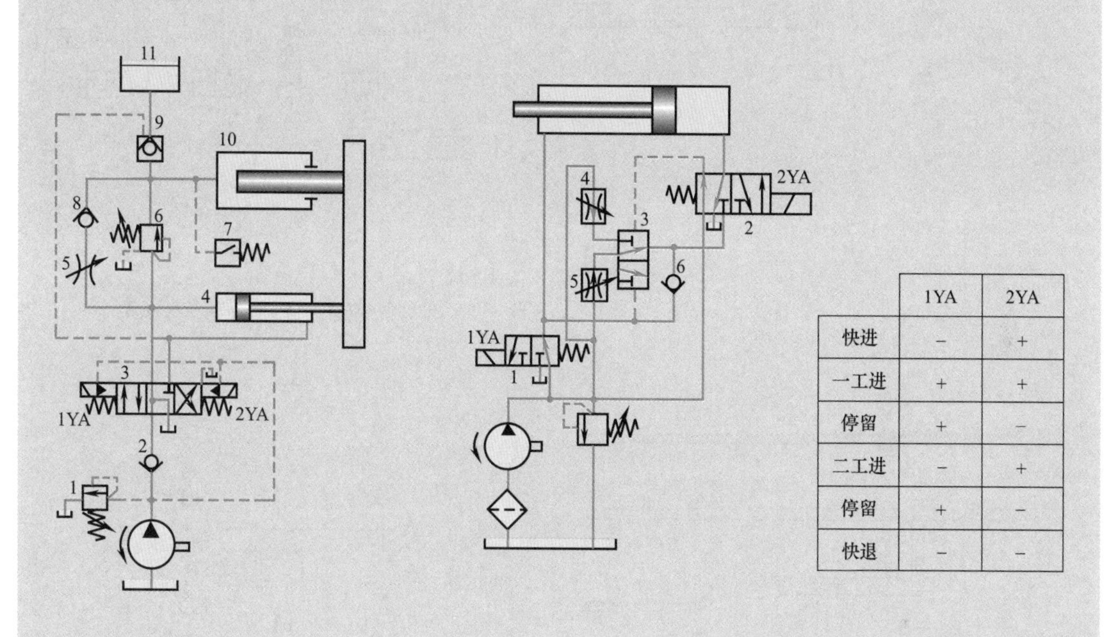

	1YA	2YA
快进	−	+
一工进	+	+
停留	+	−
二工进	−	+
停留	+	−
快退	−	−

图 7-20　题 7-6 图

图 7-21　题 7-7 图

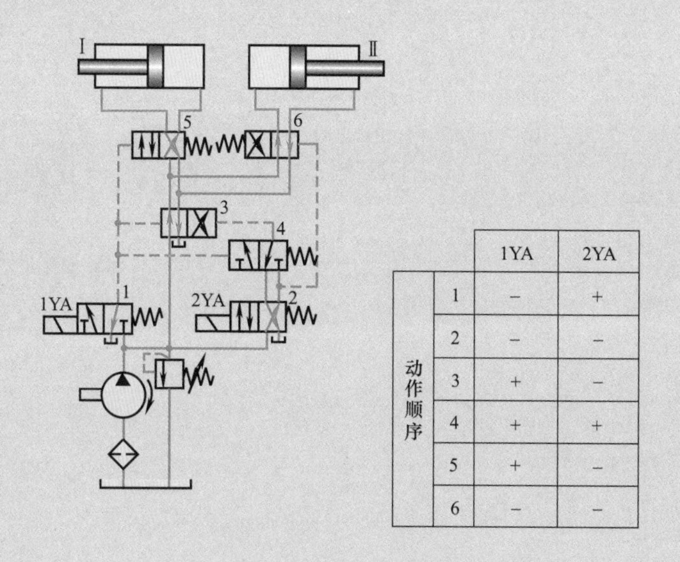

		1YA	2YA
动作顺序	1	−	+
	2	−	−
	3	+	−
	4	+	+
	5	+	−
	6	−	−

图 7-22　题 7-8 图

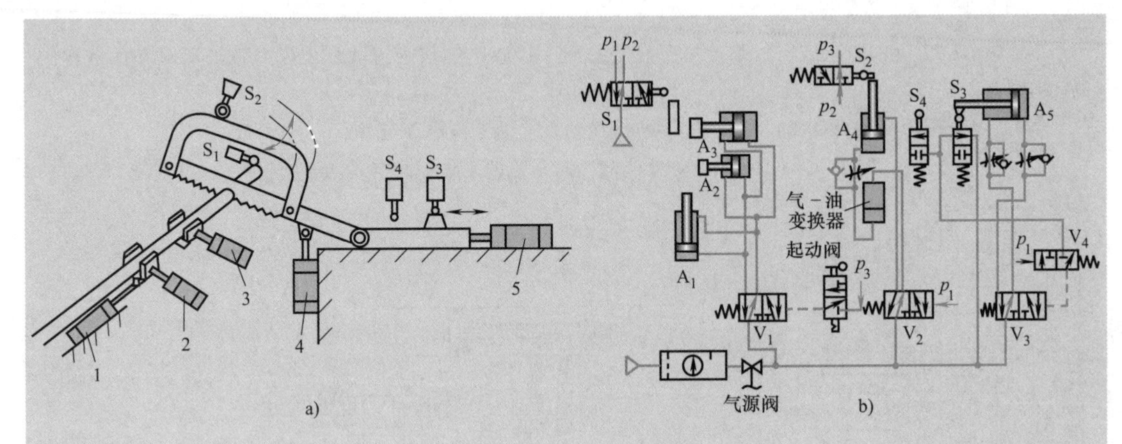

图 7-23 题 7-9 图

a）示意图 b）气动系统

1—送料气缸 A_1 2—夹持气缸 A_2 3—夹紧气缸 A_3 4—锯条进给气液缸 A_4 5—锯条往复气缸 A_5

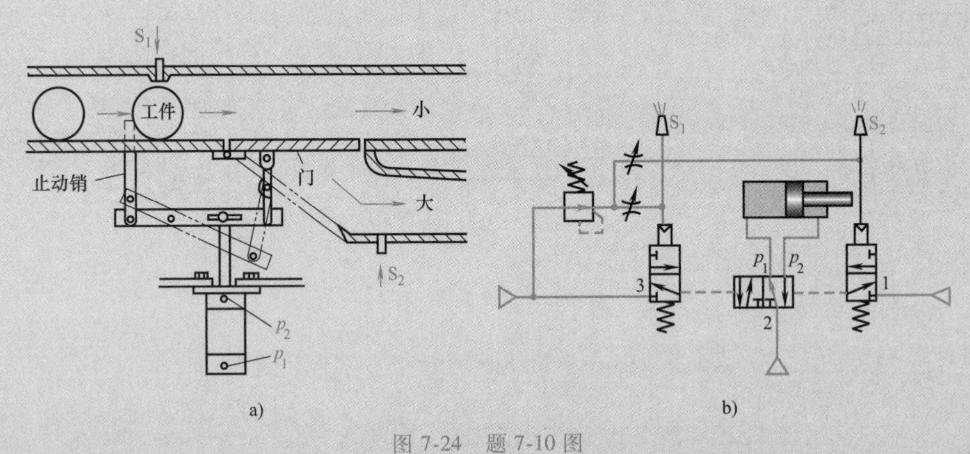

图 7-24 题 7-10 图

a）示意图 b）气动系统

1、3—增压阀 2—主阀 S_1、S_2—传感器

第八章 系统设计与计算

第一节 概 述

系统的设计与计算是对前面各章内容的综合运用。本章介绍液压与气压传动系统设计的一般步骤、考虑方面、注意事项和设计计算方法，并通过设计实例加以具体阐述。

液压与气动系统有传动系统和控制系统之分，这里所说的系统设计则是指传动系统的设计。其实从结构组成或工作原理上看，这两类系统并无本质上的差别，其中一类以传递动力为主，追求传动特性的完善，其执行元件用来驱动主机的某个部件；另一类以实施控制为主，追求控制特性的完善，其执行元件用来驱动某个控制元件的操纵装置（如液压泵、液压马达的变量机构及控制阀的阀芯等）。但是，随着应用要求的提高和科学技术的发展，两者的界限将越来越不明显。

系统的设计除应满足主机要求的功能和性能外，还必须符合质量和体积小、成本低、效率高、结构简单、使用维护方便等一些公认的普遍设计原则。

第二节 液压系统设计与计算

液压传动系统的设计与主机的设计是紧密相连的，两者往往同时进行，相互协调。但是，液压传动系统的设计迄今仍没有一个公认的统一步骤，常随着系统的繁简、借鉴经验的多寡、设计人员经验的不同而在具体做法上有所差异。实际设计工作中，大体上可按图 8-1 所示的内容和流程来进行。这里除了最后一项外全部属于性能设计的范围。这些步骤是相互关联的，常需穿插进行，并经反复修改才能逐步完成。

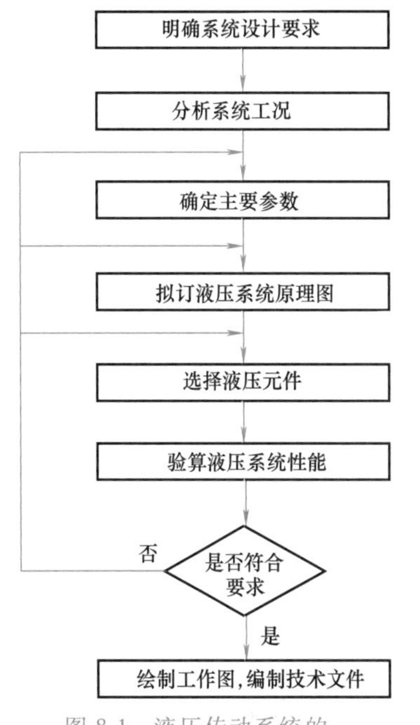

图 8-1 液压传动系统的一般设计流程

一、设计步骤与方法

（一）明确系统设计要求

这个步骤的具体内容是：

1）明确主机的用途、主要结构、总体布局；主机对

液压系统执行元件在位置布置和空间尺寸以及质量上的限制。

2）明确主机的工艺流程或工作循环；液压执行元件的运动方式（移动、转动或摆动）及其工作范围。

3）明确液压执行元件的负载和运动速度的大小及其变化范围。

4）明确主机各液压执行元件的动作顺序或互锁要求，各动作的同步要求及同步精度。

5）明确对液压系统工作性能（如工作平稳性、转换精度等）、工作效率、自动化程度等方面的要求。

6）明确液压系统的工作环境和工作条件，如周围介质、环境温度、湿度、灰尘情况、外界冲击振动等。

7）明确其他方面的要求，如液压装置在外观、色彩、经济性等方面的规定或限制。

（二）分析系统工况，确定主要参数

（1）分析系统工况　对液压系统进行工况分析，就是要查明它的每个执行元件在各自工作过程中的运动速度和负载的变化规律，这是满足主机规定的动作要求和承载能力所必须进行的。液压系统承受的负载可由主机的规格规定，可由样机通过试验测定，也可以由理论分析确定。当用理论分析确定系统的实际负载时，必须仔细考虑其所有的组成项目，如工作负载（切削力、挤压力、弹性塑性变形抗力、重力等）、惯性负载和阻力负载（摩擦力、背压力）等，并把它们绘制成图，如图 8-2a 所示。同样地，液压执行元件在各动作阶段内的运动速度也须相应地绘制成图，如图 8-2b 所示。设计简单的液压系统时，这两种图可以省略不画。

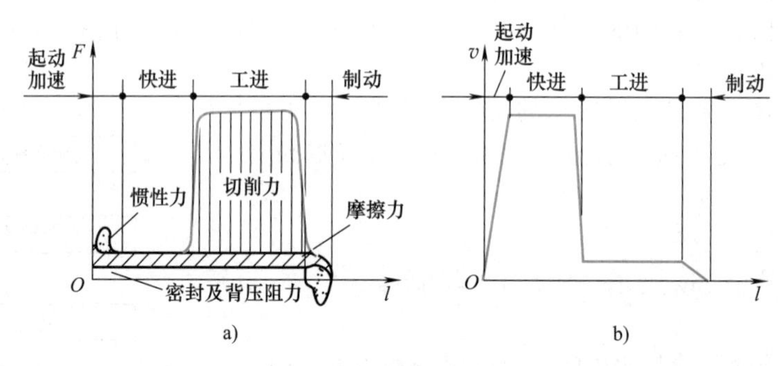

图 8-2　液压系统执行元件的负载图和速度图

a）负载图　b）速度图

（2）确定主要参数　这里是指确定液压执行元件的工作压力和最大流量。

执行元件的工作压力可以根据负载图中的最大负载来选取（表 8-1），也可以根据主机的类型来选取（表 8-2）；最大流量则由执行元件速度图中的最大速度计算得来。这两者都与执行元件的结构参数（指液压缸的有效工作面积 A 或液压马达的排量 V_M）有关。一般的做法是先选定执行元件的形式及其工作压力 p，再按最大负载和预估的执行元件机械效率求出 A 或 V_M，并通过各种必要的验算、修正和圆整后定下这些结构参数，最后算出最大流量 q_{max}。

表 8-1　按负载选择执行元件的工作压力（适用于中、低压液压系统）

负载 F/kN	<5	5~10	10~20	20~30	30~50	>50
工作压力 p/MPa	<0.8~1	1.5~2	2.5~3	3~4	4~5	>5~7

表 8-2 按主机类型选择执行元件的工作压力

主机类型	机床				农业机械 小型工程机械 工程机械辅助机构	液压机 中、大型挖掘机 重型机械 起重运输机械
	磨床	组合机床	龙门刨床	拉床		
工作压力 p/MPa	≤2	3~5	≤8	8~10	10~16	20~32

有些主机（如机床）的液压系统对执行元件的最低稳定速度有较高的要求，这时所确定的执行元件的结构参数 A 或 V_M 还必须符合下述条件：

$$\left.\begin{array}{ll}\text{液压缸} & \dfrac{q_{\min}}{A} \leqslant v_{\min} \\ \text{液压马达} & \dfrac{q_{\min}}{V_M} \leqslant n_{\min}\end{array}\right\} \tag{8-1}$$

式中 $q_{\min}$——节流阀或调速阀、变量泵的最小稳定流量，由产品性能表查出。

此外，有时还需对液压缸的活塞杆进行稳定性验算，验算工作常和这里的参数确定工作交叉进行。

以上的一些验算结果如不能满足有关的规定要求，A 或 V_M 的量值就必须进行修改。这些执行元件的结构参数最后还必须圆整成标准值（见 GB/T 2347—1980 和 GB/T 2348—1993）。

液压系统执行元件的工况图是在执行元件结构参数确定之后，根据设计任务要求，算出不同阶段中的实际工作压力、流量和功率之后作出的（图 8-3）。工况图显示液压系统在实现整个工作循环时这三个参数的变化情况。当系统中包含多个执行元件时，其工况图是各个执行元件工况图的综合。

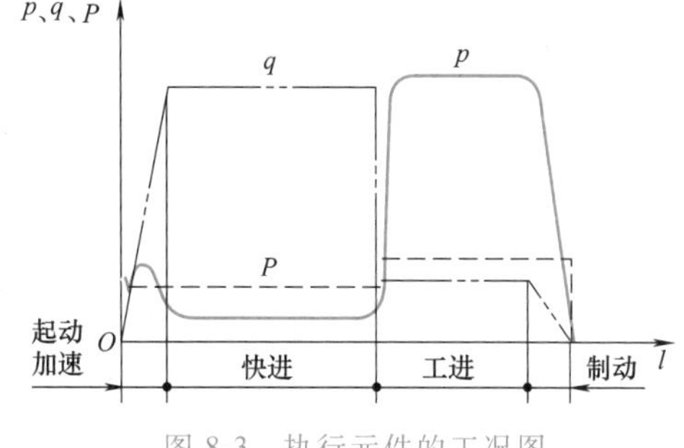

图 8-3 执行元件的工况图

液压执行元件的工况图是选择系统中其他液压元件和液压基本回路的依据，也是拟订液压系统方案的依据，这是因为：

1）工况图中的最大压力和最大流量直接影响着液压泵和各种控制阀等液压元件的最大工作压力和最大工作流量。

2）工况图中不同阶段内压力和流量的变化情况决定着液压回路的油源形式的合理选用。

3）工况图所确定的液压系统主要参数的量值反映着原来设计参数的合理性，为主参数的修改或最后认定提供了依据。

（三）拟订液压系统原理图

拟订液压系统原理图是从作用原理和结构组成上具体体现设计任务中提出的各项要求。它包含三项内容：确定系统类型、选择液压回路和集成液压系统。

液压系统在类型上究竟采用开式还是采用闭式，主要取决于它的调速方式和散热要求。一般说来，备有较大空间可以存放油箱且不另设置散热装置的系统、要求结构尽可能简单的系统、采用节流调速或容积-节流调速的系统，都宜采用开式；允许采用辅助泵进行补油并通过换油来达到冷却目的的系统、对工作稳定性和效率有较高要求的系统、采用容积调速的系统，都宜采用闭式。

选择液压回路是根据系统的设计要求和工况图从众多的成熟方案中（参见本书第六章第一节和有关的设计手册、资料等）评比挑选出来的。挑选时既要保证满足各项主机要求，也要考虑符合节省能源、减少发热、减小冲击等原则。挑选工作首先从对主机主要性能起决定性作用的调速回路开始，然后根据需要考虑其他辅助回路，如对有垂直运动部件的系统要考虑平衡回路，有快速运动部件的系统要考虑缓冲和制动回路，有多个执行元件的系统要考虑顺序动作、同步或互不干扰回路，有空运转要求的系统要考虑卸荷回路等。挑选回路出现多种可能方案时，宜平行展开，反复进行对比，不要轻易做出取舍决定。

集成液压系统是把挑选出来的各种液压回路综合在一起，进行归并整理，增添必要的元件或辅助油路，使之成为完整的系统，并在最后检查一下这个系统能否完满地实现所要求的各项功能，是否需要再进行补充或修正，以及有无作用相同或相近的元件或油路可以合并等。这样才能使拟订出来的液压系统结构简单、紧凑，工作安全可靠，动作平稳，效率高，使用和维护方便。综合得好的系统方案应全由标准元件组成，至少应使自行设计的专用件减少到最低限度。

对可靠性要求特别高的系统，拟订液压系统原理图时，要应用可靠性设计理论，对液压系统进行可靠性设计，以确保整个系统安全可靠地运行。因为液压系统往往是主机系统可靠性的薄弱环节。

（四）选择液压元件

选择液压元件时，先要分析或计算出该元件在工作中承受的最大工作压力和通过的最大流量，以便确定元件的规格和型号。

（1）液压泵　液压泵的最大工作压力必须等于或超过液压执行元件最大工作压力及进油路上总压力损失之和。液压执行元件的最大工作压力可以从工况图中找到；进油路上的总压力损失可以通过估算求得，也可以按经验资料估计，见表 8-3。

表 8-3　进油路总压力损失经验值

系统结构情况	总压力损失 Δp_1/MPa
一般节流调速及管路简单的系统	0.2~0.5
进油路有调速阀及管路复杂的系统	0.5~1.5

液压泵的流量必须等于或超过几个同时工作的液压执行元件总流量的最大值以及回路中泄漏量之和。液压执行元件总流量的最大值可以从工况图中找到（当系统中备有蓄能器时，此值应为一个工作循环中液压执行元件的平均流量），而回路中的泄漏量则可按总流量最大值的 10%~30%估算。

在参照产品样本选取液压泵时，泵的额定压力应选得比上述最大工作压力高 25%~60%，以便留有压力储备；额定流量则只需选得能满足上述最大流量需要即可。

液压泵在额定压力和额定流量下工作时，其驱动电动机的功率一般可以直接从产品样本上查到。但是，电动机功率根据具体工况进行计算比较合理，也节能，有关的算式见第二章第二节。

（2）阀类元件　阀类元件的规格按其最大工作压力和通过该阀的实际流量从产品样本

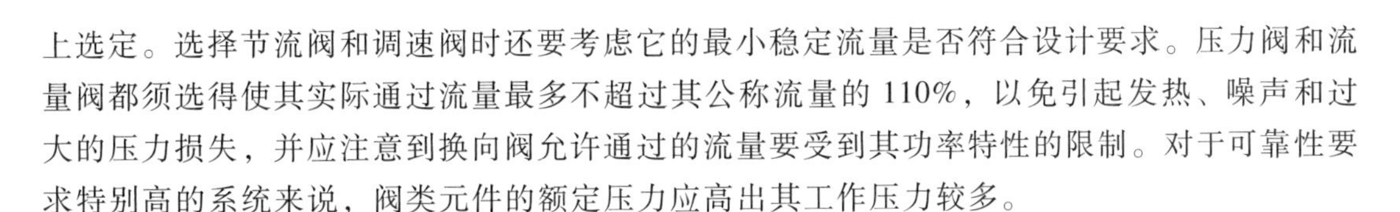

上选定。选择节流阀和调速阀时还要考虑它的最小稳定流量是否符合设计要求。压力阀和流量阀都须选得使其实际通过流量最多不超过其公称流量的110%，以免引起发热、噪声和过大的压力损失，并应注意到换向阀允许通过的流量要受到其功率特性的限制。对于可靠性要求特别高的系统来说，阀类元件的额定压力应高出其工作压力较多。

（3）油管　油管规格的确定见第二章第七节。许多油管的规格是由它所连接的液压件的通径决定的。

（4）油箱　油箱容量的估算见第二章第三节。

（五）验算液压系统性能

验算液压系统性能的目的在于判断设计质量，或从几种方案中评选最佳设计方案。液压系统的性能验算是一个复杂的问题，目前只能采用一些简化公式进行近似估算，以便定性地说明情况。当设计中能找到经过实践检验的同类型系统作为对比参考，或可靠的试验结果可供使用时，系统的性能验算就可以省略。

液压系统性能验算的项目很多，常见的有回路压力损失验算和发热温升验算。

（1）回路压力损失验算　压力损失包括管道内的沿程损失和局部损失以及阀类元件处的局部损失三项。管道内的这两种损失可用第一章第六节中的有关公式估算；阀类元件处的局部损失则需从产品样本中查出。

计算液压系统的回路压力损失时，不同的工作阶段要分开来计算。回油路上的压力损失一般都须折算到进油路上去。根据回路压力损失估算出来的压力阀调整压力和回路效率，对不同方案的对比来说都具有参考价值，但在进行这些估算时，回路中的油管布置情况必须先行明确。

（2）发热温升验算　这项验算是用热平衡原理来对油液的温升值进行估计。单位时间内进入液压系统的热量 H_i（单位为kW）是液压泵输入功率 P_i 和液压执行元件有效功率 P_0 之差，假如这些热量全部由油箱散发出去，不考虑系统其他部分的散热效能，则油液温升的估算公式可以根据不同的条件分别从有关的手册中找出来。例如：当油箱三个边的尺寸比例在1：1：1~1：2：3之间、油面高度是油箱高度的80%且油箱通风情况良好时，油液温升 ΔT（单位为℃）的计算式可以用单位时间内输入热量 H_i 和油箱有效容积 V（单位为L）近似地表示成

$$\Delta T=\frac{H_i}{\sqrt[3]{V^2}}\times 10^3 \tag{8-2}$$

当验算出来的油液温升值超过允许数值时，必须考虑在系统中设置适当的冷却器。油箱中油液允许的温升值随主机的不同而不同，如一般机床为25~30℃，工程机械为35~40℃等。

第三节　液压系统设计计算举例

下面以一台卧式单面多轴钻孔组合机床为例，要求设计出驱动它的动力滑台的液压系统，以实现“快进→工进→快退→停止”的工作循环。已知：机床上有16根主轴，加工14个 ϕ13.9mm 的孔、2个 ϕ8.5mm 的孔；刀具材料为高速钢，工件材料为铸铁，硬度为

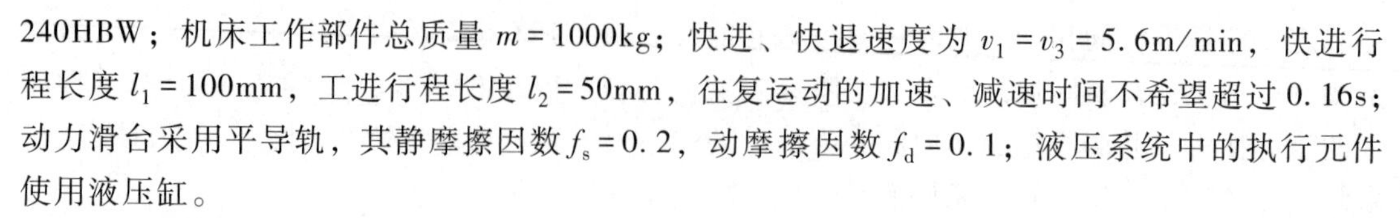

240HBW；机床工作部件总质量 $m=1000\text{kg}$；快进、快退速度为 $v_1=v_3=5.6\text{m/min}$，快进行程长度 $l_1=100\text{mm}$，工进行程长度 $l_2=50\text{mm}$，往复运动的加速、减速时间不希望超过 0.16s；动力滑台采用平导轨，其静摩擦因数 $f_s=0.2$，动摩擦因数 $f_d=0.1$；液压系统中的执行元件使用液压缸。

液压系统的设计过程如下：

（一）负载分析

工作负载：高速钢钻头钻铸铁孔时的轴向切削力 F_t（单位为 N）与钻头直径 D（单位为 mm）、每转进给量 s（单位为 mm/r）和铸件硬度 HBW 之间的经验算式为

$$F_t = 25.5Ds^{0.8}(\text{HBW})^{0.6} \tag{8-3}$$

钻孔时的主轴转速 n 和每转进给量 s 按《组合机床设计手册》选取：

对于 $\phi 13.9\text{mm}$ 的孔，$n_1=360\text{r/min}$，$s_1=0.147\text{mm/r}$；

对于 $\phi 8.5\text{mm}$ 的孔，$n_2=550\text{r/min}$，$s_2=0.096\text{mm/r}$。

代入式（8-3）求得

$$\begin{aligned} F_t &= (14\times25.5\times13.9\times0.147^{0.8}\times240^{0.6}+2\times25.5\times8.5\times0.096^{0.8}\times240^{0.6})\text{N} \\ &= 30468\text{N} \end{aligned}$$

惯性负载：
$$F_m = m\frac{\Delta v}{\Delta t} = 1000\times\frac{5.6}{60\times0.16}\text{N} = 583\text{N}$$

阻力负载：

静摩擦阻力 $F_{fs}=0.2\times9810\text{N}=1962\text{N}$

动摩擦阻力 $F_{fd}=0.1\times9810\text{N}=981\text{N}$

由此得出液压缸在各工作阶段的负载见表 8-4。

表 8-4 液压缸在各工作阶段的负载 （单位：N）

工 况	负载组成	负载 F	推力 F/η_m
起动	$F=F_{fs}$	1962	2180
加速	$F=F_{fd}+F_m$	1564	1738
快进	$F=F_{fd}$	981	1090
工进	$F=F_{fd}+F_t$	31449	34943
快退	$F=F_{fd}$	981	1090

注：1. 液压缸的机械效率取 $\eta_m=0.9$。
2. 不考虑动力滑台上倾覆力矩的作用。

（二）负载图和速度图的绘制

负载图按表 8-4 中数值绘制，如图 8-4a 所示。速度图按已知数值 $v_1=v_3=5.6\text{m/min}$、$l_1=100\text{mm}$、$l_2=50\text{mm}$、快退行程 $l_3=l_1+l_2=150\text{mm}$ 和工进速度 v_2 等绘制，如图 8-4b 所示，其中 v_2 由主轴转速及每转进给量求出，即 $v_2=n_1s_1=n_2s_2\approx53\text{mm/min}$。

（三）液压缸主要参数的确定

由表 8-1 和表 8-2 可知，组合机床液压系统在最大负载约为 35000N 时宜取 $p_1=4\text{MPa}$。

鉴于动力滑台要求快进、快退速度相等，这里的液压缸可选用单杆式的，并在快进时做差动连接。由第三章得知，这种情况下液压缸无杆腔有效作用面积 A_1 应为有杆腔有效作用面积 A_2 的两倍，即活塞杆直径 d 与缸筒直径 D 成 $d=0.707D$ 的关系。

在钻孔加工时，液压缸回油路上必须具有背压 p_2，以防孔被钻通时滑台突然前冲。根

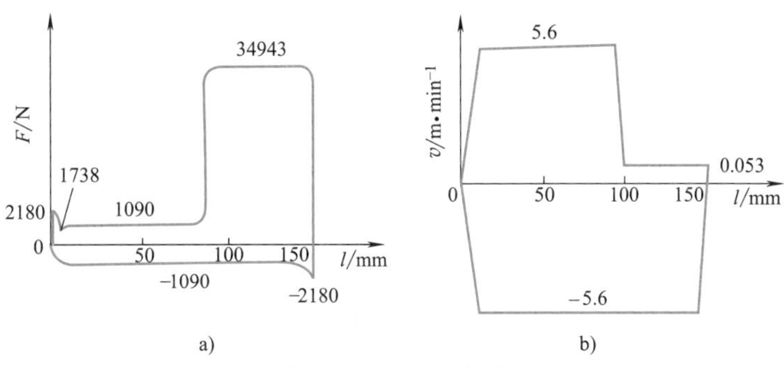

图 8-4　组合机床液压缸的负载图和速度图

a）负载图　b）速度图

据《现代机械设备设计手册》（参考文献［4］）中推荐数值，可取 $p_2=0.8\text{MPa}$。快进时液压缸虽做差动连接，但由于油管中有压降 Δp 存在，有杆腔的压力必须大于无杆腔，估算时可取 $\Delta p\approx 0.5\text{MPa}$。快退时回油腔中是有背压的，这时 p_2 可按 0.6MPa 估算。

由工进时的推力式（3-3）计算液压缸面积：

$$F/\eta_m = A_1p_1 - A_2p_2 = A_1p_1 - (A_1/2)p_2$$

故有

$$A_1=\left(\frac{F}{\eta_m}\right)\bigg/\left(p_1-\frac{p_2}{2}\right)=34943\times10^{-6}\bigg/\left(4-\frac{0.8}{2}\right)\text{m}^2=0.0097\text{m}^2$$

$$D=\sqrt{(4A_1)/\pi}=111.2\text{mm},\qquad d=0.707D=78.6\text{mm}$$

按 GB/T 2348—1993 将这些直径圆整成就近标准值得：$D=110\text{mm}$，$d=80\text{mm}$。由此求得液压缸两腔的实际有效作用面积为：$A_1=\pi D^2/4=95.03\times10^{-4}\text{m}^2$，$A_2=\pi(D^2-d^2)/4=44.77\times10^{-4}\text{m}^2$。经检验，活塞杆的强度和稳定性均符合要求。

根据上述 D 与 d 的值，可估算液压缸在各个工作阶段中的压力、流量和功率（表 8-5），并据此绘出工况图（图 8-5）。

表 8-5　液压缸在不同工作阶段的压力、流量和功率值

工　况		推力 F'/N	回油腔压力 p_2/MPa	进油腔压力 p_1/MPa	输入流量 q/L·min⁻¹	输入功率 P/kW	计　算　式
快进（差动）	起动	2180	0	0.434	—	—	$p_1=(F'+A_2\Delta p)/(A_1-A_2)$ $q=(A_1-A_2)v_1$ $P=p_1q$
	加速	1738	$p_2=p_1+\Delta p$ （$\Delta p=0.5\text{MPa}$）	0.791	—	—	
	恒速	1090		0.662	28.15	0.312	
工　进		34943	0.8	4.054	0.5	0.034	$p_1=(F'+p_2A_2)/A_1$ $q=A_1v_2$ $P=p_1q$
快退	起动	2180	0	0.487	—	—	$p_1=(F'+p_2A_1)/A_2$ $q=A_2v_3$ $P=p_1q$
	加速	1738	0.6	1.66	—	—	
	恒速	1090		1.517	25.07	0.634	

注：$F'=F/\eta_m$。

（四）液压系统图的拟订

（1）液压回路的选择　首先要选择调速回路。由图 8-5 中的一些曲线得知，这台机床液

压系统的功率小，滑台运动速度低，工作负载变化小，可采用进口节流的调速形式。为了避免进口节流调速回路在孔钻通时的滑台突然前冲现象，回油路上要设置背压阀。

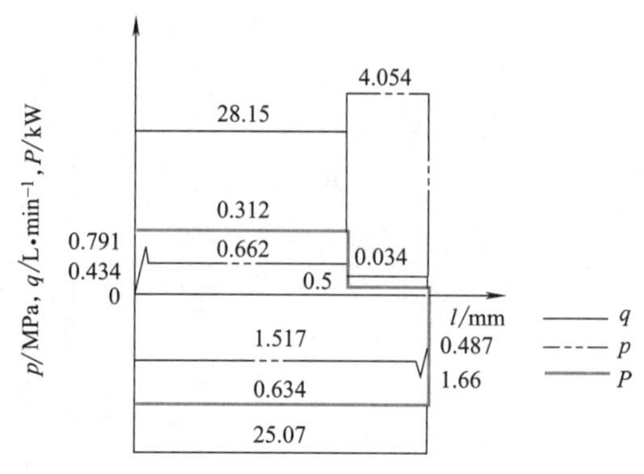

图 8-5 组合机床液压缸工况图

由于液压系统选用了节流调速的方式，系统中油液的循环必然是开式的。

从工况图中可以清楚地看到，在这个液压系统的工作循环内，液压缸要求油源交替地提供低压大流量和高压小流量的油液。最大流量与最小流量之比约为 56，而快进快退所需的时间 t_1 和工进所需的时间 t_2 分别为

$$t_1 = (l_1/v_1) + (l_3/v_3)$$
$$= [(60\times100)/(5.6\times1000) + (60\times150)/(5.6\times1000)]\text{s}$$
$$= 2.68\text{s}$$
$$t_2 = l_2/v_2 = (60\times50)/(0.053\times1000)\text{s} = 56.6\text{s}$$

亦即是 $t_2/t_1 \approx 21$。因此从提高系统效率、节省能量的角度来看，采用单个定量泵作为油源显然是不合适的，而宜选用大、小两个液压泵自动并联供油的油源方案（图 8-6a）。

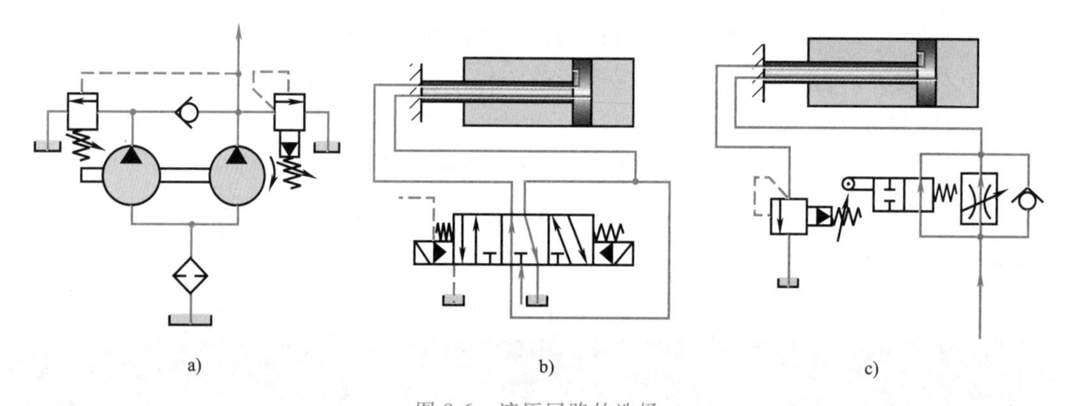

图 8-6 液压回路的选择

a）油源 b）换向回路 c）速度换接回路

其次是选择快速运动和换向回路。系统中采用节流调速回路后，不管采用什么油源形式，都必须有单独的油路直接通向液压缸两腔，以实现快速运动。在本系统中，单杆液压缸要做差动连接，所以它的快进快退换向回路应采用图 8-6b 所示的形式。

再次是选择速度换接回路。由工况图（图 8-5）中的 q-l 曲线得知，当滑台从快进转为工进时，输入液压缸的流量由 28.15L/min 降为 0.5L/min，滑台的速度变化较大，宜选用行程阀来控制速度的换接，以减小液压冲击（图 8-6c）。当滑台由工进转为快退时，回路中通过的流量很大——进油路中通过 25.07L/min，回油路中通过 25.07×(95.03/44.77) L/min = 53.21L/min。为了保证换向平稳，可采用电液换向阀式换接回路（图 8-6b）。

由于这一回路要实现液压缸的差动连接，换向阀必须是五通的。

最后考虑压力控制回路。系统的调压问题和卸荷问题已在油源中解决（图 8-6a），就不

需再设置专用的元件或油路了。

（2）液压回路的综合　把上面选出的各种回路组合画在一起，就可以得到图 8-7 所示的液压系统原理图（不包括点画线圆框内的元件）。将此图仔细检查一遍，可以发现，该图所示系统在工作中还存在问题，必须进行如下的修改和整理：

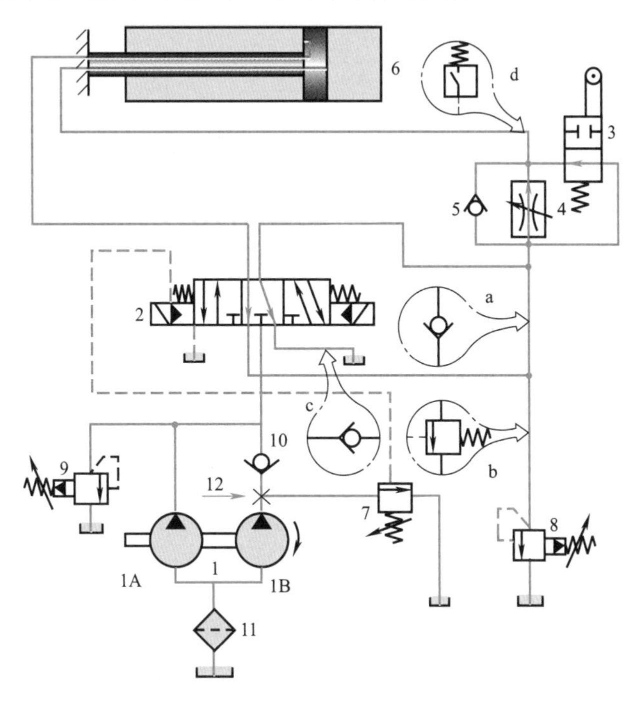

图 8-7　液压回路的综合和整理

1—双联叶片泵　1A—小流量泵　1B—大流量泵　2—三位五通电液换向阀　3—行程阀　4—调速阀　5、10、a、c—单向阀　6—液压缸　7—卸荷阀　8—背压阀　9—溢流阀　11—过滤器　12—压力表开关　b—液控顺序阀　d—压力继电器

1）为了解决滑台工进时图中进油路、回油路相互接通，系统无法建立压力的问题，必须在换向回路中串接一个单向阀 a，将工进时的进油路、回油路隔断。

2）为了解决滑台快进时回油路接通油箱，无法实现液压缸差动连接的问题，必须在回油路上串接一个液控顺序阀 b，以阻止油液在快进阶段返回油箱。

3）为了解决机床停止工作时系统中的油液流回油箱，导致空气进入系统，影响滑台运动平稳性的问题，必须在电液换向阀的出口处增设一个单向阀 c。

4）为了便于系统自动发出快退信号，在调速阀输出端须增设一个压力继电器 d。

5）如果将液控顺序阀 b 和背压阀的位置对调一下，就可以将顺序阀与油源处的卸荷阀合并。

经过上述修改、整理后的液压系统如图 8-8 所示，它在各方面都比较合理、完善了。

（五）液压元件的选择

（1）液压泵　液压缸在整个工作循环中的最大工作压力为 4.054MPa，如取进油路上的压力损失为 0.8MPa（表 8-3），压力继电器调整压力高出系统最大工作压力之值为 0.5MPa，则小流量泵的最大工作压力应为

$$p_{P1} = (4.054 + 0.8 + 0.5)\text{MPa} = 5.354\text{MPa}$$

大流量泵是在快速运动时才向液压缸输油的，由图8-5可知，快退时液压缸中的工作压力比快进时大，如取进油路上的压力损失为0.5MPa，则大流量泵的最高工作压力为

$$p_{P2} = (1.517 + 0.5)\text{MPa} = 2.017\text{MPa}$$

两个液压泵应向液压缸提供的最大流量为28.15L/min（图8-5），若回路中的泄漏按液压缸输入流量的10%估计，则两个泵的总流量应为 $q_P = 1.1 \times 28.15\text{L/min} = 30.97\text{L/min}$。

由于溢流阀的最小稳定溢流量为3L/min，而工进时输入液压缸的流量为0.5L/min，由小流量液压泵单独供油，所以小液压泵的流量规格最小应为3.5L/min。

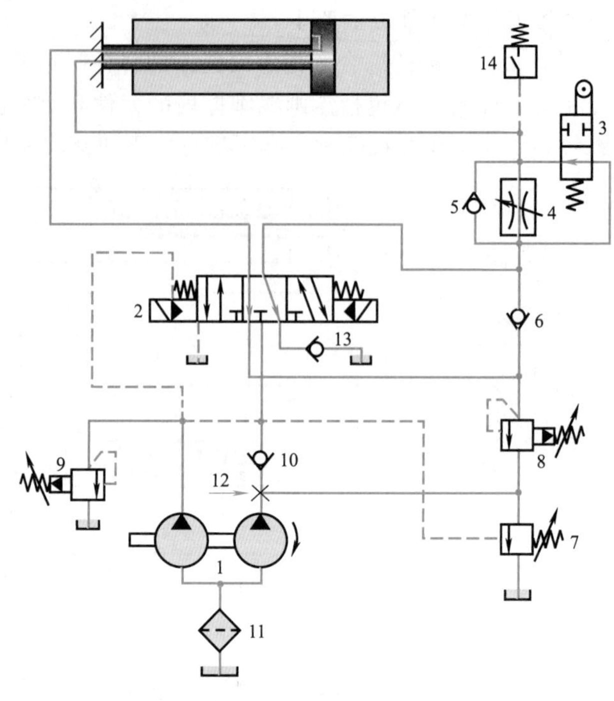

图8-8 整理后的液压系统图

1—双联叶片泵 2—三位五通电液换向阀 3—行程阀 4—调速阀 5、6、10、13—单向阀 7—液控顺序阀 8—背压阀 9—溢流阀 11—过滤器 12—压力表开关 14—压力继电器

根据以上压力和流量的数值查阅产品样本，最后确定选取PV2R12-6/26型双联叶片泵，其小泵和大泵的排量分别为6mL/r和26mL/r，若取液压泵的容积效率 $\eta_V = 0.9$，则当泵的转速 $n_P = 940\text{r/min}$ 时，液压泵的实际输出流量为

$$q_P = [(6 + 26) \times 940 \times 0.9/1000]\text{L/min} = (5.1 + 22)\text{L/min} = 27.1\text{L/min}$$

由于液压缸在快退时输入功率最大，这时液压泵工作压力为2.017MPa、流量为27.1L/min。取泵的总效率 $\eta_P = 0.75$，则液压泵驱动电动机所需的功率为

$$P = \frac{p_P q_P}{\eta_P} = \frac{2.017 \times 27.1}{60 \times 0.75}\text{kW} = 1.2\text{kW}$$

根据此数值查阅电动机产品目录和产品样本选取Y100L-6型电动机，其额定功率 $P_n = 1.5\text{kW}$，额定转速 $n_n = 940\text{r/min}$。

（2）阀类元件及辅助元件 根据阀类及辅助元件所在油路的最大工作压力和通过该元件的最大实际流量，可选出这些液压元件的型号及规格，见表8-6。表中序号与图8-8中的元件标号相同。

表8-6 元件的型号及规格

序号	元件名称	估计通过流量 /L·min^{-1}	名义流量 /L·min^{-1}	额定压力 /MPa	额定压降 /MPa	型号、规格
1	双联叶片泵	—	(5.1+22)①	16/14	—	PV2R12-6/26 $V_P = (6+26)\text{mL/r}$

（续）

序号	元件名称	估计通过流量/L·min^{-1}	名义流量/L·min^{-1}	额定压力/MPa	额定压降/MPa	型号、规格
2	三位五通电液换向阀	50	80	16	<0.5	35DYF3Y-E10B
3	行程阀	60	63	16	<0.3	AXQF-E10B （单向行程调速阀） q_{max}=100L/min
4	调速阀	0.5	0.07~50	16	—	
5	单向阀	60	63	16	0.2	
6	单向阀	25	63	16	<0.2	AF3-Ea10B q_{max}=80L/min
7	液控顺序阀	22	63	16	<0.3	XF3-E10B
8	背压阀	0.3	63	16	—	YF3-E10B
9	溢流阀	5.1	63	16	—	YF3-E10B
10	单向阀	22	63	16	<0.2	AF3-Ea10B q_{max}=80L/min
11	过滤器	30	63	—	<0.02	XU-63×80-J
12	压力表开关	—	—	16	—	KF3-E3B 3测点
13	单向阀	60	63	16	<0.2	AF3-Ea10B q_{max}=80/min
14	压力继电器	—	—	10	—	HED1kA/10

① 此为电动机额定转速 n_n=940r/min时液压泵输出的实际流量。

（3）油管　各元件间连接管道的规格按元件接口处尺寸决定，液压缸进、出油管则按输入、排出的最大流量计算。由于液压泵具体选定之后液压缸在各个阶段的进、出流量已与原定数值不同，所以要重新计算，见表8-7。表中数值说明，液压缸快进、快退速度 v_1、v_3 与设计要求相近。这表明所选液压泵的型号、规格是适宜的。

表8-7　液压缸的进、出流量和运动速度

流量、速度	快　进	工　进	快　退
输入流量/L·min^{-1}	$q_1=(A_1q_P)/(A_1-A_2)$ $=(95.03\times27.1)/(95.03-44.77)$ $=51.24$	$q_1=0.5$	$q_1=q_P=27.1$
排出流量/L·min^{-1}	$q_2=(A_2q_1)/A_1$ $=(44.77\times51.24)/95.03$ $=24.14$	$q_2=(A_2q_1)/A_1$ $=(0.5\times44.77)/95.03$ $=0.24$	$q_2=(A_1q_1)/A_2$ $=(27.1\times95.03)/44.77$ $=57.52$
运动速度/m·min^{-1}	$v_1=q_P/(A_1-A_2)$ $=(27.1\times10)/(95.03-44.77)$ $=5.39$	$v_2=q_1/A_1$ $=(0.5\times10)/95.03$ $=0.053$	$v_3=q_1/A_2$ $=(27.1\times10)/44.77$ $=6.05$

根据表8-7中的数值，当油液在压力管中流速取3m/min时，按式（2-24）算得与液压缸无杆腔和有杆腔相连的油管内径分别为

$$d_1=2\sqrt{q/(\pi v)}=2\times\sqrt{(51.24\times10^6)/(\pi\times3\times10^3\times60)}\text{mm}=19.04\text{mm}$$

$$d_2=2\times\sqrt{(27.1\times10^6)/(\pi\times3\times10^3\times60)}\text{mm}=13.85\text{mm}$$

这两根油管按 GB/T 2351—2005 选用外径为 ϕ18mm、内径为 ϕ15mm 的无缝钢管。

（4）油箱　油箱容积按式（2-6）估算，当取 ζ 为 7 时，求得其容积为

$$V=\zeta q_{P}=7\times 27.1\text{L}=189.7\text{L}$$

取标准值 V=250L。

（六）液压系统性能的验算

（1）验算系统压力损失并确定压力阀的调整值　由于系统的管路布置尚未具体确定，整个系统的压力损失无法全面估算，故只能先按式（1-69）估算阀类元件的压力损失，待设计好管路布局图后，加上管路的沿程压力损失和局部压力损失即可。但对于中小型液压系统，管路的压力损失甚微，可以不予考虑。压力损失的验算应按一个工作循环中不同阶段分别进行。

1）快进。滑台快进时，液压缸差动连接，由表 8-6 和表 8-7 可知，进油路上油液通过单向阀 10 的流量是 22L/min，通过电液换向阀 2 的流量是 27.1L/min，然后与液压缸有杆腔的回油汇合，以流量 51.24L/min 通过行程阀 3 并进入无杆腔。因此进油路上的总压降为

$$\begin{aligned}\sum\Delta p_{V}&=\left[0.2\times\left(\frac{22}{63}\right)^{2}+0.5\times\left(\frac{27.1}{80}\right)^{2}+0.3\times\left(\frac{51.24}{63}\right)^{2}\right]\text{MPa}\\&=(0.024+0.057+0.198)\ \text{MPa}=0.279\text{MPa}\end{aligned}$$

此值不大，不会使压力阀开启，故能确保两个泵的流量全部进入液压缸。

回油路上，液压缸有杆腔中的油液通过电液换向阀 2 和单向阀 6 的流量都是 24.14L/min，然后与液压泵的供油合并，经行程阀 3 流入无杆腔。由此可算出快进时有杆腔压力 p_2 与无杆腔压力 p_1 之差

$$\begin{aligned}\Delta p=p_{2}-p_{1}&=\left[0.5\times\left(\frac{24.14}{80}\right)^{2}+0.2\times\left(\frac{24.14}{63}\right)^{2}+0.3\times\left(\frac{51.24}{63}\right)^{2}\right]\text{MPa}\\&=(0.046+0.029+0.198)\text{MPa}=0.273\text{MPa}\end{aligned}$$

此值小于原估计值 0.5MPa（表 8-5），所以是偏安全的。

2）工进。工进时，油液在进油路上通过电液换向阀 2 的流量为 0.5L/min，在调速阀 4 处的压力损失为 0.5MPa；油液在回油路上通过电液换向阀 2 的流量是 0.24L/min，在背压阀 8 处的压力损失为 0.5MPa，通过顺序阀 7 的流量为（0.24+22）L/min=22.24L/min，因此这时液压缸回油腔的压力 p_2 为

$$p_{2}=\left[0.5\times\left(\frac{0.24}{80}\right)^{2}+0.5+0.3\times\left(\frac{22.24}{63}\right)^{2}\right]\text{MPa}=0.537\text{MPa}$$

此值小于原估计值 0.8MPa。故可按表 8- 5 中公式重新计算工进时液压缸进油腔压力 p_1，即

$$p_{1}=\frac{F'+p_{2}A_{2}}{A_{1}}=\frac{34943+0.537\times 10^{6}\times 44.77\times 10^{-4}}{95.03\times 10^{-4}\times 10^{6}}\text{MPa}=3.93\text{MPa}$$

此值与表 8-5 中数值 4.054MPa 相近。

考虑到压力继电器可靠动作需要压差 Δp_e=0.5MPa，故溢流阀 9 的调压 p_{P1A} 应为

$$p_{P1A}>p_{1}+\sum\Delta p_{1}+\Delta p_{e}=\left[3.93+0.5\times\left(\frac{0.5}{80}\right)^{2}+0.5+0.5\right]\text{MPa}=4.93\text{MPa}$$

3）快退。快退时，油液在进油路上通过单向阀 10 的流量为 22L/min，通过电液换向阀

2 的流量为 27.1L/min；油液在回油路上通过单向阀 5、电液换向阀 2 和单向阀 13 的流量都是 57.52L/min。因此进油路上总压降为

$$\sum \Delta p_{V1}=\left[0.2\times\left(\frac{22}{63}\right)^2+0.5\times\left(\frac{27.1}{80}\right)^2\right]\text{MPa}=0.082\text{MPa}$$

此值较小，所以液压泵驱动电动机的功率是足够的。回油路上总压降为

$$\sum \Delta p_{V2}=\left[0.2\times\left(\frac{57.52}{63}\right)^2+0.5\times\left(\frac{57.52}{80}\right)^2+0.2\times\left(\frac{57.52}{63}\right)^2\right]\text{MPa}=0.592\text{MPa}$$

此值与表 8-5 中的估计值相近，故不必重算。所以，快退时液压泵的最大工作压力 p_P 应为

$$p_P=p_1+\sum \Delta p_{V1}=(1.66+0.082)\ \text{MPa}=1.742\text{MPa}$$

因此大流量液压泵卸荷的顺序阀 7 的调压应大于 1.742MPa。

（2）油液温升验算　工进在整个工作循环中所占的时间比例达 95%（见前），所以系统发热和油液温升可用工进时的情况来计算。

工进时液压缸的有效功率（即系统输出功率）为

$$P_o=Fv=\frac{31449\times0.053}{10^3\times60}\text{kW}=0.0278\text{kW}$$

这时大流量泵通过顺序阀 7 卸荷，小流量泵在高压下供油，所以两个泵的总输入功率（即系统输入功率）为

$$\begin{aligned}P_i&=\frac{p_{P1}q_{P1}+p_{P2}q_{P2}}{\eta_P}\\&=\frac{0.3\times10^6\times\left(\frac{22}{63}\right)^2\times\frac{22}{60}\times10^{-3}+4.93\times10^6\times\frac{5.1}{60}\times10^{-3}}{0.75\times10^3}\text{kW}\\&=0.5766\text{kW}\end{aligned}$$

由此得液压系统的发热量为

$$H_i=P_i-P_o=(0.5766-0.0278)\text{kW}=0.5488\text{kW}$$

按式（8-2）求出油液温升近似值

$$\Delta T=(0.5488\times10^3)/\sqrt[3]{(250)^2}\ ℃=13.8℃$$

温升没有超出允许范围，液压系统中不需设置冷却器。

第四节　气动程序控制系统设计

一、概述

在生产实践中，各种自动生产线大多是按程序工作的。所谓程序控制，就是根据生产过程中的位移、压力、时间、温度、液位等物理量的变化，使被控制的执行元件按预先规定的顺序协调动作的一种自动控制方式。

（一）控制方式

根据控制方式的不同，程序控制可分为时间程序控制、行程程序控制和混合程序控制三种。

各执行元件的动作顺序按时间顺序进行的控制方式称为时间程序控制。时间程序控制系统中，各时间信号通过控制线路，按一定的时间间隔分配给相应的执行元件，令其产生有序的动作。显然，这是一种开环控制系统。

执行元件完成某一动作后，由行程发信器发出相应信号，此信号输入逻辑控制回路中，经放大、转换回路处理后成为主控阀可以接收的信号，控制主控阀换向，再驱动执行元件，实现对被控对象的控制。执行元件的运动状态经行程发信器检测后，反馈至逻辑控制回路，经运算处理并确信上一动作已经完成后，再发出开始下一个动作的控制信号。如此循环往复，直至完成全部预定动作为止。显然，这样的回路属于闭环控制系统，它可以在给定的位置准确实现动作的转换，故称为行程程序控制，图 8-9 所示为行程程序控制系统框图。从框图可看出，行程程序控制主要包括行程发信装置、执行元件、逻辑控制回路、放大转换回路、主控阀和动力源等部分。

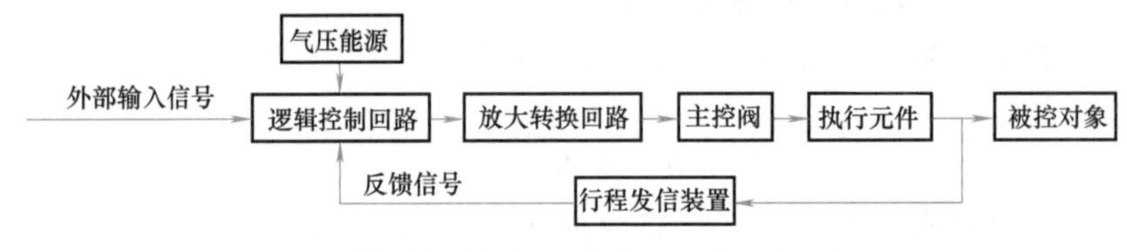

图 8-9 行程程序控制系统框图

行程发信装置是一种位置传感器，其作用是把由执行机构接收来的信号转发给逻辑控制回路，常用的有行程阀、行程开关、逻辑“非门”等，此外，液位、压力、流量、温度等传感器也可看作行程发信装置；常用的执行元件有气缸、气液缸、气动马达等；主控阀为气动换向阀；逻辑控制回路、放大转换回路一般由各种气动控制元件组成，也可以由各种气动逻辑元件等组成；动力源主要包括气压发生装置和气源处理设备两部分。行程程序控制的优点是结构简单、维修方便、动作稳定，特别是当程序中某节拍出现故障时，通过运行停止程序可以实现自动保护。因此，行程程序控制方式在气压传动系统中得到广泛应用。

行程程序控制系统中包含时间控制信号的控制方式通常被视为混合程序控制。

（二）气动程序控制回路图的画法

气动程序控制回路图主要体现的是行程信号与主控阀控制端之间的连接。为此，必须先规定动作符号的表示方法。

1. 符号规定（图 8-10）

1）用大写字母 A、B、C 等表示气缸。用下标 1 表示气缸活塞杆处于伸出状态，下标 0 表示活塞杆处于缩回状态。例如：A_1 表示 A 气缸的活塞杆处于伸出状态，A_0 表示 A 气缸的活塞杆处于缩回状态。

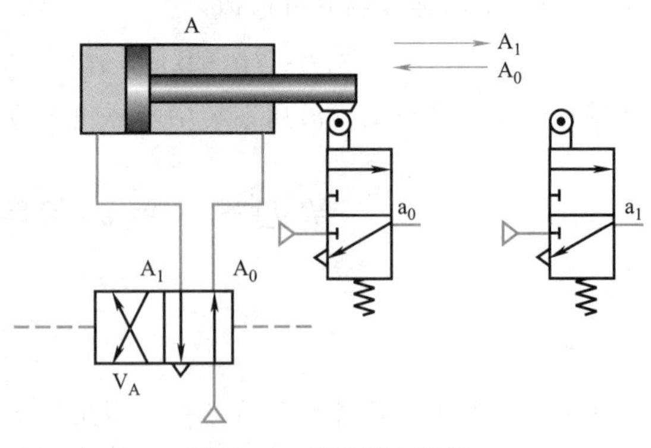

图 8-10 符号规定举例

2）用带下标的小写字母 a_1、a_0、b_1、b_0 等分别表示与动作 A_1、A_0、B_1、B_0 等相对应的行程阀及其输出信号。例如：a_1 表示 A 缸活塞杆伸出压下行程阀 a_1 时发出的信号，a_0 表示 A 缸活塞杆缩回压下行程阀 a_0 时发出的信号。其余类推。

3）操作气缸的阀用大写字母 V 表示，并与所控制的气缸相对应。例如：控制 A 缸的阀用 V_A 表示，控制 B 缸的阀用 V_B 表示等。主控阀的输出与它所控阀的气缸动作相一致。例如：控制气缸 A 活塞杆伸出动作的主控阀输出端用符号 A_1 表示。

2. 行程程序的表示方法

行程程序是根据控制对象的动作要求提出来的，因此，可用执行元件及其所要完成的工作程序图或程序式来表示。例如：由两个气缸组成的钻孔机，其自动循环动作为

起动 → 送料缸进 → 钻孔缸进 → 钻孔缸退 → 送料缸退 →

对于这个动作程序，若设 A 为送料缸，B 为钻孔缸，则可用程序图表示为

$$\xrightarrow{q} A_1 \xrightarrow{a_1} B_1 \xrightarrow{b_1} B_0 \xrightarrow{b_0} A_0 \xrightarrow{a_0}$$

1　2　3　4

其中：q 为起动信号，a_1、b_1、b_0、a_0 分别为气缸到位后由行程阀发出的原始信号，1、2、3、4 为动作序号。程序图还可以简化为程序式［$A_1B_1B_0A_0$］。

3. 元件布局

最终的回路图应按 ISO 1219-2—2012 要求绘制。标准规定，元件的气动符号原则上应按以下次序从下到上和从左到右布置：

能源：左下。

按顺序的控制元件：往上从左到右。

执行器：上部从左到右。

元件代号应该用以下代号清楚地标注每个元件：

泵和压缩机：P；执行器：A；原动机：M；传感器：S；阀：V；其他元件：Z，或除了以上字母的另一字母。

（三）障碍信号

气动程序控制回路主要是根据回路的控制程序要求、动作和信号之间的顺序关系而构成的。故任何一个程序回路均主要由气动执行元件、气动控制元件与行程发信装置等基本单元组成。行程发信装置发出的信号，称为原始信号。这些信号通常存在着各种形式的干扰，如一个信号妨碍另一个信号的输出，两个信号同时控制一个动作等。也就是说，这些信号之间会形成障碍，使动作不能正常进行，由此构成的程序回路称为有障回路，图 8-11 表示的即是一个含有障碍信号的气动控制回路原理图。

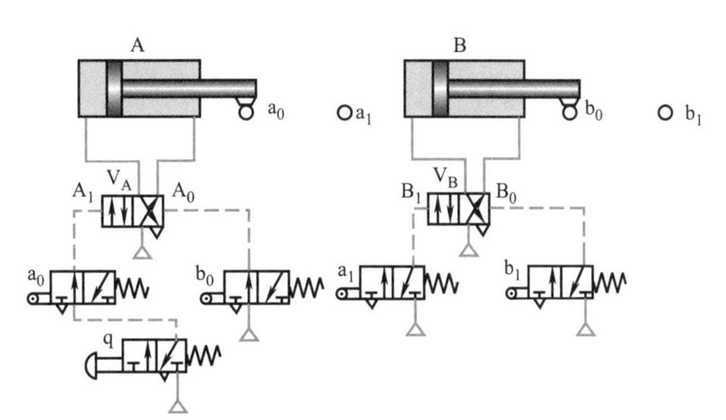

图 8-11　有障碍信号的 $A_1B_1B_0A_0$ 回路

a_0、b_0、a_1、b_1——行程阀

如图 8-11 所示，一旦供气，由于行程阀（又称信号阀）b_0 一直受压，信号 b_0 就一直供气给 V_A 的右侧（A_0 位），这样，即使操作起动阀 q 向 V_A 左侧（A_1 位）供气，V_A 也难以

切换。这里，信号 b_0 对 q 而言即为障碍信号。

若没有 b_0 信号，则按 q 后，气流经 q 阀通过 a_0 阀进入 V_A 的左侧，使 A_1 位工作，活塞 A 伸出，发出信号 a_1 给 V_B 的左侧（B_1 位），使 V_B 切换，活塞 B 伸出，再发出信号 b_1 给 V_B 的右侧（B_0 位）。此时，由于活塞 A 仍在发出信号 a_1 给 V_B 的左侧 B_1 位，使 b_1 向 V_B 的 B_0 位信号输送不进去，也就是说，信号 a_1 妨碍了 b_1 信号的送入，成为 b_1 的障碍信号。

由以上分析可知，在这个回路中，由于信号 b_0、a_1 妨碍其他信号的输入，形成了障碍，致使回路不能正常工作，因而必须设法将其排除。

这种一个信号妨碍另一个信号输入，使程序不能正常进行的控制信号，称为Ⅰ型障碍信号，它经常发生在多气缸单往复程序回路中。还有一种障碍是由于信号多次出现而产生的，这种控制信号称为Ⅱ型障碍信号，这种现象通常发生在多气缸多往复回路中。

二、多气缸单往复行程程序控制回路设计

多气缸单往复行程程序控制回路在一个动作循环程序中，所有气缸都只做一次往复运动。

行程程序控制回路的设计主要是为了解决信号和执行元件动作之间的协调和连接问题。常用的设计方法有信号-动作（X-D）状态图法（简称 X-D 线图法）和扩展卡诺图图解法等。本书只介绍 X-D 线图法，用这种方法设计出的行程程序控制回路，故障诊断和排除比较简单，而且非常直观。

这里以 $A_1B_1B_0A_0$ 气动程序控制回路为例对 X-D 线图设计法进行具体说明。

（一）绘制 X-D 线图

（1）画方格图（图 8-12） 根据给定的动作顺序，由左至右画方格，并在方格图上方从左至右填入程序号 1、2、3、4 等。在其下面填上相应的动作状态 A_1、B_1、B_0、A_0，最右边留一栏作为“执行信号表示式”栏。在方格图最左边纵栏里，自上至下进行分格，填上控制信号及控制动作状态组（简称 X-D 组）的序号 1、2、3、4 等。每个 X-D 组，根据该节拍执行机构动作的数目 m 分成 $2m$ 个小格，若只有一个执行机构动作，则分成两小格，其中上一小格表示行程信号（称为信号格）。括号内的符号表示它所要控制的动作，下面一小格表示该信号控制的动作状态（称为动作格）。例如：$a_0(A_1)$表示控制 A_1 动作的信号是 a_0；$a_1(B_1)$表示控制 B_1 动作的信号是 a_1 等。下面的备用格可根据具体情况填入中间记忆元件（辅助阀）的输出信号、消障信号与连锁信号等。

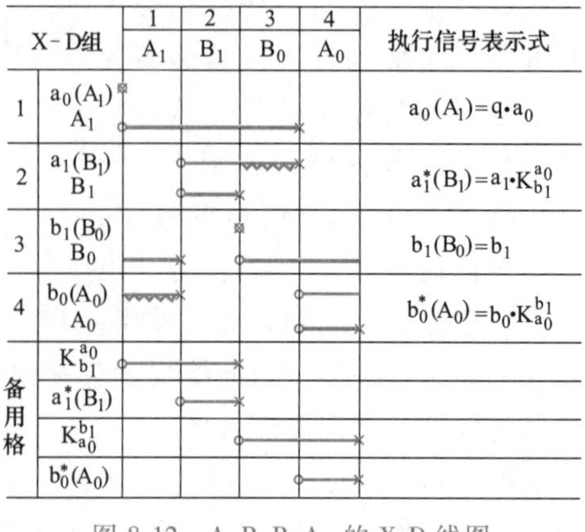

（2）画动作线（D 线） 方格图画出后，用横向粗实线画出各执行元件的动作状态线。作图方法是：以纵横动作状态字母相同，下标“1”或“0”也相同的方格左端纵线为起点（用小圆圈“○”表示）；以纵横动作状态字母相同，但下标“1”或“0”相异的方格左端纵线为终点（用符号“×”表示）；由起点至终点用粗实线连接起来。按此方法可画出所有动作的状态线（如图 8-12 中 A_1，从第 1 节拍开始，

X-D组		1 A_1	2 B_1	3 B_0	4 A_0	执行信号表示式
1	$a_0(A_1)$ A_1					$a_0(A_1)=q\cdot a_0$
2	$a_1(B_1)$ B_1					$a_1^*(B_1)=a_1\cdot K_{b_1}^{a_0}$
3	$b_1(B_0)$ B_0					$b_1(B_0)=b_1$
4	$b_0(A_0)$ A_0					$b_0^*(A_0)=b_0\cdot K_{a_0}^{b_1}$
备用格	$K_{b_1}^{a_0}$					
	$a_1^*(B_1)$					
	$K_{a_0}^{b_1}$					
	$b_0^*(A_0)$					

图 8-12 $A_1B_1B_0A_0$ 的 X-D 线图

到第 4 节拍前结束)。

(3) 画信号线(X 线) 用细实线在信号格画信号线。作图方法是:信号线起点与组内动作状态线起点相同,也用小圆圈“○”表示,其终点和上一组中产生该信号的动作状态线终点相同,用符号“×”画出(如第二组中信号线 a_1 的起点与同组动作线 B_1 相同,其终点取决于前一组产生该信号的动作线 A_1 的终点)。

这里要说明两点:

1) 方格图中右边最后一个节拍与左边第一个节拍应看成是闭合的。

2) 若信号起点与终点在同一条纵向分界线上,则表示该信号为脉冲信号,用符号“⊗”表示。

(4) 判别障碍信号 用 X-D 线图判别是否有障碍信号的方法是:若各信号线均比所控制的动作线短,则各信号均为无障碍信号;若有某信号线比其所控制的动作线长,则该信号为障碍信号,所长出的那部分线段即为障碍段,可下加波浪线“﹏﹏”示出。若存在此情况,说明信号与动作不协调,即动作状态要改变,而其控制信号还未消失,亦即控制信号不允许动作状态改变。根据上述方法分析图 8-12,发现其中的 $a_1(B_1)$、$b_0(A_0)$ 均为障碍信号。另外,在有并列动作的程序里,有时会出现信号与动作线等长的情况,这种信号称为瞬时障碍信号。

(二) 排除障碍信号并列写执行信号表示式

为使程序控制回路中各执行元件能按规定的动作顺序正常工作,设计时必须把有障碍的信号,通过一定逻辑变换后变成无障碍信号再去控制主控阀。无障碍原始信号及排除障碍以后的派生信号可以直接按程序与相应主控阀控制端连接,这种可以直接连接的信号统称为“执行信号”,可在相应原始信号的右上角加“*”表示。执行信号可用一定的逻辑式(执行信号表示式)列出,填在 X-D 线图的“执行信号表示式”栏内。对瞬时障碍,在一般情况下可以不必采取措施而能自行消除。

在 X-D 线图中,Ⅰ型障碍信号表现为控制信号线长于其所控制的动作线的长度,所以常用的排除障碍的办法就是使信号线短于动作线,其实质就是使障碍段失效或消失。

1. 脉冲信号法

这种方法的实质,是将有障碍的原始信号变为脉冲信号,使其在命令主控阀完成换向后立即消失。用这种方法可排除所有Ⅰ型障碍。下面以 $A_1B_1B_0A_0$ 程序为例,说明采用脉冲信号法排障的具体实现过程。由图 8-11 和图 8-12 可知,若将信号 a_1 和 b_1 都变成脉冲信号,即 $a_1 \rightarrow \triangle a_1$、$b_0 \rightarrow \triangle b_0$,则其变成无障碍信号 a_1^* 与 b_0^*。$\triangle a_1$ 和 $\triangle b_0$ 代表 a_1 和 b_0 的脉冲形式,信号 a_1 的执行信号表示式为 $a_1^*(B_1)=\triangle a_1$;信号 b_0 的执行信号表达式为 $b_0^*(A_0)=\triangle b_0$。将它们填入 X-D 线图的相应栏内,就成为图 8-13 所示的形式。

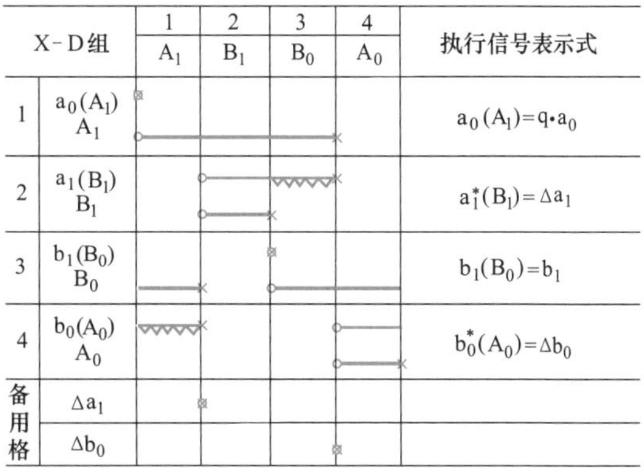

X-D组		1 A_1	2 B_1	3 B_0	4 A_0	执行信号表示式
1	$a_0(A_1)$ A_1					$a_0(A_1)=q \cdot a_0$
2	$a_1(B_1)$ B_1					$a_1^*(B_1)=\Delta a_1$
3	$b_1(B_0)$ B_0					$b_1(B_0)=b_1$
4	$b_0(A_0)$ A_0					$b_0^*(A_0)=\Delta b_0$
备用格	Δa_1					
	Δb_0					

图 8-13 脉冲信号法排障后 $A_1B_1B_0A_0$ 的 X-D 线图

脉冲信号 $\triangle a_1$ 和 $\triangle b_0$,可以采用机械法,也可采用脉冲回路法产生。

(1) 机械法排障 机械法排障就是利用机械式活动挡块或可通过式行程阀,使之只能在挡块单方向通过时发出脉冲信号的排障方法。图 8-14a 为利用活动挡块使行程阀发出的信号变成脉冲信号的示意图；图 8-14b 为采用可通过式行程阀发出脉冲信号的示意图。

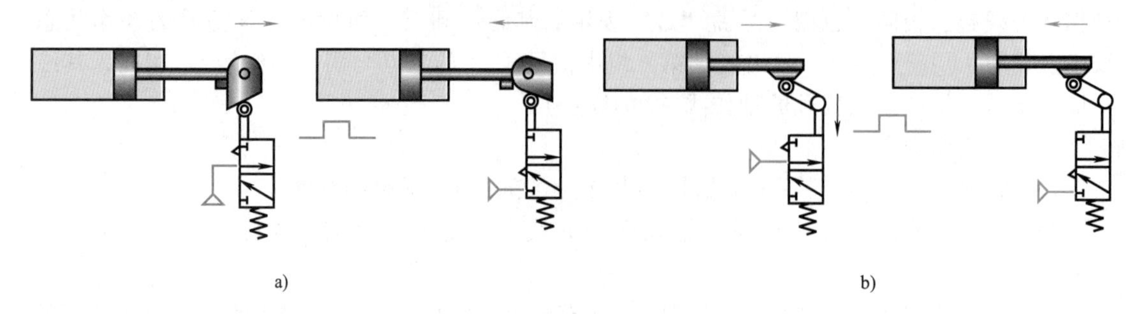

图 8-14 机械式脉冲排障

a）活动挡块 b）通过式行程阀

这种排障法仅适用于定位精度要求不高、活塞运动速度不太大的场合。

（2）脉冲回路法排障 脉冲回路法排障，就是利用脉冲回路或脉冲阀将有障信号变为脉冲信号。图 8-15 为脉冲回路原理图。当有障信号 a 发出后，阀 K 立即有信号输出。同时，a 信号经气阻进入气容 C 与阀 K 控制端，当气容内的压力经延时上升到阀 K 的切换压力后，输出信号 a 即被切断，从而使信号 a 变为脉冲信号。此法用于定位精度要求较高或不便于安装机械式脉冲行程开关的场合。

2. 逻辑回路法

逻辑回路法排障，即在程序回路中引入各种逻辑门，利用逻辑门的性质，将长信号变成短信号，从而排除障碍信号。

（1）逻辑“与”排障 如图 8-16 所示，为排除障碍信号 m 中的障碍，可以引入一个辅助信号（称为制约信号）x，将有障碍的 m 信号与此制约信号 x“与”运算后得到无障碍的派生信号 m^*，其排障表示式为 $m^*=m\cdot x$。制约信号 x 要尽量选用系统中某些原始信号，这样可不增加额外的气动元件。但原始信号作为制约信号 x 时，其起点应在障碍信号 m 开始之前，终点应在障碍信号 m 的无障碍段中。逻辑“与”运算，可以用一个单独的逻辑“与”元件实现，也可用一个行程阀两个信号的串联或两个行程阀的串联实现（图 8-16）。

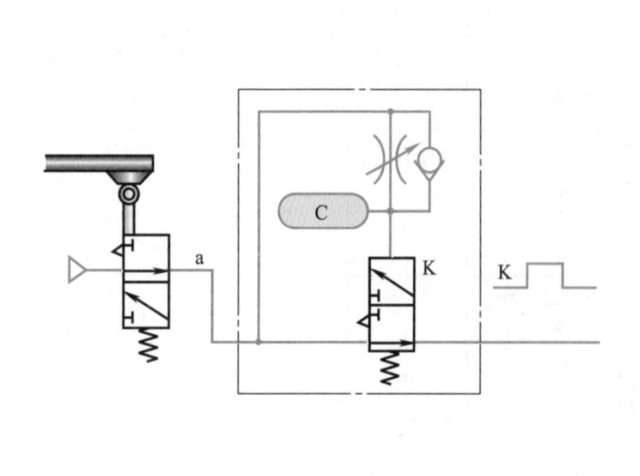

图 8-15 脉冲回路原理图

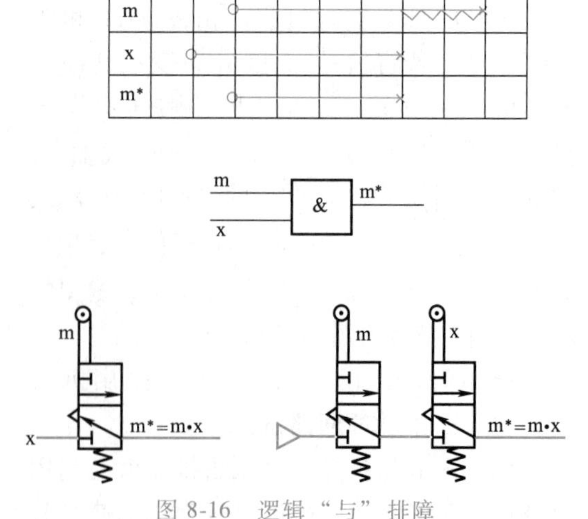

图 8-16 逻辑“与”排障

（2）逻辑“非”排障　用原始信号经逻辑非运算右得到的反相信号来排除障碍的方法，称为逻辑“非”运算排障法。原始信号作逻辑“非”（即制约信号 x）的条件是其起始点要在有障信号 m 的执行段之后、m 的障碍段之前，终点则要在 m 的障碍段之后，如图 8-17 所示。

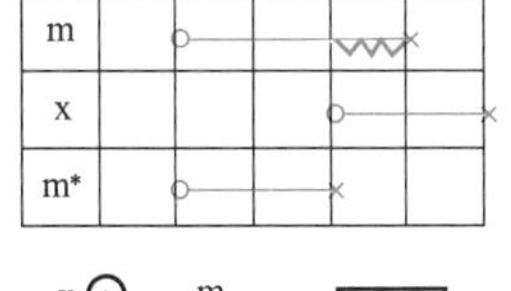

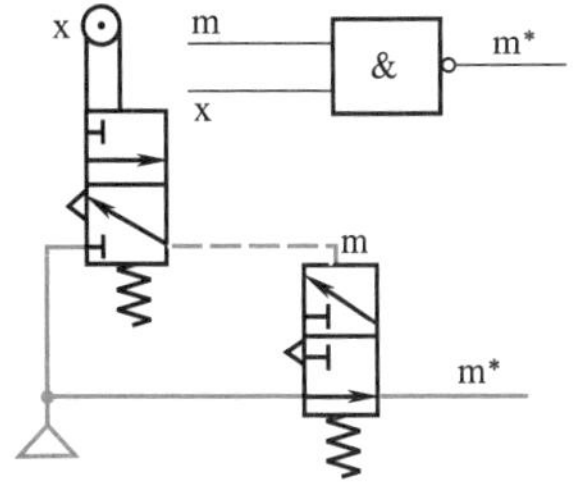

图 8-17　逻辑“非”排障

3. 辅助阀法

若在 X-D 线图上找不到直接满足上述逻辑运算要求的制约信号，可采用增加一个辅助阀的方法来排除障碍。这里的辅助阀又称中间记忆元件，一般为双稳元件或单记忆元件。其方法是用中间记忆元件的输出信号作为制约信号，用它和有障碍信号 m 相“与”以排除掉 m 中的障碍。排障表示式为

$$m^* = m \cdot K_d^t \tag{8-4}$$

式中　m——障碍信号；

m^*——排障后的执行信号（即派生信号）；

K——辅助阀（中间记忆元件）输出信号；

t、d——辅助阀 V_K 的两个控制信号。

图 8-18a 所示为辅助阀排除障碍的逻辑原理图，图 8-18b 所示为其回路原理图，图中 V_K 为双气控二位三通阀。当 t 有气时 V_K 阀有输出，而当 d 有气时 V_K 阀无输出。很明显 t 与 d 不能同时存在，只能一先一后存在。反映在 X-D 线图上，则为 t 与 d 两者不能重合。其逻辑代数式需满足下列制约关系：$t \cdot d = 0$。

辅助阀（中间记忆元件）控制信号 t、d 的选择原则是：

1）t 为使 V_K 阀“通”信号，其起点应选在 m 信号起点之前（或同时），其终点应在 m 的无障碍段中。

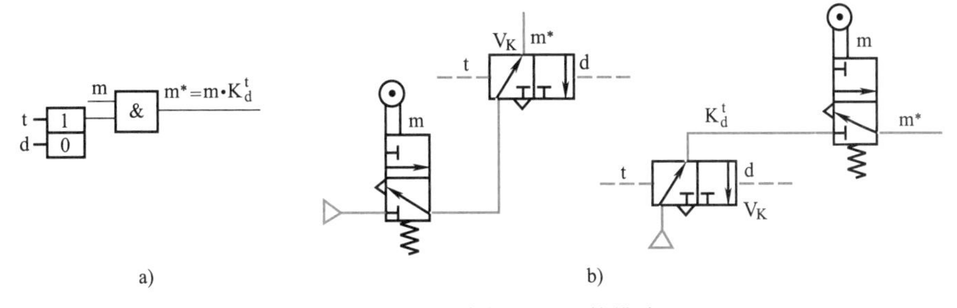

图 8-18　采用中间记忆元件排障

a）逻辑原理图　b）有记忆元件的回路图

2）d 为使 V_K 阀“断”信号，其起点应在障碍信号起点以后，其终点应在障碍段结束之前。

3）t 与 d 之间一般不应有障碍。

图 8-19 所示为中间记忆元件控制信号选择示例。动作程序为 $A_1B_1B_0A_0$ 且有障碍信号 a_1 和 b_0 时，用辅助阀法排除障碍的 X-D 线图如图 8-12 所示。

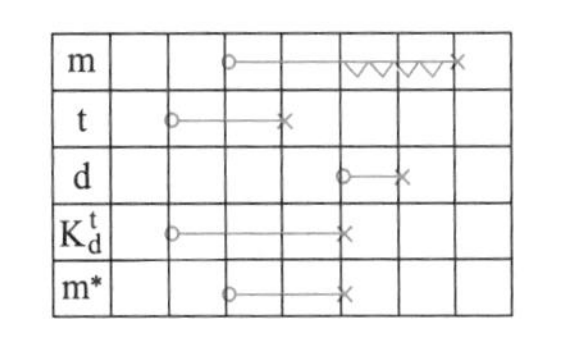

图 8-19　中间记忆元件控制信号选择示例

（三）气动逻辑原理图的绘制

气动逻辑原理图是根据 X-D 线图的执行信号表示式及考虑

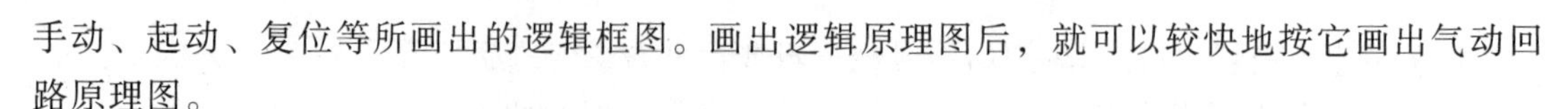

手动、起动、复位等所画出的逻辑框图。画出逻辑原理图后，就可以较快地按它画出气动回路原理图。

1. 气动逻辑原理图的基本组成及符号

1）在逻辑原理图中，主要用“是”“或”“与”“非”“记忆”等逻辑符号表示。这里要注意，其中任一符号可理解为逻辑运算符号，不一定总代表某一确定的元件，这是因为逻辑图上的某逻辑符号，在气动回路原理图上可由多种方案实现。例如：“与”逻辑符号可以是一种逻辑元件，也可由两个气阀串联而成。

2）执行元件的动作由主控阀的输出表示，因为主控阀常具有记忆能力，因而可用逻辑记忆符号表示。

3）行程发信装置主要是行程阀，也包括外部信号输入装置，如起动阀、复位阀等。这些符号加上小方框表示各种原始信号（在采用简略画法时，也可不加小方框），而在小方框上方画上相应的符号就表示各种手动阀（见图 8-20 左侧）。

2. 气动逻辑原理图的画法

根据 X-D 线图中执行信号栏的逻辑表示式，使用上述符合按下列步骤绘制：

1）把系统中每个执行元件的两种状态与主控阀相连后，自上而下一个个地画在图的右侧。

2）把发信器（如行程阀等）大致对应其所控制的元件，一个个地列于图的左侧。

3）在图上要反映出执行信号逻辑表示式中的逻辑符号之间的关系，并画出为操作需要而增加的阀（如起动阀）。

图 8-20 是根据图 8-12 所示的 X-D 线图，选择采用辅助阀的输出作为制约信号而作出的实现 $A_1B_1B_0A_0$ 工作程序的逻辑原理图。图中，起动信号 q 对控制信号 a_0 起着开关作用，通过它可实现系统的半自动或全自动控制。在气动行程程序控制系统中，总是将 q 设计成与第 1 节拍的控制信号成逻辑“与”关系。

（四）气动回路图的绘制

由逻辑原理图（图 8-20）可知，这一半自动程序需用一个起动阀、四个行程阀和三个双输出记忆元件（二位四通阀）来实现。三个与门可由元件串联来实现，由此可按 ISO 1219-2—2012 的要求绘制出能够实现 $A_1B_1B_0A_0$ 动作程序的气动程序控制回路图，如图 8-21 所示。图中 q 为起动阀，V_K 为辅助阀（中间记忆元件），另有执行元件 A、B，主控阀 V_A、V_B 以及相应的行程阀 a_1、a_0 和 b_1、b_0。显然，整个工作程序动作和信号之间的顺序关系表达得一目了然。

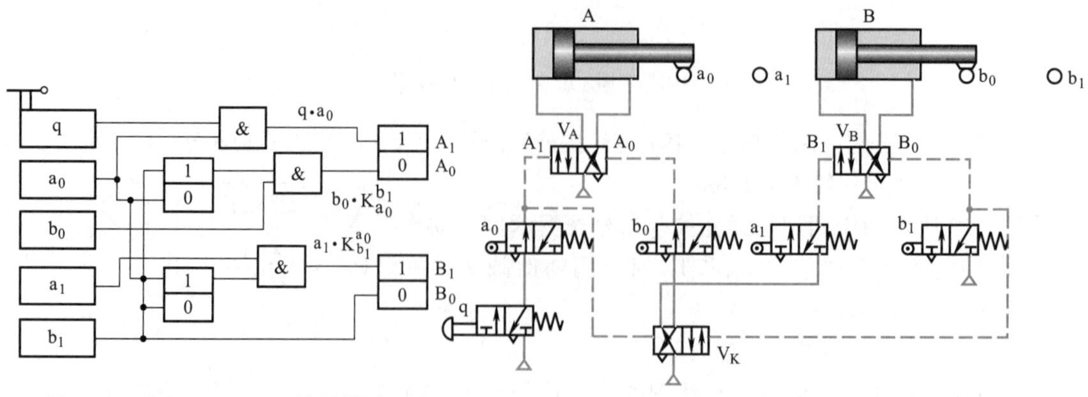

图 8-20 程序 $A_1B_1B_0A_0$ 的逻辑原理图

图 8-21 $A_1B_1B_0A_0$ 气动程序控制回路图

例 8-1　已知某专用气动控制机械手的工作程序为：

→正转→（→吸料、→下行）→上行→反转→伸出→放料→缩回→（返回正转）

试用 X-D 线图法设计该专用机械手的气动程序控制回路。

解

（一）确定工作程序图

将已知行程程序加以编号（节拍），并用字母及符号表示为工作程序图：

$$\rightarrow A_1 \xrightarrow{a_1} \begin{pmatrix} B_1 \\ C_1 \end{pmatrix} \xrightarrow{b_1 \cdot c_1} C_0 \xrightarrow{c_0} A_0 \xrightarrow{a_0} D_1 \xrightarrow{d_1} B_0 \xrightarrow{b_0} D_0 \xrightarrow{d_0}$$

节拍：1（A_1）　2（B_1、C_1）　3（C_0）　4（A_0）　5（D_1）　6（B_0）　7（D_0）

（二）绘制 X-D 线图，找出障碍信号

1. 画方格图

根据工作程序图画出方格图，如图 8-22 所示。其中第二组 a_1 信号同时控制两个动作，故被分成了四小格；第三组 b_1、c_1 两信号有连锁要求，可以在备用空格中先求得逻辑输出信号而后引入信号格。

2. 画动作线（D 线）

画出所有动作的状态线（如图 8-22 中 A_1 从第 1 节拍开始，到第 4 节拍前结束）。

3. 画信号线（X 线）

画出工作程序的信号线示于图 8-22。

X-D组		1 A_1	2 B_1 C_1	3 C_0	4 A_0	5 D_1	6 B_0	7 D_0	执行信号表示式
1	$d_0(A_1)$ A_1								$d_0^*(A_1)=d_0 \cdot b_0$
2	$a_1(B_1)$ B_1								$a_1(B_1)=a_1$
	$a_1(C_1)$ C_1								$a_1^*(C_1)=a_1 \cdot \bar{b}_1$
3	$y^*(C_0)$ C_0								$y^*(C_0)=b_1 \cdot c_1$
4	$c_0(A_0)$ A_0								$c_0^*(A_0)=c_0 \cdot b_1$
5	$a_0(D_1)$ D_1								$a_0^*(D_1)=b_1 \cdot a_0$
6	$d_1(B_0)$ B_0								$d_1(B_0)=d_1$
7	$b_0(D_0)$ D_0								$b_0(D_0)=b_0$
备用格	b_1								
	c_1								
	$y^*=b_1 \cdot c_1$								
	$\bar{b}_1$								

图 8-22　多气缸单往复系统 X-D 线图

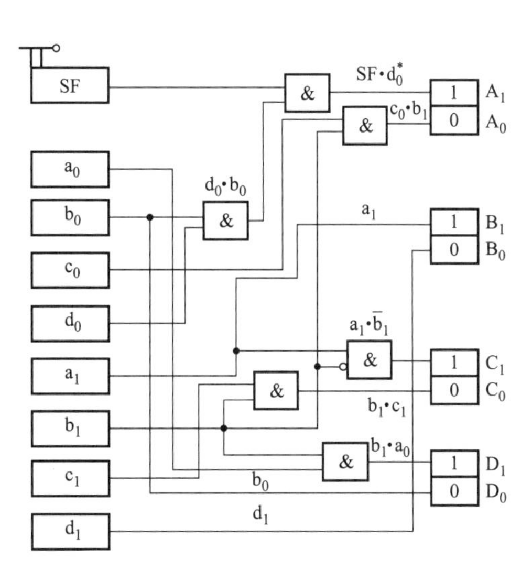

图 8-23　$A_1\begin{pmatrix} B_1 \\ C_1 \end{pmatrix} C_0A_0D_1B_0D_0$ 逻辑原理图

4. 找出障碍信号

按前述判别障碍信号的方法分析图 8-22，发现其中的 $d_0(A_1)$、$a_1(C_1)$、$c_0(A_0)$ 及 $a_0(D_1)$ 分别为有障碍信号，且均为 Ⅰ 型障碍信号。

（三）排除有障碍信号的障碍段

按逻辑回路法排除本例中的 Ⅰ 型障碍。如为了排除图 8-22 中的 d_0 信号的障碍，可引入“与”门逻辑，这里选 b_0 作为制约信号，即 $d_0^* = d_0 \cdot b_0$，因为 b_0 在 d_0 的执行段（第 1 节拍）存在，而在 d_0 的障碍段（第 4 节拍）不存在。同样，要排除 a_0、c_0 及 a_1 的障碍，可分别选 b_1 及b_1 作为制约信号，即 $a_0^* = b_1 \cdot a_0$、$c_0^* = c_0 \cdot b_1$、$a_1^* = a_1 \cdot \overline{b}_1$（图 8-22）。

（四）绘制逻辑原理图

在执行信号确定之后，可根据 X-D 线图作逻辑原理图，如图 8-23 所示。

（五）绘制气动程序控制系统图

由图 8-23 所示的逻辑原理图可知，这一半自动程序需用一个起动阀、八个行程阀和四个双输出记忆元件（二位四通阀）来实现。六个与门可由元件串联来实现，由此可绘出如图 8-24 所示的气动程序控制回路图。

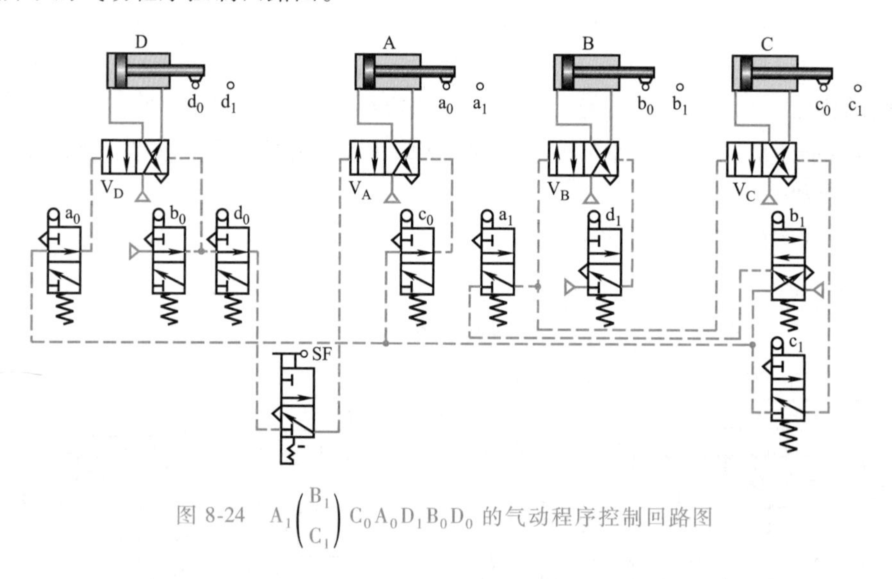

图 8-24 $A_1\begin{pmatrix}B_1\\C_1\end{pmatrix}C_0A_0D_1B_0D_0$ 的气动程序控制回路图

三、多气缸多往复程序控制系统设计

在一个工作循环中，某一个或几个执行元件要做多次往复动作的系统称为多气缸多往复系统，其特点是：①同一个信号在不同节拍，可能控制不同对象或同一对象的不同状态；②同一动作往复多次，可能受不同信号控制。其设计步骤与上述多气缸单往复程序控制系统设计步骤基本一致。

（一）信号分配法排除Ⅱ型障碍

前已述及，所谓Ⅱ型障碍是指多气缸多往复系统中由于多次信号所产生的障碍，其实质是重复出现的信号在不同节拍内控制不同操作。消除Ⅱ型障碍的根本方法是采用中间记忆元件及双与门对重复信号进行正确的分配，再将每个与门的输出信号送往不同的控制端。

例如：已知工作程序 $A_1B_1B_0B_1B_0A_0$，其中 B 连续往复两次，第一个 b_0 信号是动作 B_1 的控制信号，而第二个 b_0 信号是动作 A_0 的控制信号。为了正确分配重复信号 b_0，需要在两个 b_0 信号之前确定两个辅助信号作为制约信号。这里可选取 a_0、b_1 信号，因为，a_0 信号是出现在第一个 b_0 信号前的独立信号，而 b_1 虽然是非独立信号，它却是两个重复信号间的唯一信号。借助这些信号组成的分配回路如图 8-25a 所示。图中“与”门 Y_3 和单输出记忆元件 R_1 是为提取第二个 b_1 信号作为制约信号而设置的元件。

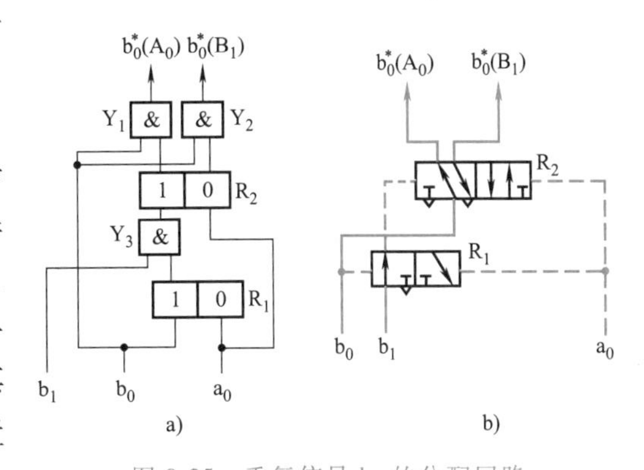

图 8-25 重复信号 b_0 的分配回路

a）逻辑框图 b）有记忆元件的信号分配回路图

信号的分配原理是：a_0 信号首先输入，使双输出记忆元件 R_2 置零，为第一个 b_0 信号提供制约信号，同时也使单输出记忆元件 R_1 置零，使它无输出。当第一个 b_1 输入后，因“与”门 Y_3 无输出（R_1 置零），这样第一个 b_0 输入后，只有“与”门 Y_2 有输出，其执行信号 $b_0^*(B_1)$控制 B_1 动作，同时使 R_1 置 1，为第二个 b_1 提供制约信号。在第二个 b_1 到来时，“与”门 Y_3 有输出使 R_2 置 1，为第二个 b_0 提供制约信号，这样第二个 b_0 输入后，“与”门 Y_1 即可输出执行信号 $b_0^*(A_0)$去控制 A_0 动作。至此完成了重复信号 b_0 的分配。图 8-25b 是有记忆元件的信号分配回路图。

（二）设计举例

现以一双气缸多往复程序控制系统为例，简要说明系统的设计方法，该系统的工作程序图为：

$$SF \;\; \xrightarrow{SF\cdot a_0} A_1 \xrightarrow{a_1} B_1 \xrightarrow{b_1} B_0 \xrightarrow{b_0} B_1 \xrightarrow{b_1} B_0 \xrightarrow{b_0} A_0 \xrightarrow{a_0}$$

1 2 3 4 5 6

略去箭头及控制信号可简化为程序式 $[A_1B_1B_0B_1B_0A_0]$。

（1）画 X-D 线图 把在不同节拍内出现的同一动作线画在 X-D 线图的同一组内，如 B_1 的动作线都画在第二组内，同时把控制同一动作的不同信号线也错落地画在动作线的上方，如将 $a_1(B_1)$、$b_0(B_1)$分别画在被控制动作状态线 B_1 的上方。此外把控制不同动作的同名信号线在相对应的格内补齐，如 $b_0(B_1)$要在第二组补齐，$b_0(A_0)$要在第四组补齐。这样就得到了 $A_1B_1B_0B_1B_0A_0$ 的 X-D 线图，如图 8-26 所示。

X-D组		1 A_1	2 B_1	3 B_0	4 B_1	5 B_0	6 A_0	执行信号表示式
1	$a_0(A_1)$ A_1							$a_0(A_1)=SF\cdot a_0$
2	$a_1(B_1)$ $b_0(B_1)$ B_1							$a_1^*(B_1)=\Delta a_1$ $b_0^*(B_1)=b_0\cdot J_d^t$
3	$b_1(B_0)$ B_0			t		d		$b_1(B_0)=b_1$
4	$b_0(A_0)$ A_0							$b_0^*(A_0)=b_0\cdot K_{a_0}^{b_1}\cdot J_t^d$
备用格	Δa_1							
	$K_{a_0}^{b_1}$							
	J_d^t							
	J_t^d							
	$b_0\cdot K_{a_0}^{b_1}\cdot J_t^d$							

图 8-26 $A_1B_1B_0B_1B_0A_0$ 的 X-D 线图

（2）判断和排除障碍 由前述可知，凡是信号线长于动作线的信号为Ⅰ型障碍信号，而有信号线无动作线或信号线重复出现而引起的障碍则为Ⅱ型障碍信号。因此在图 8-26 中，a_1 信号存在Ⅰ型障碍，b_0 信号既存在Ⅰ型障碍又存在Ⅱ型障碍。因而在本例中，排除障碍信号的方法可以是：

1）对于Ⅰ型障碍信号，采用脉冲信号法排除。如 a_1 信号的障碍。

2）不同节拍的同一动作由不同信号控制，仅需用“或”元件对两个信号进行综合就可解决，如 $a_1^* + b_0^* \Rightarrow B_1$。

3）消除Ⅱ型障碍信号的方法是对重复信号给以正确的分配。其结果见图8-26中的执行信号表示式一栏。

（3）绘制逻辑原理图　根据工作程序 $A_1B_1B_0B_1B_0A_0$、图 8-26 所示的 X-D 线图和图 8-25 所示的重复信号 b_0 的分配回路，可画出 $A_1B_1B_0B_1B_0A_0$ 的逻辑图，如图 8-27 所示。

（4）绘制气动程序控制系统图　根据图 8-27 所示的 $A_1B_1B_0B_1B_0A_0$ 程序的逻辑原理图，综合利用Ⅰ型、Ⅱ型障碍信号的排障方法，就可绘出 $A_1B_1B_0B_1B_0A_0$ 的气动程序控制系统图（图 8-28），$A_1B_1B_0B_1B_0A_0$ 的动作程序利用该系统可准确地得以实现。

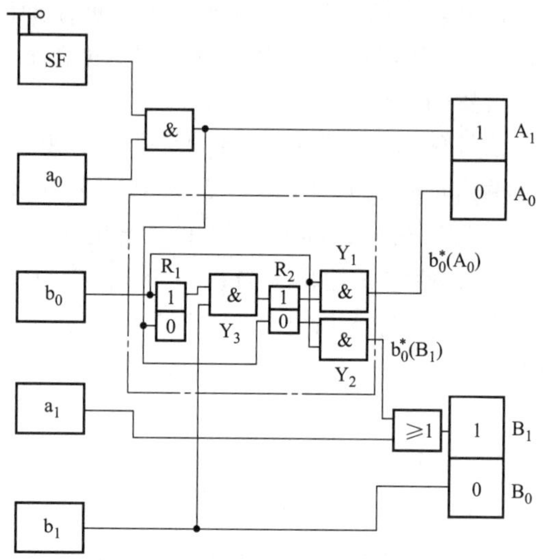

图 8-27　$A_1B_1B_0B_1B_0A_0$ 的逻辑原理图

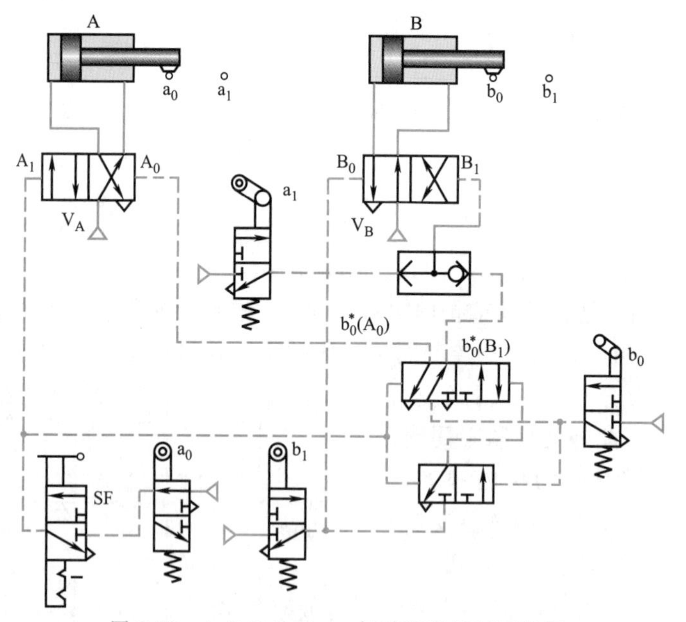

图 8-28　$A_1B_1B_0B_1B_0A_0$ 气动程序控制系统图

习　题

8-1　如图 8-29 所示，某立式组合机床的动力滑台采用液压传动。已知切削负载为 28000N，滑台工进速度为 50mm/min，快进、快退速度为 6m/min，滑台（包括动力头）的质量为 1500kg，滑台对导轨的法向作用力约为 1500N，往复运动的加、减速时间为 0.05s，滑台采用平面导轨，$f_s=0.2$，$f_d=0.1$，快速

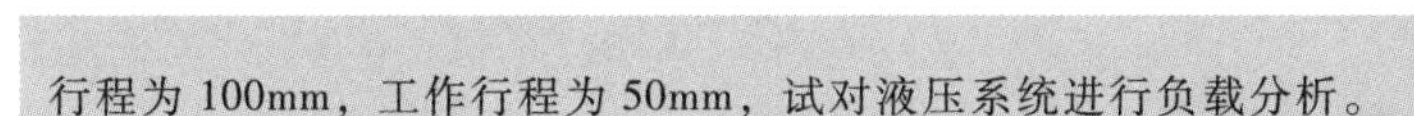
行程为100mm，工作行程为50mm，试对液压系统进行负载分析。

提示：滑台下降时，其自重负载由系统中的平衡回路承受，不需计入负载分析中。

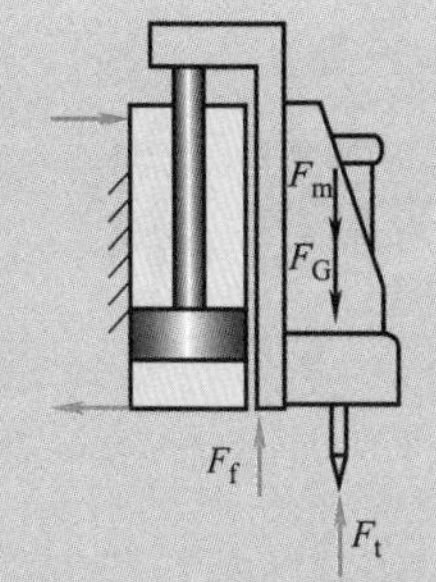

图 8-29 题 8-1 图

8-2 在图 8-30a 所示的液压缸驱动装置中，已知传送距离为 3m，传送时间要求小于 15s，运动按图 8-30b 所示的规律进行，其中加、减速时间各占总传送时间的 10%；假如移动部分的总质量为 510kg，移动件和导轨间的静、动摩擦因数各为 0.2 和 0.1，试绘制此驱动装置的工况图。

8-3 已知某专用卧式铣床的铣头驱动电动机功率为 7.5kW，铣刀直径为 120mm，转速为 350r/min，工作台、工件和夹具总质量为 520kg，工作台总行程为 400mm，工进行程为 250mm，快进速度为 4.5m/min，工进速度为 60～1000mm/min，往复运动的加速、减速时间不希望大于 0.05s，工作台采用平导轨，$f_s=0.2$，$f_d=0.1$。试为该机床设计一液压系统。

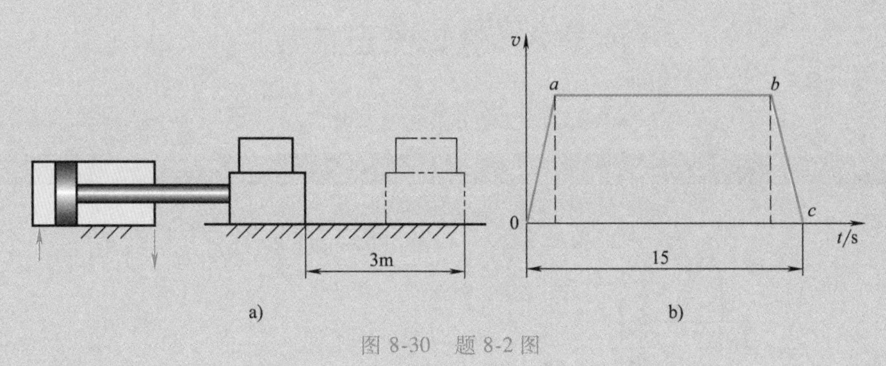

图 8-30 题 8-2 图

8-4 某立式液压机要求采用液压传动来实现表 8-8 所列的简单动作循环，如移动部件总质量为 510kg，摩擦力、惯性力均可忽略不计，试设计此液压系统。

表 8-8 题 8-4 表

动作名称	外负载/N	速度/m · min^{-1}
快速下降	5000	6
慢速施压	50000	0.2
快速提升	10000	12
原位停止	—	—

8-5 一台卧式单面多轴钻孔组合机床，动力滑台的工作循环是：快进→工进→快退→停止。液压系统的主要性能参数要求如下：轴向切削力 $F_t=24000$N；滑台移动部件总质量为 510kg；加、减速时间为 0.2s；采用平导轨，静摩擦因数 $f_s=0.2$，动摩擦因数 $f_d=0.1$；快进行程为 200mm，工进行程为 100mm；快进与快退速度相等，均为 3.5m/min，工进速度为 30～40mm/min。工作时要求运动平稳，且可随时停止运动。试设计动力滑台的液压系统。

8-6 试绘制 $A_1B_1A_0B_0$ 的 X-D 线图和逻辑回路图，并绘制脉冲排障法和辅助阀排障的气动控制回路图。

8-7 试用 X-D 线图法设计程序式为 $A_1B_1\begin{pmatrix}C_1\\D_1\end{pmatrix}D_0B_0C_0A_0$ 的逻辑原理图与气动控制回路图。

8-8 试绘制 $A_1C_1B_1B_0B_1B_0\begin{pmatrix}C_0\\A_0\end{pmatrix}$ 的 X-D 线图与气动控制回路图。

附录

附录 A 孔口流量系数

表 A-1 薄壁小孔流量系数 C_d

类　型	图	流量系数 C_d
有座面的锥阀	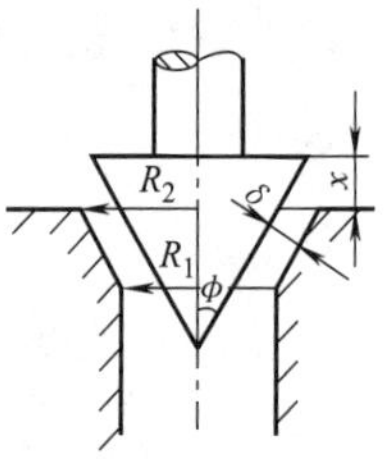	$C_d=\left[\frac{24R_m}{\delta Re\sin\phi}\ln\frac{R_1}{R_2}+\zeta\left(\frac{R_m}{R_1}\right)^2+\frac{54}{35}\left(\frac{R_m}{R_2}\right)^2\right]^{-\frac{1}{2}}$ 式中　Re——雷诺数,$Re=\frac{v_m\delta}{\nu}$ R_m——平均半径,$R_m=\frac{R_1+R_2}{2}$ v_m——平均半径处的平均流速 ζ——径向流动的起始段的附加压力损失系数,当$\frac{\delta}{R_1}=10\sim150$时,$\zeta=0.13+0.008\frac{v_1\delta}{\nu}$,$v_1$ 为 R_1 处的平均流速,当$\frac{v_1\delta}{\nu}\frac{\delta}{R_1}>30$时,$\zeta=0.18$
直角棱边滑阀	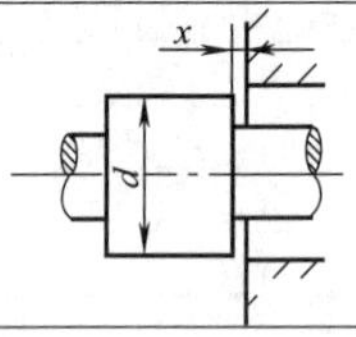	当 $Re=\frac{2q}{\pi d\nu}>100$ 时 $C_d=0.67\sim0.74$ 式中　d——阀芯直径
喷嘴挡板阀	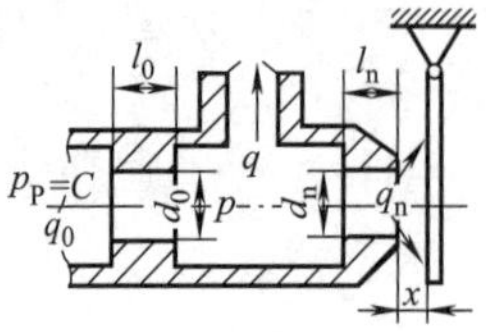	1. 固定节流孔 当 $Re=\frac{v_0d_0}{\nu}>2000$ 时 $C_{d0}=0.886-0.046\sqrt{\frac{l_0}{d_0}}$ 当 $2<\frac{l_0}{d_0}<9$ 时,$C_{d0}\approx0.8$ 式中　C_{d0}——固定节流孔的流量系数 v_0——通过固定节流孔的平均流速 d_0——固定节流孔的直径 l_0——固定节流孔的长度 2. 喷嘴节流孔 当$\frac{x}{d_n}<0.32$ 时 $C_{dn}=\frac{0.8}{\sqrt{1+16\left(\frac{x}{d_n}\right)^2}}$ 式中　x——喷嘴与挡板间的距离 d_n——喷嘴节流孔直径

（续）

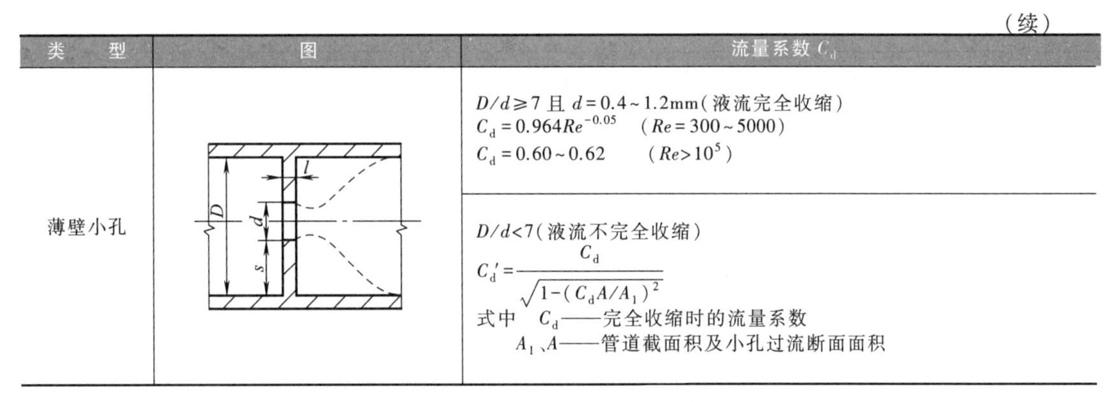

类　型	图	流量系数 C_d
薄壁小孔		$D/d \geqslant 7$ 且 $d=0.4 \sim 1.2$mm（液流完全收缩） $C_d=0.964Re^{-0.05}$　（$Re=300 \sim 5000$） $C_d=0.60 \sim 0.62$　（$Re>10^5$）
		$D/d<7$（液流不完全收缩） $C_d'=\dfrac{C_d}{\sqrt{1-(C_dA/A_1)^2}}$ 式中　C_d——完全收缩时的流量系数 A_1、A——管道截面积及小孔过流断面面积

表 A-2　短孔流量系数 C_d

条　件	图	流量系数 C_d
$dRe/l>50$		$C_d=\left[1.5+13.74\left(\dfrac{l}{dRe}\right)^{0.5}\right]^{-0.5}$
$dRe/l<50$		$C_d=\left[2.28+\dfrac{64l}{dRe}\right]^{-0.5}$

附录 B　液压与气压传动常用图形符号

（摘自 GB/T 786.1—2009）

表 B-1　基本符号、管路及连接

名　称	符　号	名　称	符　号
工作管路		管端连接于油箱底部	
控制管路		密闭式油箱	
连接管路		直接排气	
交叉管路		带连接排气	
软管总成		带单向阀的快换接头（断开状态）	
组合元件框线		不带单向阀的快换接头（连接状态）	
管口在液面以上的油箱		单通旋转接头	
管口在液面以下的油箱		三通旋转接头	1 2 3　1 2 3

表 B-2 控制机构和控制方法

名 称	符 号	名 称	符 号
按钮式人力控制		踏板式人力控制	
手柄式人力控制		顶杆式机械控制	
弹簧控制		液压先导控制	
单向滚轮式机械控制		液压二级先导控制	
单作用电磁控制		气-液先导控制	
双作用电磁控制		内部压力控制	
电动机旋转控制	M	电-液先导控制	
加压或泄压控制		电-气先导控制	
滚轮式机械控制		液压先导泄压控制	
外部压力控制		电反馈控制	
气压先导控制		差动控制	

表 B-3 泵、马达和缸

名 称	符 号	名 称	符 号
单向定量液压泵		液压整体式传动装置	

（续）

名　称	符　号	名　称	符　号
双向定量液压泵	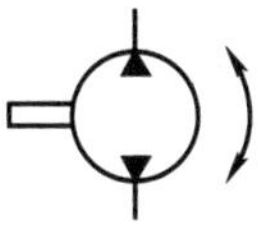	摆动马达	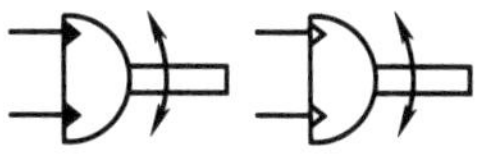
单向变量液压泵	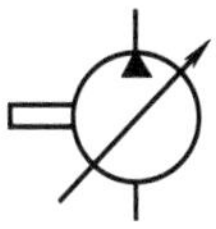	单作用弹簧复位缸	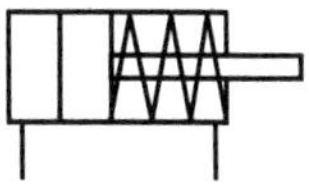
双向变量液压泵	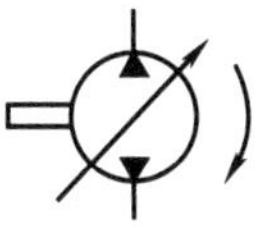	单作用伸缩缸	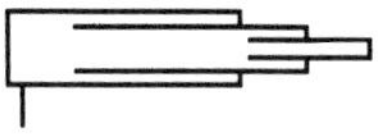
单向定量马达	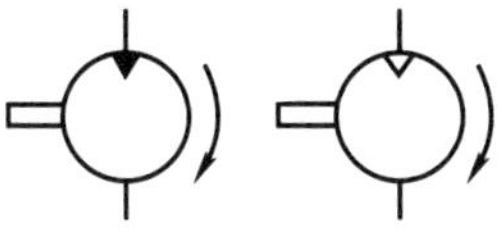	单向变量马达	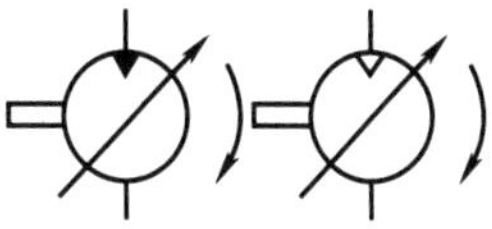
双向定量马达	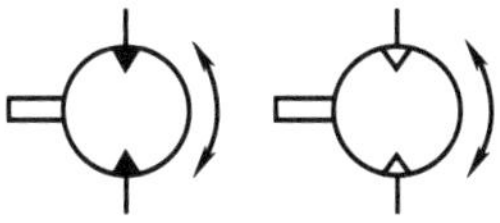	双向变量马达	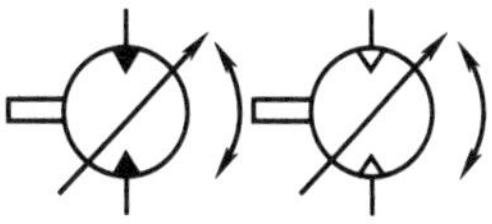
定量液压泵或马达	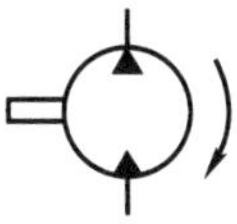	单向缓冲缸	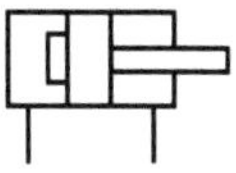
变量液压泵或马达	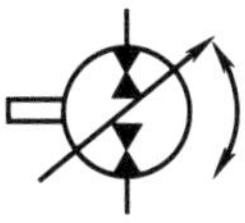	双向缓冲缸	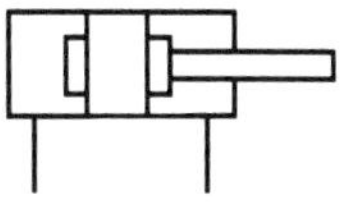
双作用单杆缸	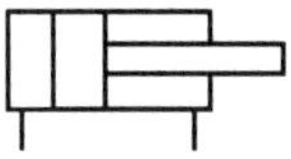	双作用伸缩缸	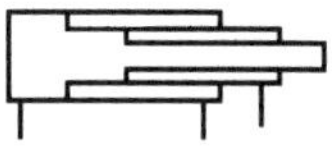
双作用双杆缸	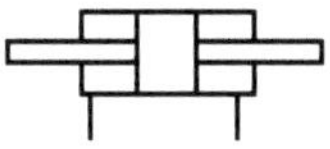	单作用增压器	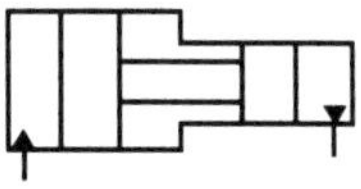

表 B-4 控制元件

名称	符号	名称	符号
直动式溢流阀		直动式减压阀	
先导式溢流阀		先导式减压阀	
先导式比例电磁溢流阀		直动式卸荷阀	
卸荷溢流阀		制动阀	
双向溢流阀		不可调节流量控制阀	
溢流减压阀		可调节流量控制阀	
先导式比例电磁溢流阀		可调单向节流阀	
定比减压阀	3 1	减速阀	
定差减压阀		带消声器的节流阀	
直动式顺序阀		调速阀	
		温度补偿调速阀	
		旁通型调速阀	

（续）

名　称	符　号	名　称	符　号
单向调速阀	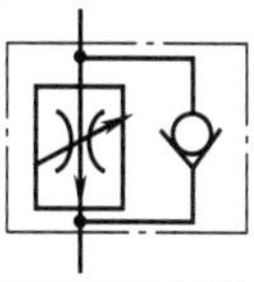	液压锁	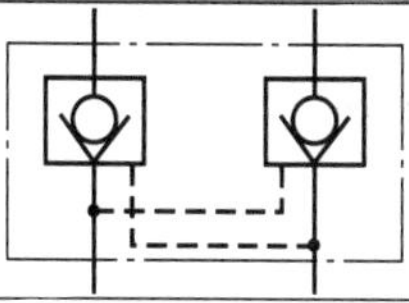
分流阀	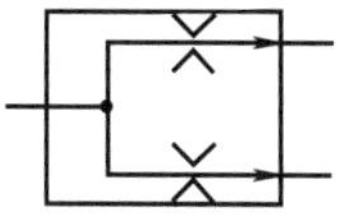	梭阀	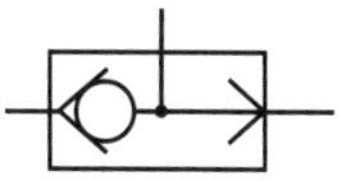
三位四通换向阀	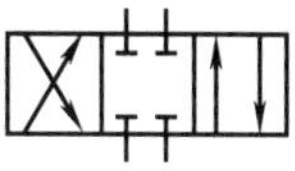	双压阀	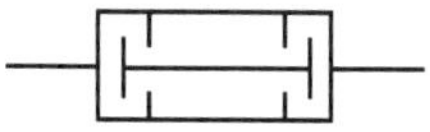
先导式顺序阀	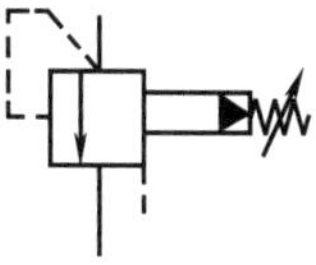	快速排气阀	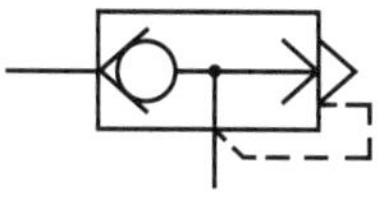
单向顺序阀（平衡阀）	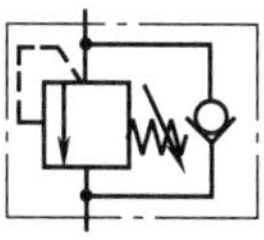	二位二通换向阀	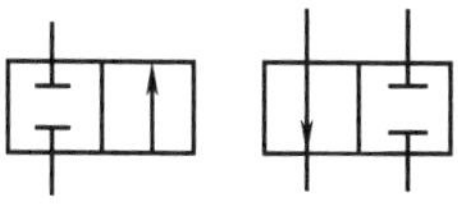
集流阀	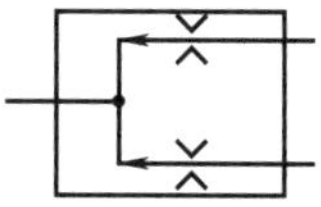	二位三通换向阀	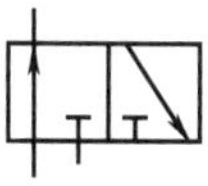
分流集流阀	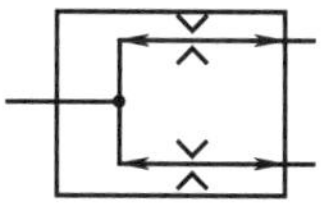	二位四通换向阀	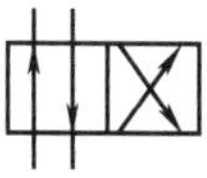
单向阀		二位五通换向阀	
液控单向阀		四通电液伺服阀	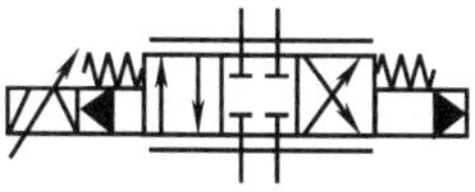

表 B-5　辅 助 元 件

名　称	符　号	名　称	符　号
过滤器		磁芯过滤器	

(续)

名　称	符　号	名　称	符　号
污染指示过滤器		压力表	
分水排水器		液面计	
空气过滤器		温度计	
除油器		流量计	
空气干燥器		压力继电器	
油雾器		消声器	
气源处理装置		液压源	
冷却器		气压源	
加热器		电动机	M
蓄能器		原动机	M
气罐		气-液转换器	

附录C　习题参考答案（部分）

第一章

1-1　$\Delta p = 1.4\text{MPa}$

1-2 $F=8.55\text{N}$

1-3 真空度$=9.8\times10^3\text{Pa}$

1-4 $x=\frac{4(F+G)}{\rho g\pi d^2}-h$

1-5 均为 $p=6.37\text{MPa}$

1-6 $\Delta p=8350\text{Pa}$

1-7 $q=0.28\text{m}^3/\text{s}, p_2=0.0735\text{MPa}$

1-8 $q=1.462\text{L/s}$

1-9 真空度$=4867.65\text{Pa}$

1-10 4442.9N,135°

1-11 $v_1=1.06\text{m/s}, v_2=4.24\text{m/s}; Re_1=636, Re_2=1272$

1-12 $p_2=3.83\text{MPa}$

1-13 $q_1=4\text{L/min}, q_2=21\text{L/min}, \Delta p=13.23\text{Pa}$

1-14 $A_0=2.65\times10^{-5}\text{m}^2$

1-15 $q=0.0115\text{m}^3/\text{s}$

1-16 $q=17.24\times10^{-6}\text{m}^3/\text{s}$

1-17 $v=0.21\text{m/min}$

1-18 7.17MPa,3.81MPa,2.72MPa

1-19 $\Delta t=217.95°\text{C}$

1-20 0.62MPa,248L

1-21 $t=5.57, t_2\approx84.6°\text{C}, p_2=0.56\text{MPa}$

1-22 $\varphi_2=73.8\%, t_d=53°\text{C}, Q_m\approx2.1\text{kg/h}$

1-23 $t=17.7\text{s}, q_1=3270\text{L/min}$

第二章

2-1 a) $p=0$;b) $p=0$;c) $p=\Delta p$;d) $p=F/A$;e) $p=2\pi T_M/V_M$

2-2 节流阀 A 通流截面最大时,液压泵出口压力 $p=0$,溢流阀 B 不打开。阀 A 通流截面逐渐关小时,液压泵出口压力 p 逐渐升高;当阀 A 通流截面关小到某一值时,p 达到 p_Y,溢流阀 B 打开。以后继续关小阀 A 通流截面,p 不再升高,维持 p_Y 值。

2-4 1) $\eta_V=0.95$

2) $q_P=34.72\text{L/min}$

3) 第一种情况下为 4.91kW;第二种情况下为 1.69kW

2-5 在配流盘压油窗口开三角形槽后,处于两叶片间的封油区的容积逐渐与压油腔接通,压力变化率小,就可降低流量、压力脉动和噪声。

2-6 $\beta\geqslant\varepsilon, \varepsilon\geqslant\frac{2\pi}{z}$

第三章

3-1 a) $F=\frac{\pi}{4}p(D^2-d^2)p; v=\frac{4q}{\pi(D^2-d^2)}$;缸体向左运动,杆受拉

b) $F=\frac{\pi}{4}d^2p; v=\frac{4q}{\pi d^2}$;缸体向右运动,杆受压

c) $F=\frac{\pi}{4}d^2p$; $v=\frac{4q}{\pi d^2}$;缸体向右运动,柱塞受压

3-2 1) $F_1=5000\text{N}$; $v_1=1.2\text{m/min}$; $v_2=0.96\text{m/min}$

2) 11250N

3) 9000N

3-3 $p_2=p_1\left(\frac{D}{d}\right)^2$

3-4 1) $F_{max}=12000\text{N}$

2) 取 $d=20\text{mm}$

3-5 3.15MPa;26.9L/min

3-6 1) D 取 105mm,d 取 75mm

2) 计算得 2mm,取 2.5mm

3) 稳定性足够

3-7 1) 676.9r/min;12.5kW;176N · m

2) 168.8N · m

3-8 1126.9N

3-9 $F_{推}=3068\text{N}$; $F_{拉}=2813.5\text{N}$

3-10 $V\approx 43\text{L}$

3-11 $T=3.25\text{kN}\cdot\text{m}$; $\omega=0.2857\text{rad/s}$

第四章

4-1 $p_k=3.85\text{MPa}$, $p_1=11.55\text{MPa}$

4-4 2MPa;3MPa

4-5 2MPa;6MPa;绝大部分溢流量经 A 阀流回油箱,仅很少的溢流量经 B 阀和 C 阀流回油箱.

4-6 1)4MPa

2)2MPa

3)0

4-7 1)5.5MPa

2)3.5MPa

3)0.5MPa

4-8 1) $p_A=p_C=2.5\text{MPa}$; $p_B=5\text{MPa}$;

2) $p_A=p_B=1.5\text{MPa}$, $p_C=2.5\text{MPa}$;

3)0

4-9 1) $p_A=p_B=1\text{MPa}$; $p_A=1.5\text{MPa}$, $p_B=5\text{MPa}$

2) $p_A=p_B=5\text{MPa}$

4-10 1) $p_B=p_A=4\text{MPa}$

2) $p_B=3\text{MPa}$, $p_A=1\text{MPa}$

3) $p_B=p_A=5\text{MPa}$

4-11 1) $p_{溢}>p_{顺}>6\text{MPa}$

2) $p_{出}=4\text{MPa}$, $p_{进}=p_{顺}$($>6\text{MPa}$)

4-12 1) 当 $p_X>p_Y$ 时,$p_P=p_X$;当 $p_X<p_Y$ 时,$p_P=p_Y$

2) $p_P=p_Y+p_X$

4-13 a) 运动时,$p_B=p_A=2\text{MPa}$;终端时,$p_A=5\text{MPa}$, $p_B=3\text{MPa}$

b）运动时，$p_B = 2MPa$，$p_A = 3MPa$；终端时，$p_A = p_B = 5MPa$

4-14　1）$p_A = p_B = 4MPa$，$p_C = 2MPa$

2）运动时，$p_B = p_A = 3.5MPa$，$p_C = 2MPa$；终端时，$p_A = p_B = 4MPa$，$p_C = 2MPa$

3）运动时，$p_A = p_B = p_C = 0$；终端时，$p_A = p_B = 4MPa$，$p_C = 2MPa$

4-15　a）200cm/min，2MPa

b）200cm/min，0.2MPa

c）64cm/min，2.4MPa

d）200cm/min，2.16MPa

e）143cm/min，2.4MPa

f）200cm/min，2.29MPa

g）150cm/min，2MPa

h）0，1.26MPa

4-16　$p_P = 4.4 \sim 4.5MPa$ 为宜

4-17　YA+时，a）、b）均为 A→B 或 B→A；YA-时，a）B→A，b）A→B

第六章

6-1　1）$p_P = 6MPa$；$p_B = 6MPa$，$p_C = 1.5 \sim 6MPa$，视换向阀泄漏情况而定

2）$p_P = 4.5MPa$；$p_B = 4.5MPa$，$p_C = 0$

6-2　活塞运动时，$p_A = p_B = p_C = 0.8MPa$；活塞停在终端位置时，$p_A = 3.5MPa$，$p_B = 4.5MPa$，$p_C = 2MPa$

6-3　顺序阀最小调整压力为 1.5MPa，溢流阀最小调整压力为 3.25MPa

6-4　1）$v = 14.57 \times 10^{-3} m/s$

2）$q_Y = 0.7 \times 10^{-4} m^3/s$，$\eta_c = 19.4\%$

3）当 $A_{T1} = 0.03 \times 10^{-4} m^2$ 时，$v = 43.71 \times 10^{-3} m/s$，$q_J = 0.874 \times 10^{-4} m^3/s$，$q_Y = 0.126 \times 10^{-4} m^3/s$；

当 $A_{T2} = 0.05 \times 10^{-4} m^2$ 时，$q_J = 10^{-4} m^3/s$，$q_Y = 0$，$v = 50 \times 10^{-3} m/s$

6-5　1）$\eta_c = 5.3\%$

2）$F = 40000N$ 时，$A_T = 4.6 \times 10^{-7} m^2$；$F = 0$ 时，$v = 0.663m/min$，回油腔压力 $p_2 = 10.8MPa$

6-6　1）$p_P = 3.25MPa$，$p_p = p_y$

2）$p_{缸max} = 6.5MPa$

3）$\eta_{cmax} = 7.4\%$

6-7　1）$\eta_c = 70.8\%$

2）$\eta_c = 14.2\%$

3）宜采用差压式变量泵和节流阀组成的容积节流调速回路，当 $p_1 = 1.9MPa$ 时，$\eta_c = 77.3\%$，适用于负载变化大、速度较低的系统

6-8　单泵：工进时，$\eta = 7.32\%$；快进时，$\eta = 0$

双联泵：工进时，$\eta = 41\%$；快进时，$\eta = 0$

6-9　$p_J = 1MPa$ 时，缸 2 不动，缸 1 动作

$p_J = 2MPa$ 时，缸 2 动作，缸 1 也动作，相互不干扰

$p_J = 4MPa$ 时，缸 2 先动作，直至缸 2 向右运动结束后，缸 1 再动作

第七章

7-1　系统工作原理：①系统由双缸互不干扰回路和定位夹紧顺序动作回路组成，高压小流量泵负责定位、夹紧和工进，低压大流量泵负责快进和快退；②定位、夹紧油路中工作压力由减压阀调定，由单向阀保压，

由节流阀控制速度，压力继电器供显示“定位、夹紧状态已完成”之用；③缸Ⅰ采用回油节流调速，缸Ⅱ采用进油节流调速，快进时两缸都做差动连接；④每个工作缸由两个换向阀实现四个动作，调度设计上十分经济，但油路迂回，压降损失大，此外每个缸都有一条经流量阀的常通油路，是使系统耗能发热的根源。系统动作循环完整表见表 C-1。

表 C-1 系统动作循环完整表

动作名称	电气元件							说明
	1YA	2YA	11YA	12YA	21YA	22YA	YJ	
定位、夹紧	−	−	−	−	−	−	∓	1) Ⅰ、Ⅱ两个回路各自进行独立循环动作，互不约束 2) 12YA、22YA 中任一个通电时，1YA 便通电；12YA、22YA 均断电时，1YA 才断电
快进	+	−	+	+	+	+	+	
工进、卸荷(低)	−	−	+	−	+	−	+	
快退	+	−	−	+	−	+	+	
松开、拔销	−	+	−	−	−	−	−	
原位、卸荷(低)	−	+	−	−	−	−	−	

第八章

8-1 液压缸在各工作阶段的负载见表 C-2。

表 C-2 液压缸在各工作阶段的负载 F（$\eta_m=0.9$）

工况	负载组成	F/N
起动	$F=F_nf_s$	333
加速	$F=F_nf_d+m\Delta v/\Delta t$	3500
快进	$F=F_nf_d$	167
工进	$F=F_nf_d+F_t$	31278
反向	$F=F_{fs}+F_G$	16679
加速	$F=F_m+F_G-F_{fs}$	19346
快退	$F=F_{fd}+F_G$	16512
制动	$F=F_{fd}+F_G-F_m$	13179
停止	$F=F_G$	16346

由表 C-2 可绘制出负载图，如图 C-1 所示。

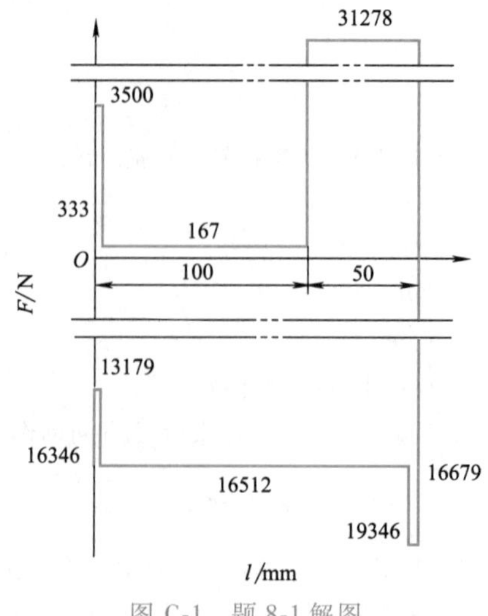

图 C-1 题 8-1 解图

8-2 装置各运动阶段的负载见表 C-3。

表 C-3 装置各运动阶段的负载 F（$\eta_m = 0.9$）

运动阶段	负载组成	F/N
起动	$F = F_{fs}$	1111
加速	$F = F_{fd} + F_m$	640
匀速	$F = F_{fd}$	556
减速	$F = F_{fd} - F_m$	472

根据表 C-3 可绘制出驱动装置的工况图，如图 C-2 所示。

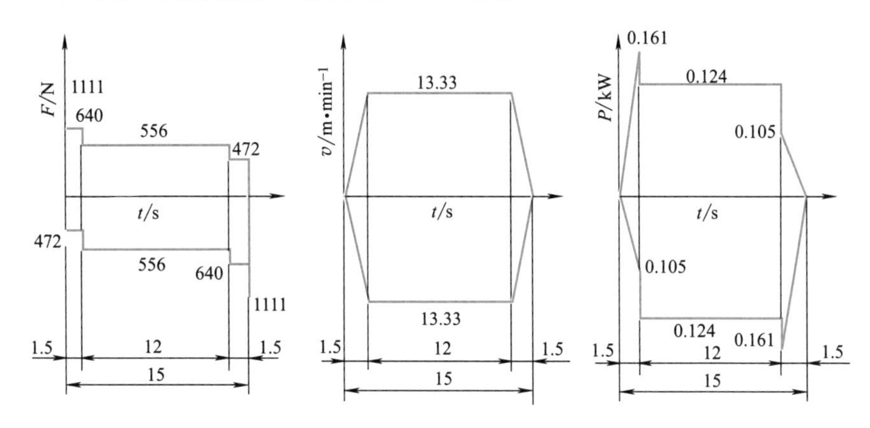

图 C-2 题 8-2 解图

8-6 $A_1B_1A_0B_0$ 的 X-D 线图如图 C-3 所示。

X-D组		1 A_1	2 B_1	3 A_0	4 B_0	执行信号表示式
1	$a_0(A_1)$ A_1					$a_0(A_1)=q \cdot a_0$
2	$a_1(B_1)$ B_1					$a_1(B_1)=a_1$
3	$b_1(A_0)$ A_0					$b_1(A_0)=b_1$
4	$a_0(B_0)$ B_0					$a_0(B_0)=a_0$
备用格						

图 C-3 题 8-6 解图（一）

$A_1B_1A_0B_0$ 的气动控制回路图如图 C-4 所示。

8-7 $A_1B_1\begin{pmatrix}C_1\\D_1\end{pmatrix}D_0B_0C_0A_0$ 的逻辑回路图和气动控制回路图分别如图 C-5、图 C-6 所示。

8-8 $A_1C_1B_1B_0B_1B_0\begin{pmatrix}C_0\\A_0\end{pmatrix}$ 的 X-D 线图和气动控制回路图分别如图 C-7、图 C-8 所示。

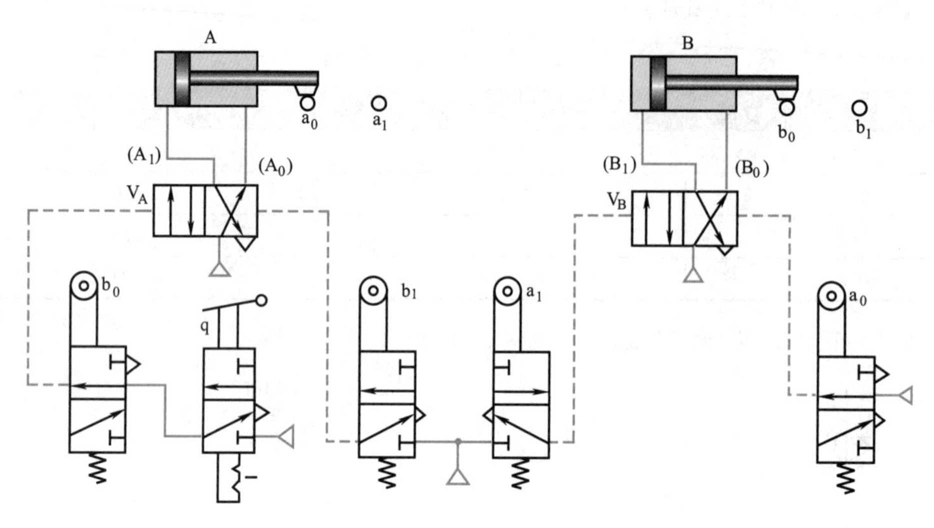

图 C-4 题 8-6 解图（二）

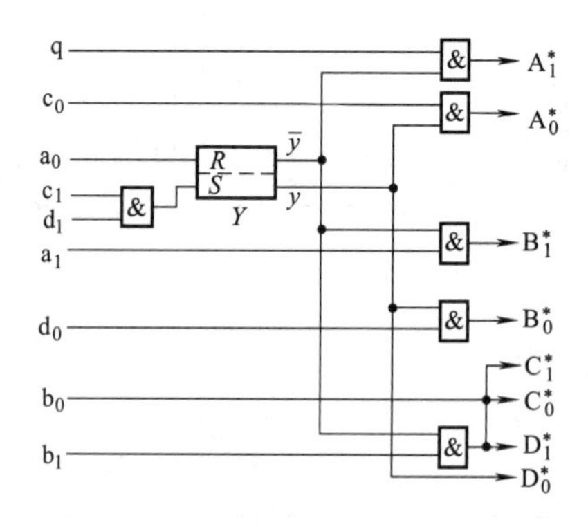

图 C-5 题 8-7 解图（一）

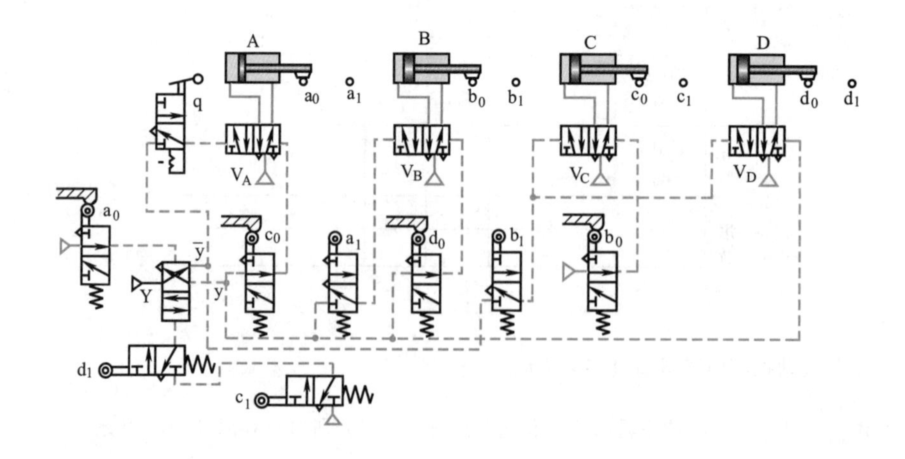

图 C-6 题 8-7 解图（二）

No	1	2	3	4	5	6	7	主控信号
顺序	A_1	C_1	B_1	B_0	B_1	B_0	$\frac{A_0}{C_0}$	
$a_0c_0(A_1)$ A_1								$A_1^*=\bar{y}_2\cdot q$
$a_1(C_1)$ C_1								$C_1=a_1\bar{y}_2$
$c_1(B_1)$ b_0 B_1								$B_1^*=c_1\bar{y}_1\bar{y}_2+c_1y_2\bar{y}_1=c_1(\bar{y}_1\bar{y}_2+y_2y_1)$
$b_1(B_0)$ B_0								$B_0^*=y_1\bar{y}_2+\bar{y}_1y_2$ $(B_0^*=b_1)$
$b_0(C_0)$ C_0								$C_0^*=b_0\bar{y}_1y_2$
$b_0(A_0)$ A_0								$A_0^*=b_0\bar{y}_1y_2$
Y_1 S_1 R_1								$S_1=b_1\bar{y}_2$ $R_1=b_1\bar{y}_2$
Y_2 S_2 R_2								$S_2=b_0\bar{y}_1$ $R_2=a_0c_0$
y_2 (B_1) B_1								

图 C-7　题 8-8 解图（一）

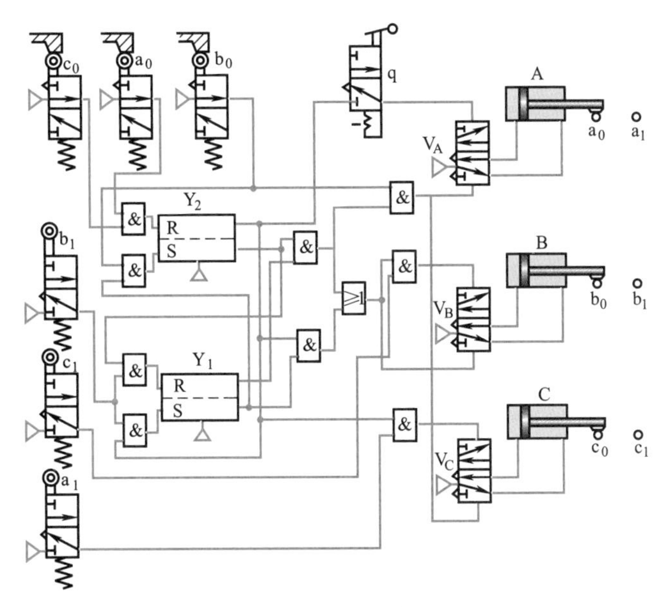

图 C-8　题 8-8 解图（二）

参考文献

[1] 雷天觉. 新编液压工程手册 [M]. 北京：北京理工大学出版社，1998.
[2] 路甬祥. 液压气动技术手册 [M]. 北京：机械工业出版社，2002.
[3] 成大先. 机械设计手册：第 4、5 卷 [M]. 4 版. 北京：化学工业出版社，2002.
[4] 陆元章. 现代机械设备设计手册 [M]. 北京：机械工业出版社，1996.
[5] 徐灏. 新编机械设计师手册：下册 [M]. 北京：机械工业出版社，1995.
[6] 机械工程手册编辑委员会. 机械工程手册：第 6 卷 传动设计卷 [M] 2 版. 北京：机械工业出版社，1997.
[7] 秦大同，谢里阳. 现代机械设计手册：液压传动与控制设计 [M]. 北京：化学工业出版社，2013.
[8] 气动工程手册编委会. 气动工程手册 [M]. 北京：国防工业出版社，1995.
[9] 张利平. 液压与气动设计手册 [M]. 北京：机械工业出版社，1997.
[10] 王积伟，章宏甲，黄谊. 液压传动 [M]. 2 版. 北京：机械工业出版社，2006.
[11] 薛祖德. 液压传动 [M]. 北京：中央广播电视大学出版社，1995.
[12] 官忠范. 液压传动系统 [M]. 北京：机械工业出版社，1998.
[13] 王春行. 液压控制系统 [M]. 2 版. 北京：机械工业出版社，2000.
[14] 盛敬超. 工程流体力学 [M]. 北京：机械工业出版社，1988.
[15] 林建亚，何存兴. 液压元件 [M]. 北京：机械工业出版社，1988.
[16] 李壮云. 液压元件与系统 [M]. 3 版. 北京：机械工业出版社，2011.
[17] 张海平. 液压速度控制技术 [M]. 北京：机械工业出版社，2014.
[18] 宋锦春，陈建文. 液压伺服与比例控制 [M]. 北京：高等教育出版社，2013.
[19] 路甬祥，胡大纮. 电液比例控制技术 [M]. 北京：机械工业出版社，1988.
[20] 吴根茂，邱敏秀，王庆丰，等. 实用电液比例技术 [M]. 杭州：浙江大学出版社，1993.
[21] 郑洪生. 气压传动与控制 [M]. 北京：机械工业出版社，1996.
[22] 林文坡. 气压传动与控制 [M]. 西安：西安交通大学出版社，1992.
[23] 陆鑫盛，周洪. 气动自动化系统的优化设计 [M]. 上海：上海科学技术文献出版社，2000.
[24] 王积伟. 现代控制理论与工程 [M]. 2 版. 北京：高等教育出版社，2010.
[25] 王积伟，吴振顺. 控制工程基础 [M]. 2 版. 北京：高等教育出版社，2010.
[26] 王积伟. 控制理论与控制工程 [M]. 北京：机械工业出版社，2010.
[27] 卢泽生. 控制理论及其应用 [M]. 2 版. 北京：高等教育出版社，2016.
[28] 邓星钟. 机电传动控制 [M]. 武汉：华中科技大学出版社，2001.
[29] 钟福金，吴晓梅. 可编程序控制器 [M]. 南京：东南大学出版社，2003.
[30] 黄谊，章宏甲. 机床液压传动习题集 [M]. 北京：机械工业出版社，1990.
[31] 王积伟. 液压与气压传动习题集 [M]. 北京：机械工业出版社，2006.
[32] Yeaple F. Fluid Power Design Handbook [M]. 2nd ed. New York and Basel：Marcel Dekker lnc，1990.